Heide Inhetveen
Margret Blasche

Frauen in der kleinbäuerlichen
Landwirtschaft

Sollers, Dezember 92

Heide Inhetveen · Margret Blasche

Frauen in der kleinbäuerlichen Landwirtschaft

Westdeutscher Verlag

CIP-Kurztitelaufnahme der Deutschen Bibliothek

Inhetveen, Heide:
Frauen in der kleinbäuerlichen Landwirtschaft/
Heide Inhetveen; Margret Blasche. — Opladen:
Westdeutscher Verlag, 1983.
  ISBN 3-531-11614-2

NE: Blasche, Margret:

© 1983 Westdeutscher Verlag GmbH, Opladen
Umschlagfoto: Bernd Böhner, Erlangen
Umschlaggestaltung: Horst Dieter Bürkle, Darmstadt
Druck und buchbinderische Verarbeitung: Lengericher Handelsdruckerei, Lengerich

ISBN   3-531-11614-2

Inhalt

Einleitung

1

„Urbanisierung" des Landes, „Industrialisierung" der Landwirtschaft, „Rationalisierung" des Wirtschaftsdenkens, „Dynamisierung" der Lebensformen, „Modernisierung" der Familienverhältnisse, - unter solchen und ähnlichen Schlagwörtern werden häufig jene Prozesse angesprochen, die sich in den letzten Jahrzehnten auf dem Land und in der Landwirtschaft abgespielt haben. Es handelt sich dabei nicht um neutral-beschreibende Begrifflichkeiten. Vielmehr drückt sich hierin eine Perspektive aus, die den Fortschritt am Modell und Maßstab stadtzentrierter, industriekapitalistischer Entwicklung mißt, von diesem Blickwinkel aus traditionale Lebens- und Arbeitsverhältnisse als archaisch-zurückgeblieben und unzeitgemäß einstuft und deren Anpassung an die modernen Zeiten fordert. Nur ein Fortschreiten in dieser Richtung erscheint als gut und wünschenswert, ist „Fortschritt" an sich.

So gesehen trägt die Entwicklung, die seit der Gründung der Bundesrepublik die Landwirtschaft in besonders raschem Tempo erfaßt hat, alle Zeichen des „Fortschritts". Die Landwirtschaft wurde umfassend maschinisiert und elektrifiziert, kapitalisiert und industrialisiert[1]. Der Traktorenbestand verzehnfachte sich in den Jahren zwischen 1950 und 1970; 1973 gab es dreimal soviele Mähdrescher wie 1960. In den letzten dreißig Jahren hat sich der Energieverbrauch verfünfzehnfacht. Dies kostete zwar enorm viel, — die Ausgaben für Vorleistungen der Landwirtschaft stiegen von 3.3 Mrd. DM im Jahr 1949/50 auf das Zehnfache, nämlich 33.1 Mrd. DM im Jahr 1978/79[2]. Aber die Ergebnisse waren auch überwältigend: Die Weizenproduktion vervierfachte sich; es wurde weit mehr als doppelt soviel Rind- und Schweinefleisch produziert, und die Milchproduktion stieg um 60% an[3]. Und das alles, obwohl gleichzeitig die „arbeitenden Hände" soviel weniger geworden waren, denn von 1950/51 bis 1978/79, innerhalb von drei Jahrzehnten, verliessen fast 3/4 der vollbeschäftigten Arbeitskräfte die Landwirtschaft. Ihre Zahl sank von 4,4 Mio auf 1,2 Mio ab[4].

Soweit die spektakuläre Außenansicht der Integration der Landwirtschaft in den gesamtgesellschaftlichen Rahmen. Doch dies ist eben nur die eine Seite. Wie jeder Fortschritt, der industriekapitalistischen Gesichtspunkten und partikularen Effizienzkriterien folgt, braucht und produziert auch dieser Prozeß Nutz-

---

1 Zu dieser Entwicklung vgl. allgemein M. Baumgartner 1972; A. D. Brockmann 1977; O. Poppinga 1975; O. Poppinga (Hg.) 1979; dort weitere Literatur zu speziellen Aspekten.
2 Vgl. ABM 1980, S. 36, Tab. 24 und Tab. 1 in Anhang I.
3 Vgl. O. Poppinga 1975, S. 78 und ABM 1980, S. 32, Tab. 21.
4 Vgl. ABM 1976, S. 10, Tab. 2 und ABM 1980, S. 11, Tab. 3.

nießer und Lastenträger, Gewinner und Verlierer. Schon die unmittelbare Anschauung zeigt, daß hinter den neuen Kulissen der Bauernhäuser und den technischen Raffinessen der Höfe sich vielfach gewaltige Opfer und Anstrengungen der betroffenen Menschen verbergen. Die Voraussetzungen der kleinbäuerlichen Betriebe für die existenznotwendige Akkumulation und Expansion waren von vornherein um so vieles schlechter, daß sie nicht ohne weiteres bei der Dynamik der Modernisierung mithalten konnten, sondern oftmals ausscheiden oder zusätzliche Einkommensquellen suchen mußten[5]. Bei Betriebsaufgaben lagen die kleinen Höfe dementsprechend weit vorne. So wurden seit 1949 ca. zwei Drittel der Höfe zwischen 1 und 10 ha aufgegeben; im Bereich 10 bis 15 ha sind es immer noch knapp 40 %, die weichen mußten, während die Zahl der Betriebe über 20 ha sogar angestiegen ist[6]. Bei Betriebsabstockungen oder -aufgaben gingen die freiwerdenden Flächen an die größeren Höfe über. Auch die Einkommenssituation der Kleinlandwirtschaft spiegelt den Prozeß der Polarisierung zwischen expansionsfähigen Großbetrieben und (noch) mithaltenden, aber existenzgefährdeten Kleinbetrieben wider. Legen wir eine modifzierte Vergleichsrechnung zugrunde, die verfahrensbedingte Unzulänglichkeiten der allgemeinen Statistik korrigiert[7], so betrug 1973/74 das jährliche Nettogesamteinkommen einer landwirtschaftlichen Familie auf einem Hof bis 20 ha 18.000 DM und lag damit um 5.200 DM unter dem Vergleichslohn eines Arbeiterhaushalts mit mittlerem Einkommen. Erst ab 30 ha stieg das Nettoeinkommen der Bauernfamilie darüber. So ist es nicht weiter verwunderlich, daß die Zahl der Nebenerwerbsbetriebe, die heute ca. 40 % aller Betriebe ausmachen, in den untersten Betriebsgrößenklassen besonders hoch liegt, nämlich bei 84 %[8].

Aus dieser Perspektive war für uns die Frage naheliegend, wie die ländlichen Kleinproduzenten, die den „Fortschritt" gerade auch von seinen Schattenseiten her erlebten, die Entwicklung und den Gang der Dinge einschätzten, welche Perspektiven und Wünsche sie damit verbanden, welche Opfer sie bringen mußten und welche Kräfte sie dennoch immer wieder zum Mithalten bewegten. Wir haben unsere Forschungsperspektive dabei auf die Frauen in diesen Betrieben, vor allem die wirtschaftenden Bäuerinnen, gelenkt. Sie kamen in den verschiedenen Studien zum Wandel der Bauernfamilien vielfach zu kurz, traditionsgemäß führten bei empirischen Erhebungen eher die männlichen Familienmitglieder das Wort. Demgegenüber weisen uns die unmittelbare Anschauung ebenso wie theoretische Überlegungen, historisches Wissen und auch die Statistik darauf hin, daß durch den Wandel der Agrarstruktur und der ländlichen Lebenswelt sowohl die quantitative und qualitative Bedeutung der Frauen für den Betrieb als auch ihr eigener Lebenszusammenhang und ihre Arbeitssituation

---

5 Zum Prozeß der Pauperisierung, d.h. der Verschlechterung der materiellen Lebensumstände und Arbeitsbedingungen, und der Proletarisierung, d.h. des ganzen oder teilweisen Verlustes der Verfügung und Kontrolle über die eigene Produktion und die eigenen Produkte bis hin zum Verkauf der Arbeitskraft vgl. O. Poppinga 1975, S. 92 f.; B. Lambert 1971, S. 48.

6 Vgl. ABM 1980, S. 18–19, Tab. 9, in Anhang I als Tab. 2 abgedruckt.

7 Vgl. O. Poppinga 1979, S. 95, Tab. 7.

8 Vgl. ABM 1981, S. 21, Tab. 10.

in einer Weise geändert worden sind, die unsere besondere Aufmerksamkeit herausfordern sollte. Die agrarsoziologische Literatur hat für den erstgenannten Aspekt den Begriff „Feminisierung der Landwirtschaft" geprägt[9]. Er soll teils das Phänomen bezeichnen, daß die Zahl der in der Landwirtschaft arbeitenden Frauen absolut genommen wächst, teils den Tatbestand, daß die Frauen langsamer aus der Landwirtschaft abwandern als die Männer, so daß sich neue geschlechtsspezifische Proportionen in der Arbeit ergeben. Vor allem der letztgenannte Effekt scheint die Industrialisierung der Landwirtschaft in einigen europäischen Ländern zu charakterisieren. Er ist besonders ausgeprägt dort, wo die Landwirtschaft nicht nur nach industriellen Gesichtspunkten modernisiert, sondern auch kollektiviert worden ist, wie beispielsweise in Ungarn, Polen, Rumänien, wobei die Feminisierung von Land zu Land verschieden ist in Umfang und Ablauf. Aber sie läßt sich auch in Italien und in der Türkei, und dann eben auch in der Bundesrepublik feststellen, vor allem wenn wir unser Augenmerk auf die kleinbäuerlichen Betriebe lenken. Hier ist die Feminisierung unmittelbar anschaulich zugänglich. Eine Fahrt durch eine kleinbäuerliche Gegend zeigt, daß das Dorf über den Tag hin inzwischen überwiegend den Frauen, einigen alten Männern und den Kindern gehört. Ein ähnliches Bild präsentiert sich uns an den Nachmittagen auf den Feldern. Erst in den Abendstunden stellt sich auf den Höfen wieder so etwas wie eine familiale Produktionsgemeinschaft her. Natürlich gibt es noch Vollerwerbsbauern auf den Höfen, und manche Nebenerwerbler sind nur nachts oder halbtags weg vom Hof[10], doch der Eindruck eines relativen Anstiegs der Frauenbeteiligung in der Landwirtschaft wird dadurch nicht getrübt.

Der Statistik zufolge ging zwar die Zahl der in der Landwirtschaft erwerbstätigen Frauen insgesamt zurück, der Gesamtzahl der dort Erwerbstätigen tendenziell folgend, doch der Anteil der Frauen an den vollbeschäftigten Familienarbeitskräften blieb ziemlich konstant bei ca. 60%[11]. Ein deutlicher Trend zur „Feminisierung" im oben angegebenen Sinn zeichnet sich in der Statistik erst dann ab, wenn man den Anteil der Frauenarbeit relativ zu den Betriebsgrößenklassen betrachtet. Während er auf Betrieben ab 20 ha unter 50% bleibt, liegt er zwischen 10 und 20 ha über 50% und zwischen 1 und 10 ha sogar bei 80%[12]. Dieses Faktum hängt ursächlich eng mit einem anderen Spezifikum bäuerlicher Landwirtschaft zusammen: der großen Rolle der Nebenerwerbslandwirtschaft in kleinen Größenklassen. Wenn auch die Statistik den „feminisierenden Effekt" der nebenerwerblichen Landwirtschaft nicht quantitativ zu erfassen erlaubt, so ist doch naheliegend, den Anstieg der Nebenerwerbsbetriebe (bis zu 84% in der

---

9 Zum Terminus „Feminisierung" vgl. C. Barberis 1972, S. 10 ff. sowie M. Cernea 1978, S. 108 ff., der diese Entwicklung als Begleitprozeß der Kollektivierung der rumänischen Landwirtschaft darstellt.
10 In den Sozialdaten unserer Untersuchung kam deutlich zum Ausdruck, daß beim Nebenerwerb und vor allem beim Zuerwerb Arbeitsverhältnisse bevorzugt werden, die in ihren zeitlichen Verpflichtungen gewisse Elastizitäten und „Spielräume" für die Hofnotwendigkeiten aufweisen: Schicht-, Nacht-, Winterarbeiten; möglichst kurze Pendelzeiten usw.
11 Vgl. Tab. 3 in Anhang I.
12 Vgl. Tab. 4 in Anhang I.

Grössenklasse 1 bis 2 ha) mit dem höheren prozentualen Anteil der Frauenarbeitskraft in diesen Hofgrößen zusammenzusehen. Denn selbst wenn wir davon ausgehen, daß die Männer sich Beschäftigungen gesucht haben, die sie weder zeitlich noch räumlich allzu weit vom Hof entfernen, stehen sie nicht mehr in dem Maße wie vorher zur Verfügung, und die Frau hat ihre Arbeitskraft partiell zu ersetzen.

Eine relative Zunahme der Frauenarbeit in der Landwirtschaft läßt sich auch dort feststellen, wo es um die durchschnittlich pro Woche geleisteten Arbeitsstunden geht. Den Ergebnissen des Mikrozensus zufolge[13] ist die betriebliche Arbeitszeit der selbständigen Frauen im Bereich Land- und Forstwirtschaft, Tierhaltung und Fischerei von 1970 bis 1978 um 4,3 Stunden angestiegen, die der selbständigen Männer dagegen nur um 1,4 Stunden. Die Frauen arbeiteten 1978 50,5 Stunden pro Woche im Betrieb. Bei den mithelfenden Familienangehörigen fiel die wöchentliche Arbeit der Männer um 4 Stunden (auf 45,6), die der Frauen nur um 0,9 Stunden auf 45,5; die Differenz der Arbeitszeiten von Männern und Frauen beträgt damit bei den mithelfenden Familienangehörigen nur noch eine Stunde, d.h. beide arbeiten praktisch gleichlang im Betrieb; und dann erwartet die Frauen aber noch die Arbeit für Haus und Familie, die in solchen Statistiken nicht mitbedacht ist. Es ist hier auch zu beachten, daß es sich um Durchschnittszahlen über alle Betriebsgrößen handelt, und daß somit eine feinere Aufschlüsselung aus den o.g. Gründen nochmals eine höhere Arbeitslast für die Frauen auf kleinen Betrieben und Nebenerwerbshöfen zeigen würde[14].

Können wir also schon von vornherein davon ausgehen, daß die Frauen für das Arbeiten und Wirtschaften auf den Bauernhöfen schon immer eine tragende Rolle gespielt haben — von der Hausväterliteratur des 17. und 18. Jahrhunderts bis hin zu den im ersten Drittel unseres Jahrhunderts angefertigten Regionalstudien über Frauenarbeit in der Landwirtschaft, in der Roman- und Trivialliteratur ebenso wie in Redensarten, Liedern und Sprichwörtern finden sich treffliche Beispiele und Belege —, so scheint die Kapitalisierung der Landwirtschaft nochmals neue Bürden auf die Schultern der hier verbliebenen Bäuerinnen geladen zu haben, insbesondere dann, wenn sie auf kleinen Höfen wirtschaften. Die Aussage van Deenens „daß die heute (um 1970, erg.) noch verbreitete Frauenarbeit im landwirtschaftlichen Betrieb mit zunehmender Industrialisierung und Urbanisierung des Landes weiter verringert wird"[15], trifft zwar für das Gesamtquantum der unmittelbar in der Landwirtschaft geleisteten Frauenarbeit zu, nicht aber für die Arbeit, die von der in der Landwirtschaft verbliebenen einzelnen Frau, vor allem wenn sie auf einem kleinen Anwesen wirtschaftet, bewältigt werden muß.

Der Wandel der Agrarstruktur in den letzten Jahrzehnten hat also die Bedeutung der Frauenarbeit für den bäuerlichen Betrieb, insbesondere in den klei-

---

13 Vgl. ABM 1980, S. 15, Tab. 7.
14 Anscheinend handelt es sich in diesem Extrem um ein spezifisch deutsches Phänomen. Die in der zitierten Studie von C. Barberis angeschnittene Frage, warum sich die deutschen Bäuerinnen eine im Vergleich mit ihren europäischen Schwestern unvergleichlich höhere Last aufbürden (lassen), erscheint von daher naheliegend; vgl. C. Barberis 1972, S. 16 f.
15 B. v. Deenen, u.a. 1970, S. 15.

neren Betriebsgrößenklassen, sichtbar erhöht. Nicht minder umgestaltend griff er in ihre konkrete Lebenswelt ein. Dabei ist die Frau in vielerlei Hinsicht betroffen: als Eigentümerin von Grund und Boden und von Produktionsmitteln, wenn sie den Betrieb über die Runden bringen oder langfristig existenzfähig machen will; als Warenproduzentin, die sich mit den Marktgesetzen, den Warenstandards, der Preispolitik usw. auseinandersetzen muß; als Hausfrau und Mutter, die veränderten Ansprüchen der Familie und eigenen Wünschen inhaltlich und zeitlich gerecht werden will; als Ehefrau eines Arbeiterbauern, dessen Abwesenheit und außerlandwirtschaftliche Tätigkeit auf den Arbeitsalltag, die Teilung der Arbeit und die Gestalt ihrer Partnerbeziehung einwirkt; als Mutter von Kindern, deren Schulsituation sich stark verändert hat; als Bewohnerin und Nutzerin des ländlichen Raumes, dessen spezifische, zentrenabhängige und funktional nachgeordnete Entwicklung sie beinahe auf Schritt und Tritt zu spüren bekommt.

Wie stark die Bäuerinnen mitunter durch die neuen Verhältnisse und Wandlungsprozesse auf dem Land und in der Landwirtschaft sich betroffen fühlen, wird auch an einem anderen Phänomen deutlich. In den letzten Jahren wurden wiederholt Protestaktionen bekannt, die von Frauen auf dem Land mitgetragen wurden; sie verließen in bestimmten Konfliktsituationen, wie Auseinandersetzungen um Erzeugerpreisniveaus, Gebietsreformen, ökologische Folgen industrieller Projekte, ihren traditionellen Aktionsradius und artikulierten sich öffentlich in einer Weise, die in der Grundsätzlichkeit der Argumente und Entschiedenheit der Aktionen männlichem Protestverhalten in nichts nachstand[16]. Es hat den Anschein, daß die Frauen durch solche Aktivitäten auch veranlaßt werden, sich mit den Bedingungen ihrer Existenz als Frauen in einem ländlich-bäuerlichen Rahmen grundlegender auseinanderzusetzen, da ihr öffentliches Engagement oft sehr schnell mit tradierten Formen und Normen ihres Lebenszusammenhanges in Widerspruch gerät.

Sind diese Formen der aktiven Auseinandersetzung die Ausnahme, so gilt doch für alle Bäuerinnen, daß sie den Wandel des Agrarsektors unter den jeweils eigenen Lebensumständen zu bewältigen haben. Die jetzt lebenden Generationen von Frauen verkörpern noch stark das traditionelle ländliche Milieu. Dorf, Hof und Familie sind die sozialen Bezugssysteme, in die sie hineingeboren wurden, und die ihre Arbeits- und Lebensverhältnisse prägten. Vor die neuen ökonomischen und sozialen Anforderungen gestellt, fiel ihnen jedoch die Aufgabe zu, ihre eigene „Ungleichzeitigkeit" in „Zeitgemäßes" umzuformen. Traditionelle Bezugssysteme, lebensgeschichtliche Erfahrung, neue Einsichten, Wünsche und

---

16 Vgl. z.B. den Milchkrieg in der Bretagne im Jahr 1972, Rundbrief des Arbeitsbereichs Landwirtschaft Nr. 16 (1976), S. 7–13; die Aktionen um das Atomkraftwerk in Whyl, dazu H. Burmeister/V. Tönnätt 1981, bes. S. 72 ff.; oder den Kampf der oberfränkischen Gemeinde Ermershausen gegen ihre im Zuge der Gebietsreform erzwungene Eingemeindung, an dem sich auch Frauen stark beteiligten, vgl. verschiedene Meldungen im Lokalblatt Neue Presse, vor allem den Leserbrief der Ermershausener Frauen vom 24.5.1978. Für entsprechende Hinweise danken wir Wolfgang Erler.

Notwendigkeiten mußten miteinander verbunden werden zu praktikablen Lebenskonzepten, Orientierungen und Perspektiven. Diesen Prozeß in seinem Verlauf und seinen Besonderheiten zu dokumentieren und zu verstehen war das Thema unseres Forschungsprojekts.

2

Die Umsetzung einer Forschungsthematik in konkrete empirische Untersuchungspraxis verlangt eine Reihe von Vorüberlegungen und Vorentscheidungen. In unserem Fall bedeutete dies, daß wir uns zunächst auf Agrarregionen festlegen und landwirtschaftliche Betriebe auswählen mußten, in denen die frauenspezifischen Probleme besonders deutlich hervortreten. Wir entschlossen uns, die Untersuchung regional auf zwei Gebiete in Franken zu begrenzen.

Beide Gebiete sind durch eine kleinbäuerliche Struktur gekennzeichnet: die durchschnittliche Betriebsgröße liegt geringfügig über 10 ha; nur 14% der Betriebe verfügen über mehr als 20 ha. Beide Gebiete gehören zu den sogenannten benachteiligten Agrarzonen: der signifikanteste Ausdruck dafür sind die weit unterdurchschnittlichen landwirtschaftlichen Einkommen[17]. Diese und andere Faktoren wie Bodenverhältnisse, Klima, Marktlage, Infrastruktur etc. teilen die fränkischen Gebiete indessen mit vielen anderen von den Landesplanern als benachteiligt eingestuften Agrarregionen, so daß sie exemplarisch für die existenzbedrohte kleinbäuerliche Landwirtschaft in der Bundesrepublik stehen können. Daher konnten bei der Entscheidung für diese Regionen durchaus pragmatische Vorteile, wie die Vertrautheit der Forschungsgruppe mit dem fränkischen Umland und die unter Zeit- und Kostengesichtspunkten leichtere Erreichbarkeit, den Ausschlag geben.

In der Agrarsoziologie hat die Untersuchung des Einflusses der Industrialisierung auf dörfliche und bäuerliche Verhältnisse eine längere Tradition. Zahlreiche Studien der Nachkriegszeit thematisieren die Frage nach den Wandlungstendenzen bzw. dem Beharrungsvermögen des ländlich-agrarischen Bereichs angesichts der zunehmenden ökonomischen und sozialen Nähe industriell-städtischer Produktionsbedingungen und Lebensformen[18].

Um diese Fragestellung berücksichtigen zu können, wählten wir in einem nächsten Schritt unsere Untersuchungsgebiete so aus, daß sie bestimmte Kontraste aufwiesen. Bezugspunkt war der industrielle Ballungsraum Nürnberg/Fürth/Erlangen.

---

17 Während 1976/77 im Bundesdurchschnitt das Realeinkommen pro Familienarbeitskraft in Vollerwerbsbetrieben bei 20.500,— DM lag, betrug die entsprechende Vergleichszahl für das Wirtschaftsgebiet Obermain—Frankenalb, zu dem unsere Regionen gehören, nur 14.300,— DM; vgl. ABM 1978, S. 91.
18 Vgl. etwa C. v. Dietze, u.a. 1953; H. Kötter 1952; G. Teiwes 1952; G. Wurzbacher u.a. 1954.

Als diesem Ballungsraum nah, verkehrsgünstig mit ihm verbunden, selbst schon frühzeitig industrialisiert und infrastrukturell gut erschlossen gilt der Landkreis Nürnberger Land, der östlich von Nürnberg zu beiden Seiten der Pegnitz gelegen ist.

Weist der Landkreis schon jetzt eine hohe Dichte von Wohn- und Arbeitsstätten auf, so ist er für die Zukunft weiterhin als Siedlungsschwerpunkt vorgesehen. Nach den Konzepten der Landesplaner wird dementsprechend entlang den Entwicklungsachsen von regionaler und überregionaler Bedeutung[19] der weitere intensive Ausbau der Infrastruktur angestrebt[20]. Diese Tatsachen ließen uns den Landkreis Nürnberger Land als geeignete industrie- bzw. zentrumsnahe Untersuchungsregion erscheinen.

Als zentrumsfernes Gebiet wählten wir einen abgelegenen Teil des Großlandkreises Forchheim, 60 Autominuten nordöstlich vom Nürnberger Ballungsraum entfernt in der Fränkischen Schweiz gelegen. Die Bedingungen dieses Gebietes stehen in scharfem Kontrast zu denen des Kreises Nürnberger Land: er hat kaum Industrie und ist verkehrsmäßig weniger erschlossen. Die vielen Auspendler müssen infolgedessen lange und umständliche Wegstrecken zurücklegen. Die Region gilt offiziell als schwach strukturiertes Gebiet[21]. Unberührt von Entwicklungsachsen überregionaler Bedeutung soll sie auch in Zukunft keine Angleichung an die Verhältnisse in Verdichtungsräumen erfahren. Trotz der teilweise ungünstigen Erzeugerbedingungen legen die Regionalplaner vielmehr Wert auf eine „funktionierende Landwirtschaft", freilich reduziert auf die „entwicklungsfähigen" Vollerwerbsbetriebe und eine „sinnvolle nebenberufliche Landbewirtschaftung"[22]. Als weitere Perspektive ist lediglich eine Aufwertung als Fremdenverkehrs- und Erholungsgebiet geplant.

Soweit die regionalen Spezifika, die sich deutlich aus der Nähe bzw. Ferne zu den industriellen Zentren ergeben. (Zur Veranschaulichung haben wir in Anhang II eine schematisierte Karte beigefügt.) Betrachten wir nun einige charakteristische Merkmale der Betriebe.

Die kleinbäuerliche Struktur beider Untersuchungsregionen hat zur Folge, daß die Mehrzahl der Höfe angesichts der veränderten Produktionsbedingungen und -methoden als ausschließlich landwirtschaftliche Betriebe nicht mehr existenzfähig ist. Ein außerlandwirtschaftliches Einkommen wird für sie erforderlich, um die Erhaltung und Anpassung von Hof und Haus an veränderte Standards zu sichern. Unsere Untersuchungsregionen bilden geradezu Schwerpunkte der Nebenerwerbslandwirtschaft: bereits 2/3 der Betriebe werden im Nebenerwerb bewirtschaftet,

---

19 „Entwicklungsachse" ist ein Fachterminus der Landesplaner: „In den Entwicklungsachsen sind zentrale Orte und andere Siedlungsschwerpunkte an einer leistungsfähigen Verkehrsader aneinandergereiht. Aufgabe von Entwicklungsachsen ist die Verbesserung der Standortbedingung durch Zusammenfassung überörtlicher Infrastruktureinrichtungen..." Raumordnungsbericht der Bayerischen Staatsregierung 1971, S. 14.
20 Vgl. Landesentwicklungsprogramm 1974, Teil C, S. 250 f.
21 Raumordnungsbericht der Bayerischen Staatsregierung 1971, S. 16.
22 Landesentwicklungsprogramm 1974, Teil C, S. 155.

1/3 der landwirtschaftlichen Nutzfläche gehört zu ihnen[23]. Die besonders hohe Verbreitung der Nebenerwerbslandwirtschaft hat verschiedene Gründe: die geringe Größe und das unterdurchschnittliche Einkommen der Kleinbetriebe wurden bereits erwähnt. Darüber hinaus haben sie wegen ihrer ungünstigen Lage und niedrigen Bodenqualität schlechte Anbaubedingungen. Viele liegen auf den kargen Höhen des Nördlichen Jura; die Ertragsfähigkeit wird von der landwirtschaftlichen Statistik als schlecht bis höchstens mittel eingestuft[24].

In armen Agrarregionen wurde der Grund und Boden in früheren Zeiten meistens nach dem Prinzip der Realteilung vererbt. Auch in unseren Untersuchungsgebieten galt zumeist diese Regel. In jüngster Zeit hat man versucht, die verstreut liegenden und zerstückelten Grundstücke zu arrondieren. Über ein Drittel der Betriebe, in denen wir Bäuerinnen befragten, war von solchen Flurbereinigungsverfahren betroffen. Den Vorteil, daß dadurch Arbeitswege verkürzt und der Einsatz größerer Maschinen erst ermöglicht wurde, haben sie jedoch häufig durch finanzielle Belastungen oder umfangreiche Eigenleistungen, z.b. beim landwirtschaftlichen Wegbau, erkaufen müssen.

In ihrer Wirtschaftsweise verlassen sich die meisten Betriebe auf altbewährte Prinzipien: sie sind am betrieblichen Kreislaufmodell und hoher häuslicher Selbstversorgung orientiert, keiner baut auf einen Betriebszweig als alleinige Einkommensquelle. Entsprechend werden sie alle als „Gemischtbetriebe" geführt, knapp die Hälfte immer noch mit hoher Diversifikation. Die anderen haben unter dem Druck der Verhältnisse die Vielfalt reduziert oder sich auf einige Betriebszweige in besonderer Weise spezialisiert[25].

---

23 BayAB 1978, S. 15. In der Agrarstatistik werden die beiden wichtigsten Betriebsarten Haupt- und Nebenerwerb wie folgt unterschieden:
    a) Haupterwerbsbetriebe sind Betriebe, in denen der Betriebsinhaber überwiegend im eigenen Betrieb tätig ist und das Erwerbseinkommen des Inhaberehepaares überwiegend aus dem landwirtschaftlichen Unternehmen stammt. Zu den Haupterwerbsbetrieben zählen die Zuerwerbsbetriebe, die 10 % bis unter 50 % des Erwerbseinkommens außerlandwirtschaftlich erarbeiten.
    b) Nebenerwerbsbetriebe sind alle anderen Betriebe, in denen der Betriebsinhaber überwiegend außerlandwirtschaftlich tätig ist und/oder das Erwerbseinkommen des Inhaberehepaares überwiegend aus außerlandwirtschaftlichen Quellen stammt; vgl. dazu AB 1926, S. 15 und ABM 1978, S. 26.
24 Vgl. R. Zapf 1974 sowie Bodengütekarten von Bayern, Übersichtskarten der landwirtschaftlich genutzten Böden nach den Ergebnissen der Bodenschätzung, hg. vom Bay. Vermessungsamt 1959.
25 Unter hoch diversifizierten Betrieben haben wir solche verstanden, in denen möglichst alle Zweige der Bodennutzung zu finden sind: Getreide, Mais, Raps, Hackfrüchte, Wiesen und Weiden, häufig auch Sonderkulturen (Obst, vor allem Kirschen, Spargel Hopfen, Meerrettich). Entsprechend vielgestaltig ist die Viehhaltung: Milchwirtschaft, Kälberaufzucht, Ferkelerzeugung, Schweinemast, Kleinviehhaltung.
Unter reduzierten Betrieben faßten wir solche zusammen, die die hohe Diversifikation aufgegeben haben, indem sie einen oder mehrere Betriebszweige abgestoßen haben oder nur noch in vermindertem Umfang betreiben. Als Beispiele seien angeführt: Einschränkung des Hackfruchtanbaus, Verzicht auf Ferkelaufzucht im Bereich der Schweinehaltung, Aufgabe der Kleintierhaltung. Eine solche Vereinfachung bedeutet Arbeitserleichterung ohne einschneidende Umorganisation und hohe Investitionskosten.

Fast alle Betriebe verfügen über einen hohen Bestand an Maschinen. Dabei ist auffallend, daß besonders die Nebenerwerbsbetriebe gut ausgestattet sind. Sehr weit verbreitet ist der nachbarschaftliche, verwandtschaftliche oder über den Maschinenring organisierte Austausch von Maschinen.

Was die arbeitswirtschaftliche Situation betrifft, so stuften sich — von ganz wenigen Ausnahmen abgesehen — alle Frauen in unserer Untersuchung als im landwirtschaftlichen Betrieb „vollbeschäftigt" ein. Auf etwa der Hälfte der Höfe arbeitet die ältere Generation noch mit, auf einem Fünftel sind die Kinder voll im elterlichen Betrieb tätig, in selteneren Fällen werden Verwandte, Lohnarbeiter oder Saisonarbeitskräfte beschäftigt. Die durchschnittliche Haushaltsgröße betrug 5,4 Personen.

Wir gingen in unseren Vorüberlegungen davon aus, daß neben den regionalen Spezifika einige weitere Faktoren von besonderem Einfluß auf die Arbeits- und Lebenssituation der Bäuerinnen sind: die betriebliche Situation — ob Haupt- oder Nebenerwerb — und das Alter der Frauen, das in der Regel ein Indikator für eine typische Phase im sog. Familienzyklus ist. Diese drei Faktoren galten uns als die entscheidenden Kriterien für die Wahl unserer „Stichprobe": in der zentrumsnahen und in der zentrumsfernen Region wollten wir jeweils eine etwa gleiche Anzahl von Haupt- und Nebenerwerbsbäuerinnen befragen, die außerdem die verschiedenen Altersgruppen zwischen 20 und 65 Jahren möglichst gleichmäßig repräsentieren sollten. Unter Berücksichtigung dieser Auflagen fanden wir schließlich 133 Frauen, die sich zu einem Interview bereit erklärten[26].

Grundlage des Interviews war ein ausführlicher Fragebogenleitfaden, der die Themenkomplexe gliedern und den Ablauf der Befragung strukturieren sollte. Abgesehen von sozialstatistischen Teilen, die Hintergrundinformationen über die betriebliche, häusliche und familiale Situation in standardisierter Weise festhalten sollten, enthielt der Leitfaden vorrangig offene Fragen, so daß die befragten Frauen ihre Antwortkriterien selbst wählen und ihre eigenen Argumentations-

---

Fortsetzung Fußnote 25

Als spezialisiert haben wir einen Betrieb dann bezeichnet, wenn Betriebszweige (u. U. bis auf den Eigenbedarf) reduziert oder abgestoßen wurden und einer oder auch zwei der beibehaltenen Betriebszweige ausgebaut und intensiviert wurden. Zumeist wurde im Rahmen der Viehhaltung spezialisiert, z.B. auf Milchviehhaltung, Rindermast, Schweinemast oder Ferkelaufzucht. Spezialisierung erleichtert die Arbeit, erfordert aber zumeist hohe Investitionskosten und stellt eine größere Marktabhängigkeit her.
Im Sinne dieser Unterscheidung sind von den untersuchten Betrieben 62 hoch diversifiziert, 24 reduziert und 47 spezialisiert. Dabei ist der prozentuale Anteil an den hoch diversifizierten Betrieben am höchsten bei den zentrumsfernen Haupterwerbsbetrieben; er beträgt dort 60 % und liegt damit deutlich höher als in den Gruppen der zentrumsnahen Haupterwerbsbetriebe und der zentrumsnahen bzw. -fernen Nebenerwerbsbetriebe (jeweils ca. 40 %). Vgl. auch Tab. 5 in Anhang I.

26 Da es keine vollständige Liste der Grundgesamtheit — Bäuerinnen auf Kleinbetrieben unter 20 ha — gibt, aus der wir eine repräsentative Stichprobe hätten ziehen können, mußten wir das Quotenverfahren wählen. Maßgeblich für die Gruppenbildung waren dabei die genannten Kriterien: Haupt- und Nebenerwerb, Zentrumsnähe und -ferne und das Alter; sie schienen uns für die soziale Genese möglicher Unterschiede in den Verhaltensweisen, Erfahrungen und Einstellungen der Bäuerinnen die relevantesten zu sein — eine Hypothese, die sich, vorab gesagt, nur sehr eingeschränkt bewahrheitete.

und Darstellungsweisen entfalten konnten. Ein besonders großes Gewicht wurde bei allen Themenkomplexen den biografischen Erzählungen beigemessen, um den lebensgeschichtlichen Erfahrungen, die heutige Sichtweisen und Urteile begründen, nachgehen zu können.

Die Einzelinterviews wurden ergänzt durch verschiedene Informationsgespräche mit landwirtschaftlichen Experten und durch einige Gruppendiskussionen[27]. Alle Interviews wurden auf Tonband mitgeschnitten und teils wörtlich, teils sinngemäß abgeschrieben.

Fortsetzung Fußnote 26

Es gelang uns, hinsichtlich der gewählten Kriterien etwa gleich große Gruppen von Bäuerinnen zu interviewen, und zwar durch folgende Vorgehensweise: Mit der aktiven Unterstützung der Ämter für Landwirtschaft in Forchheim und Hersbruck sowie des Bayerischen Bauernverbandes erhielten wir Kontakt zu etwa der Hälfte der später interviewten Frauen. Die andere Hälfte wurde uns durch die Bäuerinnen selbst bzw. durch schon vorhandene persönliche Kontakte vermittelt. Nachdem wir nach vorbereitenden Briefen und persönlichen Besuchen auf den Höfen Termine vereinbart hatten, wurde die Interviews vor Beginn der bäuerlichen Frühjahrsarbeiten Anfang 1977 durchgeführt: zumeist zwei- bis dreistündige Gespräche (minimal 1 1/2 Stunden, maximal 8 Stunden), unterbrochen oder gefolgt von gastfreundlichen Gesten der Bäuerinnen. Aufgrund der Sozialdaten und des Interviewgesamteindrucks ordneten wir 73 Betriebe als Haupterwerbsbetriebe und 60 Betriebe als Nebenerwerbsbetriebe ein.

Die Zuordnung zu einer der beiden Gruppen gestaltet sich für uns in ca. 10 % der Fälle schwierig, weil Übergangsformen zwischen Zu- und Nebenerwerbsbetrieben vorlagen. Das Problem ergab sich daraus, daß wir nicht nach der Höhe des Einkommens aus der Landwirtschaft bzw. aus dem Neben- oder Zuerwerb gefragt hatten, weil wir vermuteten, daß die Bäuerinnen darüber keine exakten Angaben hätten machen können, und weil wir außerdem annahmen, daß dies ihre Skepsis uns gegenüber erhöht hätte. (Einige Frauen formulierten Bedenken, wir könnten mit dem Finanzamt zusammenarbeiten.) Von der Finanzlage des Hofes und der Höhe des außerlandwirtschaftlichen Verdienstes konnten wir uns so nur eine grobe Vorstellung machen. Wir mußten uns daher mehr an der Arbeitszeit orientieren, die der Bauer außerhalb der Landwirtschaft bzw. zu Hause verbringt.

Verteilt auf die beiden Regionen waren es in Zentrumsnähe 38 Haupterwerbsbetriebe und 28 Nebenerwerbsbetriebe, in Zentrumsferne 35 Haupterwerbsbetriebe und 32 Nebenerwerbsbetriebe. Gut 50 % der Nebenerwerbsbauern unserer Betriebe arbeiteten als an- bzw. ungelernte Arbeiter. Knapp ein Viertel hat eine Ausbildung zum Facharbeiter. Die übrigen arbeiten als Angestellte und Beamte.

Ein besonders erwähnenswertes Einkommen stellen die „Ferien auf dem Bauernhof" dar, weil es von den Bäuerinnen erbracht wird. Auf 7 Haupt- und 7 Nebenerwerbshöfen fanden wir Ferienwohnungen oder Gästezimmer für Urlauber vor. Diese 14 Betriebe liegen alle in der zentrumsfernen Region im ‚Naturpark Fränkische Schweiz — Veldensteiner Forst' und sind zum Zweck solcher Einrichtungen mit öffentlichen Mitteln gefördert worden.

27 Als unsere Auswertung schon relativ weit fortgeschritten war und neue Probleme aufwarf, luden wir alle an der Interviewaktion Beteiligten zu einer Gruppendiskussion ein, um uns auf diese Weise zusätzliche Gewißheit über noch ungeklärte Fragen zu verschaffen. (Wir haben also das Gruppendiskussionsverfahren nicht — wie sonst in der empirischen Sozialforschung meist üblich — als exploratives Instrument benutzt, sondern als eine Art feedback-Instrument: zunächst trugen wir den Beteiligten Ergebnisse aus der Untersuchung vor, stellten und unsere Probleme und offenen Fragen dar und unterbreiteten unsere Interpretationsvorschläge. Sodann baten wir sie um ihre Ansichten, Korrekturen und um weitere Auskünfte. Wiewohl wir mangels Zeit und Geld nur einige wenige Gruppendiskussionen durchführen konnten, hat sich diese Vorgehensweise als sehr effizient erwiesen.) Zwei Jahre nach der Befragung trafen wir uns mit 16 Bäuerinnen im zentrumsfernen Gebiet und mit 11 Bäuerinnen im zentrumsnahen Gebiet zu äußerst lebhaften, ausführlichen und offenen Diskussionen. Da sich die Frauen zumeist lange und gut kannten, waren sie bereit, sich unter der allgemein akzeptierten Selbstaufforderung: „Also seien wir mal ehr-

Die Auswertung „offener", nicht-standardisierter Befragungsergebnisse ist eines der schwierigsten Probleme, vor dem eine empirische Untersuchung steht. Um die Fülle des Materials zu bewältigen und den Überblick zu bewahren, bedarf es verschiedener methodischer Schritte und geeigneter Hilfsmittel. Jedes Forschungsteam kann dabei zwar von anderen lernen, ist aber angesichts seiner speziellen Probleme und Ziele auch auf eigene „Erfindungen" angewiesen.

Für die interessierten Laien und für die Fachkundigen unter unseren Lesern haben wir in Anhang III versucht darzustellen, welche Wege wir bei der Auswertung beschritten haben und welche Gründe dafür maßgeblich waren. Auch zum Problem der Übersetzung des fränkischen Dialekts in die deutsche Hochsprache findet man dort einige Hinweise.

3

An Vorbereitung, Organisation und Befragung sowie an entscheidenden Teilen der Auswertung haben Gertraud Lehmann, Mia Jawork-Braunschmidt, Katrin Schmidt-Dallmann und Gerda Zeuss mitgewirkt. Ohne ihre Arbeit und die vielen gemeinsamen Diskussionen wäre die Untersuchung nicht in dieser Form möglich gewesen.

Den Ämtern für Landwirtschaft in Hersbruck und Forchheim, dem Bezirksverband Oberfranken des Bayerischen Bauernverbandes, den Bezirks- und Ortsbäuerinnen danken wir für die bereitwilligen Auskünfte und hilfreichen Expertengespräche, mit denen sie unsere Arbeit immer wieder unterstützt haben.

Unser ganz besonderer Dank gilt den befragten Bäuerinnen. Die Erfahrungen mit ihnen haben uns in vieler Hinsicht tief und nachhaltig beeindruckt. Wir erinnern uns noch heute gern an die intensive Zeit der Interviews im Winter und Frühjahr 1976/77.

Die Untersuchung wurde finanziert von der DFG. In dem durch die DFG von 1975–80 geförderten Schwerpunkt „Integration der Frau in die Berufswelt" hatten wir Gelegenheit, in intensiven Diskussionen mit anderen Frauenprojekten unsere theoretischen und methodischen Probleme zu klären. Insbesondere diese Diskussionen haben unsere eigene Arbeit sehr motiviert und gefördert.

Fortsetzung Fußnote 27

lich!" recht vorbehaltlos zu verschiedenen Fragen zu äußern. Andererseits verstärkt die gegenseitige Vertrautheit sicherlich auch die Neigung, stillschweigend bestimmte, intern bekannte Tabus zu bewahren.

Auf unsere Bitte und Initiative hin hat das Müttergenesungswerk Stein im Februar/März 1977 eine Mütterkur veranstaltet, die sich speziell an die Bäuerinnen richtete. Da wir mehrere Veranstaltungen dieser Kur konzeptionell und praktisch mitgestalteten, gab man uns die Gelegenheit, in einer Gruppendiskussion mit 11 Teilnehmerinnen – dem Alter und der sozialen Lage der Beteiligten entsprechend – Problemkreise der älteren Frauen in ländlichen Regionen zu behandeln.

Neben diesen drei Gruppendiskussionen konnten wir in einer Gesprächsrunde, zu der ein „Bäuerinnenstammtisch" zusammen mit dem Müttergenesungswerk Stein geladen hatte, Beiträge zum Thema Be- und Entlastung der Bäuerinnen, Wünsche nach und Grenzen für Erholungsmöglichkeiten verschiedener Art und Zeitdauer sammeln.

I Die Kleinbäuerin und ihr Hof

1 Zur traditionellen Bedeutung des Hofes

Die ökonomische, politische und soziale Substanz von selbständiger bäuerlicher Existenz in der traditionellen Agrargesellschaft war der Besitz eines Hofes, d.h. die Verfügung über Grund und Boden, menschliche Arbeitskraft und sachliche Produktionsmittel.

Die traditionellen bäuerlichen Besitzverhältnisse ordnen den Hof den jeweiligen Repräsentanten von Familien bzw. Verwandtschaften zu. Er wird zumeist patrilinear vererbt, obwohl der matrilineare Erbgang nicht grundsätzlich ausgeschlossen ist. Damit ist sowohl in der lokalen Querachse des dörflichen Sozialsystems als auch in der generativen Längsachse die (Bluts-) Verwandtschaft „die spezifische Erscheinungsform der Eigentums- und Produktionsverhältnisse"[28]. Hofbiografie war damit mehr oder weniger identisch mit Familiengeschichte. Dieser Sachverhalt steigerte die Bedeutung des Hofes für den einzelnen in moralische Dimensionen: Über die unmittelbaren Familienleistungen hinaus repräsentierte er immer auch die Arbeit und die Autorität der „Väter" (weniger auffallend: der Mütter) und fundierte damit den Anspruch und den Druck auf Unterordnung des Willens des einzelnen unter die sog. Hoferfordernisse. Sachzwänge waren also auch familial- personell vermittelt.

Das relative Gewicht der einzelnen im Hofbesitz verklammerten Faktoren Boden, menschliche Arbeit und sachliche Produktionsmittel ergab sich aus mehreren Umständen, die die traditionelle agrarische Produktionsweise charakterisieren: aus dem Naturcharakter der bäuerlichen Arbeit, dem relativ niedrigen Niveau der Produktivkräfte und den extensiven Bewirtschaftungsformen. Da ist zunächst die Tatsache, die aus dem engen Naturbezug der bäuerlichen Arbeit entspringt: bäuerliche Arbeit nimmt ein Stück Natur, das eigene Wachstumsrhythmen und -gesetze hat, in ihren Dienst; dieses wird nach den Vorstellungen und Interessen des Produzenten bearbeitet und verändert, ohne daß er seiner jemals endgültig Herr würde. Denn obwohl seine Tätigkeit Spuren hinterläßt, die den Arbeitsvorgang und das dabei bezweckte Produkt überdauern, und so die Wildnis der Natur im Laufe der Zeit in bestelltes Land verwandeln, dennoch wird Ackerland — im Gegensatz etwa zu einem geschreinerten Schrank — „niemals wirklich ein Gebrauchsgegenstand, der seine Eigenständigkeit besitzt und für seine Beständigkeit nur einer gewissen Pflege bedarf; der bestellte Boden muß, wenn er Ackerland bleiben soll, immer wieder von neuem bearbeitet werden;

---

28 A. Ilien/U. Jeggle 1978, S. 78. Vgl. auch zum folgenden diese Arbeit, der wir wichtige Einsichten verdanken.

er besitzt kein von menschlicher Mühe unabhängiges Dasein, er wird niemals zu einem Gegenstand. Selbst da, wo in jahrhundertelanger Mühe der bestellte Boden zur Landschaft geworden ist, hat er nicht die Gegenständlichkeit erreicht, die den hergestellten Dingen eigen ist, die ein für allemal in ihrer weltlichen Existenz gesichert sind; um Teil der Welt zu bleiben und nicht in die Wildnis der Natur zurückzufallen, muß er immer wieder von neuem erzeugt werden"[29]. Insofern ist bäuerliche Arbeit auch „Sisyphusarbeit". In den extremen Akten der „eigenwilligen" Natur, z.B. den Naturkatastrophen, wird dies besonders deutlich. Aber selbst wenn man von ihnen absieht, verliert die bearbeitete Natur die Spuren menschlicher Arbeit und Anstrengung relativ schnell (radikale Umweltzerstörung als sozusagen dauerhaftes Resultat einmal ausgenommen): die Arbeitsprodukte verschwinden, sei's im Konsumtionsprozeß, sei's infolge ihrer naturbedingten Vergänglichkeit; der Arbeitsgegenstand Boden fällt ohne permanente Bearbeitung in das Stadium der Wildnis zurück, wird überwuchert oder verödet, versteppt oder überflutet.

Muß auf diese Weise der Anteil des Menschen an der Natur immer wieder neu durch Arbeit fixiert werden, so ist die personelle und sachliche Ausstattung der Arbeit von zentraler Bedeutung. Die traditionelle bäuerliche Arbeit war im wesentlichen Handarbeit: Der bäuerliche Produzent brachte in seinen „Stoffwechsel" mit der Natur vor allem seinen eigenen Körper ein. Er setzte angeborene und ausgebildete Fähigkeiten, Fertigkeiten, Zähigkeit und Ausdauer ein, um mit der Natur, aber auch gegen sie zu leben und zu überleben. Die Geräte die er benutzte, entsprachen in der Größe und Handhabung seinen Körperdimensionen und -kräften. Mit Arbeitstieren konnte er zwar seine eigenen Zugkräfte vervielfältigen, aber er blieb auch hier naturgebunden: wollte er sie gebrauchsfähig erhalten, mußte er sich an ihrer organischen Natur und deren Notwendigkeiten orientieren. Aus diesem Umstande folgt insgesamt eine große quantitative Bedeutung der menschlichen Arbeit und damit des Arbeitskräftepotentials, das eine Familie aufbieten konnte.

In ähnlicher Weise durch die natürlichen Gegebenheiten begrenzt war die Bodenfruchtbarkeit. Der Einfluß der Bauern beschränkte sich – je nach historischer Epoche mit unterschiedlichen Akzenten – auf die Anwendung der Dreifelderwirtschaft, des Fruchtwechsels, der Düngung aus den Ressourcen des betrieblichen Kreislaufs. Die Folge war eine extensive Bodennutzung. Entscheidend für die Erträge der Arbeit waren somit die Größe, Qualität und Lage des Grund- und Bodeneigentums: Der Umfang des Landbesitzes entschied letztlich darüber, ob sein Besitzer satt werden und die Kinder ernähren konnte, welchen Lebensabend er seinen Eltern bieten und für sich erwarten konnte. Darüber hinaus bestimmte er seine soziale Stellung, ob er abhängige oder selbstbestimmte Arbeit hatte; wieviel Achtung und Angst andere vor ihm hatten. Das Land war räumlich unbeweglich und fixierte die ihm zugehörigen Menschen so

---

29 H. Arendt 1960, S. 126. Für Hannah Arendt fällt daher die bäuerliche Tätigkeit unter die Kategorie „Arbeit", die sie vom „Herstellen" und „Handeln" unterscheidet.

an sich und auf sich, daß ihr Lebens- und Aktionsraum umfassend dadurch abgesteckt war und eine materielle und emotionale Einheit entstand. Als bloßes Subjekt hatten der einzelne und seine Familie kaum etwas zu „bestellen"; sie galten wesentlich nur als Trabanten von Grund und Boden.

Da der Besitz als Lebensgrundlage und Prestigefaktor erfahren wurde, verstärkte sich in den Individuen und Familien einerseits der Wunsch zu besitzen, andererseits, komplementär dazu, die Angst zu verlieren. Die Angst war nicht unbegründet: In der arbeitenden Auseinandersetzung mit der äußeren Natur, die rhythmisch-zyklisch, aber auch punktuell-eigenwillig gab und nahm, erlebte der bäuerliche Mensch die Unsicherheit des Besitzens immer wieder. Seine eigene Natur führte ihm vor, wie auf das Wachstum der Kräfte deren Schwinden einsetzt und ihn zunächst aus der Besitz-, schrittweise auch aus der Arbeitssphäre drängt. Nicht nur die Naturwüchsigkeit des Arbeitens, sondern auch die historischen Erfahrungen des Bauernstandes von Enteignung und Raub durch die Obrigkeiten, der jahrhundertelange Kampf der Bauern um die uneingeschränkten und vererbbaren Eigentumsrechte an den selbst bestellten Ländereien, die Krisen und Katastrophen wirken nachhaltig im Bewußtsein des einzelnen. Insbesondere ist seine eigene Biografie immer auch eine Rekapitulation von Besitzerwartungen und Verlustängsten: Besitzer wird nicht jeder, und wenn, dann zumeist nach längerer Wartezeit. Besitzer bleibt man auch im Regelfall nicht bis ans Lebensende; man muß vorher das Feld räumen, um dem Nachfolger Platz zu machen. Der naturnotwendigen Kontinuität des Arbeitsflusses, in den sich jedes Familienmitglied nahezu altersunabhängig einzubringen hat, steht eine Diskontinuität im Besitzen gegenüber, die nicht ohne soziale Folgen bleibt: Besitz und Arbeit werden zu Klammern, aber auch zu Widerhaken zwischen den Generationenfolgen und innerhalb der Familien: Um den Besitz in der Familie zu wahren, bedarf es der Kooperation aller. Jeder muß für den Hof, in dem sich schon die Arbeit der Vorfahren vergegenständlicht hat, die eigene Arbeitskraft verausgaben, um der kommenden Generation die Existenzbasis zu erhalten. Aber nur einer wird Besitzer werden, die anderen werden mit viel geringeren Werten abgegolten. Der Kooperation in der Arbeit steht die Dissoziation im Besitzen gegenüber, latent immer vorhanden, zu Tage tretend in regelmäßigen an die Generationsabfolge gebundenen Zyklen: Wenn der Sohn das Erbe antreten, aber der Vater nicht von der Bühne der Besitzer abtreten will; wenn die Geschwister teilen müssen; wenn materielle Verpflichtungen gegenüber den Altenteilern nicht eingehalten werden. (Ähnliches gilt für das Dorf als eine Gemeinschaft aus miteinander v.a. in Notfällen kooperierenden, um den Privatbesitz aber konkurrierenden Familien- bzw. Verwandtschaftsclans.) Derartige widersprüchliche Verhältnisse geben dem bäuerlichen Denken seine spezifische Polarität: Gefühle von Einssein und Getrenntsein sind niemals isoliert voneinander anzutreffen, denn dem Gefühl des Besitzens ist die Angst vor dem Verlust und die Gewißheit der Enteignung ebenso inhärent wie der Trennung und der Ferne vom Besitz der Wunsch und die Hoffnung auf Teilhabe[30].

---

30 Solche Gefühle sprechen aus einer Hausinschrift in einem Dorf der Fränkischen Alb: „Dies Haus ist mein und doch nicht mein's. Der vor mir war, dacht auch, wär sein's. Er ging hinaus, ich ging hinein. Nach meinem Tod wird's auch so sein."

Die kollektive wie individuelle, historisch immer wieder erneuerte Grunderfahrung von permanenter Gefährdung und Zerbrechlichkeit der Besitz-, Arbeits- und damit Lebensverhältnisse hat weitreichende Konsequenzen für die „Charakterstruktur" der betroffenen Menschen. Hierzu gehört einerseits die besondere Fixierung des bäuerlichen Menschen auf sein Hofeigentum, die wir als symbiotisch bezeichnen können. Er fühlt und begreift sich als Teil seines Besitzes; er ist identisch mit ihm in dem Sinne, daß er über ihn erst zur persönlichen Identität gelangt. Jeder Verlust geht an die eigene Substanz; die Gefahr von Trennung fordert zu noch verbissenerem Festhalten auf. Es gilt, auf Gedeih und Verderb das Eigene zusammenzuhalten, den Besitzstand zu wahren und selbst in der Hofbindung zu verharren.

Andererseits gehören dazu auch Strategien der Immunisierung gegenüber den Wechselfällen des Lebens: den guten Zeiten nicht allzusehr vertrauen und sich ihrer raschen Vergänglichkeit bewußt bleiben; die mageren Zeiten durchstehen in der Hoffnung, daß es wieder einmal aufwärts geht. Eine solche Haltung nimmt der Euphorie ebenso ihre Höhen, wie der Depression ihre Ausweglosigkeit; sie nivelliert die Extreme und balanciert sie soweit aus, daß sie erträglicher, aber auch illusionsärmer werden.

2 Zur aktuellen Bedeutung des Hofes

Mit dem eingangs beschriebenen Wandel des Agrarsektors und seiner Stellung innerhalb des Systems gesellschaftlicher Produktion und Reproduktion hat sich auch die objektive Situation und die Bedeutung des Hofes für die Individuen entscheidend verändert. Der sprunghafte Anstieg des Produktivkraftniveaus relativiert die menschliche Arbeit und ist gleichbedeutend mit einer Expansion der sachlichen Produktionsmittel, die auf einem Hof zur Anwendung kommen. Der Boden ist zwar nach wie vor die Grundlage der bäuerlichen Produktion, aber eine gewisse Relativierung ist auch hier unübersehbar. Die Erträge sind immer noch eine Funktion der Besitzgröße, doch sie können — zumindest vorübergehend und betriebswirtschaftlich gesehen — mittels Maschinerie und chemischer Hilfsstoffe auch ohne Besitzvergrößerung gewaltig gesteigert werden. Die natürliche Fruchtbarkeit, deren regionale Unterschiedlichkeit eine wesentliche Ursache für die großen Ertragsunterschiede und damit für die Differentialrenten der Bauern war, kann nun bei entsprechendem Kapitaleinsatz in gewissem Maße ausgeglichen werden. Besonders deutlich wird dieser Sachverhalt dort, wo sich ganze landwirtschaftliche Produktionszweige von der Bodenproduktion getrennt haben, z.B. in der Viehmast oder in Hühnerfarmen. Der Boden ist hier nur noch als Standort interessant; die für die Fütterung der Tiere weiterhin erforderliche Bodenproduktion kann räumlich und organisatorisch völlig abgetrennt erfolgen.

Der Bedeutungswandel der einzelnen Produktionsfaktoren ist gleichermaßen Ursache und Wirkung der zunehmenden Verflechtung der Landwirtschaft in den kapitalistischen Binnen- und Weltmarkt und der daraus resultierenden

Zwänge. Das verfügbare Kapital wird zum Angelpunkt der Frage, ob der einzelne Hof dem Akkumulationsdruck und Modernisierungszwang standhalten kann.

Dieser Prozeß hat weitreichende Konsequenzen für die Funktionen, die der Hof heute dem einzelnen gegenüber bzw. für die bäuerliche Familie wahrnimmt. Dies gilt vor allem für die kleinen Höfe, deren ohnehin prekäre Lage im Zuge der geschilderten Entwicklung sich weiter verschlechtert hat. Sie garantieren nicht mehr ohne weiteres die Subsistenz der dem Hof zugeordneten Menschen. Hochverschuldet haben viele Kleinbauern aufgegeben, andere versuchen mit einem Existenzminimum zu überleben. Trotz der hochgeschnellten Produktivität und nur in Grenzen gewachsener Ansprüche an den Lebensstandard kann ein Hof immer weniger Menschen ernähren. In vielen Nebenerwerbsbetrieben liegt die paradoxe Situation vor, daß nicht mehr der Hof seine Bewohner erhält, sondern daß diese durch das außerlandwirtschaftliche Einkommen den Fortbestand des Hofes sichern. Auf der anderen Seite steht der Mensch, der sich vom Hof ablöst, nicht notwendig vor dem Nichts. Der alte Bauer, der aufgeben will, kann sich unter Umständen mit der Landabgaberente über Wasser halten. Durch das Altersgeld ist der Hof teilweise von der Versorgung der Altenteiler entlastet. Selbst wenn sich die wirtschaftende Generation die Hofaufgabe überlegen sollte, hätte sie nicht von vornherein eine hoffnungslose Perspektive vor sich: industrielle Arbeitsplätze stehen — je nach Konjunkturlage — zur Verfügung; die landwirtschaftliche Nutzfläche läßt sich als Bauland verkaufen oder als Pachtland finanziell nutzen. Die frühere Situation, als sich die Eltern gezwungen sahen, den Hof als Existenzgrundlage für die Nachkommen zu erhalten, liegt in dieser Form nicht mehr vor, da der bäuerlichen Jugend eine außerlandwirtschaftliche Berufsausbildung oft eine gesichertere Zukunft verheißt als die Übernahme des Hofes[31]. Der bäuerliche Betrieb kann heute somit nur noch in sehr begrenztem Umfang familienintegrative Funktionen wahrnehmen; der einzelne braucht sich nicht mehr nur als Anhängsel des Hofes zu fühlen, er kann sich entfernen und unabhängig machen, zumindest in gewissen Grenzen.

Gleichzeitig haben sich die Anerkennung und das soziale Ansehen des Kleinbauern im Verlauf seiner ökonomischen Depravierung verringert. Mit der Geringschätzung kleinbäuerlicher Lebensformen, die in der bürgerlichen Welt mit ungehobeltem Auftreten, Schmutz und Gestank, Dumpfheit und geistiger Enge in eins gesetzt werden, ist die Bäuerin nicht nur bei ihrem heutzutage engeren Kontakt mit der Stadtbevölkerung konfrontiert; sie muß sich schon im eigenen Dorf aufgrund seiner veränderten Sozialstruktur neuen Bewertungsskalen stellen.

---

31 Die Basis solcher Aussagen ist der Vergleich mit früheren Zeiten. Daß sich faktisch auch heute die Situation für den aufgebenden Bauern vor allem in strukturschwachen Regionen nicht sehr rosig darstellt, daß es oft sehr schwierig ist, für die Kinder die geeigneten Lehrstellen zu finden etc., sind bekannte Phänomene; vgl. R. G. Heinze/H.-W. Hohn 1977.

3 Die Stellung der Bäuerin zum Hofeigentum. Eine Außenansicht

Vom objektiven Bedeutungsverlust des Hofes wollen wir nun zur Rezeption durch unmittelbar Betroffene übergehen: Wie steht die Bäuerin heute zum Hof, wie läßt sich ihr „Hofdenken" charakterisieren, d.h. welche Bedeutung mißt sie ihrem Hof heutzutage bei, für sich, die Familie, die Gesellschaft? Wieviel liegt ihr am Erhalt des Hofes für sich bzw. für ihre Kinder? Wie schätzt sie die Hofzukunft und ihre Perspektiven ein? Haben instrumentell-funktionale Einstellungen die traditionellen Orientierungen verdrängt?

Schon bei der erstgenannten Frage müssen wir kurz innehalten und uns die beiden Ebenen dieser Fragestellung verdeutlichen. Die Stellung der Frau zum Hof(eigentum) hat eine formal-juristische Seite und eine Seite, die ihr tagtägliches und tatsächliches Planen, Entscheiden und Handeln in Dingen, die die Hofexistenz betreffen, beinhaltet. Aus analytischen Gründen beschränken wir uns zunächst auf den ersten Aspekt, an den wir dann Fragen nach der eigentlichen Hoforientierung anschließen. Den zweiten Aspekt werden wir im nächsten Kapitel „Bäuerin und Ökonomie" aufgreifen[32].

Sehen wir uns den traditionellen dörflichen Besitzerkosmos genauer an, so erscheint er zunächst mehr oder weniger als eine reine Männerwelt. Im Regelfall wurden patrilineare Erbformen praktiziert, d.h., daß in ca. 85% aller Erbfälle der Hof in der Mannesfamilie an männliche Erben weitergegeben wird, obwohl prinzipiell eine weibliche Erbfolge nicht ausgeschlossen ist[33]. Die bäuerlichen Anwesen tragen entweder den Namen der männlichen Besitzerfamilie oder „Hausnamen" männlicher Vorbesitzer, falls die Erbfolge durch eine Frau unterbrochen werden mußte. Die oben vorgeschlagene Terminologie läßt sich also dahingehend präzisieren, daß die „männliche Verwandtschaft" die Erscheinungsform des bäuerlichen Besitzes war. Die patrizentrierte Außenansicht des Hofes wird auch heute noch durch die offizielle Statistik reproduziert. So lesen wir im Agrarbericht der Bundesregierung von 1978 unter der Überschrift „Soziale Stellung der Landfrau":

---

32 Für das Folgende, vor allem für die Auswertungsergebnisse der Interviews, ist methodisch immer im Auge zu behalten, daß unsere Interviewpartner Frauen waren, die in der Landwirtschaft geblieben sind. Es wäre äußerst aufschlußreich, eine Paralleluntersuchung über solche Frauen vorliegen zu haben, die die Landwirtschaft verlassen haben und deshalb ihre bäuerliche Vergangenheit sowie ihre Entscheidung gegen die Landwirtschaft aus einem ganz anderen Blickwinkel und der mitunter sehr klärenden Distanz interpretieren können. Die herrschende gesellschaftliche Rationalität räumt ihnen für ihre Entscheidung gegen ein Leben im landwirtschaftlichen Milieu sicherlich einen Bonus ein, und deshalb brauchen sie den für sie abgeschlossenen Teil ihrer Biografie weder schönzufärben noch schwarzzumalen. Möglicherweise könnte eine solche Untersuchung unsere Ergebnisse hinsichtlich der strukturierenden und normierenden Kraft des Hofes für die Biografie der ihm zugeordneten Individuen nicht nur wirkungsvoll ergänzen, sondern auch korrigieren.

33 Daß Eigentum auf Mann und Frau vererbt werden kann, stellt eine europäische Spezialität mit weitreichenden Folgen dar: vgl. dazu J. Goody 1976.

„Im Jahre 1976 umfaßte die Gruppe der Frauen in der Landwirtschaft etwa 1,7 Millionen Personen. Davon sind

- Betriebsinhaberinnen 5%
- Ehefrauen von Betriebsinhabern 43%
- Familienangehörige 46% und
- familienfremde Arbeitskräfte 6%".[34]

Diese Unterscheidungen zeigen, daß zumindest in der Statistik eine Bäuerin nicht gleichzeitig Betriebsinhaberin und Ehefrau eines (mitbesitzenden) Bauern sein kann, was aber in den nicht gerade seltenen Fällen von Gütergemeinschaft real durchaus gegeben ist. Die 5% Betriebsinhaberinnen können auch nicht alle Hoferbinnen einschließen, da diese einen wesentlich höheren Anteil stellen. Demnach scheint die Statistik eine Frau als Eigentümerin eines Hofes nur anzuerkennen, wenn sie ledig, geschieden oder verwitwet ist. Sobald die Frau heiratet, zählt sie für statistische Zwecke in der Regel nicht mehr aufgrund ihrer ökonomischen Stellung zum Hofeigentum, sondern nurmehr über ihre soziale Stellung innerhalb der bäuerlichen Familie und insbesondere zum Ehemann. Es stellt sich hier die Frage, ob wir bei einer solchen Betrachtungsweise unzulässig-spitzfindig statistische Definitionen kritisieren, die doch letztlich nur notwendige statistische Pragmatik widerspiegeln. Ehe wir hierauf eingehen, werfen wir noch einen Blick auf andere Statistiken.

Es zeigt sich, daß der Agrarbericht der Bundesregierung in seinem Vorgehen keine Ausnahme darstellt. In der vom Statistischen Bundesamt 1975 herausgegebenen Veröffentlichung „Die Frau in Familie, Beruf und Gesellschaft" werden die Besitzverhältnisse der Frau in der Landwirtschaft über drei Unterscheidungen beschrieben. Zum einen unterscheidet eine Statistik in der uns schon bekannten Weise zwischen Betriebsinhaberin und Ehefrau; ihr zufolge gab es 1972/73 unter allen Betriebsinhabern 8% Frauen, auf 10 Ehefrauen kommt etwa eine Inhaberin[35]. Eine andere Statistik unterscheidet zwischen „selbständigen" Personen, d.h. tätigen Eigentümern, Miteigentümern, Pächtern usw. und „Mithelfenden", d.h. Personen, die lohnlos mitarbeiten und keine Sozialversicherungspflichtbeiträge entrichten. Auf der Grundlage dieser Kategorien gab es im Jahr 1971 15,5% Frauen unter den selbständigen Landwirten und 82,7% Frauen unter den mithelfenden Familienangehörigen. Wie diese Statistik[36] zeigt, ist es vor allem landwirtschaftliches Kleineigentum, das als Fraueneigentum ausgewiesen wird: In den Betrieben unter 5 ha sind 38,3% der selbständigen Landwirte Frauen; bei Betrieben zwischen 5 und 20 ha sinkt ihr Anteil bereits auf 11,9% ab, und in Betrieben über 20 ha liegt er bei nurmehr 5,4%. Eine dritte Statistik im genannten Werk unterscheidet zwischen „tätigen Inhabern" und „mithelfenden

34 AB 1978, S. 9.
35 Statistisches Bundesamt 1975, S. 107; bezogen auf Betriebe ab 2 ha. Eigenartigerweise verändern sich diese Zahlen in Neben- und Zuerwerbsbetrieben nicht zugunsten der Frauen. Da in dieser Tabelle für die Haupterwerbsbetriebe 9% Frauen als Inhaber angegeben sind, müssen es in den anderen Betriebsformen sogar entsprechend weniger Frauen sein.
36 Statistisches Bundesamt 1975, S. 91.

Familienangehörigen"[37]. Die Ähnlichkeit dieses Zahlenmaterials[38] mit der soeben genannten Statistik deutet darauf hin, daß diese Unterscheidung in etwa kongruent ist mit dem Kategorienpaar selbständig/mithelfend.

Die Quintessenz dieser Statistiken läßt sich dahingehend zusammenfassen, daß der Bauer in erster Linie der Besitzer des Hofes ist, die Bäuerin in erster Linie Ehefrau des Besitzers. Nur landwirtschaftliches Kleinsteigentum wird auch in der Statistik relativ häufig als Fraueneigentum ausgewiesen.

Ist es nun aus solchen Gründen gerechtfertigt, von der Eigentumslosigkeit der Bäuerin zu reden, die sich damit als ein Spezialfall der Eigentumslosigkeit der Frau in der patriarchalischen Gesellschaft erweisen würde? Wir meinen, daß die Dinge weit komplizierter liegen, und nicht der äußere Schein für die Realität genommen werden darf. Vor allem nicht für die Realität, wie sie die Bäuerinnen selbst sehen. Wir werden daher zunächst im Rahmen eines Exkurses auf die juristische Seite dieses Problems eingehen und einige Aspekte des bäuerlichen Güterrechts darstellen, die die Unsymmetrien und Besonderheiten der Stellung zum Eigentum von Mann und Frau betreffen. Sodann wird das Hofdenken der Frauen entsprechend unseren Interviewergebnissen genauer betrachtet werden.

4 „Wem ich meinen Leib gönne, dem gönne ich auch mein Gut". Ein historischer Exkurs zur güterrechtlichen Situation der Bäuerin

Es ist eine folgenreiche Eigenart der westeuropäischen Agrargesellschaften gewesen, daß Eigentum auf männliche und weibliche Nachkommen übertragen werden konnte, sei es als Erbe oder als Aussteuer[39]. In den ca. 20% aller Familien, in denen nach allgemeinen Berechnungen der Historiker keine männlichen Erben vorhanden waren, konnten die Töchter ohne weiteres das Erbe antreten. Nach dem Tod des Ehemannes blieb das eheliche Vermögen zumindest bis zur Volljährigkeit der Kinder in der Hand der Witwe. So kommt es, daß man immer wieder historische Phasen ausmachen kann, in denen viel Vermögen, vor allem auch der in den vorindustriellen Agrargesellschaften grundlegende Besitz an Ländereien, in den Händen von Frauen lag[40]. Der Normalfall für die Bäuerin jedoch seit dem frühen Mittelalter war die Gütergemeinschaft mit ihrem Gatten. Lebenszeitlich betrachtet hieß dies: Ihr Frauenvermögen hatte nur vorübergehend bzw. formal einen selbständigen Status. Es stammte aus dem Gut der „Väter" und wurde dem Eigentum der Mannesfamilie und damit im „Normal"-fall in die männliche Erblinie des Bauern integriert. Die Verfügungsgewalt im Konfliktfall lag jedenfalls immer in den Händen des Mannes. Dies zeigt sich, wenn wir

---

37 Statistisches Bundesamt 1975, S. 90.
38 1970: 16,9 % Frauen unter den tätigen Inhabern; 76,6 % Frauen unter den mithelfenden Familienangehörigen.
39 Vgl. J. Goody 1976, S. 10.
40 Vgl. E. P. Thompson 1976, S. 349.

die güterrechtliche Situation der Ehefrau nach dem Allgemeinen Landrecht für die Preußischen Staaten von 1794 betrachten, „der bedeutendsten der vorbürgerlichen Kodifikationen, dessen Familienmodell der mit der agrarischen Wirtschaftsordnung untrennbar verbundenen vorindustriellen Familienorganisation entspricht"[41]. Grundsätzlich gilt hier, daß der Mann das „Haupt der ehelichen Beziehung" und seine Machtposition formalrechtlich unkontrolliert ist: „Sein Entschluß giebt in gemeinschaftlichen Angelegenheiten den Ausschlag". (§ 184 des ALR) Vor allem der Handlungsspielraum der Frau nach außen und Dritten gegenüber ist damit gänzlich dem männlichen Autokraten unterstellt und kann beliebig beschnitten werden. Vermögensrechtliche Konsequenz ist, daß das Frauenvermögen bei der Heirat auch in die Verfügung des Mannes übergeht[42]. Nur als solche ausdrücklich gekennzeichnete persönliche Gebrauchsgegenstände und vertraglich vorbehaltenes[43] Gut untersteht der Frau, freilich wiederum nur in sorgsam abgesteckten Grenzen. Ist sie dort, wo es um ihre persönlichen Gebrauchsgegenstände geht, „eines unwirtschaftlichen Betragens verdächtigt", so soll der Mann „Maaßregeln zu dessen Verhütung" treffen. Und „verschwendet" sie ihr eigenes Vorbehaltsgut, so wird ihr der Ehemann vom Gericht als Kurator bestellt, „weil der Mann präsumtiv bester Freund der Frau sei"[44]. Ein Rechtsgeschäft auf der Basis ihres Vermögens kann die Frau nur abschließen, wenn der Ehemann seine Einwilligung dazu gibt. Jeder Zuerwerb der Ehefrau wird „dem Vermögen des Mannes, zumindest aber dem Eingebrachten" zugeschlagen. Gibt es keine vertraglichen Regelungen, so wachsen die aus dem Vorbehaltsgut stammenden Ersparnisse, aber auch Geschenke und Erbschaften der Frau dem eingebrachten, sog. gemeinsamen Vermögen zu, denn:

„... was die Frau in stehender Ehe erwirbt, erwirbt sie der Regel nach, dem Manne"[45].

Das ALR behielt seine Gültigkeit bis 1900. Das BGB, das am 1.1.1900 in Kraft trat, hat im Ehe- und Familienrecht erste zögernde Schritte zur Entpatriarchalisierung der Gesetze getan. Anstelle des weit über 100 verschiedene Güterrechte umfassenden Regionalsystems wird erstmals ein allgemein geltender gesetzlicher Güterstand eingeführt, die Verwaltung und Nutznießung des Mannes. Er unterscheidet sich jedoch wenig von dem oben beschriebenen landrechtlichen System. Über Geld und verbrauchbare Gegenstände kann der Mann ohne Zustimmung der Frau nach eigenem Gutdünken verfügen; ansonsten muß er ihre Zustim-

---

41 H. Dörner 1974, S. 14 f.
42 Vgl. H. Dörner 1974, S. 48.
43 Die hier zum ersten Mal juristisch fixierte Möglichkeit der Frau, sich ein Gut vertraglich vorzubehalten, hat die Kritik und den Ärger mancher Zeitgenossen erregt; so Goethes Schwager Schlosser: „Wenn die Frau ihrem Mann den Leib, ihre Ehre, ihre Kinder, ihre ganze Glückseligkeit, ihr Leben und alle ihre Kräfte anvertrauen muß, so ist es dünkt mich an sich eine Kleinigkeit, daß sie ihm auch ihr Vermögen anvertraue." (zit. nach H. Dörner 1974, S. 50).
44 Alle folgenden unnummerierten Zitate: ALR (= Allgemeines Landrecht), zit. nach H. Dörner 1974, S. 49.
45 ARL § 211, zit. nach H. Dörner 1974, S. 49.

mung einholen, vor allem dann, wenn es um die Verfügung über das Mobiliarvermögen geht. Das Frauenvermögen ist geschützt durch dingliche Surrogation bei Erwerb mit den Mitteln des Eingebrachten, d.h. die Ehefrau hat Anspruch darauf, daß Gegenstände des Frauenvermögens bei Beschädigung oder Verschleiß ersetzt werden. Die Frau kann jetzt über ihren Arbeitserlös „frei" verfügen.

In unserem Kontext ist nun die Tatsache interessant, daß schon diese winzigen Schritte zum Schutz der weiblichen Vermögenssubstanz den Bauern explizit zu weit gingen. Sie protestierten gegen die neuen Bestimmungen und versuchten, vor allem in Bayern, durch besondere Ehe- und Erbverträge weiterhin die Gütergemeinschaft aufrechtzuerhalten.

Nun ist dieses Faktum von Agrarsoziologen mitunter als Zeichen besonders emanzipierten bäuerlichen Rechtsempfindens gedeutet worden. So folgert U. Planck unter Berufung auf eine Arbeit von Max Sering zum Erbhofrecht, worin dieser von der „genossenschaftlichen Gleichberechtigung" zwischen Bauer und Bäuerin spricht, daß sich im bäuerlichen Milieu wesentlich früher als auf der gesamtgesellschaftlichen Ebene die „vermögensrechtliche Gleichberechtigung der Ehefrau durchgesetzt"[46] habe, weil damit ihr für den Hof unentbehrlicher Beitrag zur Arbeitswirtschaft anerkannt werden sollte. Konsequent interpretiert er die Kritik des Bauernstandes am BGB: „Die mit dieser Nutzverwaltung und Nutznießung des Mannes am eingebrachten Gut der Frau verbundene außerordentliche Vorrangstellung des Mannes vor der Frau widersprach bäuerlichem Rechtsempfinden."[47] Eine solche Interpretation geht jedoch an der Realität vorbei. Sie übersieht die offenkundigen Vorteile, die die Gütergemeinschaft für den Mann als den gesellschaftlichen Repräsentanten des Hofes hat, geht doch das Frauenvermögen nahezu ununterscheidbar und deshalb auch nicht ohne weiteres wieder herauslösbar im Hofvermögen „auf". Genau hieran hat das BGB 1900 geringfügig gekratzt, und schon haben die Bauern betroffen reagiert. Die Repräsentanz des Hofes durch den Mann eignet sich vortrefflich, um das Aufrechterhalten patristischer Interessen hinter objektiven Hofnotwendigkeiten zu verstecken. Der patriarchalische Charakter der Kritik der Bauern zeigt sich aber auch klar vor dem Hintergrund der gänzlich anders gerichteten Kritik der Frauenbewegung, der Liberalen und Sozialdemokraten an dem neuen Güterstandsrecht des BGB[48].

Einen Rückschritt brachte das Erbhofgesetz von 1933. Der Fall, daß eine Frau einen Hof erben konnte, wenn kein Bruder vorhanden/geeignet war, sollte jetzt mehr oder weniger ausgeschlossen werden: Der Anerbe durfte nur dann eine Frau sein, wenn auch in der weiteren Verwandtschaft keine Männer das Erbe antreten konnten. Das Erbrecht an den Liegenschaften, das der Frau nach dem BGB in jedem Falle zustand, wurde beseitigt. Dieser Ausschluß der Frau von der Verfügungsmöglichkeit über bäuerliches Eigentum ordnet sich konsequent ein in den Rahmen des autoritär-patriarchalischen Familienmodells des Faschismus.

Mit dem Bonner Grundgesetz von 1949 intensivierte sich die Diskussion um die vermögensrechtliche Ungleichstellung der Frau, deren Widerspruch zur verfassungsmäßig garantierten Gleichberechtigung der Geschlechter nun viel

---

46 U. Planck 1964, S. 78.
47 U. Planck 1964, S. 79.
48 Vgl. H. Dörner 1974, S. 100.

offener zutage trat. Seit 1958 ist die seit 1953 als provisorischer gesetzlicher Güterstand geltende Gütertrennung, — das eingebrachte Vermögen des Mannes bzw. der Frau sowie die sich daraus ergebenden Zugewinne bleiben getrennt — , durch die Zugewinngemeinschaft abgelöst, d.h. die in die Ehe eingebrachten Frauen- und Männervermögen bleiben getrennt, und während des Ehestandes verwalten beide gemeinschaftlich den Zugewinn, an dem sie auch im Falle der Trennung gleichermaßen beteiligt werden.

Bedeutet dies nun für die Bäuerin, daß sie über ihr eingebrachtes Frauenvermögen und über ihren Anteil am Zugewinn frei verfügen kann und damit ihr Verhältnis zum bäuerlichen Eigentum eine neue Dimension erhält? Dies ist nicht ohne weiteres der Fall. Schon der Zugewinn ist in der Landwirtschaft so definiert, daß er nach dem Ertragswert zu berechnen ist; d.h. nicht nach dem Wert der Sache an sich („Verkehrswert"), sondern nach dem Reinertrag; in Bayern beispielsweise beträgt der Ertragswert das 18fache des jährlich nachhaltig zu erzielenden Reinertrages. Dies bedeutet konkret, daß eine Ausgleichsleistung oft nicht zu erfolgen braucht, da auch in langandauernden Ehen häufig nur ein geringer oder gar kein Zugewinn erzielt wird. Diese Ertragswertregelung, zum Schutze der Hofsubstanz eingeführt, schützt damit im Falle der Scheidung eher die männlichen Besitzrechte am Hof als die Rechte der zuarbeitenden Frau, die den Hof nicht eingebracht hat. Ihre Arbeit war im Falle der Scheidung mehr oder weniger „umsonst", eine Gratisgabe für das männliche Eigentum. (In diesem Kontext ist auch zu erwähnen, daß das neue Eherecht von 1977 zwar die Mitarbeitspflicht im Betrieb des Ehegatten generell aufgehoben hat, dies aber dahingehend einschränkte, „daß die Bäuerinnen, die bisher ihrem Manne geholfen haben, nicht ohne weiteres ihre Mitarbeit einstellen können, sondern lediglich für die Zukunft auf eine günstigere Regelung innerbetrieblich hinwirken können"[49].

Obwohl diese Ausführungsdetails zeigen, daß der Hof als Ganzes nicht ohne weiteres durch Eigenwilligkeiten der Frau zerstört werden kann, ist von Bauernschaftsvertretern starke Kritik am neuen gesetzlichen Güterstand geübt worden. Sie setzt an am Ausgleichsanspruch, den der über das geringere Vermögen verfügende Ehegatte bei Beendigung der Zugewinngemeinschaft über das Altenteil hinausgehend erheben kann. In die Praxis übersetzt: Nach dem Tod des Mannes oder nach einer Scheidung kann die Frau ihre Ansprüche (möglicherweise, s.o.) wirkungsvoller geltend machen als bisher. Damit aber — so die kritischen Stimmen — wird der Hofnachfolger vor erhebliche finanzielle Schwierigkeiten gestellt, Grundstücke müssen belastet oder verkauft werden, der Betrieb wird geschwächt, statt für die kommende Generation konsolidiert. Ein anderes Argument gegen die Zugewinngemeinschaft bezieht sich auf die im Gesetz vorgesehene Möglichkeit, daß der Nichteigentümer des Hofes (in der Regel die Frau) die (in der Regel vom Manne) beabsichtigte Hofübergabe vereiteln und darüber hinaus einen vorzeitigen Ausgleich des Zugewinns verlangen kann; dies wird als

---

49 Chr. Schmidtler, Ehe- und Familienrecht, vervielfältigtes Manuskript, S. 2.

unannehmbar betrachtet. U. Michaelis, der die hier skizzierte Kritik ausführlich dargestellt hat[50], kommt zum Ergebnis:

"Sowohl die Kritik an dem Zugewinnausgleich bei Beendigung des Güterstandes als auch zu § 1365 (Vetorecht gegenüber Hofübergabe, s.o.) sind gegen die gesetzliche Verbesserung der Rechtsposition des finanzschwächeren Ehepartners gerichtet, was in der Regel die Ehefrau sein wird."[51]

Wenn also der Verband des Niedersächsischen Landvolkes den verheirateten oder heiratenden Bauern empfiehlt, den gesetzlichen Güterstand auszuschließen, weil er mit bäuerlichem Denken nicht vereinbar sei, den Familienfrieden und die Fortexistenz der Betriebe in der familiären Generationenfolge gefährde, und stattdessen Gütertrennung oder auch Gütergemeinschaft herbeizuführen, so bedeutet dies implizit immer auch, daß auf den Höfen das Besitzpatriarchat konserviert und der äußere Aktionsradius der Bäuerin in „altbewährter" Weise eingeschnürt bleiben soll. Als einen Beleg für diese Interpretation ziehen wir die güterrechtlichen Sonderregelungen heran, mit denen die Bauernschaft auf den neuen gesetzlichen Güterstand reagiert hat[52]. Zusammenfassend kommentiert Michaelis:

„Der Abschluß eines Ehevertrages benachteiligt sie (die Ehefrau, erg.) zumeist..."[53].

Besonders deutlich trete dies in der Vereinbarung der Gütertrennung zutage, also in derjenigen Form, die Michaelis zufolge besonders häufig von den Landwirten bevorzugt wird[54].

Bei den gütertrennenden Verträgen wird in erster Linie klargestellt, wer der Eigentümer des Hofes sei. Ein Erbvertrag, der von etwa jedem zweiten Antragsteller auf Gütertrennung mitbeantragt wird, soll in der Regel absichern, daß der Hof in der (zumeist: Mannes-) Familie bleibt und nicht in „fremde Hände" (vermittelt über die Ehefrau) übergeht, d.h. daß die Patrilinearität gewahrt bleibt. Als den Hauptunterschied zwischen den Erbverträgen der Landwirte und anderer Berufe hat Michaelis denn auch herausgefunden:

50 Vgl. U. Michaelis 1968, S. 18 ff.
51 U. Michaelis 1968, S. 25.
52 30 % der von Michaelis untersuchten 2313 Eheverträge entfallen auf die Landwirtschaft, deren Anteil an der Gesamtbevölkerung nur 6 % beträgt. Die Landwirte sind gleichzeitig diejenige Berufsgruppe, die den gesetzlichen Güterstand am häufigsten ganz ausschließt und vergleichsweise selten nur modifiziert.
53 U. Michaelis 1968, S. 57.
54 In 83 % der von Michaelis untersuchten Ehe- und Erbverträgen war Gütertrennung, in 11 % Gütergemeinschaft abgeschlossen; in rein ländlichen Gebieten verschob sich die Relation zugunsten der Gütergemeinschaft (ca. 2:1). Sowohl bei den Gütertrennungs- als auch bei den Gütergemeinschaftsverträgen ist der Anteil der Landwirte im Vergleich zu den anderen Berufsgruppen am höchsten. — Die Auskünfte, die wir für bayerische Verhältnisse von Notaren, Rechtsanwälten und vor allem vom Bayerischen Bauernverband erhielten, widersprechen den Angaben von Michaelis, die wahrscheinlich doch nur für die von ihm untersuchten Regionen vollgültig sind und die von ihm — freilich auch schon mit Vorsicht — formulierten Verallgemeinerungen nicht zulassen. Unseren Expertengesprächen zufolge schließen etwa 75 % der Bauern, die mit Ehe- und Erbschaftsangelegenheiten zum Notar gehen, Gütergemeinschaft ab. — Der inhaltlichen Argumentation tut diese Diskrepanz allerdings keinen Abbruch.

„ Ist es dort häufig so, daß der überlebende Ehegatte Alleinerbe des Verstorbenen werden soll, so herrscht bei der Landwirtschaft das Bestreben vor, den Hof nicht gerade dem überlebenden angeheirateten Ehegatten zu vererben, sondern der eigenen Familie (in der Regel also in der männlichen Linie, erg.) zu erhalten."[55]

Die patrilineare Vererbung wird u.a. dadurch sichergestellt, daß der einheiratende Teil, also zumeist: daß die Bäuerin das in den Hof eingebrachte Vermögen nur noch in wenigen Sonderfällen und dann in Geldform zurückfordern kann und mit dem Eintreten des Erbfalles ganz zugunsten der Kinder auf die Rückforderung des Eingebrachten und auf ihr gesetzliches Erbrecht verzichtet. Ebenso sorgt die sehr häufig eingebaute Wiederverheiratungsklausel vor allem dafür, daß der Hof in der Familie des Hofeigentümers bleibt, und nicht etwa in einem (matrilinearen) Erbgang dann an die Kinder aus der zweiten Ehe der Frau weitergegeben wird.

Auch die zusätzlich vereinbarten Ehe- und Erbverträge, die Gütergemeinschaft festlegen, enthalten neben ihrem schon dargestellten immanenten Patriarchalismus explizite vaterrechtliche Bestimmungen. So stellte U. Michaelis bei der Analyse solcher Verträge von Landwirten fest,

„daß hauptsächlich bei ihnen die Einzelverwaltung des Gesamtgutes durch den Mann angetroffen wurde. (Auch wurde hier fast stets aus den genannten Gründen festgestellt, wer den Hof in das Gesamtgut eingebracht hatte.)"[56]

In keinem der Verträge war eine Verwaltung allein durch die Frau vorgesehen. Weiter wurde fast stets explizit festgehalten, wer den Hof eingebracht hatte, also: wer der „eigentliche Besitzer" bleibt. Die Patrilinearität bleibt hier dadurch gesichert, daß der überlebende Ehegatte, der den Hof nicht eingebracht hat, lediglich Hofvorerbe wird[57].

Zusammenfassend ergibt sich also, daß sowohl die Erscheinungsformen des dörflich-bäuerlichen Lebens, als auch die Statistik und das Recht bäuerliches Eigentum eher zu einer Sache des Mannes machen. Nun wäre es aber voreilig, daraus auf eine „Besitzlosigkeit" der Bäuerin zu schließen, solange wir nicht wissen, was hinter den Kulissen gespielt wird. Eine traditionelle Norm wie die, daß eine Frau ihre Überlegenheit über den Mann nicht vor der Welt sehen lassen dürfe, legt ja nicht nur einen Schleier über das Innenleben des Hofes, sondern weist implizit darauf hin, daß hinter dem Schleier möglicherweise Verhältnisse herrschen, die nicht kongruent sind mit den von außen sichtbaren und zugänglichen Verhältnissen und gerade daher der Verschleierung bedürfen[58].

---

55 U. Michaelis 1968, S. 115 f.
56 U. Michaelis 1968, S. 124.
57 Der Bayerische Bauernverband tritt dafür ein, daß bei Gütergemeinschaft im Falle der Scheidung eine Zwangsversteigerung ausgeschlossen wird (Hoferhalt) und daß von vornherein je nach Ehedauer gestaffelte Auseinandersetzungswerte für diesen Fall vereinbart werden, damit der ausscheidende Ehepartner nicht ganz leer ausgeht.
58 Vgl. hierzu neuere Ansätze in der Frauenforschung, die die Innen- und Außenansichten sozialer Phänomene sorgfältig unterscheiden und zu differenzierten Einsichten über die Stellung der Frau in patriarchalischen Verhältnissen kommen; vgl. C. Honegger/B. Heintz 1981, bes. S. 15 f.; dort auch weitere Literatur. Methodisch und inhaltlich interessant in diesem Kontext E. P. Thompson 1980, S. 297 ff.

5 Das Hofdenken der Bäuerin: „Die War zusammenhalten"

Um es gleich vorwegzunehmen, für unsere theoretischen Überlegungen von der Eigentumslosigkeit der Frau im allgemeinen und der Bäuerin im besonderen war es eine starke Herausforderung, daß die Betroffenen selbst sich keineswegs als „eigentumslos" empfanden, sondern daß sie immer wieder und in den verschiedensten Kontexten darauf hingewiesen haben, wie wichtig ihnen „das Eigene" sei. Fürs Eigene nehmen sie nahezu jede Überarbeit in Kauf, fürs Eigene üben sie Bescheidenheit im täglichen Konsum, fürs Eigene tragen sie die Risiken und Unsicherheiten, die heute auf den kleinbäuerlichen Anwesen liegen.

„Also, ich möcht sagen, wenn's net das Eigene wär, daß mer's für sich tut, für andere Leut tät ich des manchmal net. Da sagert ich, jetzt ist Schluß, jetzt mach ich nix mehr. Aber es ist doch im eigenen Interesse, wenn man amal a Stund länger arbeitet. Sagt mer halt, des mach ich gar fertig oder des müß mer halt noch schaffen. Wenn ich's für andere Leut machen müßte, hauert ich manchmal die Sträng nüber. So bin ich eingestellt." (Gruppendiskussion 2)

Es ist auffällig, daß keine Bäuerin von „meinem" Eigentum spricht. Die meisten Frauen sagen: „das" Eigene und dies ist ein Sammelbegriff für den Hof und damit für die aus dem Eigentum an Grund und Boden sowie an den Produktionsmitteln entspringenden Freiheiten und Spielräume im Arbeitsprozeß und bei der Verfügung über die Arbeitsprodukte, die die kleine selbständige Warenproduktion charakterisieren. Angesichts des Gefühls von selbstbestimmter Arbeit und selbstverfügten Arbeitsprodukten scheint die Fremdbestimmung durch Markt und Politik, die die Situation des Kleinbauern im Kapitalismus eben auch kennzeichnet, zweitrangig und noch leichter tragbar als eine indirekte oder staatlich verfügte Enteignung und damit eine Reduktion auf die bloße Arbeitskraft.

„Kann sein, daß es uns immer schlechter geht und uns gar nichts mehr gehört, nur noch arbeiten wie da drüben." (123)

Kritisch und empfindlich reagieren daher die Bäuerinnen auf agrarpolitische Maßnahmen, die nur den Großbauern zugute kommen und den Kleinbauern den Garaus machen wollen:

„Wenn das seinen Fortschritt nimmt, fürcht ich, daß die Kleinen noch mehr rausgedrängt werden, daß man den Anforderungen durch das Kleine nicht mehr genügen kann." (121)

Und sie registrieren mit Genugtuung, wenn ihre Chancen zum Überleben wieder etwas besser geworden sind:

„Vor Jahren war's noch schlechter. Etz is des sogar aweng besser. Etz hört mer's nimmer so oft (daß die Kleinen aufhören sollen, erg.). Hat mir schon oft wehgetan. Naja, hab ich denkt, die machen schon so weiter, dann werden's uns Kleine schon kaputt machen. Aber ich hab trotzdem alls weitergemacht und hab denkt: Ihr könnt machen, was Ihr wollt! Aber so trostlos schaut's nimmer aus mit der Landwirtschaft!" (10)

Wie wichtig den Bäuerinnen die „Freiheiten" sind, die sie für sich und ihre Familien aus ihrem Eigentumsstatus als selbständige Produzenten beziehen, zeigt sich auch an ihren, in diesem Kontext wiederholt geäußerten Vergleichen mit sozialistischen bzw. kommunistischen Besitzverhältnissen:

> „Wäre eine schlimme Zeit, wenn alle Kleinbauern aufgeben müßten. Das hieße doch, dem Kommunismus zugehen, wenn nur noch große Betriebe existierten. So viel Idealismus ist nicht mehr bei der Arbeit, wenn einem der Boden nicht mehr gehören würde." (105)

> „Man arbeitet halt für sich. Wenn es verstaatlicht werden würde, wie in Rußland, würde ich nicht mehr arbeiten. Wenn das Zeug mir nicht gehört, verkrafte ich es nicht, so viel zu arbeiten." (76)

> „Und wenn man des anschaut, wie's in der DDR drüben –, die machen um 5 Uhr Feierabend, und da bleibt halt auch manches liegen ..... Es gehört mir ja nimmer!" (11)

Die Aussage einer Bäuerin: „Für's Aufgeben bin ich absolut nicht!" ist der großen Mehrheit der befragten Bäuerinnen aus dem Herzen gesprochen: Von den 133 Frauen wollten 105, also ca. 80% den Hof in ihrer Generation auf jeden Fall weiterführen. Sie wollen sich nicht mehr „beirren lassen", wenn ihnen vom Landwirtschaftsberater Gegenteiliges nahegelegt wird, und würden sich wehren, „wenn man uns Land nehmen wollte." Sie wissen sich in ihrem Wunsch eins mit vielen anderen Bäuerinnen:

> „Ich kenne viele Kleinbauern, die weitermachen werden und das ganz klar so wollen." (99)

Nur 5 Frauen des Samples, also knapp 4%, wollen dezidiert, zumeist im Generationswechsel oder wenn Altenteiler als Arbeitskräfte ausfallen, aufgeben. Zusätzlich zu den 41 Fällen, in denen die Hofnachfolge ohnehin geklärt ist, haben 30 von insgesamt 43 Haupterwerbsbäuerinnen mit noch ungeklärter Hofzukunft und 23 von insgesamt 49 Nebenerwerbsbäuerinnen den Wunsch geäußert, daß der Hof auch in der nächsten Generation weitergeführt werde. (3 Haupt- und 7 Nebenerwerbsbäuerinnen hatten nicht den Wunsch nach Hoferhalt über ihre Generation hinaus; 1 Haupterwerbs- und 2 Nebenerwerbsbäuerinnen äußerten sich sehr ambivalent, 9 Haupterwerbs- und 16 Nebenerwerbsbäuerinnen gaben keine genauere Auskunft, zumeist mit dem Verweis auf das Alter der Kinder.)[59]

Im folgenden sollen nun die Gründe, die die Bäuerinnen für den Erhalt des Hofes angegeben haben, genauer dargestellt und gedeutet werden.

---

59 Unser Ergebnis ähnelt prinzipiell dem Resultat einer Befragung von 1972 im Landkreis Ebermannstadt, die von A. v. Papp durchgeführt wurde: Nimmt man hypothetisch gute außerlandwirtschaftliche Arbeitsplatzmöglichkeiten an, so wollten von den befragten Bauern dennoch 50 % auf keinen Fall, 30 % vielleicht aufgeben. Nur 8 % hätten unter solcher Prämisse sofort aufgegeben, 12 % enthielten sich einer Antwort. Die relativ hohe Zahl von verweigerten Antworten mag mit der hypothetischen Fragestellung zusammenhängen, auf die einzugehen sich der Realitätssinn der Bauern und Bäuerinnen oftmals sträubt. Auch wir haben mit hypothetischen Fragen diese Erfahrungen gemacht.

5.1 Der Hof als Brotkorb

Das Argument der unmittelbaren Daseinsvorsorge durch die auf dem Bauernhof mögliche Produktion für den Eigenbedarf wird hauptsächlich von den Frauen vorgebracht, die die Kriegs- oder Nachkriegszeiten als Mädchen erlebt haben und daher zu schätzen lernten, daß sie dank der Besonderheit bäuerlicher Produktion, Grundstoffe für die menschliche Ernährung herzustellen, im Notfall, aber auch im Normalfall vom Markt unabhängiger waren als manche andere Bevölkerungsgruppe. Daß dieses Argument andererseits auch von unserer jüngsten Bäuerin gebracht wird, die Krisenzeiten nicht erlebt hat, weist darauf hin, daß die Erinnerung an solche Erfahrungen immer noch von einer Generation an die nächste weitergegeben wird. Einige Zitate in diesem Zusammenhang:

„Ich seh das net ein (Hofaufgabe, erg.). Viele haben doch ihr Essen und haben ihr Brot daheim!" (1, 45 Jahre)

„Wenn's wenigstens so bleibt, wie's jetzt ist, daß wir unser Essen haben, mehr wollen wir ja gar net." (108, 37 Jahre)

„Man hat das Essen und braucht nicht alles zu kaufen. Wenn man in der Stadt wohnt, kann man sich vom Einkommen des Mannes auch nicht viel leisten. Da ist alles so teuer." (16, 20 Jahre)

Um die Milch als Grundnahrungsmittel geht es oftmals bei der Entscheidung, sich von den Kühen zu trennen:

„Vielleicht müssen wir, wenn der Vater nimmer kann, das Vieh wegtun. Aber das ist nicht sicher: Milch kaufen ist auch nix! Vielleicht zwei, drei Küh, daß mer's doch irgendwie erhalten können. Man hat halt doch die Milch für die Kinder." (6, 45 Jahre)

Die Regelmäßigkeit, mit der die Bäuerinnen auf die Subsistenzsicherung durch den Hof zu sprechen kamen, hängt sicherlich auch mit der gesellschaftlichen Rolle der Frau zusammen, für die Nahrung und elementare Versorgung zuständig zu sein und daher besonders aufmerksam solche Engpässe im Auge zu behalten.

5.2 Der Hof als Arbeitsplatz und Arbeitsquelle

Ein anderes von den Frauen vorgebrachtes Argument für den Erhalt des Hofes, das in der Zeit der Interviews aktuell wurde (1976), betraf die Arbeit und damit die Arbeitsplätze, die ein Hof jederzeit und zumeist überreichlich zu bieten habe, im Gegensatz zum gesellschaftlichen Arbeitsmarkt. Dieser Gesichtspunkt wird auf alle Generationen auf dem Hof angewandt; für die Altenteiler:

„Wir machen's halt, weil die Schwiegereltern noch rüstig sind. Die brauchen auch eine Beschäftigung ..." (132);

für die Kinder, die zwar selbstverständlich einen Beruf erlernen sollen, aber im Notfall immer auf dem Hof aufgenommen werden können:

„Mer weiß ja net, wie's amal wird mit der Arbeit. Dann kann die Tochter ja immer noch daheim bleiben und dann die Landwirtschaft machen ebenso." (2)

„Wir wollen den Hof für die nächste Generation als Arbeitsplatz bewahren; man weiß ja nicht, was kommt." (117);

vor allem aber auch für die gegenwärtige Wirtschaftergeneration. Die Bäuerin vergleicht diejenigen Arbeitsplätze, die ihr als Frau in der Provinz und bei fehlender zusätzlicher Berufsqualifikation möglich wären, mit ihrer eigenen Arbeitssituation und zieht den landwirtschaftlichen Arbeitsplatz zumeist vor, zumal ihr, worauf wir später noch ausführlicher eingehen werden, die konkreten Qualitäten ihrer bäuerlichen Arbeit weitaus mehr zusagen als die ihr zugänglichen anderen Arbeiten.

„Wir haben nichts gelernt, bloß Bauer. Da können wir nichts anderes machen. Fabrikarbeiter, das wär doch – nein, bestimmt nicht." (52)

„Wenn wir mit der Landwirtschaft aufhören würden, müßte ich mir noch eine Putzstelle suchen, das wär mir schon arg peinlich, das wär das Allerschlimmste, was ich mir vorstellen kann!" (14)

Hinzu kommt eine generelle Skepsis der Frauen gegenüber dem Aufnahmevermögen des Arbeitsmarktes, die in der Zeit unserer Interviews durch persönliche Erfahrungen, z.b. bei der Lehrstellensuche für den 14jährigen Sohn, bestätigt worden war. Die Frauen wissen vor allem als Nebenerwerbsbäuerinnen, daß die Arbeitsplätze in Krisenzeiten oftmals bedroht sind, wenn Provinzbetriebe schließen oder die Belegschaft von Teilbetrieben reduziert wird. Und so versuchen sie, gerade dann, wenn sie mit einem Bein schon auf dem gesellschaftlichen Arbeitsmarkt stehen, quasi als „Standbein" immer noch die Landwirtschaft beizubehalten:

„Wenn's schlechter wird mit den Stellen, ist mancher froh, wenn er auf den Hof zurück kann." (67)

„Ja, wo wollen sie denn die Leute alle hinstecken, wo es jetzt schon so viele Arbeitslose gibt? Die andern raustun und die („freigesetzten" Bauern, erg.) rein in die Betriebe? Was sagt denn da der Betriebsrat dann? ... Es wird wieder die Zeit kommen, wo die von den Nebenerwerbslandwirten wieder verlangen, daß die wieder nur ihr Land bearbeiten." (114)

„Was willst machen, das Risiko ist so und so groß. Der Arbeitsplatz ist nicht sicher, ebenso wenig der Erfolg in der Landwirtschaft, also behält man beides." (46)

5.3 Der Hof als „feste Burg" in unsteten Zeiten

Unterschwellig drückt sich im Nahrungs- und Arbeitsplatzargument so etwas wie ein grundlegendes Mißtrauen gegenüber den lebenserhaltenden Möglichkeiten aus, die Gesellschaft und Staat zu bieten haben, wenn man sich ihnen anvertraut. Die Vergangenheit hat gelehrt, daß derjenige, der auf die Stabilität der allgemeinen Verhältnisse vertraut, oft auf Sand baut und zum Opfer dieser Verhältnisse wird. Für die Zukunft ist man auf dunkle Mutmaßungen verwiesen:

„Es soll schlechter werden, was man so hört..." (52)
„Da weiß man auch nicht, wie das so weitergeht..." (117)
„Mer weiß ja net, später – wie die Zeit kommt..." (6)
„Kann über Nacht was kommen..." (4)
„Das wird vielleicht wieder wie früher... wie in den zwanziger Jahren kommt das hoffentlich nicht mehr!" (131)
„Das ist heutzutage so kurzlebig, was die einem raten..." (124)
„Wir müssen's der Zukunft überlassen, wie die Zeit kommt." (108)

Mißtrauen scheint unter solchen Umständen oft realitätsgerechter, es ebnet einen kargen, aber gangbaren Weg; man darf sich durch gute Außenangebote ebenso wenig bluffen lassen, wie durch momentan schlechte Hofverhältnisse allzu sehr erschrecken. Sofern man sich die Grundlage für keine der möglichen Existenzen (innerhalb oder außerhalb der Landwirtschaft) ganz verbaut, kommt man mit einer gewissen Zurückhaltung und einem „Durststreckenbewußtsein" doch immer noch über die Runden; und zwar nicht nur in dieser Generation:

„Auskommen kann mer freilich und a Bauernhof hält auch amal was aus. Und wenn amal a weng a Stillstand kommt, des muß der aushalten! Wenn amal net soviel eingeht, da is ja a gewisser Bestand, is einfach da, wenn mer mal nix anschaffen kann. Des geht aa a Generation, wo mer mal nicht bauen kann in einer Generation, des hält a Bauernhof scho aus! Wenn amal so a Krise kommt oder daß amal a Elternteil wegstirbt. Die Hauptsach, wenn der Grund und Boden dann erhalten blieben ist, wird die andre Generation dann scho wieder was draus machen können, ne." (13)

5.4 Der Hof als generationenverklammernde Kontinuität und Pflicht

Ein sehr häufig von den Frauen gebrachtes Argument bezog sich auf die Tatsache, daß der Hof von den Vorfahren übernommen und nun eben „da" sei und als eine ernstzunehmende Pflicht und Aufgabe zu Ehren der Vorfahren und im Dienst für die Nachkommen angesehen werden müsse. Im Hof sind die Plackereien und die Entbehrungen der Vorfahren ebenso aufgehoben wie ihre besondere Lebensart, ihre Ideen und ihre Tatkraft. Aus den Problemen, die eine Generation in ihrem Sinne gelöst hat, sind Folgeaufgaben für die Nachkommen entstanden. Erfüllt man sie nicht, dann verlieren auch die Vorleistungen der Ahnen ihren spezifischen Sinn. Dieses auf genealogische Zusammenhänge bezogene, den Hof als ein Anliegen zwischen den Generationen deutende Denkmuster trat in den Motiven für den Hoferhalt öfter hervor:

„Unsere Landwirtschaft stammt von den Alten her, die haben sie aufgebaut... machen wir halt so weiter in dieser Art!" (114)
„Also, wenn der Hof über Generationen erhalten wurde, kann man ihn doch nicht einfach herunterkommen lassen. Er muß erhalten werden." (76)
„Es gibt ihn schon seit Generationen. Er soll auch weitergehen!" (87)
„Was mer hat, des muß mer doch erhalten!" (4)

„... aufgeben, auf gar keinen Fall. Da hab ich irgendwie auch eine Verpflichtung. Das muß ich schon machen. Was da ist, muß versorgt werden, das kann man nicht liegen lassen..." (10)

„Des is einfach — von den Vorfahren aus is des so, und deshalb möchten wir, daß die Kinder des weitermachen." (7)

Den Hof aufzugeben, wäre in vielen Fällen auch gleichbedeutend damit, daß die eigenen Mühen umsonst gewesen wären:

„Für wen arbeiten wir denn? Manche sagen, es ist egal, was die jungen Mädchen (machen, erg.). Aber wenn man sich so plagt und spart und dann ist alles umsonst, — das ist schlecht zu verkraften." (75)

„Aufgeben? Dann haben wir für die Katz gearbeitet." (77)

Dieses Argument wiegt für die jetzt wirtschaftenden Bäuerinnen besonders stark, da sie es waren, die die Höfe in den Kriegs- und Nachkriegszeiten vor dem Ruin bewahrt, „emporgebracht" und unter Einsatz aller physischen und psychischen Kräfte erhalten haben. Die starke Identifikation mit dem Hof als dem Anlaß, Ort und Ausdruck eigener Opfer ist in den Zitaten oft spürbar, was aber schon zum nächsten Argumentationsmuster überleitet:

5.5 „Verwachsen-sein" mit dem Hof

Die Formulierung mancher Äußerungen deutet auf symbiotische Anteile im Verhältnis der Bäuerinnen zu ihrem Hof hin:

„Man hängt da zu arg an der Scholle." (7)
„Ich häng an dem Zeug." (127)
„Wenn man mit dem Zeug aufgewachsen ist, ist man nicht mehr zu verpflanzen." (118)

Die biografisch verankerte, zwangsweise oder freiwillig hergestellte Einheit von Lebens- und Arbeitsraum klingt hier an. Wir fühlen uns erinnert an die Hausväterliteratur, wo die Hausmutter die „Haussorge" tragen soll, „wie die Schnecke ihr Haus", untrennbar verbunden und wechselseitig aufeinander verwiesen, ohne Möglichkeit oder Notwendigkeit, sich voneinander zu distanzieren; Frau und Raum waren hier identisch im Sinne von „Frauenzimmer". Obwohl sich heute die Symbiose nicht mehr in dieser Enge realisieren kann und muß, so gibt es doch einige Hinweise auf eine noch bestehende symbiotische Beziehung der Frauen zu ihrem Hof: Wenn sich nahezu alle Bäuerinnen nur äußerst schwer über einen längeren Zeitraum von ihrem Hof trennen können (über 1/3 aller Befragten haben noch nie einen Erholungsurlaub erwogen, trotz ihrer durchweg hohen und permanenten Arbeitslast), so spielen dabei alle möglichen objektiven Faktoren eine Rolle: die schulpflichtigen Kinder, die Altenteiler oder der Ehemann, die nicht so stark belastet werden dürfen oder die gegen einen „Urlaub" der Bäuerin sind, usw. Doch ein ebenso relevanter Grund scheint uns die Trennungsangst der Bäuerin von ihrem Hof zu sein. Er ist den Frauen durchaus auch bewußt: sie reden von „Heimweh", nicht aus der gewohnten Umgebung weg wollen, einfach nicht gern weg sein, oder sie formulieren als

Sterotyp: Daheim ist's am schönsten. Eine Bäuerin kann zwar kurzzeitig fortgehen, „muß aber immer in der Nähe sein". Die Trennung vom Hof auch nur für
einen „freien Tag" wünscht sich nur knapp ein Drittel (42) der befragten Frauen.

5.6 Die Relevanz kleinbäuerlicher Landwirtschaft für die Gesellschaft

In den vorausgegangenen Abschnitten sind die Gründe für den Hoferhalt
wiedergegeben worden, die die Bäuerinnen für sich selbst bzw. für die eigene Familie für wichtig erachten. Veranlaßt durch unsere Frage:

> „Von den Agrarpolitikern in der Bundesrepublik wird immer wieder verlangt, daß
> die kleinen Betriebe in der Zukunft aufgeben sollen. Wenn Sie das bedenken, wie stel-
> len Sie sich die Zukunft des Hofes vor?"

sind die Bäuerinnen auch auf allgemeinere gesamtgesellschaftliche Gründe
für den Erhalt der Landwirtschaft im allgemeinen und der Kleinbauern insbesondere eingegangen. Neben dem Argument von einer (momentan) fehlenden
Aufnahmekapazität des Arbeitsmarktes, wird vor allem das Argument von der
nationalen Autarkie auf dem Nahrungsmittelsektor und der politischen Relevanz
für die Unabhängigkeit vom Ausland gebracht:

> „Aber ich sag immer: Wenn's keine Bauern mehr gibt, wo soll mer die Nahrung her-
> bringen? Wenn's bloß zum Essen vom Ausland rein alles wollen, dann gebert's bald
> auch nix mehr!" (11, 36 Jahre)
> „Bloß ausländisches Brot essen, würde erst recht teuer kommen mit der Zeit." (106,
> 37 Jahre)
> „Überlegen Sie amal, wenn wirklich das kommt, was die (Politiker, erg.) wollen. Wir
> sind doch ein Industriestaat, und auf die Agrarpolitik wird ja sehr wenig verwendet,
> und sie wollen eigentlich gar net, daß wir autark bleiben. Wenn jetzt z.B. wir wirklich
> aufhören würden, ... es würde dann vom Ausland der Preis diktiert, indem daß wir dann
> nix mehr produzieren, müssen wir ja wo anders die Ernährung hernehmen.
> Und das wissen doch die Nachbarstaaten. Die sagen: Na, prima, jetzt ham wir
> ein Absatzgebiet! Aber dann würde der Preis auf die Höhe schnellen, weil
> dann wär man ja angewiesen auf das Ganze. Es wird genauso sein wie mit'm
> Ölpreis... Und genauso wird es mit der Ernährung. Also, ich wär schon dafür,
> daß möglichst viel Höfe erhalten bleiben!" (15, 55 Jahre)

Die Bäuerin, die wir zuletzt zitiert haben, fährt dann fort:

> „Und die kleinen Höfe vielleicht noch eher wie die großen!"

Diese Meinung, die — in der gesellschaftlichen Defensivposition der kleinbäuerlichen Landwirtschaft naheliegend — von den meisten Frauen vertreten
wird, stützt sich darauf, daß der Kleinbauer eben eine besondere Liebe zu seinem
Hof und seiner Arbeit habe. So fährt die oben zitierte Bäuerin fort:

> „...weil, ein kleiner Bauer, so wie wir Mittelstandsbauern, der legt doch viel mehr Wert
> auf die Erzeugung seiner Produkte als die großen. Die großen schmeißen soundsoviel
> auf'n Markt, fertig, ne. Also, mit mehr Liebe und Ding wird bestimmt hier gearbeitet!"
> (15)

Der kleinbäuerliche Familienbetrieb „hängt mehr am Zeug", „holt mehr raus", „arbeitet intensiver", geht „sparsamer" mit den Ressourcen um, kann einen besseren Überblick wahren als die Großbetriebe[60]:

> „Die Kleinen sind es doch, die die Landwirtschaft wirklich nutzen." (124)
> „Ich glaub, wenn die kleinen Betriebe aufgeben, des is fehl am Platz. Grad die kleinen Betriebe, die halten ihr Zeug eben zusammen. Aber die großen Betriebe, die verschlampen schon viel." (4)

Die Kleinbetriebe würden ihre Felder „sauber halten", nichts „verschlampern" oder „verwildern" lassen, was den Großbetrieben aus arbeitswirtschaftlichen oder technischen Gründen gar nicht mehr möglich sei[61], und könnten deshalb als die besseren und billigeren Landschaftspfleger gelten:

> „Bei den Großbetrieben wird oft das Feld nicht so sauber gehalten, weil die Zeit drängt durch das Übermaß an Fläche, während der Kleinbauer eher darauf bedacht ist, das Landschaftsbild zu erhalten.Er erzeugt mehr, arbeitet intensiver." (102)
> „Wenn wir jetzt wirklich aufhören würden, schon allein die Vermurung der ganzen Felder, die Natur wird geschädigt, es würde auch dem Vieh und allem wehtun, wenn da mal die Wiesen nicht mehr gemäht würden, das alte Gras fällt um, es is ja schon der Anblick allein nimmer schön." (15)

Und die Nebenerwerbsbäuerin, deren Mann sehr gut verdient, so daß die Bekannten ihr immer wieder raten, den 2 ha-Betrieb aufzugeben („Mensch, gib doch auf, da brauchst dich doch nimmer abtun!"), hätte größte Probleme, ihre Ländereien dann durch einen großen Betrieb bearbeitet zu sehen:

> „Aufgeben, auf gar keinen Fall. Da hab ich irgendwie auch eine Verpflichtung. Das muß ich schon machen. Was da ist, muß versorgt werden, das kann man nicht liegen lassen. Und wenn mer des heut, sagen wir mal, verpachtet an einen größeren Bauern – nein, des könnt ich nicht mit anschauen, wenn die da rumarbeiten. Bild ich mir schon ein, so wie ich machen sie's dann net und des machert mich krank, des kann ich nicht ham!" (10)

Kritisch und resignativ kommentieren viele Klein- und – wie sie sich selbst nennen, um in der Abgrenzung nach unten ihre Überlebensfähigkeit zu konstatieren – Mittelbäuerinnen die Agrarpolitik und ihre „Grünen Pläne":

> „Die Großen holen sich bloß immer das Geld, der mittlere muß schaun, wie er selbst zurecht kommt!" (51)

Summa summarum wird ihrer Meinung nach der Großbetrieb für eine geringere gesellschaftliche Leistung finanziert und hochgehalten, während der Kleinbetrieb die besseren Erträge und Beiträge zum gesellschaftlichen Wohl aus eigener Tasche und langfristig mit seiner eigenen Gesundheit finanziere und gleichzeitig immer

---

60 Daß diese Behauptungen tatsächlich einen wahren Kern haben, zeigen Untersuchungen zur Arbeits- und Flächenproduktivität von Betrieben unterschiedlicher Größe und Eigentumsformen, vgl. J. Collins/F. M. Lappé 1980, bes. S. 186 ff.; S. George 1980, S. 24; H. A. Staub 1980, S. 57 ff.
61 Vgl. hierzu auch Kap. III. 4.3.

wieder zum Aufgeben seiner bäuerlichen Existenz aufgefordert werde. Der Klein-betrieb — so könnte man die Argumente vieler Frauen zusammenfassen — sub-ventioniert mit der Arbeitskraft seiner Familienmitglieder, (also überwiegend der Frauen) gesellschaftliche Verhältnisse, die ihrerseits aber die großbetriebliche Landwirtschaft subventionieren und der Kleinlandwirtschaft „den Hahn zudrehen" wollen.

Die bisher dargestellten Argumente für den Erhalt des Hofes spiegeln eine starke und traditionell gefärbte Identifikation mit dem Hof wider. Fast jede Bäu-erin nennt mindestens eines dieser tradionellen Argumente, während ökonomisch-instrumentell ausgerichtete Gründe für den Erhalt des Hofes, etwa der Form:

„Der Hof ist halt unser Einkommen." (85)

„Der Hof liefert uns die Mittel, daß wir allmählich ganz auf ‚Urlaub auf dem Bauernhof' umsteigen können." (5)

oder des Inhalts, daß mit Hilfe des Hofes als Erwerbsquelle die Verbesserung des Lebensstandards und die Erfüllung der Konsumwünsche angestrebt werden, ausgesprochen selten sind[62]. Sie wurden nur vor knapp 10% der Bäuerinnen ge-nannt. Sicherlich möchten alle Bäuerinnen lieber besser als schlechter leben, was schon die in den letzten Jahrzehnten getätigten Wohnhausum- und -neubauten eindeutig zeigen; sicherlich wünschen sie sich eher weniger als mehr Arbeit und sehen die eigene Überlastung kritisch, wenngleich resignativ. Doch im Ernstfall, wenn es um die Entscheidung für oder gegen den Hof als Existenzgrundlage der bäuerlichen Familie geht, ziehen die meisten Bäuerinnen den Erhalt des Hofes dem eigenen Wohlbefinden vor und nehmen in Kauf, den darauf stehenden Preis von Konsumreduktion und Überarbeit zu zahlen.

6 Brüche in der traditionellen Hoforientierung

Vergegenwärtigen wir uns das Ensemble traditioneller Funktionen des Hofes, so fällt auf, daß in den Äußerungen der Bäuerinnen zwei Momente fehlen: die Dimension des Sozialprestiges, das ein Hof vermitteln kann, und die Dimension ungebrochener Zukunftssicherung für kommende Generationen. Hier öffnen sich Bruchstellen, die auch das traditional orientierte Denken der Bäuerinnen nicht mehr ohne weiteres überspringen kann.

Offensichtlich reduziert ist die Funktion, die dem Hof traditionell als dem Angelpunkt sozialen Ansehens zukam. Kleinbäuerliche Landwirtschaft steht ge-samtgesellschaftlich betrachtet nicht gerade in hohem Ansehen; die Hälfte aller

---

62 6 Bäuerinnen haben allerdings erwähnt, daß sie den Hof aus finanziellen Gründen erhalten müssen: die Investitionen und Kredite, die sie bei der Modernisierung des Betriebes auf sich genommen haben, sind so hoch, daß der Hof schon aus Rentabilitätsgründen weiter-geführt werden muß. Vermutlich spielt dieses Argument für andere Frauen auch eine Rolle.

Frauen äußerte die Meinung, daß Städterinnen auf Bäuerinnen herabschauen. Nur wenige Frauen meinen erkannt zu haben, daß ein Hof doch inzwischen schon wieder etwas wert geworden sei, ein Argument, das noch immer eher einem Aufbegehren aus der Defensive des gesellschaftlichen Abseits gleicht als der Äußerung eines gefestigten Selbstbewußtseins:

> „Da hat sie (die Tochter der Bäuerin, die sich zur Krankenschwester ausbilden läßt und in einem Wohnheim wohnt, erg.) eine auf'm Zimmer, da sagt's manchmal: Die schaut mich, glaub ich, an für net ganz — Bauern eben, so minderwertig. Dann sag ich: Du brauchst dir doch kein Minderwertigkeitskomplex wegen der da zulegen! Du kannst dich doch jederzeit neben die da hinstellen! Der ihr Vater ist Arbeiter, ham vier Wänd daheim, eine kleine Wohnung und ein Auto, — na, sag ich, was hast'n du daheim?! Deine Eltern, was ham denn die?! Da braucht mer sich doch net zurückgesetzt fühlen!"
> (8)

Soziales Ansehen ist auch in den Augen der meisten Bäuerinnen mit einer kleinbäuerlichen Lebens- und Arbeitsweise weder im Dorf noch im größeren gesellschaftlichen Rahmen zu gewinnen, — im Gegenteil: Eine Bäuerin fühlt sich umso sicherer, je besser sie die riech- und sichtbaren Spuren ihres Lebenszusammenhanges zu tilgen bzw. zu verdecken weiß und je weniger man ihr ansieht, was sie ist: eine Kleinbäuerin.

Der zweite sehr entscheidende Bruch mit der traditionellen Hoforientierung ist dort entstanden, wo es um die Hofnachfolge der Kinder geht. Das traditionelle Konzept sieht hier die unhinterfragbare und selten hinterfragte Übergabe des Hofes an die eigenen Kinder vor. Den jeweiligen Erben ist der spätere Besitz quasi schon in die Wiege gelegt, und sie wachsen mit dieser Perspektive heran. Demgegenüber wurden in unserer Befragung von einem Großteil der Frauen, die die Zukunft des Hofes über ihre Generation hinaus als unklar beschrieben, die Kinder als Unsicherheitsfaktor angeführt, sei es, daß sie noch zu jung waren oder daß sie sich noch nicht für oder gegen den Hof entschieden hatten. Die außerlandwirtschaftlichen Berufsperspektiven und Lebensmöglichkeiten sind für die bäuerliche Jugend objektiv vielfältiger und subjektiv erreichbarer geworden, und diese Tatsache hat auch einen festen Raum im Bewußtsein der Bäuerin gefunden. Gegenüber den Kindern hat daher der Hof seine Bedeutung als Lock- und Druckmittel weitgehend verloren. Er wird nicht mehr ohne weiteres und notwendig die Generationen verklammern. Zu einem bedeutenden Steinchen im Zukunftspuzzle des Hofes ist dabei auch der Partner des Hoferben geworden, da zu fürchten ist, daß der Hof für ihn nicht mehr wie früher eine Attraktion darstellt, sondern häufig eher ein Hindernis und eine Bürde. Damit stehen viele Höfe heute nicht nur unter einem unsicheren äußeren Stern (Markt und Politik), sondern haben von ihrer inneren Perspektive her unklare bzw. dunkle Zeiten vor sich. Dies alles haben die Frauen vor Augen, wenn sie sich Gedanken über die konkreten Perspektiven des Hofes über ihre Generation hinaus machen.

7 Hofkonzepte für die Zukunft

Ein großes Problem der Bäuerinnen ist, wie sie ihren Wunsch nach Erhalt des Hofes in ihrer eigenen Wirtschafterphase gegen arbeitswirtschaftliche Zwänge und finanzielle Engpässe realisieren und darüber hinaus eine auch für die Nachkommen akzeptable Hofkonzeption entwickeln können. Es gibt verschiedene Lösungsansätze. Grundbedingung für alle scheint zu sein, daß eigenes Land auf keinen Fall verkauft werden darf:

„Landverkauf ist schon wieder ein Abbau. Das ist wieder ein Rückschritt statt einem Fortschritt." (15)

Land ist und bleibt der Angelpunkt bäuerlicher Existenz. Viele Bäuerinnen wünschen sich, Land zupachten oder zukaufen zu können; sie berichten von der nun auch schon in diesen Regionen verschärften Bodenkonkurrenz und den stark angestiegenen Pacht- bzw. Kaufpreisen. Wenn die Frauen davon reden, daß sie „abstocken" wollen, sobald sie es gesundheitlich nicht mehr schaffen oder eine wichtige Arbeitskraft ausfällt, dann bezieht sich dies niemals auf das Land, sondern auf das Vieh oder auf die Vielfalt der Betriebszweige. Allenfalls zugepachtetes Land wird unter Umständen wieder an den Eigentümer zurückgegeben. In der eigenen Generation planen die Bäuerinnen zunächst kaum tiefgreifende Veränderungen. Auf unsere Frage:

„Haben Sie vor, an der Organisation des Betriebes etwas zu verändern?"

erhielten wir häufig die Antwort:

„So zuwirtschaften, wie wir's jetzt haben."

Nur bei Krankheiten oder Todesfällen von mithelfenden Familenangehörigen müssen die erwähnten arbeitswirtschaftlichen Anpassungen erfolgen, z.B. die arbeitsintensive Viehhaltung reduziert, der Hopfen aufgegeben, Sonderkulturen abgestoßen werden.

Für 41 Betriebe (31 Haupt- und 10 Nebenerwerbsbetriebe) ist die Zukunft auch über die Generation der Bäuerin hinaus gesichert, weil der Hoferbe schon feststeht. In 7 Fällen wird eine Tocher, in 34 Fällen ein Sohn den Hof übernehmen, der patrilineare Erbgang besitzt also weiterhin Vorrang. (Nur auf einem Hof, der von einer Tochter weitergeführt werden wird, wäre auch ein erbfähiger Sohn vorhanden!) In 92 Fällen, also für etwa 70% der Höfe ist die Zukunft noch unklar, wofür der Hauptgrund das Alter der Kinder ist: 54 Familien, das sind knapp 60% der Fälle mit ungeklärten Zukunftsperspektiven, haben Kinder, die zu jung sind, als daß schon eine Entscheidung getroffen werden könnte. Inhaltlich wird für die Kinder eine Doppelstrategie verfolgt. Auf der einen Seite sind 70 % der Bäuerinnen der Meinung, daß ihre Kinder auf jeden Fall (auch) einen anderen Beruf erlernen sollen, bzw. sie haben ihre Kinder andere Berufe erlernen lassen. Auf der anderen Seite machen 74 Frauen, knapp 60%, ihren Kindern Mut, ein Bauer oder eine Bäuerin zu werden. Das bedeutet, daß die Kinder durch Mithelfen in die Lage versetzt werden, die entsprechende Qualifikation sich anzueignen. Nur etwa 12% der Bäuerinnen haben vor, die Kinder eine landwirtschaftliche Lehre machen zu lassen, bzw. die Kinder sind bereits in einer solchen Ausbildung oder haben diese absolviert. Zur „Doppelstrategie" gehört auch ein entsprechendes Erziehungsverhalten der Mütter ihren Kindern gegenüber. Heutige Hofsozialisation ist davon geprägt, daß die Übernahme des Hofes zu einem Akt expliziter Entscheidung unter Mitbeteiligung der Kinder wird. Dies wurde deutlich in den Reaktionen der Bäuerinnen auf unsere Fragen, ob sie den Kindern Mut machen, Bäuerin/Bauer zu werden, bzw. ob die Kinder auch einen anderen Beruf erlernen sollen. 50 Frauen waren hier der Ansicht, daß sich die Kinder selbst entscheiden würden und sollten, d.h. daß sie selbst dann, wenn ihr Wunsch in eine andere Richtung ziele, kein Berufskonzept für die Kinder erzwingen würden. Eine einzige Bäuerin berichtete, daß sie den hoferbenden Sohn bewußt keinen anderen Beruf erlernen lasse, damit er nicht „auf andere Gedanken" käme. Im großen und ganzen wird von den Frauen alles mögliche getan, um die Kinder weder auf den Hof zu fixieren, noch dem Hof zu entfremden: die Kinder lernen oft landwirtschaftsnahe Berufe; sie werden von unangenehmen Arbeiten verschont, damit sie die Freude an der bäuerlichen Arbeit nicht von vorneherein verlieren; die Eltern sind zu Zugeständnissen in der betrieblichen Organisation bereit, gehen auf Veränderungsvorschläge ein und bieten sowohl ihre höchste Arbeitsunterstützung als auch größte Zurückhaltung im sozialen Zusammenleben auf dem Hof an. Auch die Wünsche der zukünftigen Partner der Hofnachfolger werden in solchen Überlegungen berücksichtigt. Freilich sollten wir an dieser Stelle nicht übersehen, welche Folgelasten das Bemühen der Bäuerinnen hat, ihren Kindern den Hof attraktiv zu gestalten. Als wir in einer Gruppendiskussion über die Möglichkeit der intergenerativen Arbeitsteilung auf dem Hofe sprachen, wurde die theoretische Möglichkeit, sich beispielsweise sonntags im Stall mit der Jugend abzuwechseln und so zu „eigener Zeit" zu kommen, abgelehnt mit der Begründung, den Kindern müsse regelmäßig freie Zeit zugestanden werden, sollten sie dem Hof nicht entfremdet werden. Die Konsequenz ist, daß dann eben die Bäuerin im Stall arbeitet und wiederum mit ihrer Gesundheit einen Tribut für den Erhalt des Hofes zahlt. Wenn aus unserer Untersuchung hervorgeht, daß „Gesundheit" der meistgenannte Wunsch der Kleinbäuerin „für sich" ist, dann ist dies auch ein Ausdruck dafür, daß die Existenz des Hofes und die Hofperspektive wie nie zuvor an der Schaffenskraft der Bäuerin hängt. Die Kosten für den Erhalt des Hofes unter den gegenwärtigen Umständen zahlt weitgehend die Bäuerin.

Es bleibt nachzutragen, welche Perspektiven für die Kinder entwickelt werden, die den Hof übernehmen. Sie sollen einerseits eine solide Ausbildung erhalten, die ihre Chancen auf dem Arbeitsmarkt und ihre Mobilität sichert, und andererseits ein Haus bauen, das ihnen Bodenständigkeit ermöglicht und einen festen Wert von zeitlichem Bestand an die Hand gibt. Das eigene Lebenskonzept vom Hof als Einheit von Arbeit und Wohnen hat sich hier anscheinend in zwei Bestandteile, die Profession und das Haus als Ersatzhof, aufgetrennt. Eigentums- und Sicherheitsstreben die Notwendigkeit von beruflicher Mobilität und der Wunsch nach einem räumlichen Fixpunkt, gehen auf diese Weise eine neue, veränderten Bedingungen angepaßte und für bäuerliche Vorstellungen annehmbare Verbindung ein[63].

Zusammenfassend kann gesagt werden, daß die überwiegende Mehrheit der Bäuerinnen die Zukunft des Hofes so zu planen versucht, daß dieser zumindest in ihrer Generation auf jeden Fall weiterexistieren wird. Entsprechende Anpassungen in der Betriebsorganisation und -ausstattung sind zumeist in den vergangenen Jahren geleistet worden, existenzfördernde Maßnahmen werden vorgesehen für arbeitswirtschaftliche Engpässe. Einen endgültigen Bruch mit der Tradition, z.B. das Abstocken des Viehs bis hin zur Aufgabe des Betriebes, verschieben sie auf die Zeit nach dem Wirtschafterwechsel, auf die nächste Generation. Diese Strategie hat — wie wir im Vorausgegangenen betont haben — physisch zusätzliche Belastungen zur Folge, wirkt jedoch psychisch durchaus stabilisierend und entlastend: Die Bäuerinnen können für sich die Hoffnung aufrechterhalten, daß es mit dem Kleinbauern ökonomisch und sozial doch mal wieder aufwärts gehen wird und in diesem Aufwind ihr Hof auf jeden Fall auch überleben wird; sie haben die durch das Erbe übertragene Verantwortung für die Hofexistenz auf die Kinder verschoben; sie ersparen sich umwälzende Erfahrungen mit zudem auch unsicherem Ausgang; sie wahren ihr seelisches Gleichgewicht, indem sie viele Bedürfnisse und Wünsche, die die modernen Zeiten auch in ihnen freigelegt haben, auf die Kinder projizieren.

Haben wir bisher die Intensität und die Qualität des Hofdenkens der heutigen Kleinbäuerinnen im wesentlichen als aktuellen Querschnitt und unter quantitativ-systematischen Gesichtspunkten dargestellt, so soll jetzt biografisch-genetisch die Konstitution des traditionalen Hofdenkens bis zu seiner heutigen Gestalt exemplarisch nachgezeichnet werden.

8 Zur biografischen Konstitution des Hofdenkens

Die Bäuerin, deren Lebensgeschichte wir hier vorstellen und interpretieren möchten, ist heute 46 Jahre alt. Sie wuchs auf einem relativ großen Hof auf. Schon frühzeitig lasten Arbeit und Verantwortung auf ihr und ihrer älteren Schwester, weil der Vater — neben seiner Schwester die wichtigste Bezugsperson für die Bäuerin — herzkrank ist und sie ihn zu entlasten versucht, wo immer sie kann. Die Arbeit in der Küche und im Kuhstall, auf den Feldern mit den Pferden gehört zu ihrem Alltag. Sie bleibt ohne Unterbrechung auf dem Hof, bis sie mit 25 Jahren heiratet. Sie hätte den elterlichen Hof gerne übernommen, aber dann hätte die Schwester wegheiraten müssen, ohne deren Arbeitskraft wiederum die Arbeit nicht zu bewältigen gewesen wäre. Sie heiratet in einen Hof, der in jeder Hinsicht zur Kontrasterfahrung wird. Hier gibt es genügend Arbeitskräfte, da unverheiratete Geschwister des Mannes auf dem Hof leben; sie, die gewohnt ist, unentbehrlich zu sein und daraus Identität und Selbstsicherheit bezieht, kommt sich nun schlicht überflüssig vor. Statt der emotionalen Geborgenheit, Harmonie und Liebe, die sie in

---

63 Vgl. H. Medick 1978, S. 110 f.

ihrer Familie erlebte, herrschen hier Streit und böse Worte. Sie fühlt sich als unerwünschter Eindringlich. Besonders leidet sie unter dem tyrannischen Regiment des Schwiegervaters, der ein krasses Negativbild zu ihrem schwachen, aber liebevollen Vater abgibt. Sofort nach der Heirat wird sie schwanger. Ihr psychischer Zustand verschlimmert sich; Kraft und Lebensfreude verschwinden, sie arbeitet nicht mehr. Einen Monat nach der Geburt ihrer ersten Tochter wird sie in die Nervenklinik eingeliefert.

Heute fühlt sich die Frau gesund. Die Beziehungen scheinen sich geglättet zu haben: Der Schwager und die Schwägerin haben weggeheiratet; zu diesem Zeitpunkt wurde dann auch der Hof übergeben. Die Schwiegermutter ist tot, der Schwiegervater nicht mehr so mächtig. Ihre beiden Töchter (17; 15) stehen schon in der Berufsausbildung (Hauswirtschaft bzw. Büro); die ältere wird den Hof übernehmen. Konflikte vermeidet die Bäuerin, wo sie kann; noch immer machen ihr Streit und Unfrieden Angst. Sie hat sich und ihre Bedürfnisse weitgehend zurückgenommen und im Hof, in der Familie und in der Arbeit aufgehoben bzw. aufgehen lassen. Gerät ihr seelisches Gleichgewicht bei ihren Balanceakten ins Wanken, dann stabilisiert sie sich bei „unserem Herrgott".

Interviewauszüge:

(Wären Sie gern etwas anderes geworden?)

Also, ich hab mich da mit nix anders befaßt. Ich hab in der Schul, hab ich a gutes Zeugnis ghabt, aber ich hab mich mit nix anders befaßt, weil mei Vater, der is so bald herzkrank worn, und na hab ich den unterstützen wolln, wo ich könnt hab, weil wir mit unsere Eltern so a guts Verhältnis ghabt ham, und daß ich den −, scho als kleins Madel hab ich ihm scho immer gholfn. Da ham mer Pferde daham ghabt, und des weiß ich no gut, da hat er sich so gfreut, wenn ich den Pferdestall ausgmist hab und des Streu aweil neitragn, und des hat mir Spaß gmacht, meim Vater a Freud zu machen, und da hab ich in dem Fall hab ich da gar kein andern Gedanken ghabt, daß ich da was anders lernen hätt wolln, weil ich hab denkt, die Stütze braucht mei Vater und mei Eltern brauchn des. Ich mou (=muß) mei Eltern unterstützn, daß der Hof, also, daß des elterliche Anwesen, daß des erhalten bleibt, ne. Und... ich hab zuerst immer daham bleibn solln, aber durch des, daß mei Vater krank worn is, hab ich des eingsehn, daß ich des net schaff, alleins, wenn die Schwester fortgheirat hätt.

(...wieder Bäuerin werden?)

Also, des mach ich gern. Bloß natürlich, in eim so eim Fall (wie ihrem eigenen, erg.), also, des wollt ich keinem Menschen zumuten, wissen'S scho, daß ich jetzt des −, daß ich etz so lang so −, wie will ich mich dann da ausdrücken −, kann mich schlecht ausdrücken −, wie will'n ich des sagn −, des kann ich gar net sagn − mein' Kindern wollt ich des net zumutn, ne, lieber a Haus ham und a

Erbert (=Arbeit). Etz wenn mer da — , etz wenn des Verhältnis anders gwesn wär, daß die Schwägerin net da gwesen wär, und der Schwager wär scho verheirat gwesn, ...aber etz in dem Fall, da hab ich des so angschaut, daß mer des etz gar net so nötig hat (ihre Mithilfe, erg.) , ne, da warn die Schwiegereltern no so rüstig, ne, und da hätt ich daham vielleicht, daham wär ich dann noch, also, besser gebraucht worn. Bloß, daß mer des net zumutn kann, wenn amal zwei Familien (auf einem Hof, erg.) , des is schlecht, wenn die Kinder dann wieder nachkommen, des kann mer net, da muß mer mit der Zeit vernünftig sei, da mou (=muß) jeds für sich, jeds für sich sei, ne. Mei Schwester hat scho oft gsagt, mir wärn net daham der-hungert (wenn die Bäuerin daheim geblieben wäre, erg.), hättn uns ja daham der-nährn können, ne, ne. Des hat's etzertla, später hat's des oft gsagt, ne, weil wenn ich ihr gholfn hätt —. Ich bin auf dem Gebiet net neidisch: Wenn etz mei Schwester an großn Hof hat, den muß derhalten, ne. Und wenn a anderer ein kleinern hat, den soll er auch derhalten. Und wie etz zum Beispiel mei Schwägerin, die schaute etz des an, und der Schwiegervater hat aa scho amal gsagt: Ihr habt ja alles (auf dem Herkunftshof, erg.), ne, Na da hab ich's dann scho im ganz gutn Ton gsagt, hab i gsagt: Opa, wir ham ja des net zum Verkaufen, daß mer sich schöne Tage machen können, ne. Wir sollens ja derhalten, ne. Mei Mutter, da warn wir so kleine Kinder, na hat's uns des — unsere Eltern ham eim des scho eingeprägt — und na hats's gsagt, also: Das Gut, das du von deinen Vätern geerbt hast, sollst du in Ehren halten (sie bemüht sich an dieser Stelle, schriftdeutsch zu reden, erg.). Des soll mer net ver-kaufn und soll sich gute Tage damit machen und solln's verlebn, des is ja net richtig, ne. Mer soll sei tägliches Brot damit verdienen, also drauf verdienen, ne. Des wird ja bloß zu verwalten also hingestellt, ne, also, des Anwesen soll mer ja bloß verwalten, ne. Des is den Vorfahrn scho so gangen, und die wo nach uns kommen, da is grad wieder aa (=auch) so, ne. Mir können ja da nix mitnehmen. Wenn mer heut sterbn möin (=müssen), mer möin alles da loun (=lassen), ne. Ich sag immer, mer derf bloß unnerm Herrgott danken, daß mer gsund is und daß mer die Erbert machen kann, ne. Und wie manche sind ja bloß neidisch um — um die Arbeit is einem kein Mensch neidisch, glaubn's des?

(Raten Sie Ihrer Tochter, wieder Bäuerin zu werden?)

Ja! Also, ich kann's nicht zwingen, aber ich würd's scho, ich würd ihr's scho raten.

(Und der jüngeren Tochter?)

Nein! Die jüngere Tochter ist schwächer. Sie is hilfsbereit, sie is — also die jüngere Tochter is der Typ net zu 'ner Bäuerin. Sie hilft gern mit, hilft gern aus, aber die Ausdauer hat die jüngere net. Die Tochter geht ins Büro, und da sag ich oft zu ihr, also, wenn ich sie wär, ich tät sparn und ich tät mir a Haus baun und tät mein Beruf ausübn, soweit das geht. Ich würd ihr net zumuten, in an Bauernhof hin-einzuheiraten. Des wär schlimm für sie, weil, ich denk, die is da aa aweng so veran-lagt, sie is gutmütig, warum solln die — ich mein, mer derf net alles no über an

Kamm schern, des kann mer net. Ich mein, daß etz der aa grad so gehen wird wie mir, des kann mer net sagn. Manche Leut sin froh, wenn's a junge Frau ham. Aber durch des, daß ich die Erfahrung gmacht hab, mou ich der jüngern Tochter direkt, mou ich sie zurückhalten, ne, mou ich sagn: Du wirst doch des net machen! Du hast an Beruf, und an deiner Stelle, da würd ich mir a Haus baun, soweit daß es möglich ist, und die Eltern, dann hilft mer ihr eben mit, ne! Sie mou aa wieder, dementsprechend — so wie sie's machen kann, so muß sie's machen, ne. Oder daß ich da sagn würde, sie soll etz unbedingt in an Bauernhof heiraten — . Ich war letzthin bei einer Freundin von mir, die hat a andere Einstellung. Die sagt, da solln die Kinder, solln wo hinheiratn, entweder in an Hof oder einfach in ein Geschäft, so wie's halt grad paßt, da sollns' so hinheiratn, daß sie net so viel, daß sie vielleicht, daß sie net so viel unterstützn mou. Und da hab ich aber a andere Einstellung. Ich sag: An die Güter allein, da häng ich net, ne. Ich mein, wenn ich's etz hab, da will ich's derhalten. Oder, daß ich bloß drauf aus bin, ich will etz an großn Hof ham und will, daß ich a mordsangesehene Frau bin, ne, wie's manche machen, ne, und auf der andern Seitn, da is mer der Mensch net danach, weil wenn ich dann wieder mehr leiden mou, ne — lieber hab ich net so viel und bin zufrieden. Die Einstellung hab ich, ne. Weil mancher Mensch, der hat net so viel und lebt glücklicher wie der andere, der wo viel hat und hat oft Streit und Neid und Haß, wie's oft in der Familie vorgeht, ne. Wie manche die Einstellung ham: Die ham etz an großn Bauernhof, die ham alles, ne! Des meinens', ne, und wenn's aus is — mer kann ja nix mitnehmen, ne. Mer muß bloß derhalten, ne, des is des.

(Machen Sie was für sich ganz allein, für Ihr Vergnügen und Ihren Spaß?)

Handarbeiten. Des mach ich aa für die andern, und so — ich mach für mich nix etra. Weil, wenn mer sonntags fortgeht, daß mer amal an Kranken bsucht oder daß mer die Oma bsucht, ne, ich mein, des mach ich aa net viel.

(Nachteile des bäuerlichen Daseins?)

Da derf mer net so hinschaun!

(Warum wollen junge Mädchen heute keine Bäuerin mehr werden?)

Mer mou als Eltern Rücksicht ham mit die Kinder, und mer mou ihnen amal a Freizeit aa gebn. Mer derf net stur sei und derf net sagn, mir is grad so gangen und dir geht's aa so! Damit — , da laufn die Kinder davon! Also, des Gfühl mou mer ham, ne, weil — es hängt ja da mehr am Erbe ab, also, daß mer die War derhalten tut. Mer kann sich etz da net sagn, mer kann sich am Bauernhof bereichern, ne, mer will bloß die War derhalten, und will sich sei tägliches Brot drauf dernährn, ne. Also, daß mer sich etz da reichmachen kann, des kann mer net, ne, wie mancher, vielleicht mancher Fabrikant, der kann sich vielleicht gut raus machn, ne. Des kann a Bauer net, der muß bloß sei War derhaltn, ne.

(Hof aufgeben?)

Es mou ja aa Bauern gebn. Wenn's lauter Beamte und lauter Arbeiter — es soll ja ausglichen sei, daß in allem Leut gibt, ne. Früher war des aso, wenn mei Mutter so derzählt, früher da hat jeder gsagt, da wär mancher gern a Bauer gween, wenn er an Bauernhof ghabt hätt, ne, und etz is des, schaun des die Leut wieder andes an. Des is halt durch die Zeit, durch den Wohlstand is des halt so kommen.

(Zukunft des Hofes?)

Des kommt auf die Gesundheit an, auf die Gesundheit. So lang, daß mir's sind und die Kinder, ich glaub net — (daß der Betrieb aufgegeben wird, erg.). Die Kleine hat scho gsagt, wenn die Groß net den Hof übernimmt, da übernimmt ihn sie, hat die Kleine gesagt, trotzdem vielleicht, daß gar net drandenkt hat. Wissen'S, also, ich glaub net, daß die des verkaufn würdn, also da, mein ich, hams' a so a Einstellung wie ich, des machens' net.

(Betrieb verändern?)

Den Betrieb? Also, des kommt etz vorderhand net vor, außerdem, wenn wir amal älter sind, daß die Kinder amal, daß sie, daß die Tochter amal verheirat is und hat die a andre Einstellung, da ham mer nix dagegen, da ham mer amal nix dagegn, bloß daß die War derhaltn bleibt, oder wie sie's machen, also, da mach ihnen ich keine Vorschriften! Weil sonst tät' ihnen ja gar net gfallen!

(Wünsche für sich persönlich)

Was mer ich wünsch?? Na, Zufriedenheit, Gesundheit, daß ich immer zufrieden sei kann, gottseidank... (28)

An diesem Beispiel wird zunächst deutlich, wie das Denken, Fühlen und Handeln der Bäuerin von Kindheit an auf den Hof ausgerichtet und fixiert wird. Da ist die traditionelle Hofnorm, die ihr und ihrer Schwester schon frühzeitig vorgesagt und „eingeprägt" wird: „Das Gut, das du von deinen Vätern ererbt hast, sollst du in Ehren halten."

„da warn wir so kleine Kinder"

Allein für sich genommen handelt es sich hier um ein für die kindliche Begriffswelt sicherlich recht abstraktes Gebot. (Sie zitiert es nicht von ungefähr auf hochdeutsch.) Im Hofalltag jedoch gewinnt es an Lebendigkeit, da es durch die Eltern selbst anschaulich und unaufhörlich vorgelebt und repräsentiert wird. Den Eltern gilt es zu gehorchen und nachzueifern. Und so verbindet sich

„ich mou mei Eltern unterstützn...

das Gehorsamsgebot gegenüber den Eltern mit der

...daß der Hof,...
des elterliche Anwesen...
erhalten bleibt"

„unterstützen wolln, wo
ich könnt hab"

„ hat er sich so gfreut"

„hat mir Spaß gmacht, meim
Vater a Freud zu machen"

„scho als kleines Madel...
scho immer gholfn"

„a guts Zeugnis ghabt"

„Also, ich hab mich da mit
nix anders befaßt"

von ihnen vertretenen Hofnorm zu einem umfassenden, nahezu unentrinnbaren äußeren Anspruch an das Kind. Die Einheit, in der Hof und Eltern dem Kind erscheinen, spiegelt sich auch in der Syntax der Bäuerin.

Dem äußeren Druck und seiner Verinnerlichung kommen innere Antriebe und Motive des Mädchens entgegen. Da ist die Krankheit des Vaters, die ihre Fürsorge beansprucht und den Wunsch verstärkt, ihn zu entlasten, wo sie nur kann. Wir haben eine solche, die Bindung des Kindes an den Hof verfestigende Situation häufiger angetroffen, vor allem bei den Bäuerinnen, deren Kindheit oder Jugend in die Kriegs- und unmittelbare Nachkriegszeit fiel, und die zusammen mit den auf dem Hof verbliebenen Frauen, halbwüchsigen Kindern und alten Männern das Anwesen zusammenhalten mußten. Vermutlich wächst das Verantwortungsgefühl und die Bereitschaft, das Äußerste zu geben, wenn das Kind die konkrete Not und den Ernstcharakter einer Situation drastisch und unmittelbar vor Augen hat. Hinzu kommt das Erlebnis von Erfolg und die Anerkennung der eigenen Tüchtigkeit durch die geliebten Personen, wie auch im Fall unserer Bäuerin, die von ihrem Vater gelobt wird. Die sichtbare Freude des Vaters motiviert sie, immer mehr Arbeiten zu übernehmen und Fähigkeiten zu erwerben, die für die Hofexistenz notwendig sind. Stolz, selbständig und selbstsicher bewegt sich das Kind in der Arbeitswelt der Erwachsenen. Implizit entspricht sie genau der Hofnorm. Wir fragen uns, ob es da vielleicht auch andere Wünsche und Vorstellungen gegeben hat, und welches Schicksal solche Interessen ereilt hat, narzistische Wünsche kleiner Mädchen, zu spielen, sich vom Hof zu entfernen, zu tun und zu lassen, wozu man Lust hat. Wir erfahren kaum etwas hierüber. Da ist beispielsweise die Möglichkeit, eine bessere Schulausbildung anzusteuern, eine durchaus realistische Perspektive für das begabte Mädchen. Aber aus ihren Kommentaren wird deutlich, daß sie einen solchen Weg nicht einmal als Gedanken an sich heranläßt. Der Hof hat ihren Lebensrahmen bereits abgesteckt, sie will nicht darüber hinaus denken, vielleicht auch, weil darin eine Form von Distanzierung liegen kann, die sie verunsichert, ihr Angst macht.

So verbringt die Bäuerin die ersten 25 Jahre ihres Lebens auf diesem Hof, mit diesen Menschen, unter dieser Hofnorm. Wie viele andere Bauernmädchen hat sie nie die Möglichkeit gehabt oder sich genommen, in einer räumlichen Distanz, frei von den täglichen Zwängen und Erwartungen, über ihre Situation und andersgerichtete Wünsche nachzudenken oder gar andere Erfahrungen zu machen. Sie geht letztlich voll im elterlichen Hof auf, ebenso wie sie seine Notwendigkeiten total verinnerlicht hat. Die Symbiose vollendet sich, und noch heute klingt an manchen Stellen im Interview ein leises Bedauern an, daß sie nicht auf diesem Hof geblieben ist.

Wie wir sehen, wird das Hofdenken zunächst am konkreten elterlichen Hof ausgebildet. Durch die abstrakte Formulierung der Hofnorm wird die Bereitschaft, dieses Denken auch auf den Hof zu übertragen, in den die Bäuerin einheiratet, vorbereitet; die aus Liebe, Pflicht, Frömmigkeit oder Anpassung veranlaßte Identifikation mit dem Ehemann und seinem Hof befördert sie. Wie wichtig aber für die tagtägliche Realisierung der Hofnorm selbst dann, wenn sie stark verinnerlicht scheint, das Gefühl bleibt, gebraucht zu werden. Anerkennung zu finden für das Geleistete ebenso wie für

„da hab ich des etz so angschaut, daß mer des etz gar net so nötig hat... daham wär ich dann noch, also, besser gebraucht worn"

das dabei Geopferte, zeigt ihr Leidensweg auf dem neuen Hof. Hier gibt es für sie keinen rechten Platz, keine Arbeit, keine Anerkennung, keine Wärme. Die Depression ist einerseits eine Reaktion auf diese Verhältnisse, hilft ihr anscheinend aber andererseits auch, sich gewisse Möglichkeiten auf dem Hof freizukämpfen, sich zu verorten. Heute identifiziert sie sich auch mit dem neuen Hof. Ihre Erfahrungen, Einsichten und Wünsche hat sie in die Hofsozialisation der Töchter eingehen lassen, auf die wir später zurückkommen werden.

Nachdem wir bisher den Weg aufgezeigt haben, den die symbiotische Beziehung der Bäuerin zum Hof nimmt, soll jetzt deren Inhalt entfaltet werden.

„Des wird ja bloß zu verwalten also hingstellt, ne,...soll mer ja bloß verwalten"

„mer solln's ja derhalten, ne"

„mer will bloß die War derhaltn"

„Des is von den Vorfahren scho so gangen und die dann nach uns kommen, da is grad wieder aa so, ne"

„net verkaufn...gute Tage damit machen...verleben..."

„sei täglich Brot...verdienen"

„... großen Hof ... mordsangesehene Frau"
„lieber net so viel und bin zufrieden ..."
„der wo viel hat ... und hat oft Streit und Neid und Haß"
„wenn's aus is — mer kann ja nix mitnehmen, ne"

„daß mer sich etz da reich machen kann...wie...vielleicht mancher Fabrikant... der kann sich vielleicht gut rausmachen, ne"

Der Hof wird nicht als Privateigentum, beliebig nutzbar durch den Eigentümer, dargestellt, sondern quasi als ein Lehen. Nehmen wir die religiösen Untertöne ernst, die die Bäuerin oft anklingen läßt, so können wir auch interpretieren: ein Lehen Gottes, das der jeweiligen Wirtschaftergeneration nur zur verantwortlichen Verwaltung übergeben ist. Jede Generation hat es nach besten Kräften zu pflegen, um damit wieder die Lebensgrundlage für die Nachfahren zu schaffen, aber auch, um der Arbeit und Mühsal der Vorfahren die angemessene Achtung und Anerkennung zu erweisen. Die Bäuerin präzisiert an mehreren Stellen, was dies für die individuellen Lebenswünsche des einzelnen heißen soll: sie werden nur im Rahmen dessen befriedigt, was der Hof möglich macht. Der Hoferhalt ist der Oberzweck für alles und alle. Fordert er dem Menschen ein kärgliches und arbeitsames Leben ab, so hat er das hinzunehmen. Keinesfalls dürfen egoistische Wünsche obenan gestellt und der Hof als Mittel zu ihrer Befriedigung benutzt werden. Selbstverständlich sollen die elementarsten Bedürfnisse nach dem täglichen Brot und dem Arbeitsplatz befriedigt werden; aber mit dieser im strengen Sinne des Wortes „einfachen Reproduktion" hat sich der Mensch im Notfall auch zufrieden zu geben. (Die Abwehr einer Instrumentalisierung des Hofes wird selbst dort deutlich, wo es um die Elementarbedürfnisse geht: Ihre ursprüngliche Formulierung „sei täglich Brot damit verdienen" verändert die Bäuerin sofort in: „drauf verdienen"; der Hof ist weniger ein Mittel als der Ort der Subsistenz.) Konsequent werden alle überschießenden Wünsche, z.B. um der Repräsentation willen einen größeren Hof haben zu wollen, abgeschnitten: jede Wunscherfüllung bringt immer neue Probleme mit sich, und jeder irdische Besitz ist weltliches Attribut und damit vergänglich. Die Bäuerin distanziert sich hier auch von einem unternehmerischen Gewinnstreben. Sich selbst reich machen, akkumulieren, das ist eher die Art des Fabrikanten, „des kann a Bauer net". Wenn der Hof Mehrerträge abwirft, dann will sie diese lieber für die Kinder verwenden als für eine erweiterte Reproduktion des Hofes und die Demonstration ihres Erfolges vor den anderen Bauern.

„na helf mer ihr mit"

Die Daseinsvorsorge für die kommenden Generationen ist an sich im traditionalen Hofkonzept enthalten; neu sind jedoch zwei Momente: Zum einen wird die bäuerliche Perspektive für beide Töchter nicht mehr verabsolutiert. Die Bäuerin hält für die jüngere Tochter eine gute Berufsausbildung und ein eigenes Haus für erstrebenswerter als einen Bauernhof; gerade in dieser Kombination Beruf und Haus können verinnerlichte Wünsche nach Sicherheit und Bindung mit neuen Erfordernissen und Interessen (Mobilität, regelmäßiges Einkommen, Freizeit) ihrer Meinung nach gleichermaßen befriedigt werden. Auch für die künftige Hoferbin ist eine berufliche Ausbildung, bewußt landwirtschaftsnah gewählt, keinesfalls überflüssig, sondern eher nützlich. Im Gegensatz zu ihren Eltern, für die die Zukunft der Töchter fraglos vorgezeichnet war und jeder Gedanke darüberhinaus von vorneherein verschwendet erschien, ist die Zukunft der eigenen Töchter für die Bäuerin der Raum vieler Möglichkeiten, die sorgsam abgewogen werden müssen, auch auch die Stelle, an der sie eigene Erfahrungen unterbringen und unerfüllte Wünsche realisiert sehen möchte

„Früher...mancher gern a Bauer gwesn, wenn er an Bauernhof ghabt hätt...etz schaun des die Leut wieder anders an"
„an Beruf...würd ich mir a Haus baun"

„und da sag ich oft zu ihr"

Das zweite Moment, das den Rahmen des traditionellen Hofdenkens sprengt, ist die Form, in der die Sozialisation abläuft. Sicherlich mag bei unserer Bäuerin die schlimme Erfahrung auf dem neuen Hof eine starke Abwehr gegen bestimmte Aspekte der bäuerlichen Lebensform aufgebaut und von daher den Wunsch verstärkt haben, die Töchter davon zu verschonen; aber eine (auch kritische) Reflexion der eigenen Sozialisationserfahrung mit den Umgangsformen, die man den Kindern heutzutage angedeihen läßt, fanden wir auch bei Frauen, für die sich die Einheirat in einen neuen Hof weniger schockartig gestaltet hat. Die existentiellen Schwierigkeiten, vor denen die kleinen Höfe heute zumeist stehen, die unsichere Zukunft, die sie zu bieten haben und die vielfältigen Angebote von außen nehmen der heutigen Wirtschaftergeneration

„Mer derf net stur sein und derf net sagn, mir is grad so gangen und dir geht's aa so"

„daß etz der agrad so geht wie mir"

„Rücksicht ham mit die Kinder"

„etz schaun des die Leut wieder anders an"

„Es hängt ja mehr am Erbe ab"

„ich kann's net zwingen, aber ...ich würd's ihr scho raten"
„tät ihnen...net gfalln"
„da laufn die Kinder davon"
„wie sie's machen, also da mach ihnen ich ka Vorschriften"
„net alles über an Kamm scheren"

„so wie sie's machen kann, so muß sie's machen"

die Handhabe und die Legitimation, ein Kind zur Hofnachfolge zu zwingen. Da Zwang oft genau die gegenteilige Wirkung hat, muß die Bäuerin eher mit pädagogischem Takt und Einfühlungsvermögen vorgehen, will sie ihr Hauptanliegen, den Erhalt des Hofes auch in der nächsten Generation, nicht gefährden. Also versucht sie, die Töchter nicht zu zwingen, sondern nur zu „beraten"; sie berücksichtigt Konstitution und „Typ" der Mädchen, sie läßt ihnen Freizeit. Der junge Mensch wird von ihr als Individuum wahrgenommen, das auch jenseits der väterlichen Äcker etwas zu bestellen hat und nicht mehr wie ein Satellit den Hof umkreisen muß.

II Bäuerin und Ökonomie

1 Traditionelle bäuerliche Hauswirtschaft

Traditionelles bäuerliches Wirtschaften ist gekennzeichnet durch die „Einheit von Produktion, Konsum und generativer Reproduktion in Haushalt und Familie des Bauern"[64]. Ob wir diese nun im Anschluß an A.W. Tschajanow als „Familienwirtschaft"[65] oder im Gefolge von O. Brunner als „Hauswirtschaft"[66], mit M. Sahlins als „Steinzeitökonomie"[67] oder C. Meillassoux als „häusliche Produktionsweise"[68] bezeichnen, ihre Charakteristika bleiben im wesentlichen die gleichen[69]. Das Wirtschaften orientiert sich hier eher am Motiv der Familienversorgung, der Sicherstellung von „Nahrung" und an den Bruttoerträgen aus der Familienarbeit, als an einem Kosten-Nutzen-Kalkül, an Profitmaximierung oder am Nettoeinkommen:„Vor Erwirtschaftung eines ‚Surplus' ... ist sie (die Familienwirtschaft, erg.) bestrebt, die Befriedigung der tradierten, sozial-kulturell normierten Bedürfnisse familiärer Subsistenz sicherzustellen."[70] Die Produktion erfolgt subsistenz- und gebrauchswertorientiert. Zwischen familiärem Konsumverhalten und der Ausbeutung der Arbeitskraft wird in spezifischer Weise ausbalanciert („Arbeit-Konsum-Balance"): Unbefriedigte Bedürfnisse fordern zur Mehrarbeit auf, die Mühsal der Arbeit setzt der Bedürfnisbefriedigung eine Schranke, insbesondere im Grenzfall, wenn ein gesteigerter Arbeitsaufwand keine nennenswert höheren Erträge mehr bringt. Das Niveau, auf dem die Faktoren ausbalanciert werden, entspringt dabei nicht den subjektiven Wünschen einzelner Familienmitglieder, sondern dem Gesamtkomplex des „Ganzen Hauses". Es handelt sich also insgesamt um eine Ökonomie der begrenzten Ziele.

Besonders wichtig für unseren Zusammenhang ist die Frage, was geschieht, wenn durch gewandelte äußere Produktionsbedingungen das Gesamtarbeitseinkommen sinkt. In der Regel wird dann die Familie ihre „Mehrarbeit" steigern, um

---

64 H. Medick 1978, S. 90. Wir beziehen uns im folgenden auf seine Darstellung des „Funktionsmodells der ‚Familienwirtschaft'", a.a.O., S. 90–154.
65 Vgl. A. W. Tschajanow 1923; A. W. Tschajanow 1981.
66 O. Brunner verwendet diese Kategorie auf dem begrifflichen Hintergrund des „Ganzen Hauses", das paradigmatisch auf die alteuropäische Ökonomik charakterisiert und von modernen Wirtschafts- und Sozialformen unterscheidet; vgl. O. Brunner 1968. So wie O. Brunner die Theorie des „Ganzen Hauses" konzipiert, enthält sie gewisse patriarchalismus-affirmative Konnotationen.
67 Vgl. M. Sahlins 1972.
68 Vgl. C. Meillassoux 1976.
69 Zum Folgenden vgl. H. Medick 1978, S. 90 ff.
70 H. Medick 1978, S. 98.

die Subsistenz auf der gewohnten Ebene zu halten. Es kann zu einer „Selbstausbeutung" (Tschajanow) der Familie kommen, die das Maß der Ausbeutung in der Fabrikarbeit übersteigt. Diese Bereitschaft zur „Selbstausbeutung", die rasch zur „Überausbeutung" (Meillassoux) werden kann, ist ein wichtiger Grund dafür, daß die Familienwirtschaft für die ursprüngliche Akkumulation und die Herausbildung kapitalistischer Verhältnisse nicht bremsend, sondern durchaus förderlich und funktional ist, wenngleich sie mit der Zange kapitalistischer Widersprüche gleichzeitig bedrängt und eingeschränkt wird[71]. Im umgekehrten Fall, bei wachsendem Gesamtarbeitseinkommen, sinkt die Notwendigkeit zur Mehrarbeit, und der Mehrertrag wird „in materiellen, kulturellen und rituellen Konsum"[72] umgesetzt.

Historisch betrachtet wurde die bäuerliche Familienwirtschaft im Prozeß der Herausbildung und Entwicklung kapitalistischer Gesellschaften modifiziert und für diese funktionalisiert. Ein Zwischenstadium stellt die in der Literatur seit einigen Jahren unter dem Terminus „Proto-Industrialisierung" beschriebene Entstehung ländlicher Verhältnisse dar, in denen die Bewohner neben der Subsistenzwirtschaft gewerbliche Massenproduktion für den nationalen und internationalen Markt betreiben. Ohne hierauf weiter eingehen zu wollen, sei als ein wesentliches Charakteristikum dieser Form von „Mischökonomie" oder „dualer Ökonomie" festgehalten: Gerade weil die Familie „subjektiv den Normen und Verhaltensweisen der traditionellen familiären Subsistenzökonomie verhaftet blieb"[73] und oft in verstärktem Ausmaß zu Selbstausbeutung und unbezahlter Arbeit bereit und fähig war, konnte sie objektiv als eine wichtige Triebkraft für den protoindustriellen Kapitalismus wirksam werden.

Wir gehen nun davon aus, daß auch für den Vorgang der endgültigen Eingliederung des Agrarsektors in die kapitalistische Wirtschaft das Konzept der hauswirtschaftlichen Produktionsweise wichtige forschungsstrategische Ansatzpunkte bietet. Es hat den Anschein, daß gerade in den bäuerlichen Kleinbetrieben immer noch eine Art von Mischökonomie im angedeuteten Sinne betrieben wird. Zwar ist die landwirtschaftliche Marktproduktion offensichtlich stark angewachsen, und die Subsistenzproduktion − weniger deutlich − absolut und relativ zurückgegangen, aber sie ist immer noch existent. Die Lohnarbeit des Arbeiterbauern, als extremste Form der Integration in die Marktwirtschaft, scheint die hauswirtschaftliche Grundlage bäuerlicher Existenz vollends überflüssig zu machen. Aber genau besehen ist sie (zunächst) kein eigenständiges Element, sondern mit dem bäuerlichen Dasein in vieler Hinsicht verklammert. Der Lohn z.B. wird zumeist ganz oder teilweise zur Erhaltung des Hofes benutzt, also zur Sicherung der gegenwärtigen Voraussetzungen der bäuerlichen Daseinsform. Auf diese Weise bleibt auch die Lohnarbeit gewissermaßen hauswirtschaftlich motiviert und verankert.

Da in die Bestimmung der Begriffe „Familienwirtschaft", „Hauswirtschaft", „häusliche Produktionsweise" usw. wesentliche Aussagen über Vorstellungen und

71 Vgl. H. Medick 1978, S. 101 und S. 104 ff.
72 H. Medick 1978, S. 101.
73 H. Medick 1978, S. 116.

Verhaltensweisen der handelnden Menschen eingehen, liegt es nahe, nach den Orientierungen und Normen zu fragen, die das ökonomische und soziale Handeln der bäuerlichen Produzenten heute leiten.

Die traditionelle Agrarsoziologie hat hierzu zwei gegensätzliche Positionen entwickelt: Zum einen wird die Auffassung vertreten, daß die Bauernfamilie, wie überhaupt die ländliche Familie, nur noch ein Typ der Familie der Industriegesellschaft sei, der sich durch die Übernahme städtisch-industrieller Normen bereits soweit an die städtischen Familienformen angepaßt habe, daß er deren Wandel mit einer Phasenverschiebung von inzwischen nicht einmal mehr einer Generation nachvollziehe und sich damit tendenziell dem bürgerlichen Familien- und Wirtschaftsverhalten anpasse[74]. Dagegen steht die These, daß die Bauernfamilie immer noch eine spezifische Vergemeinschaftungsform darstelle, deren Struktur und Veränderung angemessen nur aus ihren ökonomischen Funktionen und deren Entwicklungstendenzen gedeutet werden können[75]. Im Hinblick auf das Wirtschaftsverhalten der bäuerlichen Familie lassen sich für beide Thesen empirische Belege finden:

Sowohl die Untersuchungen in den fünfziger Jahren zu den Lebensverhältnissen in kleinbäuerlichen Dörfern als auch neuere empirische Befunde deuten immer wieder darauf hin, daß im Denken der kleinen Warenproduzenten traditional orientierte Anteile überlebt haben und haushälterische, subsistenzorientierte Rationalität noch keineswegs durch rein instrumentelle, ökonomisch-rationale Auffassungen verdrängt worden ist. So resümierten beispielsweise v. Dietze u.a.:

„...So heißt das noch lange nicht, daß alle Betriebe bewußt im Sinne einer möglichst rationellen Marktbelieferung organisiert und geführt würden...Jedenfalls muß man klar erkennen, daß mit dem Übergang von der vorwiegend hauswirtschaftlichen zu der stärker marktbezogenen Produktion die kleinbäuerlichen Betriebsleiter noch keineswegs erfaßt haben, daß nunmehr die rein ökonomisch-rationellen Produktionsgrundsätze eine ganz neue und entscheidend wichtige Bedeutung für ihr wirtschaftliches Ergehen erlangt haben. Wir haben einerseits viele Betriebe und ganze Dörfer gefunden, die ganz offensichtlich mit ungehemmter Vitalität in einer durchaus gesunden Wandlung zur stärkeren und zweckmäßigeren Marktproduktion stehen. Wir finden aber auch Fälle, in denen man mit der Mentalität und den äußeren Mitteln von etwa 1900 dagegen angeht, von der Wirtschaftswelt von 1950 überwältigt zu werden."[76]

Auch J. O. Müller kommt in seiner Untersuchung über die Einstellung zur Landarbeit in 155 Familienbetrieben der Betriebsgrößenklasse 5—20 ha zum Ergebnis:

74 Vgl. H. Schelsky 1953; G. Rückriem 1965, S. 175—225. Als Vertreter der Rückständigkeitsthese können gelten v. Deenen, Harms, Ipsen (in neueren Arbeiten), König usw.
75 Diese Position bezogen z.B. v. Blankenburg, Linde, Planck, wobei allerdings erwähnt werden sollte, daß diese Soziologen keinen rein ökonomistischen Ansatz vertreten. So gesteht auch Planck durchaus gesamtgesellschaftlichen Normen und Leitbildern einen beachtlichen Einfluß auf die Veränderung der bäuerlichen Familienstruktur zu. Vgl. U. Planck 1964, S. 155 f.
76 C. v. Dietze u.a. 1954, S. 16.

„Bäuerliches Wirtschaften erhält daher seine Zielsetzung ebenso – oder sogar vorherrschend – in den Lebenszielen der Familie, die nicht notwendig mit rein wirtschaftlichen Erwägungen übereinstimmen."[77]

Müller belegt dies mit zahlreichen Beispielen, etwa aus dem Bereich der Betriebsplanung, wo abgesehen von Betrieben, die größere Finanzierungsprojekte vorhaben, „die Entwicklungsplanung in keinem Betrieb auf der Grundlage einer exakten Kalkulation vorgenommen wird"[78], oder an den Kriterien der Bauern für den Arbeitserfolg, der nur selten nach „ausgesprochen rationalen, finanzorientierten Merkmalen"[79] bestimmt wird, sondern in der Regel „emotional und naturalwirtschaftlich orientiert"[80] ist.

Während die empirische Untersuchung von J. Ziche zum gesellschaftlichen Selbstbild der landwirtschaftlichen Bevölkerung in Bayern[81] als ein Ergebnis die modern-unternehmerische Orientierung vor allem der jüngeren Generation betont, zeigt R. E. G. Sachs an den von ihm interviewten Trendelburger Bauern wiederum sehr starke traditional-hofbezogene Tendenzen auf: Nicht etwa, daß sich die Bauern rückständig bis archaisch in ihren Wirtschaftsmethoden verhielten, sondern daß sie durchaus mit modernisierten Produktionsmethoden für den Markt produzieren, um mit dem verdienten Geld dann die Hofsubstanz zu sichern, für sich selbst aber unter Umständen nur viel Arbeit und ein niedriges Konsumniveau erreichen.

In der von R.E.G. Sachs zitierten Aussage eines Bauern „Vom rein Wirtschaftlichen könnten wir unser Geld bequemer anlegen, bequemer leben, bequemer verdienen"[82] drückt sich deutlich aus, daß die Hofhaltung und Hofökonomie nicht in „rein" wirtschaftlichen Erwägungen aufgeht, sondern daß es dabei zusätzliche Momente gibt, die Sachs in seinem Deutungsschema des Sicherheits-, Bindungsund Freiheitskomplexes als Inbegriff des bäuerlichen Hofdenkens zusammenfaßt.

Wie lassen sich nun diese Ergebnisse deuten? Müssen sie als sich widersprechend hingenommen werden? Oder löst sich der Widerspruch nicht vielmehr auf, wenn seine zwei Seiten als ambivalente Orientierung des landwirtschaftlichen Kleinproduzenten gesehen werden, der zwischen den ihm aufgezwungenen marktwirtschaftlichen Gesetzen und den traditionellen hauswirtschaftlichen Normen seine Mischökonomie betreibt? In der kontroversen Diskussion wird jeweils nur einer dieser Aspekte herausgearbeitet, ohne auf die Doppelform der heutigen landwirtschaftlichen Produktionsweise rückbezogen zu werden. Die Alternative „Rückständigkeit" oder „Eigenständigkeit" verliert ihre Unverträglichkeit, wenn sie im Kontext der widersprüchlichen Realität bäuerlichen Wirtschaftens betrachtet wird. Kleinbauer sein und auf absehbare Zeit bleiben heißt – so unsere These – , die von

---

77 J. O. Müller 1964, S. 54.
78 J. O. Müller 1965, S. 68.
79 J. O. Müller 1964, S. 263.
80 J. O. Müller 1964, S. 265.
81 Vgl. J. Ziche 1970.
82 Vgl. R. E. G. Sachs 1972, S. 82 und S. 91 ff.

außen als widersprüchlich erscheinenden Orientierungen und Verhaltensweisen, diese ambivalente Kombination aus traditionellen und modernen Normen zu synthetisieren und immer wieder den sozioökonomischen Erfordernissen anzupassen.

2 Agrargeschichtliche Untersuchungen zur Rolle der Bäuerin in der Hofökonomie

Den bisher genannten Erhebungen zum Wirtschaftsverhalten von Bauern ist gemeinsam, daß sie ihr Material hauptsächlich über die Befragung männlicher Betriebsleiter zusammengetragen haben. In keinem Falle waren die Bäuerinnen in größerem Ausmaß beteiligt, etwa in dem Zahlenverhältnis, das ihrem faktischen Arbeitsanteil entspricht oder auch — aktuell in unserem Zusammenhang — in dem Grad, wie sie für die Hofökonomie verantwortlich sind.

In der agrarsoziologischen Literatur, insbesondere in den Gattungen, die ihr historisch vorausgingen, ist die Rolle der Frauen in der Hofökonomie keineswegs immer in solcher Weise übergangen worden. So wird etwa in der Hausväterliteratur, den zwar in normativ-pädagogischer Absicht verfaßten, aber in vielem auch Aspekte der damaligen Realität widerspiegelnden Werken des 18. Jahrhunderts[83] deutlich, daß ein wesentlicher Teil der Verantwortung und Leitung der Wirtschaftsführung in den Händen der „Hausmutter" lag.[84] Ihre Rolle wurde teilweise recht ausführlich behandelt — Chr. F. Germershausen hat ein eigenständiges fünfbändiges Werk zur „Hausmutter" herausgebracht, das zudem eine völlige Gleichstellung der Hausmutter gegenüber dem Hausvater auch in der Praxis befürwortete.[85] Erst mit den neuen „rationellen" Landwirtschaftstheorien des frühen 19. Jahrhunderts (Thaer, v. Thünen), setzte deren nahezu vollständige Verdrängung aus der Wissenschaft ein.[86]

83 Vgl. in diesem Zusammenhang besonders H. Schmidlin 1941 und J. Hoffmann 1959.
84 H. Möller 1968, S. 11 referiert hierzu einen seltener zitierten Hausväter-Autor, Chr. F. Sintenis: „Neben den Hausvater tritt die Hausmutter, der als ‚Hausherrin' die Leitung der innerhäuslichen Geschäfte übertragen ist. Wie der Hausvater für die männlichen Hausgenossen vorbildlich ist, ‚so zeigt sich als Muster jeder weiblichen Tugend, auf das alle weiblichen Hausgenossen nur blicken dürfen, um sich auf das weiblichedelste nachzubilden'. Diese Parallelisierung kann aber nicht den Abstand bagatellisieren, der zwischen beiden Positionen besteht. Der Mann ‚erklärt sie für die Herrin', er ‚substituiert sie im Innern des Hauswesens ganz für sich'. ‚Der innere Haushalt ist die Sphäre ihres eigentlichen Lebens', innerhalb deren sie mit ihrem Mann ‚in Erfüllung ihres natürlichen Berufes' wetteifert. ‚Das ganze Schema davon schwebt ihr stets vor Augen, und alle Geschäfte dabei gehen vom Morgen bis zum Abend wie nach der Schnur'. Sie liebt ‚die Entfernung von geräuschvollen Gesellschaften, wie vor allem groswelthischen Verkehr', sie vermeidet jeden unnützen Aufwand, ‚sie mag über Stand weder wohnen noch sich kleiden' und findet die Modesucht so ‚verächtlich wie lächerlich'. Sie ist ‚immerwährend still, thätig' ... ‚vieles besorgt sie selbst und über alles, was sie besorgen läßt, hat sie die sorgfältigste Aufsicht, so, wie ihr Mann die Oberaufsicht über das Ganze... ‚Ihr Haupterwerb aber besteht darin, daß sie das, was erworben wird, auf das beste zu Rathe hält, weise eintheilt, und wirthschaftlich anlegt'." Vgl. hierzu auch C. Honegger/B. Heintz (Hg.) 1981, S. 15 ff.
85 Vgl. H. Schmidlin 1941, S. 20.
86 Von daher wird H. Schmidlins Schilderung verständlich: „Als der Hohenheimer Direktor Göriz (1850) danach trachtete, einigen fehlenden Disziplinen im System der Landwirtschaftswissenschaft einen Platz einzuräumen, da gedachte er auch der Hauswirtschaft. Aber er tat es als etwas Neues, Erstmaliges..." (H. Schmidlin 1941, S. 20).

Im 20. Jahrhundert hat sich dann (wieder) eine Wissenschaft vom (inneren) Haushalt neu etabliert, nun aber als eine eigenständige Frauen-Disziplin und fern von der Betriebswirtschaft, auf die sich die Hofwirtschaft verengt hatte. Der Betrieb und die Betriebswirtschaft waren gleichzeitig auf eine ,,Männersache" reduziert worden. Dabei deuten neben einigen Autobiografien vor allem die ersten empirischen Studien zur Lebenslage der Bäuerinnen vor und nach 1920[87] darauf hin, daß die Bäuerin im Wirtschaftsbereich das traditionelle Hofdenken oft in stärkerem Ausmaß als der Bauer und mit eigenen Akzenten vertrat. Zwei Zitate mögen dies illustrieren:

> ,,So findet man sehr häufig, daß sich im Laufe der Jahre in der Wirtschaft das Verhältnis zwischen Mann und Frau umkehrt und die Bäuerin in Wirklichkeit die Führung übernimmt" es ist oft erstaunlich, welches Herrschertalent sie dabei entwickelt, wie sie überall den Hebel an der richtigen Stelle anzusetzen und auch Initiative zu ergreifen weiß. Sie hat sich in dem Kämpfen und Durchhalten eine innere Festigkeit und eine gewisse Härte erworben, dazu eine tätige Energie bewahrt, während der Mann häufig im Lauf der Jahre stumpf geworden ist".[88]

> ,,Manchmal hat die Frau darin noch die größere Zähigkeit und Ausdauer. Sie erwirbt sich aus dem Schatz dieser Kräfte heraus eine erstaunliche Sicherheit in der Arbeitsausführung und im Überblicken des Betriebs. Dabei ist sie oft die unermüdlichere, sparsamere, geizendere — auch kleinlichere von beiden. Was schindet sie sich nicht um eines kleinen Gewinnes willen. Ihre größere Instinktsicherheit macht sie dem Manne oftmals überlegen, so daß er leicht in Abhängigkeit von ihrem Urteil gerät: ,Was moinst, Weib?' "[89]

Auch v. Dietze u.a. berichten aus den fünfziger Jahren über ähnliche Beobachtungen: vor allem in den kleinbäuerlichen Betrieben mit arbeitswirtschaftlicher

---

87 Die Berufszählung von 1907, die zum erstenmal in der Geschichte die mithelfenden weiblichen Familienangehörigen in der Landwirtschaft statistisch erfaßte, hatte ,,ein höchst überraschendes Zahlenbild geliefert, das den Umfang der Frauenarbeit erst mit voller Deutlichkeit zum Bewußtsein brachte." (G. Dyhrenfurth 1916, S. 9) Unter dem Eindruck dieser Ergebnisse und aus einem praktischen Interesse an dem damals viel diskutierten Problem der ,,Landflucht" heraus, beschloß der seit 1906 bestehende und in den ersten Jahren mit Untersuchungen über die Lage der gewerblichen Arbeiterinnen beschäftigte ,,Ständige Ausschuß zur Förderung der Arbeiterinnen-Interessen", nun auch Material über die ländliche Frauenarbeit, damals im wesentlichen identisch mit landwirtschaftlicher Frauenarbeit, zu sammeln, um daraus Konsequenzen für die ländliche Sozialpolitik zu ziehen. In der Folgezeit erschienen für verschiedene Regionen des Deutschen Reiches datenreiche Untersuchungsergebnisse, denen sich — angeregt vom allmählich deutlicher wahrnehmbaren Entwicklungsgefälle zwischen zentrumsnahen und zentrumsfernen dörflichen Gemeinden — die engagierten und detaillierten Arbeiten von M. Bidlingmaier 1918 und M. Wohlgemuth 1913 zur Seite stellen lassen. 1922/23 schrieb M. Rheindorf eine Dissertation über die rheinische Bäuerin, und damit verstummten die Nachrichten vom Lande mehr oder weniger (1932 erschien nochmals eine Arbeit von E. Baldauf über die Frauenarbeit in der Landwirtschaft, 1941 eine historische Untersuchung von H. Schmidlin über die Stellung der Frau in der Hausväterliteratur). Die Zeit nach der Inflation, die Weltwirtschaftskrise und dann vor allem die NS-Ära kennen keinen Chronisten für die unter immer bedrückenderen Verhältnissen lebenden Bäuerinnen.
88 M. Wohlgemuth 1913, S. 113 f.
89 M. Bidlingmaier 1918, S. 167.

Dominanz der Frauen werde das traditionelle Normensystem von der Frau übernommen und besonders engagiert vertreten:

> „Das Sich-Abmühen der Frau um die Erhaltung der Lebensgrundlagen und um die Sicherheit der Familie übertrifft das des Mannes; sie verkörpert in höherem Maße als der Mann nicht nur das Hofdenken, sondern das traditionsbewußte Bauerntum überhaupt."[90]

Insbesondere in Krisen- und Notzeiten scheint die Verantwortung für Hoferhalt, Wirtschaft und Subsistenz bei den Frauen zu liegen bzw. von ihnen übernommen zu werden, ein Sachverhalt, der im übrigen auch für nichtbäuerliche Kontexte zuzutreffen scheint.[91] Abgesehen von diesen wenigen Andeutungen sind wir aber auf Vermutungen angewiesen. Die Forschung läßt uns weitgehend im unklaren über die Rolle der Frau im Binnenbereich der Familienwirtschaft und noch mehr über ihren Anteil am nach außen gerichteten Marktgeschehen, da hier die offizielle Definition der weiblichen Geschlechtsrolle zusätzlich verschleiernd wirkt. Vieles deutet aber darauf hin, daß — im Gegensatz zur traditionellen Norm, derzufolge es die Pflicht des pater familias ist, möglichst viele Güter zu erwerben, um der Familie eine angemessene kontinuierliche Versorgung zu gewährleisten, während die Hausmutter das Eingebrachte und Vorhandene zusammenhalten, verwahren und geschickt verteilen soll („distributive" Funktion) — die Bäuerin sich durchaus erfolgreich in den „akquisitiven" Männerdomänen bewegt hat.[92]

Leider wissen wir nichts Genaues über die Markttätigkeit der Bäuerinnen im Laufe der Jahrhunderte. Einige Hinweise über die Existenz und Entwicklung der sog. Frauenmärkte in England im Zuge der Revolutionierung der Landwirtschaft im 18. und 19. Jahrhundert finden sich bei I. Pinchbeck[93]. Verstreut gibt es zum Geschäftsgebaren der Bäuerinnen auf den Wochenmärkten in der Literatur kritisch-ironische Kommentare, in denen den Frauen unterstellt wird, daß sie die auf ihre Waren angewiesenen Städterinnen nach Strich und Faden ausnehmen, also alles überteuert verkaufen wollen.[94]

90 C. v. Dietze u. a. 1953, S. 157 f.
91 Vgl. I. Ostner 1978, S. 128.
92 Die Unterscheidung zwischen aquisitiven und distributiven Aufgaben im Hauswesen und deren geschlechtsspezifische Zuweisung geht auf die Ökonomik des Aristoteles zurück. Die Klassiker der Agrarsoziologie, die Hausväter- und -mütter-Autoren orientieren sich teils an ihm, teils an Plato, der keine so scharfe Geschlechtdifferenzierung propagiert. Auch in dieser Literatur wird immer wieder von sehr geschäftstüchtigen Frauen berichtet, z.B. von der Kurfürstin Anna von Sachsen, die berühmt war für ihre hervorragende Käseproduktion. Sie versorgte Leipziger Bürger mit Molkereiprodukten aus ihren Vorwerken und erregte durch ihre äußerst ertragreiche „unweibliche" Markttätigkeit die Kritik und den Spott mancher Zeitgenossen. Die aquisitiven Züge von Frauen scheinen geradezu bedrohlich für Theoretiker des „Ganzen Hauses" gewesen zu sein, wie die drastischen Schilderungen von besonders „geldgierigen" Frauen vermuten lassen; vgl. H. Schmidlin 1941, S. 102.
93 Vgl. I. Pinchbeck 1930, in H. Rosenbaum (Hg.) 1974, S. 207—225.
94 So z.B. Johann Georg Schmidt 1709, S. 206; er läßt sich in diesem Beitrag zur „Rockenphilosophie" erbost darüber aus, daß „viel hundert Bauer-Weiber ... hartnäckig auf ihre Wahre halten und theuer genug verkauffen. Und kan ich mich nicht erinnern, daß ich in zehen Jahren einem Bauern-Weibe etwas hätte abgekauft, daß sie um einen billigen Preiß gegeben hätte; denn sie wissen, daß des Volks in den Städten viel ist, die essen wollen,

61

Noch zu Beginn unseres Jahrhunderts scheinen auf den Höfen der Kleinbauern ähnliche Vermarktungsformen geherrscht zu haben wie in England vor der kapitalistischen Reform der Landwirtschaft. So schreibt M. Bidlingmaier in ihrer Monografie über die Bäuerin in zwei (zentrumsnahen bzw. zentrumsfernen) Gemeinden in Württemberg von 1916, daß vor allem in der stadtnahen Gemeinde viele Produkte auf den Wochenmarkt gebracht wurden, wenn sie nicht bei der Händlerin abgesetzt oder auf dem Hof an Privatleute verkauft worden sind. Es handelte sich in diesem Kleinhandel meist um Frauenaktivitäten. Auch bei größeren Vieheinkäufen und -verkäufen wurde die Bäuerin hinzugezogen. Die letzte Entscheidung war zwar (formal) dem Bauern vorbehalten, doch scheint dies oft eher ein Zugeständnis an die Regeln des patriarchalischen Öffentlichkeitsrituals gewesen zu sein, denn hinter den Kulissen gab es mitunter ein Nachspiel, das die Frau inszenierte. So beobachtete M. Bidlingmaier:

> „Nachgiebigkeit von ihm (dem Bauern beim Verkauf des Weines, erg.) gibt ihr den Anlass zu stillen und zu lauten Vorwürfen."[95]

Eine Änderung dieser Situation hat sich mit den neuen Verarbeitungs- und Vermarktungsweisen der Agrarprodukte, insbesondere der kleinbetrieblich hergestellten Veredelungsprodukte angebahnt. Der Direktverkauf an den Konsumenten trat immer mehr zurück hinter einer durch den Zwischenhandel vermittelten Vermarktung. Gleichzeitig wurde der Zwischenhandel weniger von Personen in eigener Regie getätigt, sondern ebenso und im gleichen Zusammenhang wie die Institutionalisierung der Verarbeitung von expandierenden Unternehmen übernommen. Es bildete sich die (auch) für das Bewußtsein des bäuerlichen Produzenten folgenschwere Unsymmetrie seiner Marktsituation heraus: er trat als individueller Einzelanbieter den Vertretern von Molkereien, Genossenschaften, Viehhändlern, Großmühlen etc. gegenüber und schloß Verträge ab, die nicht nur Lieferbedingungen und Preise festsetzten, sondern auch andere Vermarktungsformen einschränkten oder ausschlossen.[96] Im Ersten Weltkrieg wurde dann zum ersten Mal das Zwangswirtschaftssystem erprobt, eine vom Staat erzwungene Abgabe von landwirtschaftlichen Produkten zu festgesetzten Preisen. Die Milchmarktordnung von 1930 kann als der Zeitpunkt angesehen werden, seit dem für die bäuerlichen Warenproduzenten die Möglichkeit, Preise für ihre Produkte selbst festlegen zu können, endgültig zur Illusion geworden ist.

Fortsetzung Fußnote 94

dahero wissen sie nicht, wie sie ihre stinckenden Käse und andere Victualien theuer genug ausschinden sollen. Und ob sie gleich alles über (!) die Billigkeit verkauffen, so lassen sie sich doch noch nicht damit vergnügen, sondern sinnen noch auff Mittel und Schwartzkünstliche Handgriffe, die ihnen zum theuer-Verkauffen dienen sollen..."

95 M. Bidlingmaier 1918, S. 30.

96 Die Marktposition des Kleinbauern ist gekennzeichnet durch eine „atomistische Position" und die daraus resultierende Notwendigkeit einer „Mengenanpassung": „... der einzelne Bauer kann die Marktdaten nicht verändern, er kann nur seine Produktionsmenge diesen Daten anpassen." (O. Poppinga 1975, S. 139)

Diese Entwicklung blieb nicht ohne Einfluß auf die Rolle, die die Bäuerin auf dem Markt spielt. Zum einen hat es den Anschein, daß mit der Institutionalisierung des Absatzes das schriftliche Fixieren des Geschäftsvorganges üblich wurde, ein Vorgang, der zumindest formal-öffentlich den Bauern in den Vordergrund treten läßt. Implizit hat M. Bidlingmaier auf diesen Mechanismus hingewiesen:

> „Die Bäuerin – oder eigentlich der Bauer – bekommt ein Lieferungsbuch vom Händler, in dem die Lieferungen vermerkt sind."[97]

Dies ist sicherlich eine Folge davon, daß die Frau realiter auch über das BGB hinaus nicht als kontraktfähig galt, zumindest so lange sie einen Ehemann hatte. Zum anderen tangierten die neuen Verarbeitungs- und Vermarktungsformen die ökonomische Situation der Kleinbäuerin, durch deren Hände bisher die meisten Veredelungsprodukte und ihre Geldäquivalente gingen. Insbesondere die Folgen der neuen Molkereien wurden zu Beginn des Jahrhunderts immer wieder diskutiert. So wies Rosa Kempf auf dem Deutschen Frauenkongreß von 1912 in Berlin, darauf hin, daß die Molkereien neue Engpässe für die bäuerlichen Haushalte schafften und dadurch die Machtposition der Bäuerin gegenüber dem Bauern, der ja nicht immer ein freundlicher „Wirt" sei, erheblich verschlechterten.[98]

Was den Bäuerinnen insbesondere genommen wurde, war die Möglichkeit, einen Preis der Waren selbst zu bestimmen. Daran hat sich im Laufe des Jahrhunderts nicht mehr viel geändert. Vielmehr wurde das System der Marktordnung sowohl durch die NS-Agrarpolitik als auch durch die Agrarpolitik der Bundesrepublik ausgebaut und vervollständigt.

Angesichts dieser historischen Befunde haben wir unser Interesse auf folgende Fragen gerichtet: Welche Stellung hat die Bäuerin heute in der kleinbäuerlichen Hofökonomie? Wie umfangreich und bedeutungsvoll muß der Subsistenzbereich auf den kleinen Höfen gesehen werden? Welche Tendenzen zum Festhalten oder Abbauen subsistenzwirtschaftlicher Orientierungen sind wahrzunehmen und welche Gründe werden hierfür geltend gemacht? Welche Rolle und welches Engagement kommt der Bäuerin im Bereich der Ware-Geld-Zirkulation auf den Höfen zu? Nach welchen Gesichtspunkten werden die Preise dort festgelegt, wo den Frauen noch eine beschränkte Selbstbestimmung möglich ist? Wie sehen die Frauen das Verhältnis von Preis und Arbeits(zeit)aufwand. Wie gehen die Bäuerinnen damit um, daß traditionelle Prinzipien partiell an Geltungsbereichen einbüßten und durch „moderne" Orientierungen ergänzt werden müssen?

---

97 M. Bidlingmaier 1918, S. 49.
98 Vgl. R. Kempf 1912, S. 78; dazu auch J. Gotthelf 1907.

3 Subsistenzproduktion und Subsistenzorientierungen

3.1 Vorbemerkung

Die wenigen Zahlen, die die Subsistenzproduktion von Bauernfamilien zu erfassen versuchen[99], lassen zwar durchaus eine sinkende Tendenz erkennen, und jede Bäuerin kann auf Anhieb mehrere Produkte nennen, die ihre Mutter noch selbst hergestellt hat, die sie aber seit langem im Dorfladen oder im nächsten Supermarkt kauft, — aber in welcher Weise diese Trends nun tatsächlich in die Zukunft verlängert werden können, bleibt letztlich doch unklar. Dies hat im wesentlichen drei Gründe: Zum ersten gehört die Subsistenzproduktion zu den nicht monetarisierten und über Marktbewegungen erfaßbaren Produktionsbereichen. Sie ist entsprechend schwierig zu quantifizieren. Zum zweiten ist als eine Folge der allgemeinen Peripherisierung des Subsistenzbereichs im Kapitalismus, wozu auch die „Symptome": Frauenbereich, Lohnlosigkeit, Marginalität, Latenz, fami - liale Gebundenheit usw. gehören, die Subsistenz als theoretisch und empirisch relevantes Problem wissenschaftlich mehr oder weniger ignoriert worden:

> „Die Subsistenzproduktion, d.h. die Produktion für den unmittelbaren Konsum ... wird in theoretischen sowie in empirischen Arbeiten stark vernachlässigt, in der volkswirtschaftlichen Gesamtrechnung wenn überhaupt, dann falsch erfaßt, daher von der Entwicklungsplanung fast völlig ignoriert und in Entwicklungsstrategien, aber auch Klassenanalysen kaum beachtet."[100]

Zwar trifft dies nicht in vollem Ausmaß für die bäuerlichen Verhältnisse zu, denn die Ökotrophologie (Haushaltswissenschaft) hat inzwischen ein differenziertes Instrumentarium entwickelt, um die Haushaltsproduktion zu beschreiben und zu analysieren.[101] Dennoch fehlen auch hier Untersuchungen, die die Zu- und Abnahme häuslicher Subsistenzproduktion in Abhängigkeit von externen gesellschaftlichen Faktoren genauer beleuchten und auf dieser Basis Aussagen über künftige Entwicklungen zulassen.

---

99 C. v. Dietze u.a. 1953 ermittelten — ohne Anspruch auf Repräsentativität — für die kleinsten Betriebsgrößenklassen einen Selbstversorgungsgrad von 44 %, bei Betrieben zwischen 10 und 15 ha von unter 22 %; S. 88 ff. Nach I. v. Poser 1960 macht „der Wert der Naturalentnahmen für den Besitzerhaushalt, die Altenteiler und weichenden Erben sowie der Wert der verschenkten (!) Naturalien ... zwischen 9,7 und 25,3 % des Rohertrages aus, wobei der Anteil in den größeren Betrieben selbstverständlich niedriger als in den kleineren war." (S. 98/101). Dem Grünen Bericht 1970, S. 58 f. zufolge betrug der Eigenverbrauch am Produktionswert im Jahr 1968/69 nurmehr 9,3 %, was jedoch noch nichts aussagt über den Prozentsatz, zu dem die Subsistenz der Familie damit gedeckt werden kann. Immerhin gibt es in den agrarisch strukturierten Gebieten der BRD im Vergleich mit städtischen Gebieten noch einen wesentlich höheren Anteil an Selbstversorgungshaushalten, vgl. Tab. 2 und 4 in H. Pross/R. v. Schweitzer 1976, S. 282 und 286. (In diesem Zusammenhang sei auch auf die Arbeit von M. Freudenthal hingewiesen, die die Entwicklung der Selbstversorgung als Prinzip und als Handlungsweise an städtischen und ländlichen bürgerlichen Haushalten bis zum Ende des 19. Jahrhunderts nachzeichnet; M. Freudenthal 1934.)
100 H.-D. Evers/T. Schiel 1979, S. 282.
101 Vgl. z.B. M. Boßung 1974.

Damit ist aber schon die dritte Schwierigkeit thematisiert, die die Analyse von Trends in der Subsistenzproduktion allgemein behindert: die Neuartigkeit von Gegentendenzen, deren Stärke und Verlauf abzuschätzen ebenfalls schwierig ist. Der gleiche Prozeß, der zur partiellen Zurückdrängung der Subsistenzproduktion sowohl im gesellschaftlichen Maßstab als auch im bäuerlichen Milieu geführt hat, hat inzwischen Konsequenzen hervorgerufen, die ein partielles Erhalten noch vorhandener bzw. eine teilweise Restitution traditioneller Subsistenzwirtschaft nicht nur im kleinbäuerlichen Betrieb, sondern auf gesamtgesellschaftlicher Ebene nicht mehr nur als abwegig und unzeitgemäß erscheinen lassen.[102]

3.2 Produktion für die eigene Subsistenz

Das wichtigste Refugium für subsistenzbezogene Produktion und subsistenzwirtschaftliche Prinzipien ist naheliegenderweise auf dem bäuerlichen Hof der Ernährungsbereich. Wenn nach § 4 des Landwirtschaftsgesetzes die Kostenvorteile, die dem landwirtschaftlichen Haushalt durch den Verbrauch selbsterzeugter Nahrungsmittel gegenüber einem Arbeiterhaushalt entstehen, der sich über den Markt versorgt, auf 35% geschätzt werden[103], so ist das sicher nicht zu hoch gegriffen. Gerade auf den kleinbäuerlichen Höfen liegt der Anteil möglicherweise noch höher, wofür die Interviews einige Anhaltspunkte gegeben haben.

Um uns einen Überblick und Eindruck von der Subsistenzproduktion der Frauen zu verschaffen, haben wir sie nach der Existenz und der ungefähren Größe des Hausgartens gefragt und zwei Listen der gewöhnlich einem Bauernhaushalt zugeschriebenen Eigenproduktion bzw. von „Besonderheiten", die eher der Tradition zuzurechnen sind, wie Brot backen, buttern, Nudeln selbst herstellen, Sauerkraut einlegen, Kräuter und Tees sammeln, vorgelegt. Verbunden waren damit die Fragen, ob die Bäuerin mit ihren Vorräten über den Winter komme bzw. welche Produkte zugekauft werden.

Nur knapp 1/10 aller befragten Bäuerinnen besitzt keinen Garten am Haus, über 1/3 einen kleinen Garten (unter 200qm), knapp 1/3 einen Garten von mittlerer Größe (ca. 200 - 400 qm) und fast 1/4 einen großen Garten (über 400 qm). Zusätzlich bzw. ersatzweise zum Garten bauen viele Bäuerinnen bestimmtes Gemüse auf dem Feld an. Obwohl wir nicht explizit nach dem Feldanbau von Subsistenzgütern gefragt haben, erhielten wir von 23 Bäuerinnen spontan Hinweise auf dieses Verfahren; unter ihnen waren auch diejenigen, die keinen Hausgarten (mehr) besitzen, so daß wir insgesamt davon ausgehen können, daß jede Bäuerin einen Teil ihres Nahrungsbedarfs über den eigenen Anbau deckt. In diesem Zusammenhang ist

---

102 Inzwischen ist − vermittelt über die Probleme der gesellschaftlichen Entwicklung bzw. Unterentwicklung in Ländern der Dritten Welt − auch die theoretische Beschäftigung mit diesen Fragen aktuell geworden; vgl. hierzu den von der Arbeitsgruppe Bielefelder Entwicklungssoziologen 1979 herausgegebenen Band zur Subsistenzproduktion und Akkumulation.

103 Vgl. ABM 1976, S. 68.

auch zu erwähnen, daß 2/3 der Höfe Sonderkulturen besitzen, zumeist Obst, seltener Gemüse (Meerrettich , Spargel) oder Hopfen. Obst und Gemüse für den Eigenkonsum der Familie sind also meist auf dem Hof vorhanden. Ähnliches gilt für Kleinvieh, das nur auf 26 Höfen (knapp 20%) abgeschafft ist. (Auf den Subsistenzbezug weist der hohe Anteil an Kleinstmengen hin: auf 61 Höfen, knapp der Hälfte, werden unter 20 Stück, auf 38 Höfen (ca. 30%) 20 bis 50 Stück und auf 7 Höfen (ca. 5%) über 50 Stück gehalten.) Es ist naheliegend und selbstverständlich, daß der gesamte Fleisch- und Milchkonsum aus dem eigenen Stall gedeckt wird. Nehmen wir die Ergebnisse unserer Listen von selbstproduzierten und -verarbeiteten Produkten sowie die Antworten auf die Frage nach dem Wintervorrat dazu, so ergab sich insgesamt bei vielen Bäuerinnen ein vergleichsweise hoher Subsistenzgrad: Nur 3 Bäuerinnen hatten die Subsistenz weitgehend reduziert, kauften viel zu; 24 Frauen hatten einen relativ normalen Subsistenzgrad, verarbeiteten die anfallenden Produkte und kauften wenig an Obst, Gemüse und Salaten im Winter zu, und 106 Bäuerinnen, mehr als 80%, fielen unter die Rubrik „hoher Subsistenzgrad", verarbeiteten und konsumierten sehr viel aus dem eigenen Garten- und Feldanbau, backten unter Umständen auch selbst Brot („Backofen wird nicht kalt im Ort"), betrieben eine umfassende Vorratshaltung und kauften (neben den Produkten, die auf Bauernhöfen heute gar nicht mehr hergestellt werden können, wie Zucker) im Winter nur sehr wenig und oft gar nichts zu.[104]

3.3 Reziproke Subsistenzproduktion

Zur Subsistenzproduktion auf kleinbäuerlichen Höfen können auch diejenigen Produkte gerechnet werden, die — aus Tradition, Gewohnheit, Verpflichtung oder Fürsorge verschenkt — in erster Linie an die Verwandtschaft im Dorf oder in der Stadt, aber auch an Nachbarn, gute Bekannte, treue Kunden („Milchleut"), Helfer in der Landwirtschaft, alte Leute „ohne Anhang" gehen. Es handelt sich hier um eine Art „solidarischer" Subsistenzproduktion, einen letztlich aus der gemeinsamen Not geborenen Äquivalententausch zwischen Dörflern, wobei zwischen Gabe und Gegengabe mitunter lange Zeiträume liegen. Bei dieser reziproken Subsistenzproduktion wird zwar das auf dem Hof Produzierte nicht ebendort konsumiert, sondern auf einem anderen Hof oder in einer anderen Familie, dafür fließt aber früher oder später ein Produkt oder eine Dienstleistung von diesem zu jenem Personenkreis zurück. Es gehörte zu den ungeschriebenen Tauschgesetzen unter Bäuerinnen, „es wieder gleich zu machen", also immer in Äquivalenten zu

---

104 Die 27 Höfe mit niedrigem oder normalem Subsistenzniveau waren auf die beiden Betriebsarten und Zentrumsnähe bzw. -ferne ungefähr gleich verteilt: 8 waren zentrumsnahe Nebenerwerbshöfe, 7 zentrumsferne Haupterwerbsbetriebe und je 6 zentrumsnahe Hauptbzw. -zentrumsferne Nebenerwerbsbetriebe. Eine bemerkenswerte Korrelation ergab sich nur mit dem Alter der Bäuerinnen: 5 Frauen waren unter 30, 14 zwischen 30 und 40, 4 älter als 40 Jahre. Dieses Ergebnis mag mit der durch die kleinen Kinder angespannten Arbeitssituation und knappen Zeit der Frauen zwischen 30 und 40 Jahren zusammenhängen.

tauschen. Auf der Suche nach Relikten der traditionellen reziproken Subsistenzproduktion haben wir den Bäuerinnen die Frage vorgelegt, ob es in ihrem Dorf noch gegenseitige Verpflichtungen gäbe, etwas abzugeben, z.b. wenn geschlachtet, Schnaps gebrannt oder gebacken werde. Knapp 2/3 der Frauen haben bejaht, 1/3 verneint, zumeist mit dem Hinweis: „abgeschafft!" Die genauere Analyse zeigt: Geschenkt wird zu spezifischen Gelegenheiten, nämlich anläßlich von Familienfeiern (Konfirmation, Kommunion, Hochzeiten, Taufen) und Kirchweihen, in der Regel Kuchen und sonstiges Gebäck, anläßlich des Schlachtens Suppen, Würste, „was Frisches". Einige Frauen geben Nachbarinnen auch „mal so" etwas über den Gartenzaun, was dann möglichst schnell „wieder gut gemacht" wird.[105]

Obwohl noch eine verhältnismäßig große Anzahl von Frauen in der einen oder anderen Weise vom Selbstproduzierten „verschenkt", kann die reziproke Subsistenzproduktion nicht mehr als bedeutende Institution in den Dörfern angesehen werden. Die veränderten dörflichen Sozialstrukturen, die öffentlich-institutionell geregelte Fürsorge, aber auch neue technische Möglichkeiten, wie die Gefriertruhe, haben die Relevanz im Sinne einer Notwendigkeit genommen. Heutzutage entscheiden die Frauen mehr nach eigenem Gutdünken, was, wieviel und wem gegeben werden soll. Dennoch klingen immer noch deutlich die alten Regeln des Äquivalententausches und der notwendigen reziproken Solidarität an, wenn die Frauen die Verpflichtungen beschreiben:

> „Wir geben bei Hochzeiten und Konfirmation für alle, die was bringen, und beim Schlachten nur für die, wo man muß. Früher, wo man weniger hatte, war's anders."(60)

3.4 Gründe für die Subsistenzproduktion

Angesichts der Tatsache, daß heute prinzipiell jedes Nahrungsmittel in nahezu beliebigen Verarbeitungsstufen über den Markt käuflich zu erwerben ist, erstaunt die hohe Zahl subsistenzproduzierender Bäuerinnen. Auf unsere Frage, warum die Bäuerinnen ihre Lebensmittel noch selbst herstellen, erhielten wir verschiedene Gründe genannt, die sich summarisch in folgendem Zitat zusammenfassen lassen:

> „Erstens weiß ich...mitm Obstzeug, mit allem und jedem: Das ist net gespritzt, ne. Dann mag ich's schon lieber...Dann hat man's zu jeder Zeit griffbereit...Wenn man selber das Zeug hat, dann ist klar, daß es billiger ist. Und wie das Gemüszeug und alles: wir streuen net im Garten Kunstdünger rein und dann ist's net gespritzt und net gstreut, viel natürlicher!" (1)

---

105 Es sind immer noch 32 Frauen, die zu allen drei Gelegenheiten dem gesamten oben genannten Personenkreis etwas zukommen lassen: 23 Bäuerinnen schenken allen nur noch bei Familienfeiern. 17 Bäuerinnen schenken nur noch an Verwandte und gute Bekannte bei den drei Gelegenheiten; 11 geben von der „Schlachtschüssel" an die Nachbarschaft oder an landwirtschaftliche Aushilfskräfte ab; nurmehr 4 Frauen schenken zur Kirchweih „Küchle an alle im Dorf".

Im einzelnen:

a) Das meistgenannte Argument (von 73 Frauen, d.h. etwa 55% der Befragten) betraf die Nutzung der vorhandenen Naturressourcen. Alles, was der Garten und das Feld liefern, muß genutzt und verarbeitet werden; nichts soll „verkommen":

> „Wachsen tut die War, dann muß man sie auch verwenden." (32)
> „Und wenn man die Früchte hat, muß man sie auch verbrauchen!" (62)
> „Wir haben's selber, und warum soll das ein Bauer kaufen, wenn er die Landwirtschaft hat?" (29)

In diesem Argument spiegeln sich pragmatische, aber auch metaphysische Dimensionen im Umgang mit natürlichen Ressourcen wider. Dem eigenen Erfahrungsrepertoire der Frauen entstammt das Wissen um Zeiten, in denen das Überleben in extremer Weise davon abhängig war, was die Natur zu geben bereit war, und was menschliche Arbeit daraus machen konnte. Insbesondere die Frauen, denen traditionell die Fürsorge für das unmittelbare Überleben oblag, mußten geschickt und aufmerksam den Vorrat der Familie in Beziehung setzen zu dem, was die Natur übers Jahr bot. Auch heute noch macht eine gefüllte Vorratskammer der Bäuerin „Spaß", gibt ein beruhigendes Gefühl, und umgekehrt tut es ihr förmlich weh, Dinge verkommen zu sehen. Da man sich auch in den guten Zeiten daran erinnert, wie abhängig man von den Gaben der Natur ist, kann man sich zu den natürlichen Quellen nicht opportunistisch-ausbeuterisch verhalten, zumal immer Unsicherheit darüber besteht, wann sich die Zeitläufe wieder ändern. Die Natur ist fast so etwas wie ein metaphysisches Subjekt, an dem sich die Bäuerinnen nicht „versündigen" wollen, weil es sich auch jederzeit verweigern oder rächen könnte.

b) Ebenfalls sehr häufig wurde auf die bessere Qualität des Selbstgemachten hingewiesen (von 68 Bäuerinnen, d.h. 52%); ein Drittel der Frauen nannte das Wissen um die Inhaltsstoffe bzw. die Art der Behandlung, knapp ein Zehntel die Frische der eigenen Produkte als Grund. In vielen Fällen besteht auch die Familie auf bestimmten selbsthergestellten Produkten, „hausgebacken" oder „selbstgemacht" gilt als Qualitätsurteil. Gekauftem begegnen die Frauen häufig mit Skepsis.

> „Da weiß ich net, wo's gwachsen ist und wie's hertrieben worden ist, des ganze Zeug." (10)
> „Selberbacken ist besser, kerniger. Fabrikbrot und unser Brot − da merkt man schon einen Unterschied!" (64)
> „Wir sind nicht für Dosen." (88)
> „Wenn man weiß, wie's in der Dosenfabrik zugeht, kauft man nie mehr ein Konserve." (123)
> „...weil ich immer selber was Gutes zum Essen möcht und die Kinder auch...Ich will nichts kaufen...ich spritze nicht." (48)
> „In unseren Sachen sind keine Konservierungsmittel drin!" (68)
> „Ich weiß ja net, was die alles an Konservierungsstoffen da rein tun. Die Kinder ham manchmal so Ansichten, denen schmeckt zwischendrin das Gekaufte mal wieder besser.

Aber das sind nur so kurze Dinger, dann kommen's schon wieder zurück und sehen das schon ein, daß das schon besser ist, was man eben selber herstellt und macht." (6) „Im Frühjahr, der (zugekaufte) Salat ist nix, so aufgeschwemmte War, der schmeckt so flach!" (8)

Wir wollen auf die Kritik der Bäuerinnen an der Qualität der Nahrungsmittel nochmals an anderer Stelle ausführlicher eingehen (vgl. Kap. III. 7. 2), verzichten hier also zunächst auf differenziertere Darstellungen, zumal die Zitate für sich sprechen. Festzuhalten bleibt, daß die Kritik an einer auf maximale Verwertungsbedingungen ausgerichteten Marktproduktion von Nahrungsmitteln die Bäuerinnen dazu bewogen hat und auch immer wieder und neuerdings noch mehr darin bestärkt, an der eigenen, auf Gebrauchswert bezogenen Subsistenzproduktion festzuhalten. Gerade in den Einzelfällen, wo Bäuerinnen sogar an eine Auswertung der Subsistenzproduktion denken (s. u.), spielt vor allem das Qualitätsargument eine Rolle.[106]

c) 59 Bäuerinnen, knapp 45%, argumentieren mit den Kosten: Selbermachen ist billiger und „erspart" der Bäuerin Geld.

„Was man hat, braucht man nicht zu kaufen." (17)
„Ein Bauernhaushalt hat nicht so viel Geld wie ein Stadthaushalt." (114)
„Erstens ist es billiger..." (6)
„Im Laden kaufen? Das kostet natürlich viel Geld, nein!" (8)
„Unser Fleisch ist billiger...Einkaufen ist unrentabel. Und warum soll ich im Supermarkt kaufen, jede Woche um 100 Mark Zeug heimtragen, was ich eigentlich daheim gar net brauchen will..." (15)

Von manchen Bäuerinnen wird dieses Argument verbunden mit dem Qualitätsargument: Will man gute Qualität vom Markt beziehen, dann muß man besonders viel Geld hinlegen, darf eben gerade nicht mehr die billigen Sonderangebote kaufen:

„Wenn man erste Qualität kauft, ist's gut. Wenn man Billiges kauft, ist's nicht so gut. Man merkt schon einen Unterschied." (24)

Daß den Bäuerinnen die selbsthergestellten Produkte billiger erscheinen, offenbart zwei wichtige Kalkulationskriterien: Was die äußere Natur an Rohstoffen oder unmittelbaren Konsumgütern liefert, erscheint ebenso kostenlos wie der Beitrag, den die Arbeitskraft der Frauen zur Verarbeitung und Aufbereitung der Rohprodukte liefert. Was unter anderer Perspektive durchaus präsent ist und sogar als Argument dient, daß nämlich menschliche Arbeit einen relevanten Anteil an der Konsumreife der Produkte hat, bleibt außer Acht, weil es hier um den Preis als monetäre Größe geht. Im Kalkül der Bäuerin zählt, was Geld kostet, aber nicht, was Arbeit kostet:

---

106 Vgl. hierzu H.-D. Evers/T. Schiel 1979, S. 301.

„Wenn man's (die Lebensmittel, erg.) kauft, sind die ja noch teurer. Die Arbeit rechnet man ja nicht." (122)

„Das Selbstgemachte ist billiger. Die Arbeit darf man halt nicht rechnen." (73)

„Billiger, freilich nicht immer, wenn man die Arbeit rechnen würde." (117)

Daß Hausarbeit nicht gerechnet wird, gehört zu den Grundaxiomen unserer Gesellschaft. Hausarbeit als marktferne, lohnlose und private Angelegenheit ist dem monetären Kalkül entzogen, selbst wenn es sich um eine so arbeitsreiche und zeitaufwendige Angelegenheit wie die bäuerliche Subsistenzwirtschaft handelt. Frauenarbeit im Haus ist umsonst. Dies bedeutet für die Bäuerinnen nichts sonderlich neues, weil sie auch im „produktiven" Betriebsbereich, also dort, wo sie Waren für den Markt produzieren, nicht entsprechend ihrer Arbeitszeit bezahlt werden. Anders als bei einer Arbeiterin oder einer Frau, die im Dienstleistungssektor arbeitet, ist bei der Bäuerin die Erfahrung von Lohnlosigkeit in beiden Bereichen, dem häuslichen und dem betrieblichen, kongruent; also um so „natürlicher" nehmen sie sie hin. Indessen darf hier nicht ganz übersehen werden, daß eine andere Art „Entlohnung" doch stattfindet, materiell in der Form der optisch sichtbaren Resultate der Subsistenzarbeit, den gefüllten Vorratsschränken und Kühltruhen, und immateriell in der Form der Anerkennung der Familie und dem subjektiv daran festgemachten Gefühl von Stolz und Zufriedenheit. Das Lob der Familie läßt sich für manche Bäuerin „nicht in Gold aufwiegen".

Angesichts der oft schwierigen finanziellen Situation der Kleinbetriebe, vor allem bei ihrer chronischen Geldknappheit, wirkt der Kalkül der Bäuerinnen durchaus realitätsgerecht: Man braucht kein Bargeld, wenn man die Dinge des täglichen Lebensbedarfs selbst herstellt. Die Bäuerin hat hier die Möglichkeit, im monetären Sinne zu „sparen" und so die Geldreserven des Hofes bzw. die baren Einnahmen für andere Zwecke disponibel zu halten. Auf diesen Sachverhalt spielt ein Bauer an, der seine Frau beschwichtigt, als sie über den unproduktiven Charakter der Hausarbeit klagt:

„Du kannst im Haus mehr sparen, als ich auf dem Feld verdiene." (8)

Die finanzielle Krise vieler Kleinbertriebe hat somit dem traditionellen Argument vom sparsamen Wirtschaften der Frau als einem Haupt„erwerb" des Hofes eine fortdauernde Aktualität und Relevanz gegeben.

d) Von ca. 20% der befragten Frauen wurde für eine ausgiebige Subsistenzproduktion das Argument geltend gemacht, daß ein eigener Nahrungsmittelvorrat jederzeit verfügbar, immer griffbereit sei und Einkaufswege erspare.

„Man hat's immer da, wenn man's braucht. Man braucht's nur raustun." (56)

„Es ist einfacher, Eingemachtes aus dem Keller zu holen, als einzukaufen." (65)

„Es ist schön, wenn man im Winter nur hinzugehen braucht und es holen." (71)

Ersparnis an Weg ist gleichbedeutend mit Verzicht auf lästiges Umkleiden und längere Unterbrechung eines häuslichen oder betrieblichen Arbeitszusammenhanges. Sie ist aber nicht gleichbedeutend mit Zeitersparnis, ganz im Gegenteil: Von allen Argumenten, die gegen hohe Subsistenzproduktion vorgebracht wurden, war der damit verbundene hohe Zeitaufwand für die Bäuerinnen das entscheidenste, worauf im folgenden eingegangen werden soll.

3.6 Anzeichen für ein Wiederbeleben subsistenzbezogener Produktion

Subsistenz bedeutet in der Regel eine immense menschliche Arbeit bzw. unseren Traditionen entsprechend: Frauenarbeit. Jede Einschnürung im Arbeitskräfte-„besatz" des Hofes wirkt sich als Druck auf den Umfang der Subsistenzproduktion aus: das Fehlen männlicher Arbeitskräfte bindet die Frauen stärker an die Einhaltung betrieblicher Dominanzen; das Fehlen weiblicher Arbeitskräfte ist gleichbedeutend mit dem Fehlen weiblicher Subsistenzarbeiterinnen.[107] Die Zeit wird zum entscheidenden Angelpunkt für den Umfang und die Art der Subsistenzproduktion. Eine Bäuerin bringt dies sehr treffend auf den Nenner:

„Wenn man Zeit hat, gibt's die Natur." (17)

Eine besondere Schwierigkeit entsteht hier aus der naturbedingten Koinzidenz von Arbeitsspitzen in der Waren- und in der Subsistenzproduktion: Die Natur gibt's gerade dann, wenn man eigentlich überhaupt keine Zeit hat. Die Bäuerin geht in dieser Situation dazu über, ihre Arbeitskraft noch extensiver auszunutzen. Gartenarbeit in der Dämmerung und Einkochen in der Nacht sind keine Seltenheit im sommerlichen Alltag. Allerdings hat auch die extensive Nutzung der Arbeitszeit ihre natürlichen Grenzen, und da die Marktproduktion absolut existenznotwendig ist, muß die Bäuerin die Subsistenzproduktion reduzieren. Sie schafft sich beispielsweise noch einen Vorrat Honig „auf 10 Jahre hinaus" an und gibt die Bienenzucht auf. In diesem Zusammenhang muß auf die bedeutende Rolle hingewiesen werden, die die älteren Frauen auf den Höfen, die Mütter, Schwiegermütter, Tanten, usw. hierfür haben. Oft scheint das hohe Ausmaß der Produktion für den Eigenbedarf ganz wesentlich damit verknüpft, daß die älteren Frauen Zeit, aber auch entsprechende Kenntnisse und Fähigkeiten haben. Einige Bäuerinnen wiesen darauf hin, daß sie die Subsistenzproduktion einschränken müssen, wenn sie nicht mehr mit den Altenteilerinnen „rechnen" können. Und andere erklärten bei der Vorlage der Subsistenzlisten, daß sie dieses oder jenes Produkt hergestellt hätten, „solang die Mutter noch gelebt hat." (Gerade Kenntnisse konservierungstechnischer Art gehen im Generationswechsel verloren, zumal die Gefriertruhen bzw. das Kühlhaus sie überflüssig zu machen scheinen.)

---

107 Die Reduktion des Subsistenzbedarfs bei geringerer Haushaltsgröße verringert nicht in gleichem Maße die Subsistenzarbeit (Gartengröße wird nicht ohne weiteres angepaßt; Zahl der Verarbeitungsschritte bleibt prinzipiell gleich usw.).

3.6 Anzeichen für ein Wiederbeleben subsistenzbezogener Produktion

Das knappe Arbeitszeitbudget der Kleinbäuerin tritt ständig in Widerspruch zu vielfach motivierten Wünschen, möglichst viele Nahrungsmittel selber herzustellen. Aufgrund unserer Befragung haben wir den Eindruck gewonnen, daß die Bäuerinnen eher dazu neigen, länger zu arbeiten und zeitliche Spielräume einzuschränken, als auf die Verarbeitung anfallender Produkte für den Konsum zu verzichten. Auch die Tatsache, daß dem Hof ein größeres Geldeinkommen zur Verfügung steht, ändert hieran wenig: von den Nebenerwerbsbäuerinnen, die über zusätzliches regelmäßiges Einkommen verfügen, haben nur 8% ihre Subsistenz eingeschränkt und kaufen mehr zu als vor dem Übergang in den Nebenerwerb. Alle anderen stellen noch im gleichen Umfang Lebensmittel selbst her oder sogar mehr, nämlich dann, wenn sie durch Vereinfachung oder Spezialisierung ihres Betriebes neue Zeitreserven für die innere Hauswirtschaft gewonnen haben.

Zusätzlich ergab sich, daß einige Bäuerinnen sogar planen, in der Zukunft Produkte wieder herzustellen, die vor langer Zeit aufgegeben worden sind. Vor allem aber fiel uns auf, daß einige Frauen sorgfältig darauf bedacht sind, die produktionstechnischen Voraussetzungen für Subsistenzarbeiten zu erhalten, bzw. daß andere sehr bedauern, daß diese mehr oder weniger zerstört wurden:

,,Leider nicht mehr (Brot backen, erg.) ! Der Backofen ist abgerissen worden, wie der Hof neu gebaut worden ist." (12)

,,Jetzt noch nicht (Brot backen, erg.), aber ab nächsten Jahr wieder, weil es zu teuer ist, Brot backen zu lassen. Der Nachbar hat noch einen Backofen...Auch meine Buben sind dafür, daß ich jetzt mal wieder ein richtiges Bauernbrot back!" (6)

,,Mit dem Brot bin ich überhaupt nicht zufrieden. Wenn der Backofen noch existieren würde, würde ich wieder backen!" (103)

,,Wir ham lang einen Backofen ghabt, ham ihn auch noch, den ham wir eingelegt und schön aufgehoben, jeden Schamottstein...Die Eier muß ich jetzt zukaufen, weil wir den Hühnerstall abgerissen ham. Und des is mir schon net recht. Wir wollen anbauen und dann muß ein Hühnerstall mit rein, ein gemauerter, ein richtiger!" (10)

Wir wollen diese Äußerungen nicht überbewerten und zu einer allgemeinen Tendenz hochstilisieren. Dennoch glauben wir, sie als Zeichen für eine Tendenz zur Wiederaufnahme, zumindest aber als Ausdruck von Resistenz gegen die Aufgabe subsistenzbezogener Produktion auf den kleinen Höfen werten zu können. Daß es sich hier nicht um einen anachronistischen Konservativismus handelt, sondern an relevanten Stellen (Qualitätsargument, Kostenvorteile z.B.) um angemessene Reaktionen auf aktuell ablaufende Prozesse (Verschlechterung der Warenqualitäten aufgrund der maximalen Verwertungsbezogenheit der Marktprodukte; finanzielles Existenzminimum vieler Kleinbetriebe usw.) handelt, dürfte nach dem Vorausgegangenen klar geworden sein. Subsistenzproduktion hat im Weltbild der Bäuerinnen, das eher vom Zyklus der sieben fetten und sieben mageren Jahre als vom linearen Fortschrittsglauben geprägt ist, nach wie vor einen nicht unbedeutenden Stellenwert. Im Ernstfall könnte sie das Überleben sichern:

„Unsern Backofen, den ham wir wieder aufsetzen lassen, im Fall der Fälle. Wir wissen ja nicht, wie die Zeiten kommen! Die warn schon mal da und wollten ihn abbrechen, für's Museum wollten die ihn kaufen. Aber ich geb ihn nicht her. Der gehört zum fränkischen Bauernhof. Da außen steht er!'' (15)

3.7 Das Überleben von Subsistenzorientierungen in anderen Bereichen des bäuerlichen Hauses

Naheliegenderweise hat sich die Subsistenzproduktion im Ernährungsbereich erhalten und wurde aus den anderen Bereichen weitgehend zurückgedrängt. Das gilt augenfällig für Wohnung und Kleidung, die sich auf vielen Höfen im Stil der neuen Zeit präsentieren. Dennoch ist festzuhalten, daß auch hier relativ viel in Eigenarbeit oder mit Nachbarschafts- bzw. Verwandtenhilfe gearbeitet worden ist, daß also auch in diesem Bereich eine oft ausgiebige reziproke Subsistenzproduktion betrieben wird. Vor allem aber hat sich quer durch alle Bereiche die traditionelle Subsistenzorientierung in der Form einer konsequenten Materialökonomie erhalten, worunter wir folgende Verhaltensweisen und   Handlungsnormen für die häusliche Reproduktion subsumieren wollen:

— vorhandene Materialien nutzen, aufbrauchen, wiederverwenden;
— schonend mit allen Dingen, natürlichen Ressourcen wie künstlichen Produkten, umgehen, damit sie lange leben und dienstbar sind;
— momentan überflüssige oder unbrauchbare Dinge sammeln und aufheben, um sie irgendwann dem Produktionskreislauf in der ursprünglichen oder einer veränderten Funktion wieder einzufügen;
— Dinge „aufsparen" für schlechte und ungünstige Zeiten, auf Vorrat wirtschaften und damit die Kontinuität der Versorgung gewährleisten;
— beim Kauf von Gegenständen auf Gebrauchswerteigenschaften, wie Solidität und Dauerhaftigkeit Wert legen.

Diese materialökonomische Grundhaltung wird z.B. auch dann noch praktiziert, wenn der oberste Grundsatz subsistenzökonomischer Produktion, möglichst viel selber herzustellen und wenig zuzukaufen, bereits verlassen ist. Um nun ein anschauliches Bild dieser Materialökonomie in ihren verschiedenen Aspekten zu zeigen, soll ein längerer Interviewausschnitt wiedergegeben werden. Die 57jährige Bäuerin ist ausgebildete landwirtschaftliche Meisterin, die sich immer wieder neuen Schwung und Anregung aus Fortbildungstagungen, Bäuerinnenseminaren und Meisterinnentreffen holt und dabei die (vorübergehende) Distanz zu den häuslichen Problemen „genießt". Sie berichtet hier ausführlich über ihre Haushaltsführung, über die biografische Vorgeschichte ihrer Einstellungen sowie über die sich aus ihrer Haltung ergebenden Konflikte mit der jungen Generation, die — unter anderen Lebensumständen aufgewachsen und ohne Erfahrung der Notwendigkeit solcher Haltungen und Handlungsweisen — oft verständnislos und befremdet reagiert:

„Mein sparsames Wirtschaften ist mein Verdienst." „Der Bauernhof, der war schon auch runtergekommen, ne, die Buben waren im Krieg, und des alles. Wissen'S, wie wir angefangen ham, mein Mann, der hat da schwer drunter gelitten oft. Ich weiß des noch. Ich hab's erst letzthin zu den Kindern gesagt: Wißt Ihr, was Euer Vater gsagt hat, wie wir angfangen ham? Der hat zu mir gsagt, wenn ich gsagt hab: Also, Mann, meiner Lebtag, wer gespart und gearbeitet hat, der ist schon zu was gekommen! Na, mit deinen Zehnerle, da wirst es kratzen! hat er gsagt. Ich mein, wir ham ja mit nix, wirklich mit nix angfangt. Na hab ich gsagt: Na, des wirst schon amal noch sehen, ne!

Aber des ist wahr, ne. Ich mein auch so etzertle (=jetzt), so wie ich meinen Haushalt führ und alles, des darf ich der Öffentlichkeit heut net unter junge Leut sagen, nein, da werd ich ausgelacht..Ich hab mir jetzt da a bissel was aufgeschrieben. (Sie geht und holt ein Heft, erg.) Zum Beispiel, ne, daß ich meine Schleuder zwanzig Jahr hab, meine Wäscheschleuder, ne, die lebt ja bei den meisten Leuten gar net solang, ne. Und wissen'S, was da dazu beigetragen hat? Weil immer bloß ich selber die bedient hab. Genau wie der Kühlschrank – den hab ich auch 20 Jahr. Meine Waschmaschine, die hab ich jetzt 21 Jahr. Ich hab noch keine vollautomatische Waschmaschine. Unsere Tocher, die schimpft, die sagt: Mutti, wenn du heut krank bist und was ist, – ich versteh die net, ich bin die net gwohnt! Na hab ich gsagt: An der Waschmaschine gibt's gar nix zu verstehn. Ich hab des damals mit der Landwirtschaftslehrerin vom Landwirtschaftsamt besprochen, wie wir die Waschmaschine gekauft ham. Na hat die mir des so erklärt...Weil wir soviel Holz ham, wollt ich keine, die wo elektrisch heizt, sondern ich schür da drunter. Und ich brauch da so wenig. Die lebt noch, also, an der Waschmaschine war noch nix hin so weiter, da ist keine Mechanik dran. Ein einziges Mal ist mir da so ein Hebelchen abbrochen. Des macht mein Mann selber wieder, wenn da so was ist, aber war noch nix an Reparatur dran. Da dreht sich so eine Trommel, wie heut die vollautomatischen Waschmaschinen sind, also so ein Bottich halt, so ein Kessel, ne, die wäscht elektrisch, nur schüren tu ich und ich muß halt auch ein- und ausschalten, ne. Na sag ich zu meiner Tochter: Wenn mit mir heut was ist, und ihr müßt waschen, – die Waschmaschine reingestellt, des is gleich geschehen...wennst heut zu irgendeinem (Händler, erg.) gehst und brauchst a Waschmaschine, direkt steht die in ein paar Stunden schon da...Aber ich denk immer, ich hab in den zwanzig Jahren eine Waschmaschine gespart, ne, da können's eine kaufen, wenn ich nimmer waschen kann. Und für mich...des (Waschen,erg.) ist mir kein Problem. Ich tu auch alles rein, und vor allem: Da spar ich Wasser! Mein sparsames Wirtschaften ist mein Verdienst, sag ich immer, ne. Ja so, da lachen's wenn ich des sag. Und nähen tu ich halt sonst noch alles selber. Da ham wir in N. eine Kusine von meinem Mann, die ist da Studienrätin...der ihr Mann, der ist aweng größer wie mein Mann, aber die bringt manchmal Hosen von dem halt mit, die der eben nimmer anziehen kann, die da an der Taschen so ein bissel was ham, und aweng muß ich die kürzer machen und na mach ich des selber. Und dann sag ich: Also Mann, heut hab ich soviel verdient! So rechne ich, ne...Meine Schwiegermutter hat nicht so sparsam gewirtschaftet wie ich, nein. Meine Mutter schon, die hat auch alles genäht und so. Ich mein, des ist net jedem Menschen geben, daß er nähen und stricken und des alles kann, ne. Ich hab zum Beispiel, des ist schon länger her, so elf oder zwölf Jahre, da hab ich zu meinem Vater gsagt, der hat uns immer ein Geld geben an Weihnachten oder so...na hab ich gsagt: Weißt, Vater, ich wollert kein Geld...lieber laßt amal ein paarmal, wennst mir was geben willst, läßt es zamkommen. Und weil sich meine Schwägerin und ich so gut verstehen, hab ich gsagt: Weißt, du kaufst uns etz so eine Strickmaschine, so einen Handstrickapparat, sag ich. Denn ich hab des (Stricken, erg.) gern und hab viel gestrickt, aber wann hab ich Zeit, daß ich mich hersetz und strick mit der Hand? Sag ich: Dann kann ich nix mehr stricken, wenn ich keine Strickmaschine krieg...weil wir ham net soviel Geld, daß ich etz sag, ich will eine Strickmaschine für ein paar hundert Mark kaufen, des können wir auf keinen

Fall...und mit meiner Schwägerin zusammen...na nimmt's etz die und na nimmt's wieder die und so ham wir das gemacht, ne.

Na, und vor allem, na hab ich denkt, dann kann ich wieder was auftrennen von der alten War und wieder was neues machen und so. Und dann kauf ich für mich, Kleidung und so, auch sehr wenig. Des macht auch schon was (an Ersparnis, erg.) aus. Und daß ich jetzt wieder das Glück hab, daß ich von meiner Tochter z.B. die Blusen und des, kann ich anziehen! Des paßt mir, wir haben die gleiche Größe, ne. Und jetzt, wie die kürzere Mode gewesen ist...aus Spaß sagen sie schon manchmal, wenn wir so beinander sitzen: Ich muß mir jetzt amal so was kaufen, des wo die Mutter net anziehn kann, ne. Sag ich gar nix, denk ich: Macht doch, was ihr wollt! Ich richt mir des schon irgendwie ein. Ich sag bloß immer: Madla, schmeiß du mir nix weg! Des bringst zu mir, dann schau ich mir des alles erst nochmal an. So mach ich des immer.

Dann hab ich noch ein paar Nichten. Da passen mir die Schuh und auch Blusen und Zeug und War. Ach, Tante G., ich hätt wieder was! Ja, bring's nur, sag ich.

Manchmal schimpft unser Madla schon. Die sagt: Was die andern Leut alles weg tun, des bringen sie zu unserer Mutter. Sag ich: Laß mich gehen, misch dich net immer in mein Zeug ein! Aber glauben'S, ich richt mir des wieder her.

Mein Mann und ich, wir haben letzthin gsagt, wieviel Schuh daß wir uns kaufen in zehn Jahr! Ich mein, schon amal was Gutes, des schon! Aber des darf ich jetzt nimmer. Jetzt, wie meine Mutter gstorben ist, da sagt unsere Tochter: Was hat denn die Mutter für die Beerdigung für einen Mantel? Sag ich: Ich zieh halt mein alten an. Den ziehst nicht an, hat sie gesagt, des sag ich dir, sonst geh ich net mit! Ach, ich bin ja die älteste von uns. Meine Schwägerin, die wo da im Landkreis F. ist, die ist 15 Jahre jünger wie ich, na, die sind doch anders angezogen. Und überhaupt's, ich sag da nix dagegen, des können die. Die haben einen viel größern Hof, denen ihr ganze Wirtschaftswar ist anders, und ich seh net ein, warum daß sich die net wirklich gut anziehen, und von denen weiß kein Mensch, daß des eine Bäuerin ist. Des weiß mer heut nimmer, des denk ich auch von unseren jungen Bäuerinnen, des weiß kein Mensch mehr, daß die von einem Bauernhof kommt, die wo a weng intelligent sind, da weiß mer des net.

Und dann sagt die (Tochter, erg.) zu unserem Vati: Also, Vati, die wenn jetzt net fort-fahrt und kauft sich einen Mantel, dann geh ich net auf die Beerdigung mit, ne. Sag ich: Na, warum, des ist doch net so schlimm! Dann besteht die drauf, daß ich mir einen neuen Mantel kaufen muß, ne. Na hab ich zu meinem Mann gsagt: Wenn wir bloß fort-fahren und einen Mantel kaufen, daß da a Ruh ist! Aber ich mein, ich zieh den zehn Jahr an, also na kauf ich mir schon wirklich einen, den wo ich zehn Jahre anziehen kann, ne!

Jetzt hätt meinem Mann wieder ein anderer gefallen, aber der hat so ein kleines Pelzel rumghabt. Na hab ich noch einen anderen angezogen, der hat mir auch tadellos gepaßt und hat keinen Pelzkragen gehabt. Dann rechne ich halt schon wieder weiter, dann hab ich gsagt: ...Mann, ich will den Mantel ein Jahr anziehen, und jetzt geht der Winter an. Kauf ich mir den mit dem Pelzel, und dann is des Frühjahr, und der Winter kann sein ist auch gar net so schlimm, und dann brauch ich ja nochmal was!? Sag ich:... Also, wenn's dir recht ist — da hab ich schon schöntun — sag ich: Wollen wir net lieber den anderen nehmen? ...Und jetzt, da sag ich halt immer oft, des tu ich dann schon immer a weng extra kehren, sag ich immer: Ach was glaubst, ich bin froh, daß ich den Mantel kauft hab. Hab ich doch viel mehr davon so!

So ist halt mein ganzes Denken und Sein, immer a weng praktisch und was a weng spar-sam ist. Weil ich dann schon wieder rechne mit dem Geld. Da kann ich schon wieder was anderes kaufen.

Ich mach des etz immer so: Ich tu mir schon immer übers Jahr aus der Bäckerei da — die junge Frau, die sind jetzt sieben Jahr da...und die versteht sich mit mir gut und ich mit ihr – die Kartons holen. Die können's ja net verbrennen, weil's ja auch bloß Öl ham. Und da sag ich dann, die sollen's mir geben. Wenn's dann eine übrig ham, na bringen's die oder stellen's halt vor die Tür, wenn ich net da bin. Und ich weiß des dann schon. Die hab ich jetzt schon das ganze Jahr auf immer und dann, wenn dann die Ernte kommt, wenn ich Obst hab, wissen's, die Leut kommen zu mir wie in Verbrauchermarkt nei: Die ham nix dabei. Die wollen jetzt was, aber die ham nix dabei, kein Gefäß, nix! Naja, ich sag schon immer zu meinen Nichten: Tut euer Plastiktüten nur immer zam, die braucht ihr net in Mülleimer schmeißen! Sag ich: Die bringt ihr mir mit! So mach ich des immer, ne.

Einen Schwager hab ich...zu dem sag ich des auch; die Schwiegertochter – die ist in E. in so einem Kaufdings drin – na bringt die auch die leeren Zwiebelsäcke oder irgendsowas mit. Und da sag ich: Bring's mir nur mit! Wissen'S, ich tu's am Acker dann gleich sortieren in Kistle oder eben in die Zwiebelsäckle. ...Na kommen die Leut und ham nix dabei...da bin ich dann net so, und dann geb ich den Leuten ein Säckel. Da hab ich immer zählt zuerst: Von denen kriegert ich jetzt noch die (Behälter zurück, erg.). Gut, jetzt weiß ich des, und ich tu mir da schon was her, wo's mir net drauf zamkommt, ne, des was mich nix kost hat, sonst ist ja mein Geschäft ein reines Verlustgeschäft, ne. Und dann hab ich schon immer das ganze Verpackungsmaterial im Keller drunten gstapelt." (131)

Diese Interviewpassage führt uns eine Subsistenzorientierung vor Augen, wie sie in dieser ausgeprägten und alle Handlungen durchdringenden Art sicherlich nicht mehr für alle Bäuerinnen typisch ist. Dennoch können wir aus Anhaltspunkten in anderen Interviews schließen, daß sich die meisten Bäuerinnen mit der einen oder anderen Denkart oder Handlungsweise identifizieren, v.a. aber in den sich daraus ergebenden Konflikten mit der jüngeren Generation wiedererkennen würden. Abgesehen davon, daß uns die Frau einen recht detaillierten Eindruck davon vermitteln kann, was Subsistenzorientierung bzw. Materialökonimie konkret-alltäglich bedeutet, umreißt sie auch klar den betriebsbiografischen und lebensgeschichtlichen Rahmen, innerhalb dessen diese Eigenschaften als angemessen und zweckdienlich nachvollzogen werden können. Das Emporwirtschaften des Hofes, die zahllosen neuen Anschaffungen, die die Modernisierung des Betriebes verlangte und angesichts des allzu schnellen moralischen oder technischen Verschleisses permanent weiterfordert, – ohne ihre extreme Sparsamkeit im Bereich der Haushaltsökonomie wäre das alles nach Meinung der Bäuerin nicht möglich gewesen. Sie hat ihrem Mann bewiesen, daß mit den ,,Zehnerle", die man durch geschickten Umgang mit den Subsistenzmitteln einspart, eben doch etwas zu ,,kratzen" ist. Was durch das Überlebenstraining im elterlichen Haus und durch das mütterliche Vorbild[108] an Kenntnissen, Fähigkeiten und Einstellungen von der Bäuerin erworben

---

108 Häufiger taucht in den Interviews die Gegenüberstellung der sparsamen eigenen Mutter und der großzügigen oder gar verschwenderischen Schwiegermutter auf. Vermutlich handelt es sich hier weder um individuelle Zufälle noch um rollenspezifische Charakterstrukturen, sondern um die (falsch generalisierte) Wahrnehmung geschlechtsspezifischen Erziehungsverhaltens: Die eigenen Mütter werden als Erzieherinnen von Mädchen (zur Sparsamkeit und haushälterischem Denken) wahrgenommen, die Schwiegermütter in ihrem Verhalten gegenüber dem Sohn, das eben dort, wo es um Haushaltstugenden geht, wesentlich lockerer ist.

wurde, konnte in den Zeiten, als der neue Hof ums Überleben kämpfte, sinnvoll eingesetzt, bewährt, perfektioniert werden. Für die neue Generation von Bäuerinnen, die auf einigermaßen sanierten Höfen wirtschaften können, ist diese rigide Form vom Subsistenzdenken nicht mehr notwendig. Insbesondere dort, wo es um die individuelle Askese geht, sind Lockerungen eingetreten, die auch die älteren Frauen durchaus begrüßen, selbst wenn sie nicht mehr ohne weiteres aus ihrer (zweiten) Haut herauskommen können. (,,Ich locker mich da schon, aber das ist schwer!") Allerdings ist nicht zu übersehen, daß die Frauen solche Entwicklungen als allgemeine Erscheinung eher aus der Distanz gutheißen können; mit dem Verhalten der eigenen Töchter konfrontiert, fällt ihnen die Toleranz sehr viel schwerer. Sie erleben die neuen Verhaltensweisen dann hautnäher und folgenreicher, zumal es sich hier oft um Auseinandersetzungen handelt, die auch von den Töchtern z.B. durch deren Kritik am ,,Geiz" der Mutter geschürt werden, und in die sicherlich noch andere Konflikte zwischen Müttern und Töchtern verschärfend einfließen.

Abschließend ist noch festzuhalten, was in dem Interview nicht explizit erwähnt wird, aber doch auf der Hand liegt: Wie im Ernährungsbereich muß die Bäuerin auch hier ein großes Quantum Mehrarbeit leisten, wenn sie sich subsistenzorientiert und materialökonomisch verhält, statt nach modernen ,,Wegwerf-Prinzipien" zu wirtschaften.

Ehe wir vom häuslichen Reproduktions- und Subsistenzbereich zum äußeren Ware-Geld-Zyklus und Marktbereich übergehen, sei kurz begründet, warum wir die betriebliche Subsistenz(re)produktion nicht eigens thematisiert haben.

Die Reproduktion des Betriebes ist heutzutage nahezu völlig vom Markt abhängig. Maschinen, Zucht- und Nutzvieh, Saatgut, chemische Hilfsstoffe der Produktion werden über den Markt bezogen. Nur bestimmte Pflege- und Reparaturarbeiten bleiben dem Hof erhalten, jene vorwiegend Frauen-, diese eher Männerarbeiten. Als eine Randbeobachtung ist an dieser Stelle anzumerken, daß wir dort, wo betriebliche Subsistenz noch einigermaßen sinnvoll und erfolgreich betrieben werden kann, nämlich im Bereich der maschinellen Reparatur, eine Neigung festgestellt haben, wieder zum Selbermachen zurückzukehren: Auf etlichen Höfen ist die eigene Werkstatt auch für aufwendigere Reparaturarbeiten geplant oder soeben fertiggestellt worden.

,,Wir ham inzwischen die ganzen Schweißapparate, Bohrmaschinen und alles, eine vollkommen eingerichtete Werkstatt. Das ist meinem Mann sein Hobby. Der ist unwahrscheinlich handwerklich begabt. Und mein Sohn auch. Die machen alles. Die reparieren alles selber. Da spart man viel!" (15)

4 Die Bäuerin und die Marktproduktion

4.1 Vorbemerkung

Die Bewußtseinslage, die sich mit der Marktsituation des kleinbäuerlichen Produzenten verbindet, ist andernorts schon beschrieben worden.[109] Wir haben in unserer Studie nicht explizit nach diesem Problemkomplex gefragt, wurden aber am Rande immer wieder mit den Gefühlen von Ohnmacht und Hilflosigkeit, die die Bäuerinnen im Hinblick auf ihre Marktsituation empfinden, konfrontiert. Es bestätigte sich im wesentlichen das Bild, das Poppinga gezeichnet hat: Sie fühlen sich der staatlichen Preispolitik ausgeliefert, was die eigenen Produkte betrifft, verweisen auf das seit Jahrzehnten gleichgebliebene Erzeugerpreisniveau bestimmter landwirtschaftlicher Schlüsselprodukte. Weiter fühlen sie sich gegenüber den Preisen, die die Produktionsmittelproduzenten für landwirtschaftliche Maschinerie und agrochemische Erzeugnisse setzen und nach Belieben steigern können, ebenso ohnmächtig wie gegenüber den Preissteigerungen für die Konsumgüter und Dienstleistungen, die sie zukaufen müssen.

Als um so „ungerechter" empfindet es die Bäuerin, wenn sie, die doch durchweg nur die passiv Betroffene ist, von offizieller Seite als Verursacher von Preissteigerungen im Nahrungsmittelbereich dargestellt wird; und sie rechnet vor, welcher Bruchteil von faktischen, dem Konsumenten spürbaren Preissteigerungen in ihre Taschen fließt bzw. welcher Löwenanteil vom Zwischenhandel verschlungen wird. In solchen Kontexten kommt die Bäuerin auch sofort auf den Lohn für ihre Arbeit zu sprechen. Sie weiß ja, daß es nur ein Hungerlohn ist und daß die Werte der Statistik irreführend und verzerrend sind, – aber wissen es auch die anderen? Angesichts dieser Situation stark eingeschränkter Handlungs- und Entscheidungskompetenzen auf dem offiziellen Markt haben wir versucht, Marktverhalten und Marktorientierung, insbesondere auch die Kriterien der Preisgestaltung und die Frage des „gerechten Preises" über diejenige Ebene zu erfassen, die zwar marginal vom umgesetzten Warenquantum her, aber aufschlußreich wegen der hier möglichen Realisierung relativer Freiheiten für den kleinen Warenproduzenten ist.

4.2 Direktvermarktung auf den kleinbäuerlichen Höfen

Obwohl – wie erwähnt – diese Form des Direktverkaufs relativ zur Produktion für den gesellschaftlichen Markt weitgehend zurückgedrängt worden ist, existiert er immer noch fort: 70% der von uns befragten Frauen verkaufen regelmäßig über den Hof an Kunden im Dorf oder aus benachbarten Städten. Er ist somit ein Alltagsphänomen auf vielen Höfen und als eine Form der Vermarktung durchaus ernstzunehmen. (Der Verkauf auf Wochenmärkten ist so gut wie verschwunden; einige wenige Frauen versuchen, im Herbst ihre Kartoffeln den städtischen Haus-

---

109 Vgl. O. Poppinga 1975, S. 135 ff.

frauen an deren Haustüre zu verkaufen, also, soweit es sich nicht um ausdrücklich bestellte Waren handelt, „hausieren" zu gehen.)

Unsere Vermutung, daß die Zentrumsentfernung für den Umfang des Hofverkaufs eine Rolle spielen würde, hat sich nicht bestätigt: Der Anteil der zentrumsnahen und -fernen Höfe an Betrieben mit Hofkundschaft ist gleich hoch. Für den Städter mit Auto spielt die Entfernung nicht mehr die einschneidende Rolle wie früher, er fährt auch in ein etwas entlegeneres Dorf, um sich mit Kartoffeln, Äpfeln oder Eiern zu versorgen, verbindet das vielleicht mit einem Wochenendausflug in einer landschaftlich reizvollen Gegend. Auch gibt es heute kaum mehr reine Bauerndörfer, so daß die Bäuerin zumeist Nachbarinnen hat, die ihre billige und frische Milch der teuren abgepackten Milch aus dem nächsten Laden vorziehen. Den Nebenerwerbsbäuerinnen erschließen die Arbeitskollegen des Mannes mit ihren Familien häufig einen neuen Kundenkreis.

Das Quantum der über den Hof abgesetzten Waren und damit die ökonomische Gesamtbedeutung des Direktverkaufs für die Reproduktion des bäuerlichen Anwesens abzuschätzen, fällt schwer. Zum einen hat die Bäuerin kein Interesse daran, solche Einkommensquellen zu „veröffentlichen", vor allem dann nicht, wenn sie mehr verkauft als ihr ein Liefervertrag mit einer abnehmenden Institution erlaubt. Zum anderen fällt ihr eine Quantifizierung schwer, da es sich zumeist um unregelmäßige punktuelle Tageseinnahmen handelt, die zumeist sehr schnell wieder für die betrieblichen und häuslichen Kleineinkäufe verwendet werden. Schriftliches Fixieren der Hofeinnahmen ist selten; allenfalls werden saisonal besonders einträgliche Verkäufe (z. B. größerer Spargelabsatz) notiert. Einen groben Hinweis auf die Höhe der Bareinnahmen am Hof kann der Umfang ihrer Tauschäquivalente geben. Demnach nehmen manche Bäuerinnen soviel über den Direktverkauf ein, daß sie davon den Haushalt, kleinere Rechnungen, Geschenke, das Taschengeld für die Kinder und für den Mann bestreiten können. Im Normalfall decken die Einnahmen nur einzelne Ausgabeposten ab. Mitunter gibt es für bestimmte Verkäufe, etwa für das Spargel- oder Eiergeld, besondere Kassen, die auch jeweils einem besonderen Zweck zugeordnet sind.

Das Sortiment der unmittelbar abgesetzten Waren ist vielfältig: Kartoffeln, Milch, Eier, Produkte der zahlreichen Sonderkulturen wie Spargel, Meerrettich, Erdbeeren, Kirschen und sonstiges Obst, Schinken, Würste bis hin zu einem Schwein und Gänse, Enten, Hasen, Hühner, selbstgebrannte Obstschnäpse, Honig; im Sommer frisches Gartengemüse usw. Es stammt mehr oder weniger aus den Arbeitsbereichen der Frauen.

4.3 Preisgestaltung im Hofverkauf

Wir haben die Bäuerinnen gefragt, nach welchen Gesichtspunkten sie die Preise für ihre Produkte gestalten. Dies schien uns bedeutsam, weil der Direktverkauf genau genommen die einzige Nische für die Gestaltung von Preisen durch die

Warenproduzentin selbst bildet. Um einen ersten Eindruck zu vermitteln, welch komplexe Überlegungen hier angestellt werden, und wie weit sie über eine reine Aufwand-Ertrags-Rechnung hinausgehen, sei zunächst eine Bäuerin ausführlicher zitiert:

„Im Preis, da richt ich mich nachm Großmarkt. Ich weiß ja, den und den Tag kommen die und holen Kirschen. Und dann frag ich am Tag zuvor abends, wenn ich aufn Kirschenmarkt komm, sag ich: Was kosten die Kirschen?, auch die verschiedenen Qualitätsklassen...und da richt ich mich schon a bisserl danach, nimm ich aber no net die äußerste Spitze am Preis, nehm i net, obwohl daß die Leut die äußerste Spitze von die Kirschen kriegen. Aber ich führ des auch wieder zurück: die Leut bringen mir die leeren Körbe wieder zurück, weil ich die Körbe ja auch − den Korb für eine Mark bis eine Mark zwanzig bis eine Mark dreißig, sogar eine Mark vierzig − wieder kaufen muß und des schätz ich dann schon auch, wenn i amal da 10 und 15 und 20 Körb wieder zurückkrieg. Und des sind ja die ganze Kirschenernt durch vielleicht ca. 150 bis 200 Körb, die mir daham verkauft ham. No führ ich des noch zurück, denn am Donnerstag is ja aufm Großmarkt Schluß mitm Markt und mit der Anlieferung und dann könn mer zwei, drei Tag überhaupt keine Kirschen net pflücken und net anliefern und da bleibertn viele Kirschen hängen und dann denk ich, wenn ich net die letzten Pfennig hab von die Kunden, die was alle Jahr ihre Kirschen holn, dann hab ich trotzdem dann des Geld, des was ich jetzt da pflück, was die andern nicht ham. Die andern denken manchmal, wenn's daham ein Korb verkaufn, da können's da die letzte Mark nehmen, die Leut brauchen halt dann das nächste Jahr keine Kirschen mehr!" (5)

In diesem Beispiel sind vor allem ökonomische Kriterien der Preisbildung angesprochen:

Die Bäuerin orientiert sich insofern am Markt, als sie für „Spitzenqualität" − und nur solche bietet sie dem Kunden an − einen etwas geringeren Preis verlangt, als sie vom Großmarkt bekäme. Sicherlich bleibt sie aber gleichzeitig über den Preisen für niedrige Güteklassen. In den meisten Fällen orientieren sich die Bäuerinnen am Ladenpreis, den sie ebenfalls unterbieten und am Erzeugerpreis, den sie etwas überschreiten. (Nur in einem einzigen Fall verlangt eine Bäuerin mehr als „im Geschäft", weil ihre Ware eben auch besser sei.) Zusätzliche Richtgrößen für die Preise werden den zugänglichen Medien, vor allem den Marktberichten in Rundfunk und Zeitung entnommen. Ein weiterer wichtiger Bezugspunkt ist das dörflich-nachbarliche Preisniveau, das allgemein bekannt, wenn nicht gar abgesprochen ist. Nur mit schlechtem Gewissen verkauft eine Bäuerin billiger als die Nachbarinnen,

„weil sie denken, man drückt dann den Preis." (6)

Eine andere Norm schreibt vor, die Preise über lange Zeiträume konstant zu halten, nicht entsprechend den Schwankungen der Kostpreise zu variieren:

„...Futtermittel sind so teuer geworden...ich kann des ja nicht einfach aufrechnen."(116)

bzw. den jahreszeitlichen Rhythmus („Sommer- und Wintereier") peinlich genau einzuhalten. Die Gründe für diese Preisgestaltung liegen auf der Hand: Die Bäuerin möchte einerseits unter den Einzelhandelspreisen bleiben, andererseits soll für sie etwas mehr herausspringen als beim offiziellen Absatz, der die bäuerliche

Produzentin nahezu immer unzufrieden läßt. Sie will, daß sowohl der Kunde als auch sie vom Ausklammern des Zwischenhandels profitieren.

Die Preishöhe ist nicht nur ein Resultat der dörflichen Konkurrenz, sondern auch des umfassenderen ganzheitlichen und langfristigen Kalküls der Bäuerin. In unserem Beispiel rechnet die Bäuerin mit dem zurückgebrachten Verpackungsmaterial. Andere sammeln übers ganze Jahr das industriell produzierte Verpackungsmaterial, um es dann in der Saison kostenlos zu benutzen.

Ein guter Preis garantiert der Bäuerin schließlich auch einen langfristigen Kundenstamm, den sie zu schätzen weiß. Dies zeigen ihre Antworten auf die Frage, wie denn ihre Hofkunden Anerkennung äußerten. Am häufigsten wurde hier genannt: „Sie kommen wieder!" Die Stammkunden garantieren eine gewisse Kontinuität des Absatzes zu einem akzeptablen Preis, gleichen auch mitunter einen für leicht verderbliche Waren ungünstigen künstlichen Marktrhythmus aus.

Neben solchen ökonomischen Überlegungen spielen auch sozial-kommunikative und geradezu moralische Elemente bei der Preisbildung eine Rolle, die wir als Überreste von traditionellen Normen der Kundenproduktion ansehen.

K. Ottomeyer hat als wesentliche Verhaltensnorm des Warenbesitzers in der Zirkulationssphäre das Mißtrauen herausgearbeitet:

> „Wer auf dem Markt bestehen will, muß Mißtrauen gründlich habitualisiert haben. Die funktionale Ich-Identität von Warenbesitzern besteht u. a. in der Fähigkeit, sich angesichts der vielen Gestalten des ‚liebenswürdigen Scheins‘ ‚zusammenzunehmen‘ (nicht ‚weich zu werden‘), die Täuschungsmanöver des Gegenüber und die verschiedenen Stufen der wechselseitigen Antizipation intuitiv nachzuvollziehen und gleichzeitig das eigene auf Instrumentalisierung des anderen im Sinne des Tauschwertstandpunkts zielende Interesse nicht aus den Augen zu verlieren."[110]

Der „Zwang, die fremde Perspektive mißtrauisch zu antizipieren", kann sich — so ließe sich einwenden — allerdings nur dort voll durchsetzen, wo die Tauschpartner tatsächlich einander fremd sind in dem Sinne, daß sie sich gegenseitig nur Mittel zum eigenen Vorteil sind. Wo dagegen konkrete Sozialbeziehungen den Tauschvorgang begleiten, können diese verhindern, daß der Nutzenkalkül zur ausschließlichen Orientierung wird. In den Normen, die das Verhältnis von Produzent und unmittelbarem Kunden im dörflich-bäuerlichen Milieu regeln, sind noch Momente einer über den Nutzenstandpunkt hinausgehenden Orientierung enthalten: Rücksicht auf die Bedürfnisse und Wünsche des Kunden, Verantwortung für die Qualität, den Gebrauchswert der Produkte, Wertschätzung und Anerkennung der Leistungen und Anstrengungen des Produzenten durch den Kunden. Die Bäuerinnen brachten dies in vielfacher Weise zum Ausdruck:

Sie versuchten, die Wünsche, die sie bei der langjährigen Stammkundschaft zumeist schon im voraus wissen, möglichst differenziert zu erfüllen. Sie fühlen sich als Produzentinnen persönlich für den Gebrauchswert der Produkte verantwortlich; Lob und Tadel gehen auf ihr Konto. Viele meinen, daß die Konsumenten einen Eindruck davon gewinnen, welche Arbeit und Zeit in den Produkten steckt. Mit-

---

110 K. Ottomeyer 1974, S. 96.

unter erleben sie, daß ein Kunde seine Berührscheu gegenüber den unbekannten oder für seine Sinne unangenehmen Dingen ihrer Arbeitswelt ablegt. Oft verbindet die Bäuerin mit den Hofkunden eine lange Bekanntschaft, die immer wieder über den Kaufakt erneuert, durch die dabei geführten Plaudereien bestätigt wird. Immer noch partiell verhaftet dem traditionellen und für den Dörfler von einst existenznotwendigen System von Geben und Nehmen, versucht die Bäuerin, die Verbundenheit, Anteilnahme und Anerkennung, die sie durch die Kundschaft erlebt, „gleichzumachen", z. B. über ein Spezifikum des Hofverkaufs, die „Zugabe": Für zwei Drittel der Bäuerinnen, die über den Hof verkaufen, ist es eine Selbstverständlichkeit, zur gekauften Ware noch etwas zuzugeben: „man wiegt gut", „geht nicht nach dem Gramm", „gibt noch einen Schwapps Milch zu", „legt noch ein Ei drauf", „schenkt vom Gartengemüse her". Die fixe und offiziell normierte Mengen-Preis-Relation wird hier von der Bäuerin nach ihrem Gutdünken gestaltet. Sicherlich spielt die geheime Konkurrenz um die Kunden und das Bargeld dabei auch eine Rolle: Um im Geschäft zu bleiben, ist die Bäuerin großzügig, zumal sie vermuten kann, daß die Nachbarin sich ebenso verhält.

Wiederholte Äußerungen der Frauen, sie wollten bei den Preisen „nicht unverschämt" wirken, „den Kunden nicht überfordern", „keine Wucherpreise verlangen", enthalten (neben den genannten ökonomischen und sozialen Motiven) geradezu moralische Elemente, die uns an traditionelle, von E.P. Thomson in der Theorie der moralischen Ökonomie behandelte Wirtschaftsvorstellungen erinnern[111]. Manche wollen die eigene Zwangssituation nicht an den Kunden weitergeben, ihn aber an besonders üppigen Ernten teilhaben lassen:

> „Was der Händler sagt, des trau ich mich dann trotzdem net verlangen. Ich denk halt immer, des is trotzdem a weng a Sünd...Wie heuer, wo so viel gwachsen ist, denk ich mir wieder: Ach Gott, Leut...da kann mer doch ruhig a Mark oder zwei weniger verlangen, ist doch dafür der Ertrag um so höher! Ich weiß net, ich mein halt immer, wenn ich da unverschämt bin, des wird mir auf der andern Seite wieder genommen! Früher hat's gheißen: Wenn mer geizig ist, na holt's der Teufel!" (10)

4.4 Der Preis als Spiegel des Arbeitsaufwandes

Aus dem letzten Abschnitt dürfte klar geworden sein, daß ein wesentliches Kriterium der Preisbildung bei landwirtschaftlichen Produkten nach Meinung der Bäuerinnen nicht zum Tragen kommt: die aufgewandte Arbeitszeit. Die Frage, ob in den Preis in irgendeiner Weise der eigene Arbeitszeitaufwand eingehe — sie wurde im Zusammenhang mit der Hofvermarktung gestellt, aber von den meisten Bäuerinnen allgemeiner verstanden und beantwortet — ,haben über zwei Drittel der befragten Frauen verneint; ein Sechstel bejahte, der Rest differenzierte nach Produktionsarten bzw. war unentschieden. Das Spektrum der pessimistischen Kommentare bewegte sich zwischen den zwei Varianten der im Kern gleichen Aussage: Der Auf-

---

111 Vgl. E. P. Thompson 1980, S. 67–130, bes. S. 84 ff.

wand geht niemals ein! (zumal, wenn man die durch den Tauschakt selbst vermehrte Arbeitszeit in Rechnung stellt) bzw.: Die Arbeitszeit geht zwar ein, aber der Stundenlohn bleibt verschwindend gering!

Beispiele:

„Die eigene Arbeit rechnet man nicht. Arbeitskräfte könnte man unmöglich zahlen." (110)

„Die Arbeit macht man meistens umsonst! Ach du liebe Zeit, nein!" (6)

„Stundenlohn dürfen wir nicht rechnen, auch nicht die Mitarbeit der Familie." (106)

„Ein Stundenlohn ist bei uns überhaupt nicht drin." (114)

„Bezahlt werde ich nicht dafür!" (116)

„Wenn wir einen Arbeitslohn verrechnen würden, wäre klar, daß wir nie auf unser Geld kommen." (118)

„Des darf der Bauer nicht rechnen, da würd man nichts verdienen, die Stund nur 20 Pfennig!" (32)

„Des wenn wir uns überlegen wollten, dürften wir aufhören." (52)

Die Bäuerin „darf" ihre Arbeit nicht rechnen, denn niemand würde sie ihr zahlen, weder auf ihrem Privatmarkt:

„und gerade ab Erzeuger meinen sie, sie müßten's noch billiger kriegen!" (121)

noch auf dem offiziellen Markt, wo die Preise ohnehin in einer Weise fixiert sind, daß sie eher dem Zwischenhandel als dem Erzeuger zugute kommen:

„Ich mein, daß die Bauernarbeit nicht richtig bezahlt wird; z.B. bei der Milch kriegen wir nur den halben Preis von dem, was der Verbraucher zahlt." (132)

Eine weitere Schwierigkeit für die Legitimation eines Preises auf der Grundlage des Arbeitsaufwandes besteht nach Meinung einiger Bäuerinnen in dem von außen her nur schwer abschätzbaren Verhältnis von menschlicher Arbeit und natürlichem Geschehen beim Heranwachsen eines Produkts. Bei gleichbleibendem menschlichem Arbeitseinsatz macht die Natur immer noch viel oder wenig daraus. Dem Außenstehenden verstellt sich der Blick für den Anteil der bäuerlichen Produzenten, und er sieht die Früchte am Baum und das heranwachsende Getreide auf dem Feld im wesentlichen als Gratisgabe der Natur an:

„Manche denken, das wächst von alleine her!" (123)

„Die meisten haben nicht die Erfahrung, was alles drum und dran steckt." (9)

Auch die Maschinisierung der Landwirtschaft hat in diese Richtung gewirkt, indem sie den Blick eher auf die Arbeitsverminderung lenkt und gleichzeitig verdeckt, daß trotz der Maschinen noch viele Arbeitsgänge langsam und von Hand erledigt werden müssen. Eine Bäuerin führt als einen weiteren Grund für die niedrigen Preise beim Verkauf über den Hof an, daß es sich hier meistens um Produkte von Frauenarbeit handle, die „nicht so hoch bewertet" sei. Sie hält aber dennoch am Hofverkauf fest, denn:

„...wenn man keine Hennen hat und keine Eier verkauft, hat man ja gar nix bar auf die Hand!" (14)

Halten wir als subjektives Empfinden der Bäuerinnen fest, daß ihre in die Kunden- oder Marktproduktion eingebrachte Arbeitszeit wenn nicht völlig umsonst, so doch sehr niedrig bewertet ist. Dieses Empfinden wird begründet und ständig verstärkt durch die reale Erfahrung, daß die Preisniveaus für die Betriebsmittel, Dienstleistungen und die zugekauften Lebensmittel ständig ansteigen, während die Preise für ihre eigenen Produkte sich kaum verändern:

> „Und dann die Preise (für landwirtschaftliche Produkte, erg.) halten ganz einfach net Schritt mit dem Zeug...alles ist ja um das x-, x-fache gestiegen. Schaun'S, wie ich herkommen bin, ham wir ja für einen Kaminkehrer achtundvierzig Pfennige gezahlt. Heut zahl ich zwanzig Mark und x Pfennige. Rein nur das! Dann das Wassergeld, wir ham früher kein Wasser bezahlt. Dann das Elektrische: früher ham wir 12 Mark zahlt, heut zahl ich 122 im Monat...Dann was man so kauft, die Lebensmittel, die sind so teuer geworden...Dann die vielen Versicherungen, die sie ham müssen heut...dann die Autos... Des läuft ja alles monatlich einfach so weiter, ob Sie nun einnehmen oder net. Dann muß man sich natürlich schon fragen, wo's herkommt, wenn man nur von der Landwirtschaft lebt! Voriges Jahr ham's so arg geschrien wegen der Kartoffelpreise, die sind ganz und gar net überhöht, wenn man alles verrechnet! Wenn man nur dem Arbeiter sein Lohn nimmt, was der verdient, wenn er stundenweis arbeitet, dann müßten die Kartoffeln noch viel mehr kosten. Und so ist es mit allem! Schaun'S, wir ham z.B. die Getreidepreise, die warn genauso vor 1938, vorm Krieg! Die ham sich noch nicht geändert, stellen Sie sich's mal vor! Wir baun zwar heut sehr viel mehr an, wir müssen aber auch viel mehr investieren..." (15)[112]

Dem subjektiven Empfinden korrespondiert ferner der objektive Tatbestand, daß das Gesamteinkommen landwirtschaftlicher Familien auf kleinen Höfen keinesfalls dem mittleren Einkommen eines Arbeitnehmerhaushalts entspricht, das als erforderlich für den Unterhalt von Arbeitskraft angesehen wird. Daß die bäuerliche Familie unter dem Niveau gesellschaftlicher (Mindest-) Reproduktionskosten produzieren kann, und zwar nicht nur vorübergehend, sondern anhaltend und langfristig, hängt genau damit zusammen, daß der kleinbäuerliche Warenproduzent Mischproduzent ist, d.h. daß er die Reproduktion seiner Arbeitskraft zu einem mehr oder weniger großen Teil aus der nicht als Kosten in die Betriebsrechnung eingehenden Subsistenzproduktion decken kann. Für kleinbäuerliche Verhältnisse wie die in unserer Region sind daher die Thesen, die über die Subventionierung der Warenproduktion durch die Subsistenzproduktion für die Ökonomien in Ländern der Dritten Welt aufgestellt wurden, ebenfalls weitgehend zutreffend:

> „ (Der Mischproduzent, erg.) wird also noch bei eklatant niedrigeren Preisen als der reine Warenproduzent an der Warenproduktion teilnehmen. Für ihn ist der akzeptable Preis nur mindestens größer als die Kosten der Produktionsmittel. Der Preis der so produzierten Ware ist also von der Subsistenzproduktion subventioniert und kann fast unbe-

---

112 Vgl. W. Günnemann 1979, S. 66; zur Kritik der Agrarpreisscheren-Argumentation O. Popinga 1979, S. 74 ff.

grenzt sinken, ohne die Produktion zu bremsen. Die so von der Produktionsseite her definierte Marktsituation ist von einseitigem Vorteil für den Käufer der agrarischen Produkte."[113]

Wie ihr Urteil über das Verhältnis von Arbeitsaufwand zum Preis zeigte, ist der Bäuerin diese Situation des ungleichen Tausches durchaus bewußt. Sie nimmt sie in Kauf, weil es ihr primär weniger darum geht, auf die eigenen Kosten zu kommen, sondern darum, den Hof zu erhalten, nahezu um jeden Preis, und sei es den der Subventionierung des allgemeinen Preisniveaus mit eigener Lebenskraft. Ist der Bäuerin also ein Äquivalententausch im ökonomischen Sinne verwehrt, so holt sie sich − wie gesagt − andere „Wertzeichen": Anerkennung, Lob, Geschenke, oder es zählt einfach die Tatsache, daß die Kundin zahlt, ohne um den Preis zu feilschen.[114] Kunden, die auf diese Weise die in den Waren enthaltenen Arbeitsleistungen der Bäuerin honorieren, läßt die Bäuerin wiederum auch an den Gratisgaben der Natur teilhaben. Kunden, die an den Preisen herumkritteln, oder Spaziergänger, die, ohne zu kaufen, sich selbst bedienen, empfindet sie als unverschämt, denn sie bringen ihrer Meinung nach eine totale Mißachtung von Arbeit und Anteil der Bäuerin zum Ausdruck und repräsentieren sozusagen als Individuen die gesellschaftliche Diskriminierung der bäuerlichen Arbeit überhaupt.

Vor diesem Hintergrund ist es durchaus miteinander verträglich, daß die Bäuerin einerseits ihre guten Kirschenkunden auffordert, sich zusätzlich zum Kauf am Baum „sattzuessen", und andererseits die Spaziergänger, die sich am gleichen Baum „vergreifen", schimpfend davonjagt.

Angesichts der mehrfachen Latenz bäuerlicher Arbeit reagiert die Bäuerin sehr sensibel auf Vorgänge, die ihre Arbeit „veröffentlichen". So haben Frauen, die regelmäßig Urlaubsgäste bewirten, darauf hingewiesen, daß sich deren Verständnis für ihre Arbeitssituation ändert, je mehr sie davon miterleben:

„Wenn mer Kurgäst hat, die des so alles mitkriegen, wie der Tagesablauf ist am Bauernhof..., wenn mer sich mit ihnen unterhält, dann sagn's immer: Des ham mir überhaupt net gwußt, was des für Arbeit ist, wie des vor sich geht im Stall und alles. Wir ham schon einmal ein Kind ghabt, das hat gsagt: Stell dir vor, Mutti, die Erdbeeren wern auf der Erde gepflückt!" (2)

Sicherlich spielt diese „Veröffentlichung" von Arbeit neben den ökonomischen und kommunikativen Gesichtspunkten auch eine Rolle, wenn die Bäuerinnen in ihrer Mehrzahl, selbst bei einem kleinen Umsatz und trotz der Störung des Arbeitsflusses, die jeder Kaufakt mit sich bringt, an der Form der Hofvermarktung festhalten.

---

113 Vgl. hierzu den Beitrag von G. Elwert/D. Wong, in: Arbeitsgruppe Bielefelder Entwicklungssoziologen 1979, bes. S. 262 ff.
114 „Wir müssen da anders ausgleichen!", wie eine Bäuerin sagt.

5 Die Bäuerin als „Finanzministerin" des Betriebes

Die Integration der kleinbäuerlichen Warenproduktion in die kapitalistische Wirtschaft hat das Quantum und die Wege des Geldes als des allgemeinen Zirkulationsmittels auch auf den kleinen Höfen verändert. Es wird wesentlich mehr Geld auf einem Kleinbetrieb umgeschlagen als das noch vor einer Generation der Fall war. Zugleich wurde der Ort des materiellen Umschlags aus dem Hof ausgelagert und von den Banken und Kassen übernommen. Im gleichen Prozeß ist die Rolle von Krediten, Darlehen und anderen Fremdkapitalien enorm angestiegen und hat die Bedeutung von entsprechenden Institutionen, wie Landratsämtern, Banken, Verwaltungsbehörden, mitwachsen lassen. Im folgenden geht es uns darum, die Funktionsteilung zwischen Bauer und Bäuerin im Umgang mit dem Geld aufgrund des Interviewmaterials zu beschreiben und dadurch weitere Einzelheiten über die Rolle der Bäuerin in der Hofökonomie insgesamt zu gewinnen.

5.1 Bankkonto und Hofkasse

Finanzielle Angelegenheiten werden auf den kleinbäuerlichen Höfen über das Konto auf der Sparkasse oder/und über die Hofkasse geregelt. Das Gesparte kommt aufs „Büchle".

In der Hof- oder Hauskasse sammelt sich das Geld von den kleineren Hofverkäufen der Bäuerin, Teile von größeren Verkäufen, die aus irgendwelchen Gründen nicht übers Konto abgewickelt werden, und das vom Konto abgehobene Haushaltsgeld. Alle größeren regelmäßig anfallenden Einnahmen und Ausgaben laufen mittlerweile auch beim Kleinbetrieb über ein Bankkonto, das Milchgeld und der Monatslohn des Nebenerwerbsbauern ebenso wie die größeren Investitionen für Hof und Haus.

In den meisten Fällen haben Mann und Frau (formal) gleichermaßen Zugang zur Hauskasse und zum Bankkonto; es geht, wie die Bäuerinnen sagen, „alles in einen Topf", „alles in eins". Der Bauer holt sich das Benzingeld für den Traktor aus dem gemeinsamen Topf, und das Sparkassenkonto läuft auf beider Namen.

Dies ist wohl nicht immer so gewesen. Wir vermuten, daß Bankkonten zunächst auf den Namen des Mannes eingerichtet wurden, und die Frauen erst später die formale Berechtigung erhielten, darüber mitzuverfügen. In einer Gruppendiskussion berichtete eine Bäuerin:

„Wie wir baut ham, und ich bin auf die Sparkasse gangen, – sobald du da mehr willst als tausend Mark als Frau, – dann hat die zu mir gesagt: Ja, ist da jemand, den Sie gut kennen? Da war die B. dann da, und dann hat die B. dann amal zu mir gsagt: Na, horch amal auf, Berta, immer mußt du kommen und das Geld holen und so, und das Konto ist auf deinen Mann geschrieben, also, dann brauchst du da immer jemanden. Also, dann haben wir das so gemacht, daß da mein Name dazugeschrieben worden ist. Und dann kann ich Geld holen. Wenn mer net soviel Geld holen will, dann braucht mer des ja net, aber wenn eine Frau kommt, die wo a weng mehr Geld holen will, dann muß sie des schon haben." (Gruppendiskussion 3)

Was nun die Verfügung der Bäuerin über die Hofkasse anlangt, scheint es sich bei dieser Kasse eher um „ihr" Geld zu handeln; freilich nicht im Sinne einer geheimen Kasse zur Erfüllung persönlicher Wünsche, sondern damit sie mit diesem Geld Ausgaben tätigen kann, die den Haushalt und die Familie, also ihren Kompetenzbereich betreffen, ohne daß sie hier viel mit dem Manne darüber reden müßte.

Diese Interpretation löst einen scheinbaren Widerspruch in den Auskünften der Frauen zu einem bloßen Perspektivewechsel auf: Auf unsere Frage, ob sich die Bäuerinnen ein regelmäßiges Einkommen für sich wünschten, beispielsweise wie eine Arbeiterin, reagierte ein Teil der Frauen (ca. ein Viertel) mit dem Hinweis, daß sie doch ihr „eigenes" Geld hätten, womit relativ regelmäßig anfallende kleinere Hofeinnahmen gemeint waren. Dagegen verneinten viele (eben zum Teil die gleichen Frauen) unsere direkte Frage danach, ob sie eine „eigene Kasse" für ihre Einnahmen hätten, und betonten, daß alles in einen Topf flösse. Unter der Perspektive der Zweckbestimmung erscheint manchen Bäuerinnen das eingenommene Geld eben als Hof-Geld, weil sie damit für den Hof, für die Familie, eben für die anderen – und für sich nur, insoweit sie eben Teil dieses Ganzen sind – wirtschaften. Unter der Perspektive von Entscheidungs- und Verfügungskompetenz aber enthält die Hofkasse „ihr" Geld.

Ähnliches gilt für das Konto auf der Bank. Es handelt sich hier nicht um ein Konto des Mannes oder der Frau, sondern um ein Hofkonto. Die Identifikation beider Bauersleute mit ihrem Hof, der sich zumeist noch in einer ökonomischen Zwangslage befindet, garantiert, daß keiner der beiden eigennützig mit dem Geld umspringt:

„Mein Mann, der schaut des ganz Jahr net danach. Der weiß einfach, daß er sich darauf verlassen kann, daß mer einfach so keins forttut, und wenn ich mal ein paar neue Vorhänge will, dann sagt er, da ist er nicht dagegen." (Gruppendiskussion 3)

Aus einer längeren Gruppendiskussion gewannen wir den Eindruck, daß die Identifikation der Frauen mit den Hofbelangen so weitgehend ist, daß Konflikte über die Prioritäten beim Geldausgeben zwischen Bauer und Bäuerin nur selten vorkommen. Beiden ist klar, daß der Hof Vorrang genießt vor dem Haushalt; von Meinungsdifferenzen wird höchstens anläßlich von Hofinterna (Muß der neue Traktor wirklich so viel PS haben?) berichtet. Die gemeinsame Kasse wurde im Gruppengespräch geradezu zum Symbol und Inbegriff der heilen Familienverhältnisse in der Bauersfamilie erhoben, und eine Frau, die folgendes äußerte, erhielt allgemeine Zustimmung:

„Ich find, des muß ja auch so sein (daß beide Eheleute beliebigen Zugang zum Bankkonto haben, erg.)! Da wo die Familie einfach in Ordnung ist, naja, da ist auch des mit dem Konto in Ordnung!"

Wir hatten nur einen einzigen Fall, in dem die Kassenregelung deutlich von der Norm abwich: Eine Bäuerin, die früher als Krankenschwester ein eigenes Einkommen hatte und damit ihre im bürgerlich-städtischen Milieu entfalteten Bedürfnisse befriedigen konnte, hat sich in langen Auseinandersetzungen mit ihrem Mann ein eigenes Konto erkämpft, auf das das Milchgeld quasi als Lohn für ihre Arbeit fließt. Nur sie kann über dieses Konto verfügen. Zwar bestreitet sie damit im wesentlichen auch die Ausgaben für den Haushalt und für ein den üblichen Rahmen sprengendes „Schöner Wohnen", aber sie wahrt dabei immer auch noch einen finanziellen Rückhalt für ihre höchstpersönlichen Wünsche und Interessen. Diese Frau wollte ihre eigene Persönlichkeit nicht völlig in den Hofnotwendigkeiten untertauchen lassen; die Klarheit ihrer Vorstellungen, ihr Selbstbewußtsein, ihre Bereitschaft, auch mit dem Mann um ihre Perspektiven zu kämpfen, haben ihr dazu verholfen, eine günstige Ausgangssituation für ihre finanzielle Selbständigkeit herzustellen.

Als wir diesen Fall einer Gruppe von Bäuerinnen vorstellten, wurde eine solche Lösung einhellig abgelehnt, weil sie im Vollerwerbsbetrieb nicht möglich – das Milchgeld ist zumeist die einzige kontinuierlich fließende Einnahmequelle für den Hof – und ansonsten unnötig, Zeichen für Mißtrauen zwischen den Ehepartnern und für Egoismus der Frau sei.

Hat die Bäuerin also grundsätzlich auch zum Bankkonto des Hofes einen freien Zutritt, so fragen wir uns weiter, in welchem Umfang sie diesen Zutritt realisiert. Diese Frage ist wichtig, wirft sie doch ein Licht auf die Bedeutung der Frau für die Gesamtproduktion des Hofes, die heutzutage oft in entscheidender Weise über Institutionen wie Bank, Landwirtschaftsamt und andere kommunale Institutionen vermittelt wird.

5.2 Der Gang zu Ämtern und Kassen

Zunächst einige Zahlen. Unsere Frage, wie es am Hof mit den Gängen zu den Ämtern und Kassen gehandhabt werde, haben 124 Bäuerinnen beantwortet. Davon gaben 36, also knapp 30%, an, daß es sich hier ausschließlich um die Aufgaben des Mannes handle. In 50 Fällen, also bei etwas über 40% der Frauen, handelte es sich um ihr Ressort. Beim Rest wurde pragmatisch entschieden, d.h. danach, wer gerade Zeit hat, wer passend gekleidet ist, wer sich schneller umzieht oder ohnehin in der Nähe der betreffenden Institution zu tun hat.

In einigen Fällen liegt eine problemorientierte Arbeitsteilung vor, wobei dann fast immer die Bäuerin die finanziellen Dinge erledigt und die Gänge auf die lokalen Verwaltungsbehörden übernimmt, deren Angestellte sie oft persönlich kennt. Dem Manne sind die „größeren" Behörden, z.B. das Finanzamt oder der Bauernverband, zugeteilt.

Sicherlich spielt für die Finanzregie der Bäuerin auch die Tatsache eine Rolle, daß die „fahrende Sparkasse", eine Einrichtung im ländlichen Raum, die dem Kleinbauern die Fahrt zur nächsten Sparkassenniederlassung ersparen will, ins Haus kommt und dort natürlich zumeist die Frau antrifft und mit ihr die Geldangelegenheiten abwickelt. Doch wir wollen es nicht bei diesem äußerlichen und viele Fälle auch nicht abdeckenden Argument belassen, sondern uns anhand von Äußerungen besonders finanztüchtiger Frauen tiefere Aufschlüsse über das Verhältnis der Bäuerin zu den Geldgeschäften verschaffen.

1. Beispiel:

Eine jüngere Bäuerin, die ihren Hof vor 11 Jahren gekauft und mit ihrem Mann in rastloser Arbeit hochgewirtschaftet hat und heute, nachdem auch das Wohnhaus renoviert ist, sagen kann: „Jetzt ist alles geschafft und gebaut, daß es sich lohnt zu leben." – diese Bäuerin hat die Finanzregie vollständig übernommen:

„Ja, des mach meistens ich, ne, die Geldangelegenheiten, des mach meistens ich, ja. Da kümmert er sich gar net drum. Ich denk's oft! Ich glaub, zu dem käm alle vierzehn Tag der Gerichtsvollzieher. Naja, er kümmert sich eben nix drum. Er weiß eben, daß ich's mach. Und da macht er dann gar nix. Des mach alles ich, die Sachen." (91)

2. Beispiel:

Eine 41jährige Bäuerin, die aus einer kinderreichen armen Handwerkerfamilie stammt und sich daher als Magd auf einem großen Hof verdingen mußte, heiratete gegen die Warnung der Eltern „Gleich zu gleich!" in den heute 13 ha großen Betrieb. Er wurde gründlich modernisiert, d.h. um- und ausgebaut, erweitert und maschinisiert; schließlich im Nebenerwerb geführt. Die Bäuerin weiß, was Land und Arbeit wert sind; sie vertritt ihre Interessen mit Vehemenz. Ihr Sinn für angemessene Tauschrelationen ist im Kampf um das Überleben des Hofes, den sie unter dem Motto „Friß oder verreck!" führt, ausgebildet worden, wobei gleichzeitig ihre „Streitlust" und ihr Durchstehvermögen für ihre „gerechte" Sache mitgewachsen zu sein scheinen.

„Ich schick ihn (den Bauern, erg.) schon auch auf Ämter. Was ich net so versteh, in der Landwirtschaft meinetwegen, Bauernverband und so, wo von Mann zu Mann geplaudert wird. Da unten im Altersheim z.B. machen's uns die ganze Wiesen kaputt, ohne zu fragen. Des ärgert einen natürlich, aber mein Mann ist eher: Ach laß halt gehn! Na hab ich gsagt: Des muß doch net sein! Muß mer sich des gfalln lassen? Naja, dann geh du! Sagt er. Er geht natürlich dann net. Er schluckt des und sagt: Naja, 100 Mark. Na sag ich: Du bist ja verrückt! Des sind vielleicht 50 m, 10 m nacheinander hinter. Was sind denn des für den, 100 Mark für die Firma? Geh halt amal zum Bauernverband und erkundig dich, was mer verlangen darf! Ja – geh du! Na hab ich gsagt: Ich mach's. Ich geh demnächst auf F. Da ärger ich mich! Denn mer will ja sparsam sein, und dann muß mer sich von denen da, muß mer sich so aufm Kopf rumtrampeln lassen, – des is manchmal schon hart."

(Nachfrage: Ärgern Sie sich, daß Ihr Mann das nicht macht?)

„Nein, da geh ich schon! Dann mach ich's einfach. Weil er ja net geht. Er wär vielleicht auch mit 50 Mark zufrieden. Ich sag: Des gibt's ja net! Was sind heut 50 Mark? Die machen 2 Jahr ihren Lagerplatz da drauf. Ich seh net ein, warum! Er muß so lange dafür arbeitn, und wir möin (müssen) sparn daham! – Er is net streitsüchtig und nix, und ich bin –, ich muß des –, ich seh net ein, warum!" (8)

3. Beispiel:

Die Bäuerin in unserem dritten Beispiel ist 47 Jahre alt, sie hat den heute 20 ha großen Betrieb geerbt und gemeinsam mit ihrem Mann wieder auf die Höhe gebracht. Ihre Rolle bei diesem Prozeß beschreibt sie auf die Frage nach dem Gang zu den Ämtern und Kassen:

„Des mach alles ich. Des macht mei Mann gar net gern. Da hab des immer ich machen müssen. Da arbeitet mei Mann lieber, in der Zeit. Ich mach's gern. Macht mir überhaupt keine Schwierigkeiten. Trau mich überall hingehen, trau mich überall alles sagn. Da hab ich keine Hemmungen. Weil ich sag: Ich bin anständig zu die Leut, dann können die zu mir gar net anders sei wie anständig, ne. Und wenn's amal brummig sind, na is des auch net schlimm. Dann is des mir auch egal, dann sag ich, was ich sagn muß, ne. Und ich wehr mich dann auch meiner Haut. Ich hab ka Bedenken. Ich hab mit die Plän, und des alles, des hab alles ich gemacht, beim Bauen. Auch des Finanzielle, und mit der Sparkasse, obwohl wir für uns Buchführung machen, des macht mei Mann, ne. Sehn'S, des macht er. Ich schreib zwar alles auf, aber mei Mann, der tut des dann alles – mei Mann is da sehr korrekt und exakt mit allem Aufschreiben und so. Also da muß ich schon sagn, des beherrsch ich dann wieder net aso wie er. Aber wenn mir ein Brief schreiben müssen irgendwohin, der kann schöner schreiben, mei Mann, wie ich: Ich diktier den Brief und er schreibt. Oder die Tochter schreibt." (49)

Allen drei Beispielen ist gemeinsam, daß eine recht schwierige Ausgangssituation für die Bäuerin vorlag: zumeist ein traditionell geführter, oft ökonomisch daniederliegender Hof, der von Grund auf verändert werden mußte, sollte er im modernen Agrarsektor eine Überlebenschance haben. Weiter stimmen die Verhältnisse darin überein, daß der Betrieb heute einigermaßen saniert dasteht: Haus und Hof sind modernisiert und sichern zumindest für diese Generation noch die bäuerliche Existenz der Familie. In unserem Zusammenhang beachtenswert ist die entscheidende Rolle, die der Bäuerin in dieser Situation zufiel bzw. von ihr übernommen wurde. Es hat den Anschein, daß die Krise des Hofes bei der Bäuerin besondere Fähigkeiten und Energiepotentiale freigesetzt hat: Von der akuten Not und dem Investitionszwang doppelt betroffen in ihren Aufgaben, die tägliche Subsistenz der Familie zu gewährleisten und für das Überleben des Hofes zu sorgen, übernimmt sie entschlossen die Verantwortung und läßt sich dabei durch keine behördliche Bürokratie einschüchtern. Für den Hof „macht sie's einfach", „hat keine Hemmungen", „keine Bedenken". Sie weiß, wofür sie kämpft.

Die angegebenen Beispiele sind keine Einzel- oder Sonderfälle. Die geschilderte Ausgangssituation und die Entwicklungzwänge teilen fast alle kleinbäuerlichen Betriebe, und damit zusammenhängend die materielle und emotionale Betroffenheit der Frauen. In knapp 2/3 der untersuchten Fälle haben sich die Frauen äußerst aktiv dazu verhalten und haben (inzwischen), wenn nicht die gesamte Finanzregie, so doch mindestens bedeutende finanzielle Mitspracherechte und Handlungsspielräume auf dem Hof inne.

6 Fleiß und Sparsamkeit oder Rechnen und Kalkulieren? Zur notgedrungenen Allianz von konservativen und dynamischen Wirtschaftsprinzipien im kleinbäuerlichen Betrieb

Die Wirtschaftsprinzipien des traditionellen Bauern als eines einfachen Warenproduzenten entsprechen in gewisser Weise den „Kardinaltugenden des Schatzbildners" (Marx): unermüdliche Arbeitsamkeit, rigide Sparsamkeit und persönliche Askese. Die „Schätze" des Kleinbauern haben sich immer in recht bescheidenen Grenzen gehalten. Pfennig wurde auf Pfennig gelegt, bis sich ein Fonds für eine neue Anschaffung angesammelt hatte. Mit dem Sparpfennig hielt man gleichzeitig Vermögen von der Zirkulation fern und bewahrte sich eine kleine Reserve für die schlechten Zeiten. Die Integration der kleinbäuerlichen Wirtschaft in die kapitalistische Produktion hat die Situation grundlegend geändert. Die Geldquanten und Warenmengen, mit denen der bäuerliche Produzent umzugehen hat, sind enorm angewachsen, der Umschlag von Waren erfolgt schneller als früher. Kein Bauer kann es sich leisten, Geld zu horten, bis er einen neuen Traktor kaufen kann. Er wird Fremdkapital aufnehmen, Schulden machen, um zu investieren, wo es ihm am nötigsten erscheint. Sein Wirtschaftsverhalten soll — so die Forderung der meisten Agrarpolitiker — am Vorbild des dynamischen, risikofreudigen Unternehmers orientiert sein, der seinen Betrieb ökonomisch-rational kalkuliert, die Bewegung des Geldes kontrolliert und mittels Buchführung fixiert, Marktchancen wittert und nutzt und sich Schwankungen flexibel anpaßt.

Bisherige Überlegungen in den vorausgegangenen Kapiteln zusammenfassend und die Beziehungen von Subsistenz- und Warenproduktion sowie Ware-Geldzirkulation übergreifend, haben wir uns die Frage gestellt, wie die Bäuerin in der geschilderten Situation die Rolle der traditionellen konservativ-asketischen Wirtschaftsprinzipien sieht. Welchen Stellenwert mißt sie den modernen propagierten Wirtschaftsprinzipien bei? Wir haben anhand von zwei Fragen, einmal nach der Bedeutung von Fleiß und Sparsamkeit für die langfristige Bewirtschaftung des Hofes und zum anderen nach der Relevanz von Kalkulation und Buchführung für die Zukunftssicherung des Kleinbetriebs versucht, Aufschluß darüber zu bekommen, in welcher Weise und in welchem Umfang sich die Wirtschaftsführung der Bäuerinnen — zumindest, was ihre Einstellungen betrifft — dynamisiert hat. Zwischen den Zeilen wurde dabei auch immer wieder deutlich, wie stark das Interesse und das Engagement der Frauen für die Reproduktion des eigenen Hofes geblieben oder auch geworden ist.

25 Bäuerinnen, d.h. knapp ein Fünftel der befragten Frauen, waren der Meinung, daß mit Fleiß und Sparsamkeit auch heute noch ein Betrieb erhalten werden, zumindest — wie eine Bäuerin resignativ präzisierte — über Wasser gehalten werden könne. 10 weitere Frauen ergänzten diese Prinzipien durch die Bedingungen, daß die Bauersleute heutzutage genügsam sein und ihren Lebensstandard einschränken bzw. eingeschränkt halten müßten. Von 54 Frauen, ca. 40% der Gesamtheit, erhielten wir ein dezidiertes Nein. Dabei geht aus den Antworten jedoch klar hervor, daß sie nicht der Ansicht sind, Fleiß und Sparsamkeit seien als Prinzipien bäuerlichen Handelns obsolet geworden. Nach wie vor gelten sie als die ,,Grundbedingungen" der kleinbäuerlichen Existenz, aber sie garantieren nicht mehr das Überleben. Was heutzutage hinzukommen muß, wird von den Frauen in einer Sprache formuliert, die die Dynamik des ökonomischen Prozesses spüren läßt: ,,mit dem Fortschritt gehen", ,,am Laufenden bleiben", ,,dranbleiben", ,,nach vorne gehen", ,,dabei sein".

Konkret bedeutet dies: ,,anschaffen und anpassen". Sparen im Sinne von Geld ansammeln kann erst derjenige, der die Hauptinvestitionen getätigt hat und auf der Grundlage seines Produktionsvolumens ein gewisses Dynamisierungstempo erreicht hat und einhalten kann. Dies gilt eher für die größeren Betriebe als für die ganz kleinen. In diesem Kontext ist zu verstehen, daß von den 25 Frauen, die Fleiß und Sparsamkeit für ausreichend hielten, 17 auf relativ großen Höfen (10 ha und mehr) leben. Einige Bäuerinnen haben auf diesen Zusammenhang von Hofgröße und Sparen-Können (im Sinne von Geldaufhäufen) explizit hingewiesen. Für die Mehrzahl der Frauen sieht die Situation freilich so aus, daß Geld nicht gespart werden kann: ,,Heute steckt alles im Hof!" Sparen heißt hier oft: dafür sorgen, daß die Schulden nicht über den Kopf wachsen. Die Kleinbäuerin, die zu sparen versucht, indem sie sich gegen betriebliche Investitionen sträubt, treibt eher den Ruin des Ganzen voran. Sie kann höchstens etwas „vom Munde absparen", also die Subsistenz einschränken und materialökonomisch mit den Dingen von Haus und Hof umgehen, um es dem Hof zugute kommen zu lassen. Der Anpassungsdruck und die Knappheit der finanziellen Ressourcen verlangen von den Bäuerinnen, möglichst überlegt mit den Einnahmen und Ausgaben umzugehen. Daher hat jede zweite Bäuerin, die Fleiß und Sparsamkeit als nicht ausreichend empfand, „denken", „planen", „kalkulieren", „rechnen", „kniebeln" als ergänzende Handlungsweise und „Köpfchen", „Umhören", „Information", „Bildung" als deren Voraussetzung genannt. (Wenn manche Bäuerinnen in ihren Antworten die Ebene der individuellen Fähigkeiten der bäuerlichen Produzentin verließen und erwiderten, es fehle ihnen einfach das „Geld", so bringen sie damit eine Entwicklung auf den Begriff, in der das konkrete individuelle Arbeitsvermögen immer mehr durch das abstrakte „Geldvermögen" ersetzt werden muß.)

In diesem Kontext haben die Frauen immer wieder darauf hingewiesen, wie unsicher und unklar der Erfolg ihres Wirtschaftens trotz Arbeiten, Sparen und Rechnen sei. Zum einen spüren sie, wie stark sie unter dem Kommando äußerer Faktoren wie Marktentwicklung und Preispolitik stehen, ohne dagegen an zu können; zum anderen wissen sie, daß ihre Kinder die Überarbeit und den Unterkonsum, die ihr Dasein so stark mitbestimmen, als Zukunftsperspektive ablehnen.

In der Tendenz stimmen die Antworten zu dieser Frage überein mit dem Zahlenmaterial zu der Frage:

„Oft wird behauptet: Wer in Zukunft ein Bauer bleiben will, muß auf seinem Hof alles genau aufschreiben und durchrechnen. Halten Sie das für richtig?"[115]

25 Bäuerinnen, knapp 20%, halten das Durchrechnen und Aufschreiben von vornherein für überflüssig. 88 Frauen, also zwei Drittel, bejahen die Frage prinzipiell. Davon treffen allerdings 50 Frauen wieder erhebliche Einschränkungen, wenn sie sie auf ihren konkreten Hof beziehen. Die Gründe, mit denen die Bäuerinnen das monetäre Kalkulieren für sich oder auch prinzipiell für den Kleinbauern ablehnen, hängen vor allem mit dem unproduktiven Charakter dieser Tätigkeit zusammen: Aufschreiben und Durchrechnen kosten Zeit und Nerven („Sollen wir auch noch nachts rechnen?!") und ändern an der ökonomischen Lage nichts, reduzieren allenfalls nochmals den Stundenlohn des Bauern aufgrund der damit verbrachten Arbeitszeit. Buchführen erübrigt sich außerdem, da im kleinbäuerlichen Kalkül nichts mehr unterm Strich übrigbleibt. Auf jede Einnahme wartet schon wieder eine längst fällige Ausgabe oder ein Schuldenberg. Resignativ und selbstironisch haben manche Frauen darauf hingewiesen, daß sie sich ihren langsamen Ruin bzw. ihre schlimme wirtschaftliche Lage nicht schwarz auf weiß vor Augen führen wollen; die Hofbilanz würde ihnen ohnehin nur das Aufgeben nahelegen.

115 Übernommen von J. Ziche 1970, S. 61.

Dementsprechend haben auch viele Frauen genaues Durchrechnen und Aufschreiben den ökonomisch potenteren Betrieben, den „richtigen", „großen" oder auch – als kleine Nebenerwerbsbäuerinnen – den Vollerwerbsbetrieben zugewiesen. Sie selbst begnügen sich mit dem Überblick, den man ohnehin habe, ergänzt durch das Resultat, das der Kontostand „auf die Hand" liefert. Sie heben die Rechnungen auf, ordnen die Kontoauszüge und schreiben sich vielleicht noch die Hofeinnahmen der produktivsten Betriebszweige auf. Am Ende des Jahres, in den ruhigeren Winterstunden blättert die Bäuerin in diesen Unterlagen und verschafft sich einen Gesamteindruck von der finanziellen Lage des Hofes. Ein solches Verfahren praktizieren etwa ein Drittel aller befragten Bäuerinnen; nur in 8 Betrieben wird eine Betriebsbuchführung für die Behörden gemacht.[116]

Erwähnenswert ist, daß zwischen den Frauen, die Fleiß und Sparsamkeit nicht mehr für ausreichend halten und Rechnen und Planen für wichtig erachten, und denen, die Einnahmen und Ausgaben in schriftlicher Form fixieren, kein enger Zusammenhang besteht: Von den 16 Frauen, die für „rechnen und planen" eintreten, halten sich nur 2 an das Aufschreiben; umgekehrt machen von den 25 Frauen, die angaben, ein Betrieb könne auch heute noch mit Fleiß und Sparsamkeit über die Runden kommen, immerhin 7 eine Buchführung, in welcher Form auch immer. 23 Bäuerinnen sind der Ansicht, daß Arbeiten und Sparen zwar notwendig, aber heute nicht mehr ausreichend seien und führen auch Buch, sind also im engeren Sinne konsequent.

Fassen wir zusammen:

1. Die Mehrzahl der befragten Bäuerinnen hält Fleiß und Sparsamkeit im heutigen kleinbäuerlichen Betrieb nicht für ausreichend. „Mitmachen oder verschwinden" – so formulieren sie ihren Handlungsspielraum. Da sie Bäuerinnen bleiben wollen, unterwerfen sie sich dem Zwang zur Dynamisierung ihrer Wirtschaftsweise, zum Kalkulieren und Investieren.

2. Die traditionellen Wirtschaftsprinzipien sind deshalb aber nicht obsolet geworden. Sie sind zwar weniger wirksam und dürfen nicht falsch ausgelegt werden („Mit Sparsamkeit an der falschen Stelle kann man den Betrieb auch kaputt machen."), aber sie werden von den Bäuerinnen nach wie vor als die „Grundbedingung" bäuerlichen Wirtschaftens hochgehalten. Oft müssen sie sogar verschärft praktiziert werden: Die Bäuerin, für die sich das Ware-Geld-Verhältnis im wesentlichen über ihren Schuldenberg darstellt, d.h. nach dem Mechanismus: sich verschulden, um mehr zu produzieren und noch mehr produzieren, um die Schulden wieder abzutragen, – diese Bäuerin versucht auf jeden Fall gleichzeitig, durch eigene Mehrarbeit und durch eingeschränkten Konsum die Bilanz ins Lot zu bringen.

3. Diese Allianz von konservativ-asketischen, hauswirtschaftlich orientierten Prinzipien mit dynamisch-expansiven Elementen wird notwendig, weil in der kleinen Warenproduktion Produktionsmittelbesitzer, Produzent und Marktanbieter in einer Person zusammengefaßt sind. Somit bekommt auch die Bäuerin alle Lasten, die den peripheren Resten kleiner Warenproduktion innerhalb kapitalistischer

---

116 Vgl. hierzu O. Poppinga 1979, S. 89.

Produktionsverhältnisse aufgebürdet sind, zu spüren und muß gleichzeitig die hierin enthaltenen Widersprüchlichkeiten auffangen und synthetisieren. Daß die Bäuerinnen hierzu bereit und fähig sind, ist dem harten Überlebenstraining zuzuschreiben, das die meisten der Frauen zeitlebens durchgestanden haben: „Wir haben uns bis jetzt nix gegönnt, nix wie gespart. Unser ganzes Leben besteht nur aus Arbeit und Sparen", sagt eine 57jährige Bäuerin auf die Frage nach Fleiß und Sparsamkeit.

4. Viele Bäuerinnen setzen im Generationswechsel eine Zäsur. Es liegt für sie auf der Hand, daß die jungen Leute nicht mehr bereit sind, unter solchen Umständen wie sie zu wirtschaften. Da körperlich harte Arbeit und persönliche Askese viel weniger zu deren Erfahrungs- und Sozialisationsinhalten gehören, wären sie dazu auch gar nicht in der Lage.

5. Die Kleinbäuerinnen praktizieren äußerst selten eine „Rechenhaftigkeit" im modernen kalkulierenden Sinn. Legen wir die überkommene schlichte Version dieses Begriffes zugrunde, also in etwa den Sinn von „Pfennigfuchserei", so sehen wir, daß diese Form beibehalten wurde, denn die Kleinbäuerin ist nach wie vor darauf angewiesen, auf den Pfennig zu schauen, und eine verschwenderische Bäuerin dürfte auch heute eine extreme Seltenheit sein. (Allerdings darf nicht vergessen werden, daß diese Art der Rechenhaftigkeit ihre Wurzel in der chronischen Geldknappheit im kleinbäuerlichen Lebensmilieu hatte, und nicht eine moralische Untugend der bäuerlichen Bevölkerung darstellt, wofür sie häufig angesehen wird.) Zwar sind die meisten Bäuerinnen der Ansicht, ein Bauer könne heutzutage nur bleiben, wer alles durchrechne und aufschreibe, aber sie beziehen das dann eher auf die „anderen", die großen Bauern, bzw. geben die Ideologie vom Bauern als dem dynamischen kalkulierenden Unternehmertypus wieder. Sich selbst klammern sie dabei aus. In einem oft resignativ oder selbstironisch gewendeten Realismus zweifeln sie den Sinn und die Möglichkeit einer genauen Kalkulation und Buchführung für ihre Verhältnisse an, weil äußere und innere Zwänge die Spielräume knapp halten; Buchführung erübrigt sich dort, wo ohnehin keine Warenpreise gemacht werden, deren Grundlage sie sein könnte, und wo „immer alles Null für Null aufgeht". Die Bäuerin will sich — so unser Eindruck — nicht selbst zur Buchhalterin ihrer finanziellen Misere machen, schriftlich dokumentieren, was sie ohnehin im Kopf und im Gefühl hat, oder gar denen recht geben und Argumente liefern, die den Kleinbetrieb für anachronistisch, weil betriebswirtschaftlich „unökonomisch" halten, seien es nun die Agrarpolitiker oder die eigenen Kinder. Daher beschränkt sie sich darauf zu wissen, wo das Geld geblieben ist, die Schulden zu überblicken, einen groben Eindruck vom Ware-Geld-Fluß zu haben, um existenzgefährdende Fehler zu vermeiden. Auch was ihr Einkommen betrifft, reicht ihr zumeist das Wissen, was am Ende des Jahres „unterm Strich" bleibt und was ihr die Kontoauszüge bescheinigen. Es handelt sich hier also im wesentlichen um eine rudimentäre Bilanzierung, um den Gang der Dinge nachvollziehen zu können; sie findet immer noch eher im Kopf als auf dem Blatt statt, wenngleich der bargeldlose Geldverkehr inzwischen auch auf dem kleinsten Bauernhof Ordner mit Rechnungen, Kontoaus-

zügen, Verträgen etc. füllt. In diesem Verhalten spiegelt sich partiell jenes für die hauswirtschaftliche Produktionsweise charakteristische Interesse am Gesamteinkommen der Familie.

6. Was die Frage betrifft, inwieweit sich die Bäuerinnen für die Wirtschaftsführung des Hofes engagieren, so zeigen die konkret-inhaltlichen Ausführungen der Frauen, daß sie nicht nur einen Einblick in die Reproduktionsmöglichkeiten und -notwendigkeiten des Betriebes haben, sondern daß sie sich auch verantwortlich fühlen, soweit sie die Entwicklung überhaupt in ihre Verantwortlichkeit gestellt sehen. Die wenigsten Bäuerinnen gaben an, sich zu den von uns angeschnittenen Themen keine Gedanken gemacht zu haben bzw. daß es sich hier um das Ressort der Männer handle.

7 Zur biografischen Konstitution und Transformation traditioneller Wirtschaftsnormen

Im Vorausgegangenen haben wir betont, daß in vielen Fällen die Frauen die entscheidende Kraft beim Aufbau und für den Erhalt der kleinbäuerlichen Höfe gewesen sind. Um nicht den Eindruck entstehen zu lassen, es handle sich hier um eine anthropologisierende Theorie von der persistenten Natur der Frau, aber auch, um bisherige Aussagen zu veranschaulichen, wollen wir die biografischen Ursprünge und lebensgeschichtlichen Modifikationen der traditionellen Wirtschaftsnormen am Fall einer Bäuerin exemplarisch nachzeichnen.

Die 36jährige Haupterwerbsbäuerin lebt mit ihrem Mann und drei Kindern auf einem 14 ha großen Betrieb. Sie entfaltet im Verlauf des Interviews biografischgenetisch, wie die Wirtschaftsführung und speziell die Geldangelegenheiten des Hofes zu ihrer Sache wurden. Um die Dynamik der Vor- und Rückblende, die Eindringlichkeit der selbstgeknüpften und wiederholt hergestellten Bezüge, die Konstanz und Konsistenz der Interpretationsmuster zu zeigen, geben wir die Interviewpassagen in ihrer originalen Reihenfolge wieder, Sprünge und Wiederholungen bewußt beibehaltend:

„Mein Mann, der ist spät geboren, ne, der hat noch zwei Geschwister, sie sind viel älter gewesen wie er. Na war er der Kleine. Die Schwestern ham weggeheiratet, und die Eltern waren dann auch schon alt, ham nix mehr unternommen, ne. ...Der is verzogen worden, sag ich heut noch. Der tut net anrufen, der fahrt auf kei Sparkasse. Des muß alles ich richten. Naja, des war dann schon der Fehler. Ich bin vom Gschäft rauskommen. Ich hab mehr von der Sache verstanden, ne, und Rechnungen und Zeug und War. Na hab ich des gleich übernommen. Und des bleibt mir heute noch! Der ruft net amal an. Da wenn was zum Anrufen ist, muß ich anrufen, weil er sagt, er versteht nix, ne! Es is ja auch bloß eine Ausrede. Genauso, wenn da eine Rechnung zum Zahlen ist, ...der kümmert sich um gar nix! Des sind alles so Sachen. Da hab ich ihn wahrscheinlich schon a weng verzogen. Und er war schon verzogen. Naja, und ich hab dann gleich die War in die Hand gnommen, wie ich des mit die Schulden da innekriegt hab...Mir ham auch Landwirtschaft und ein Geschäft ghabt, zwar net so viel, und wir waren allein mit unserer Mama. Der Papa, der is im Krieg 45 scho gfallen, ich hab meinen Vater praktisch gar net kennt. Naja, da ham wir arbeiten müssen! Weil des war in der Kriegszeit dann und danach, des war für eine Frau mit fünf Kindern kein Honiglecken. Da hat mer eben Rücksicht genommen... Wir sind halt von daheim aus streng erzogen worden, arg streng, und zum Sparen anghalten worden. Ich weiß des noch wie heut: da ham mer halt im Gschäft, da hat's halt auch amal Schulden ghabt, zum Rechnungen bezahlen von die Händler. Ja, da hat sie gweint (die Mutter, erg.), des weiß ich noch wie heut. So hart, so ernst hat die des gnommen. Da is mer halt so aufzogen worden. Das liegt einem halt dann. Deswegen hätt ich vor nix Angst, da bin ich net so. Ich bin zwar weich veranlagt, aber ich kann mich da beherrschen und kann's net zeigen auch. Des kann ich schon...Ich war halt zum Sparen aufzogen, und die (Schwiegerleut, erg.) waren halt gar net sparsam veranlagt, weder sei Vater noch sei Mutter. Und ich kann des net begreifen, daß mer net besser spart. —Naja, dann hab ich eben die Sache gleich in die Hand genommen, schon wegen der Schulden und wegen die Rechnungen bezahlen und so, weil sich der Mann net soviel drum kümmert hat. Da hab ich denkt, des muß anders werden! Da hab ich dann gleich die War in die Hand gnommen. Jetzt hab ich's angfangt. Jetzt muß ich's treiben. Und jetzt hab ich's. Jetzt kann ich schaun, wie ich zurechtkomme. Mei Mann is net so. Der tut sich da net so ab. Der geht über − . Wie jetzt da mitm Stall, da ham wir viel Schulden ghabt,ja, der tut sich da net ab! Da tu mich bloß ich ab, ne. Des sind halt die Menschen, die sind verschieden, ne...Ich weiß noch damals, wie wir gheirat ham im Oktober, ja, da ham wir 700 Mark geschenkt kriegt. Mit dem Geld haben wir des Leben anfangen müssen und des Arbeiten, und dann haben wir 86 Mark Milchgeld kriegt im Monat. Des weiß ich noch wie heut! Und heut kriegen wir jeden Monat über 1000. Des is a Unterschied...

Sie wissen gar net, was die Anfangsjahre − es war schlimm! Net amal mit 700 Mark des Leben anfangen und dann noch a Haufen Schulden da, die wo zum Zahlen sind, des war ja des Schlimme! Na ham mir gleich eben das Aufstocken angfangen, mehr Kälber hinghängt...Des warn furchtbare 10 Jahre, des sag ich ehrlich...Ja, und dann war es noch so: Na ham wir 62 gheirat, und 71 ham wir den Stall baut. Wenn wir 65 schon baut hätten und hätten die Schulden gmacht damals ... da wärn wir jetzt schon viel weiter, aber des hat mer da nicht getraut, weil mer eben von daheim aus zu − wie soll ich da sagen, die Mama hat immer gsagt: Des könnt ihr doch net, des könnt ihr doch net, soviel Schulden machen, des geht doch net! Und ich hab da auch viel auf mei Mutter ghört. Und wenn kein Geld da ist, und sind bloß Schulden, da traut mer sich auch net, weil des net geht ...Dann ham mer beim Stallbau auch einen großen Fehler gmacht, das ärgert mich heut noch!...Da ham mer bloß um 20.000 Mark verbilligtes Geld ghabt, und auf 85.000 is er dann kommen. Und dann ham mer über 40.000 Mark teures Geld ghabt, ne. Des sind lauter so Sachen. Heut passierert's mir nimmer. Damals war ich noch zu unerfahren auf dem Gebiet, ne...Das war ja schlimm, das kann sich keiner vorstellen, wenn mer 40, 50.000 Mark Schulden hat zu 10, 11, 12%, des kann gar keiner glauben, der wo das nicht weiß...Da hab ich auch noch die Angst mit ghabt, daß wir das gar nimmer schaffen! Des wär für mich ja schlimm gewesen, wenn wir das nicht gschafft hätten, daß wir da hätten verkaufen müssen oder gar net weiterexistieren hätten können, also aufm Bauernhof, ne. Wir wern's schon gar schaffen, wir ham deswegen auch noch Schulden und Schwierigkeiten, aber ich hoffe, daß wir es schon gar noch überstehen."

Der Ausgangs- und zugleich Angelpunkt heutiger Kompetenzunterschiede ist der für die Bäuerin und den Bauern unterschiedliche Verlauf des kindlichen Sozialisationsprozesses („der ist verzogen worden" − „Wir sind halt von daheim aus streng erzogen worden..zum Sparen angehalten"), wobei sich diese Unterschiede für die Bäuerin weniger als geschlechts- , eher als familienspezifisch darstellen („Schwiegerleut...halt gar net sparsam veranlagt"[117] − „für eine Frau mit

117 Vgl. Anm. 108.

fünf Kindern kein Honiglecken") bzw. als Ergebnis der Geschwisterkonstellation („er, der Kleine"). Die jeweilige Erziehung in Kindheit und Jugend stellt die Weichen: Als die Bäuerin auf den Hof des Mannes heiratete und der Schulden gewahr wird, die auf diesem Hof liegen, nimmt sie „gleich die War in die Hand". Sie ist dazu von ihrem harten Lebenspraktikum auf dem elterlichen Hof und im Geschäft her in der Lage; aber sie ist auch der Meinung, daß sie die Verantwortung auf sich nehmen muß, weil der Mann nie gelernt habe, sich zu kümmern. Gleichzeitig schont sie ihn damit in derselben Weise wie es seine Eltern getan haben („hab ich ihn ...a weng verzogen. Und er war schon verzogen!") und stabilisiert damit seine Abneigung und seine Unfähigkeit, sich um die wirtschaftliche Lage des Hofes in der gleichen Weise zu kümmern wie sie selbst. Die Kompetenzverteilungen zwischen Mann und Frau erscheinen zunehmend verfestigt und irreversibel. („Jetzt hab ich's angfangt. Jetzt muß ich's treiben.")

Im ersten Jahrzehnt der Ehe muß sich die Bäuerin nicht nur den Engpässen eines verschuldeten Hofes, sondern auch den Herausforderungen der modernen Landwirtschaft stellen. Dies führt zu heftigen inneren Problemen und Konflikten mit den tief internalisierten Sparsamkeitsnormen — die über ihre Schulden weinende Mutter steht noch heute vor ihren Augen — , zumal die traditionellen Normen durch mütterliche Ratschläge und Kommentare immer aufs neue aktualisiert werden („die Mama hat immer gsagt: Des könnt ihr doch net, soviel Schulden"). Zusätzlicher Druck entsteht dadurch, daß sie sich eigentlich keine Fehlentscheidung leisten kann, da der Hof immer am Rande des ökonomischen Ruins steht („wenn wir hätten verkaufen müssen"). In diesen „furchtbaren zehn Jahren" hat sich die Bäuerin sowohl darin perfektioniert, sparsam und fleißig zu sein, als auch neues Wissen und vor allem Mut im Umgang mit den Geldgeschäften auf dem Hof erworben („Heut passiert's mir nimmer."). Die Unsymmetrien zwischen Bauer und Bäuerin haben sich verlängert und verstärkt, das einigende Band zwischen beiden — was die Wirtschaftsführung des Hofes angeht — bleibt allerdings die gemeinsame Beratung über die betrieblichen Innovationen und Anschaffungen:

> „Ja, des mach alles ich. Da kümmert er sich net drum, naja, weil er's eben net macht. Des Geld muß ja schließlich die haben, die sich drum kümmert. Wie eben jetzt: wenn mer was verkaufen, na des fahr ich dann in die Sparkasse, weil mer da die Schulden ham, daß des wieder weniger wird. Und die Rechnungen überweisen, und einkaufen, das tu ich. Der kauft bloß, was er braucht, rauchen tut er, ne, was er halt für sich braucht. Deswegen. Besprechen und des machen wir schon alles gemeinsam, wenn was verkauft wird oder wieder was gemacht wird, ne, des mach ich net alleins." (122)

III. Bäuerin und Produktivkraftwandel

1 Die traditionelle bäuerliche Arbeit als geschlossener Funktionszusammenhang instrumentalen Handelns

Wir haben bereits in Kap. I. 1 auf ein zentrales Spezifikum der bäuerlichen Arbeit, ihre Natur„wüchsigkeit"[118] und Naturgebundenheit ausführlicher hingewiesen. Um die Folgen der Revolutionierung der landwirtschaftlichen Produktivkräfte, die wir unter dem Etikett „Industrialisierung der Landwirtschaft" zusammenfassen, besonders auch im Hinblick auf die betroffenen Produzenten abschätzen zu können, scheint es uns notwendig, einige weitere Merkmale der traditionalen bäuerlichen Arbeit nachzutragen, die sie mit anderen vorindustriellen Produktionsweisen, v. a. mit dem traditionellen Handwerk gemeinsam, wenngleich — eben aufgrund ihres besonderen Naturbezugs — jeweils spezifisch ausgeprägt hat.

Die traditionelle bäuerliche Arbeit trägt Kennzeichen, die in der neueren Literatur dem „geschlossenen Funktionskreis instrumentalen Handelns"[119] zugeordnet werden:

1. Zwischen den Produzenten, dem herzustellenden oder zu bearbeitenden Produkt und dem Produktionsvorgang besteht ein geschlossener Zusammenhang: Das Endziel der Produktion ist vom Produzenten gesetzt, zumindest steht es ihm klar vor Augen; der Weg dorthin mit seinen verschiedenen Zwischenstufen und Produktvorformen ist ihm bekannt und durchsichtig. Dort, wo Produzent und Besitzer der Produktionsmittel identisch sind, wird auch das Ergebnis der Arbeit von ihm genutzt, konsumiert oder auf dem Markt gegen ein Geldäquivalent eingetauscht.

2. Das Ziel der Arbeit wird gegen unvoraussehbare Hindernisse — in der bäuerlichen Produktion vor allem durch den organischen Charakter des Arbeitsgegenstandes bedingt — und durch deren geschickte Überwindung erreicht. Hierzu sind notwendig „geschickte Hände, genau registrierende Sinne und ein erfahrenes koordinierendes Gehirn."[120]

3. Im bäuerlichen wie „im handwerklichen Arbeiten übernimmt der Körper selbst die Speicherung und Anwendung von Erfahrungswissen... Das Wissen ist so-

---

118 Vgl. I. Ostner 1978, S. 116 ff.
119 Wir folgen hierbei der Begriffsbildung, die O. Ullrich 1979a im Anschluß an J. Habermas 1968, S. 56 ausgeführt hat; vgl. O. Ullrich 1979a, S. 53 ff. und S. 201 ff. „Instrumentales Handeln" ist nicht zu verwechseln mit „instrumenteller Orientierung", die — wie gesagt — bei den Bäuerinnen nur selten „rein" anzutreffen war.
120 O. Ullrich 1979a, S. 53.

wohl lebendiger Teil des Prozesses, in dem es aus der inneren Natur des Menschen wirksam wird und den Provokationen des Materials, der äußeren Natur antwortet, wie es Teil der Identität des Subjekts ist".[121] Die Vermittlung von innerer und äußerer Natur geschieht in rhythmischen Bewegungsfolgen.[122] Innerhalb dieses rhythmischen Geschehens bilden alle mitwirkenden Körperpartien ihre Selbständigkeit heraus; „Erfahrungen bleiben in ihr als manuelle Geschicklichkeiten, Verletzungen als Traumata oder Vorsichtigkeit zurück".[123] Bäuerliches Arbeiten unterscheidet sich von handwerklicher Arbeit durch eine besondere Vielfalt der Rhythmik aufgrund des Naturcharakters ihres Arbeitsgegenstandes.

4. Die Tatsache, daß sich in diesen Arbeitsformen ein rhythmisches Wechselspiel zwischen dem Produzenten, seinem Körper, seinen Sinnen, seinem Denkapparat, und der äußeren Natur vollzieht, hat Folgen für die Art und Weise, wie das Wissen und Können weitergegeben und erworben wird. Seine Integration in diesen Prozeß selbst, als „Körpergedächtnis" einerseits (das als Geschicklichkeit und Vorsichtigkeit aktiv wird), als ein abstraktes und übertragbar weiterentwickeltes geistiges Potential andererseits, verlangt eine Vermittlung und ein Erlernen im Prozeß selbst, durch Dabeisein, Mitmachen, Üben. Der Lernprozeß hinterläßt beim Lernenden entsprechend weniger ein sprachlich-symbolisch fixiertes und fixierbares Resultat als einen eigenen Rhythmus, in dem Wahrnehmen und Handeln, Denken und Körper sich verbinden.

5. Die Veränderungen solcher rhythmisch (im Gegensatz zu takt-) strukturierten Produktionsabläufe können nur langsam vor sich gehen, da auf jeder Zwischenstufe der praktische Erfolg der Gesamthandlung nicht in Frage gestellt werden darf. Herumexperimentieren und Probehandeln erfolgt hier eben nicht in einer experimentell fingierten und vom Lebensprozeß „rein-forschend" abgelösten Form, sondern im alltäglichen Ablauf und bezogen auf das Gelingen des Ganzen. Gleichzeitig muß das rhythmische Prinzip auf jeder Stufe gewahrt bleiben; und diese vieldimensionale Ganzheitlichkeit erfordert ihre Zeit. Denn es handelt sich nur äußerlich betrachtet um eine bloße Veränderung der materiellen unorganischen Instrumente des Produktionsprozesses. In Wahrheit wird gleichzeitig die gesamte innere Natur des Produzenten und − im Verlauf des Innovationsprozesses − die behandelte äußere Natur verändert. Da die Entwicklungsstadien mehr oder weniger latent vor sich gehen und dann, wenn sie sichtbar werden, fertig sind, entsteht der Schein, daß sich Innovationen im traditionellen bäuerlichen und handwerklichen Bereich sprunghaft durchsetzen.

---

121 R. zur Lippe 1976, S. 123.

122 R. zur Lippe schlägt vor, mithilfe dieser Wahrnehmungs- und Beschreibungskategorien neue Bestandsaufnahmen in verschiedenen Arbeitskontexten zu machen: „Beim Melken z.B. können nur durch einen Gesamtrhythmus das komplexe Zusammenspiel beider Hände und Arme, der verschiedenen Gelenke und Muskelsysteme, des Wechselns, des Richtungsgebens und des Gespürs für die Reaktionen des Tieres in Übereinstimmung gebracht werden." Vgl. dazu unsere Kommentare zum Melken-Lernen, Kap. V.

123 R. zur Lippe 1976, S. 124.

Die geschilderte Latenz der Entwicklungsschritte darf nicht darüber hinwegtäuschen, daß sich auch im bäuerlichen Sektor wie im Handwerk die Produktionsmittel und -methoden über die Jahrhunderte hinweg enorm gewandelt und verbessert haben.[124] Sie gestatteten immerhin, die Ernährungsbasis des Menschen um ein Vielfaches zu steigern, „ohne faule Wechsel auf die Zukunft seiner Erde und seiner Enkel ziehen zu müssen".[125] Doch hielten die organischen Schranken des Arbeitsprozesses das Tempo des Fortschritts gering und überschaubar. Jeder Bauer konnte teilhaben, alle Neuerungen wurden schließlich von der Dorfgesamtheit adaptiert.[126] Zugleich hielten einerseits das „menschliche Maß" der Produktivkräfte und „der zähe Schneckengang" ihrer Entwicklung die Bedeutung der menschlichen Arbeit für die landwirtschaftliche Produktion hoch. Und andererseits blieb der bäuerliche Produzent eng der Naturbasis seiner Arbeit verhaftet; er war oft existentiell abhängig von ihren regelmäßigen Zyklen ebenso wie von ihren plötzlichen, katastrophisch wirkenden „Launen". Sein Anteil am Wachstum der Tiere und Pflanzen, wie groß und lebensausfüllend er auch immer im einzelnen für das Individuum war, blieb relativ gering im Verhältnis zum Beitrag der Natur. Dies war ausschlaggebend für die Vorsicht und Unsicherheit, mit der der bäuerliche Produzent seinen Arbeitserfolg einschätzte bzw. der Zukunft entgegensah.

2 Zur „Industrialisierung" landwirtschaftlicher Arbeit

Die industriell betriebene Form der Landwirtschaft, die sich spätestens seit dem zweiten Weltkrieg durchgesetzt hat, sprengte den geschlossenen Funktionszusammenhang instrumentalen Handelns an vielen Stellen: Die Produktionsziele und -standards definiert nun in erster Linie der nationale und internationale Markt bzw. die Agrarpolitik. Sie fordern eine möglichst hohe Produktivität und ein flexibles Produktionsverhalten. Der Landwirt, der sich als kleiner Warenproduzent und Einzelanbieter auf dem Markt an diesen Zwecken orientieren muß, führt in seinen Produktionsprozeß Maschinen und Agrochemie als produktivitätssteigernde Mittel und Verfahren ein, die − getrennt vom eigentlichen Produktionsprozeß entwickelt und mit naturwissenschaftlich-technischem Wissen perfektioniert − nun über den Markt als Waren bezogen werden müssen. Die Abtrennung der Kopfarbeit und ihre Rückbindung in einer Form, die menschliche Arbeit innerhalb eines bestimmten Produktionsabschnittes zu reduzieren erlaubt, bedeutet, daß die menschliche Produktivkraft des unmittelbaren Produzenten gegenüber dem in den Produktionsmitteln vergegenständlichten Sachverstand relativiert wird.

Gleichzeitig trennt sich als ein kleiner Restfunktionskreis instrumentalen Handelns die Hausarbeit der Bäuerin ab, deren Produktivkraftniveau entsprechend langsamer und weniger spektakulär ansteigt. Ein weiteres Kennzeichen der Indu-

124 Vgl. hierzu Mumfords Ausführung zur polytechnischen Tradition und Entwicklung: L. Mumford 1977, S. 487 ff.
125 C. Amery 1976, S. 80.
126 Vgl. U. Jeggle 1977, S. 132 ff.

strialisierung landwirtschaftlicher Arbeit ist die zunehmende Arbeitsteilung unter den Produzenten: sie spezialisieren sich, gliedern vorbereitende oder verarbeitende Produktionsgänge aus, geben ganze Produktionszweige auf, setzen neue Schwerpunkte.

Da der Bauer als Warenproduzent Arbeiter und Produktionsmittelbesitzer in einer Person ist, ist er von der Industrialisierung und Kapitalisierung der Landwirtschaft immer doppelt betroffen: in seiner konkreten Arbeit und in seiner menschlichen Produktivkraftentwicklung ebenso wie in seiner Eigenschaft als Eigner von Kapital, das in sachlichen Produktionsmitteln vergegenständlicht ist.

Wir fragen nun speziell nach dem Verlauf und den Folgen des Produktivkraftwandels in der Landwirtschaft für die beteiligten und betroffenen Kleinbäuerinnen. Wie haben sie die Dynamik, Radikalität und den mit ihm stets verbundenen ökonomischen Druck erlebt? Welche Gründe spielten eine maßgebliche Rolle für ihre Teilnahme an diesem Prozeß? Wie gewichten sie positive und negative Konsequenzen? Welches Schicksal erleiden die Dimensionen des Arbeitsprozesses, die wir als „rhythmische" Vermittlung zwischen den Produzenten und der Natur, den Produktionsumständen und -faktoren dargestellt haben, wenn die Maschine in diesen Funktionskreis eintritt? Läßt sich — ausgehend von den Beobachtungen, Empfindungen, Wahrnehmungen, Selbstdeutungen der Bäuerinnen auch etwas aussagen über die diesen Prozeß begleitende Enteignung von individuellem Wissen und Können der bäuerlichen Produzenten? Da inzwischen die Frage nach der Verantwortung für die Schattenseiten des technischen „Fortschritts" eine große Aktualität und Brisanz gewonnen hat, wollen wir zum Abschluß auch die Antworten der Bäuerinnen zu diesem Themenbereich wiedergeben, dessen Relevanz zum Zeitpunkt der Interviews (1976) noch wesentlich weniger im öffentlichen Bewußtsein verankert war, so daß die Antworten auch noch „unbefangener" waren, als das heute wahrscheinlich der Fall wäre.

3 Der Verlauf des Produktivkraftwandels aus der Sicht der Bäuerinnen

Die Maschinisierung, Chemisierung und eine gründliche Renovierung des „Gefäß- und Behältersystems" (Marx) im weitesten Sinne, also Um- und Neubauten in Haus und Hof haben alle unsere Bäuerinnen mehr oder weniger kraß miterlebt und mitgetragen. Wie schon beschrieben, ist der Maschinisierungsgrad durchgängig sehr hoch; auf fast allen Höfen sind ferner hohe Summen für die Erweiterung oder Veränderung der Baulichkeiten investiert worden: für Ställe, Scheunen, Spezialanlagen wie Silos, Garagen; nicht zuletzt haben die Wohnhäuser oft jahrelang einer permanenten Baustelle geglichen. Was die Chemisierung betrifft, so ist in den Augen der Frauen der Kunstdünger zur absoluten betriebstechnischen Notwendigkeit und Selbstverständlichkeit geworden. Das gleiche gilt für den Einsatz von Bioziden; nur eine einzige Bäuerin gibt an, daß sie hierauf in Zukunft verzichten wolle. Rund 40 % (52) der Befragten verwenden in der Tierhaltung Medikamente auch über den (z. B. durch Impfzwang) vorgeschriebenen Umfang hinaus.

Um nun ein genaues Bild vom Gesamtverlauf des landwirtschaftlichen Produktivkraftwandels in seinen Rückwirkungen auf die Kleinbäuerinnen zu geben, haben wir zwei Interviewpassagen ausgewählt, die ihn aus biografisch unterschiedlicher Blickrichtung beleuchten und dementsprechend andere Akzente setzen, die sich aber in der Verlaufsdarstellung weitgehend gleichen und hierin auch mit den Beschreibungen in den anderen Interviews übereinstimmen.

Die Bäuerin A. stammt weder aus der Landwirtschaft noch vom Dorf; sie lernte ihren Mann im Krieg kennen und war bereit, ein Jahr auf dem Hof zu verbringen, um ihre Befähigung zur Bäuerin zu testen. Ihre völlig anderen Lebensverhältnisse und -erfahrungen haben eine Distanz zu den „primitiven" Umständen auf dem Land geschaffen, wo die Menschen nur so „dahinvegetierten"; sie sind auch die Kontrastfolie und die Vergleichsbasis für ihre Wahrnehmung der Hofentwicklung. Erlebt sie einerseits den Ausgangszustand krasser als die meisten anderen Bäuerinnen, so beurteilt sie auch den Fortschritt, den sie am eigenen Hof mit großem Engagement und Mut zum Risiko mitvorantreibt, wesentlich ungebrochener als andere Frauen. Heute hat sie den Hof „in Schuß" und das Haus ordentlich, praktisch und wohnlich gestaltet.

Die Bäuerin B., die traditionell dörflich-bäuerlich sozialisiert wurde, stellt die chaotische Ausgangslage des Hofes mehr als ein Produkt des schwiegerelterlichen Unvermögens, sich an neue Gegebenheiten anzupassen, dar. Der Modernisierungszwang, dem sie ab der Einheirat massiv ausgesetzt ist, wird von ihr eher als ein ständiges Reagieren-müssen auf außengesetzte Notwendigkeiten erlebt, nicht als aktive Gestaltung und Einflußnahme. Sie betont stark die Kosten und Mühen dieses Weges, auch wenn er sie langsam ökonomisch nach oben führte.

Frau A. erzählt:

„Also, es war unwahrscheinlich, Sie können sich's gar net vorstellen. Dahinten war der Kuhstall im Haus. Und da, direkt vorm Fenster war der Mist. Dann ham sie alles da reintragen müssen, von der Scheune rüber, das müssen Sie sich mal vorstellen, mitm (Futter-) Korb den ganzen Weg da rein ins Haus, durch den Flur durch, dahinten war die Stalltür und da hat man in den Stall reinkönnt. Den Dreck müssen Sie sich vorstellen... Zuerst hat's auch keinen Kunstdünger gegeben, nach dem Krieg. Im Krieg schon wenig, nachm Krieg überhaupt schon keinen, weil es ist alles im Aufbau gwesen. Und da ham sie zuerst amal auf die Industrie zurückgegriffen und wie des alles mal gelaufen war, dann ist der Kunstdünger gekommen. Dann hat man schon mal sehr viel mehr gebaut. Aber da hat man noch von Hand alles machen müssen, auch schlecht gwesen... Da ham mer z. B. noch, nur um Geld zu verdienen, ham mer noch das Holz gfahren, selber, das Langholz, stellen Sie sich mal vor! Abmachen mit der Säge – da hatt mer keine Motorsäge – im Wald, alles allein, zu zweit! Dann ham mer's mit den Pferden rausgezogen aus den Wäldern, er einen Gaul, ich einen Gaul, und auf Haufen, dann ham mer's aufgeladen und dann ham mer's auf L. gefahren. Ich hinten, aufm hinteren Wagen, wissen'S schon, das ham Sie bestimmt schon gesehen! Die Bäume waren oft 22 m und 24 m lang. Das Aufladen war schlecht. Naja, wir ham's mit den Pferden naufzogen, mit der Kette, aber zuletzt, daß es nicht überkippt, ham wir dann hinten schon naufhelfen müssen in der Länge. Ja, na, des waren schlechte Zeiten. Daß mer's überhaupt machen hat können! Dann sind uns zuerst die Kälber alle kaputt worn. Man hat ja keine Aufzuchtmittel ghabt. Man hat ja Milch genommen. Dann ist sie sauer worn, dann ist des Kalb in der Nacht kaputt worn, war stark aufgebläht von der sauren Milch. Dann sind die Ferkel kaputt worn. Man hat keine Wärmelampe noch nicht ghabt. Die ham sich an die alte Sau hindrückt, und die hat sich draufgelegt, weil sie gefroren ham. Die Ställe warn auch dementsprechend. Da warn die noch mit so Riegeln gemacht. Da war für die Jauche so ne Vertiefung und da warn Holzriegel draufglegt. Und wenn die Sau Lust ghabt hat, hat's die Riegel raus, aufgerissen alles, und dann sind die Ferkel ertrunken oder man mußt bei der Nacht wieder die Riegel reinmachen... Des Getreide ham mer zuerst immer in die Scheune geschlicht. Die ganze Scheune war voller Getreide geschlicht. Hat man mit der Hand die Büschel neigschlicht und dann hat mer's im Herbst mit der großen, mit der allgemeinen Dreschmaschine ausgedroschen. Da ham alle zamgholfen. Wir, wo so 'nen hohen Ding ham, die hohe Scheune, ne, ham 13 Mann immer gebraucht, daß mer's Stroh naufbracht hat... Und dann ham uns die Alten noch ein Haufen Schulden hinterlassen, die mer noch abzuzahlen hatten. Die Schulden sind von 1932 her gwesen, da hat die Scheune gebrannt ghabt.

Die (anderen Bauern, erg.) ham schon alle gelauert, wenn's zum Verkaufen geht, was sie alles wollen. Sie ham's schon aufgeteilt ghabt, ne... Dann is amal der Kühstall eingfallen, da is die ganze Deck runtergfalln, hat's zwei Küh erschlagen. Dann ham mer den Stall umgebaut. Ham mer a paar Zuteilungen kriegt, die hint und vorn net glangt ham. Und dann ham mer die Küh umgelegt, daß mer wenigstens vorn den Futtertisch hatten, daß mer nicht so weit in Stall neigmußt hatten, sondern bloß da vorn des Heu hinwerfen. Des war scho a große Erleichterung. Dann is mei Bruder mal kommen, der is Ingenieur, und der hat gsagt: Na, also, des Wasser immer reintragen, des is wirklich nix! Dann hat er uns vom Brunnen eine Leitung reingmacht, wenigstens da, daß man in der Küche hat pumpen können, wissen'S mit so einem Schnellpump. Da war des schon wieder eine Errungenschaft. Da ham mer dann hier in' Kühbaum ein Rohr hintergricht und am Becken, da ham mer das Wasser reinpumpt, dann war der Baum voller Wasser, dann ham wenigstens die Küh saufen können. Des ham mer mit'm Eimer hintertragen müssen, z'erst. Etz war des schon wieder eine Errungenschaft. Und dann sind die Maschinen kommen. Da ham mer uns an Schlepper kauft. Des war schon sehr viel Geld. Des warn 8500 Mark mit Pflug und Mähwerk. Vorher ham mer mit die Küh gearbeitet, alles mit die Küh. Dann ham mer uns gleich an Schlepper kauft, mit Hydraulik. Ach, ham sie alle gsagt, die Angeber da! Hydraulik am Schlepper, des braucht's net. Und 1200 Mark war viel Geld! Den ham mer fei heut noch, den Schlepper! Einen 14er MAN!... Die ganzen Auslagen waren untragbar. Die Altersrente war sehr, sehr niedrig, und das Wirtschaftswunder war so wunderbar und die Landwirtschaft hat nix gspürt davon. Da hat mein Mann gsagt: Was meinst, von dem Kuchen schneiden wir uns auch was runter! Da geh ich jetzt in die Arbeit... Und da ist das erste Geld jeden Monat reingekommen, mit dem wir auch ham rechnen können.

Mit dem, daß mer dann den Einmanndrescher kauft ham, is dann des Getreide aus der Scheune rauskommen. Und der Einmanndrescher war so: Draußen die Büschel sind mit'm Bindemäher gmäht worden, und dann hat mer's aufgestellt und wenn sie dürr waren, hat mers aufgeladen und hat sie direkt reingeschmissen in ein Häcksler, der hat's dann hineingeblasen in die Maschine, da sind die Körner weggegangen und das gehäckselte Stroh. Und dann ist der Platz (für das Stroh, erg.) weggefallen, den ham mer dann nimmer gebraucht, und dann ham mer dort den Stall reingemacht. Mit den billigsten Mitteln. Der hat damals bloß 15.000 Mark gekostet. Wir ham überall schon fest dazugeholfen, 's spart an Haufen Geld! Und dann ham mer dahinten den alten Stall (im Haus, erg.) lang stehen ghabt. Ham mer nicht gwußt, was mer wolln damit, war einfach immer leergestanden. Jetzt hat mein Jüngster gsagt: Was meinst, wir könnten doch dahinten a Garage bauen. Mach mer a Garage. Wir brauchen fürn Bulldog was, wir brauchen fürn Vater sei Auto was (Der Vater fuhr inzwischen ein Auto, erg.) Also, zerst hat er ein Roller ghabt, lang, und dann sind die Kirschen kommen (Kirschenanbau und -vermarktung wurden in dieser Gegend erst spät eingeführt, erg.), na ham mer für die Kirschen was braucht, und dann ham mer einen Variant kauft, daß mer die Kirschen fortbringt, aufn

Markt, da hat mer auch a Garage braucht und die Söhne ham dann mittlerweile was zu sagen ghabt. Und dann ham mer das dahinten ausbaut als Garage.

Und dann sind die anderen Maschinen alle langsam gekommen. Hat man fürs Heu auch den großen Aufzug nimmer gebraucht, und dann hat man dann den Häcksler ghabt. Und dann sind die Ladewägen kommen, also, es is immer besser worn. Na ham wir von unserer Schwägerin Land dazugepachtet, weil der ihr Mann bald gestorben ist. Ja, und jetzt hat mein Mann gsagt: Die Maschinerie, die sind zu klein, die müssen größer sein, damit's schneller geht, ne. Hat mer größere, breite kauft. Jetzt waren die Wege wieder zu schmal! Jetzt war des wieder nix! Jetzt war der Bulldog zu schwach, hat ein größerer hergmüßt! Des war der Nachteil und Vorteil, ne. So is des halt.

Wir ham inzwischen natürlich auch die ganzen Schweißapparate, Bohrmaschinen und alles, eine vollkommen eingerichtete Werkstatt. Des is sei Hobby, meim Mann sein's...

Wir könnten's heut nicht machen, bloß mir paar Männle, wenn die Maschinen nicht wärn. Wir ham inzwischen natürlich alles, was wir brauchen so zur Ernte und so, bis auf die Hackfrüchte, und da ham mer net viel. Und Mähdrescher ham mer auch selber einen, schon lang. Wir können uns mit niemand zusammentun, mein Mann ist immer so: Wenn's schön ist, müssen wir drankommen, weil, wir müssen unsere Zeit auch nutzen. Da is aber der Nachbar, oder der andere, der sagt: Nein, jetzt komm ich dran! Nächsten Tag regnt's wieder, dann stehen'S wieder da. Deshalb mach mer uns mit gar keinem zam. Des ist natürlich Unfug, wenn Sie's richtig überlegen, weil mer da das ganze Geld schon neigsteckt ham. Da ham mer soviel Geld braucht!" (15)

Frau B. wurde schon im Kontext „Sparsamkeit" vorgestellt:

„Nein, ich hab mir das schon anders vorgestellt. Ich habe mir halt da auch eben Visionen gmacht: Des schaffen wir schon, des geht leichter, als es in Wirklichkeit war... Die Eltern waren dann auch schon alt, ham nix mehr unternommen, ne. Und des fehlt uns halt, die 10, 15 Jahre, die fehlen. Die sind halt furchtbar für einen Bauernhof, wenn da nix mehr gmacht worn ist!

Wie ich da raufkommen bin, ham wir erst wieder so richtig angfangt. Wir ham erst den Hof wieder in Schuß bringen müssen... Ich hab mir schon das da oben anders vorgestellt, ne, daß mer eben auch aweng schneller in Schwung kommt. Aber erstens waren eine Menge Schulden da, wie ich raufkommen bin. Das kann ich ruhig sagen, da habe ich überhaupt nix von gewußt. Das war ja damals schlimm! Und dann waren da ja auch die Einnahmen auch nicht so da, wie's jetzt sind. Die ersten paar Jahr haben wir halt furchtbar wenig Einnahmen ghabt, ham's net viel Vieh ghabt. Und wenn dann schon Schulden da sind, und man soll neu anschaffen, und es sind keine Einnahmen da — das waren furchtbare 10 Jahr, das sag ich ehrlich.

Freilich, so bin ich schon zufrieden, aber wie in so einen Betrieb tät ich nimmer neiheiraten, ... weil des kein' Wert hat, weil mer da närrsch wird, wo nix da ist, und die War ist alles alt, und alte Leut, die wo nix mehr — ne. Und technisch auch, mit die Maschinen war's auch so. Mein Mann, der hat noch mit den Pferden geackert! Die Maschinen ham alle wir, mein Mann und ich anschaffen müssen. Wir ham keine Gefriertruhe ghabt, wir ham kein Auto ghabt, des ham alles wir erst angschafft, ne, des war aber in anderen Bauernhöfen alles schon da zuvor... Na ham wir gleich eben das Aufstocken angfangen, mehr Kälber hinghängt und zu Zeiten auch mehr Schweine, und auch Muttersauen, ham sie net ghabt, daß mer halt für unseren Bedarf die Schweinle ghabt ham. Des geht net in einem Jahr, das dauert fünf, sechs, Jahre, bis da mal was ins Laufen kommt.

1965, ne, wie wir eine Hopfendarre gebaut ham, da ham mer so eine moderne Hopfendarre baut, die hat uns 15.000 Mark gekostet. Dann ham mer noch mit zwei anderen eine Pflückmaschine kauft, und dann ham mer noch andere Geräte für den Hopfen, so Verarbeitungsgeräte, mit meinem Bruder zusammen gekauft. Und dann ham mer noch an Bulldog kauft und an Kipper und was mer halt alles braucht, des ham wir alles kaufen müssen...

71 ham wir den Stall baut. Wenn wir 65 schon baut hätten und hätten die Schulden gmacht damals, da war das Geld noch viel billiger... ne, da wären wir jetzt schon viel weiter... Und wenn kein Geld da ist, und sind bloß Schulden, da traut mer sich auch net, weil des net geht... Beim Stallbau ham mer auch einen großen Fehler gemacht, das ärgert mich heut noch: da ham mer den Stall kleiner baut. Da wollt mer den alten vergrößern, naja, na ham mer schon an Plan ghabt und vom Landwirtschaftsamt eben 20.000 Mark verbilligtes Geld kriegt, ..., na und jetzt ham mer doch denkt, des is zu klein, und des is doch auch net die Zukunft. Na ham mer ihn größer geplant, ganz schnell, wissen Sie's schon, wie's ist im Winter, ne. Im Frühjahr anfangen! Naja, und na is des nimmer nachgholt worn, wieder zum Landwirtschaftsamt gehen. Da ham mer bloß um 20.000 Mark verbilligtes Geld ghabt, und auf 85.000 Mark is er dann kommen! Und dann ham mer über 40.000 Mark teures Geld ghabt, ne. Des sind lauter so Sachen! Heut passierert's mir nimmer! Damals war ich auch noch zu unerfahren auf dem Gebiet... Naja, mein Mann tut sich da nicht ab, da tu bloß ich mich ab! Das war schlimm damals! Das war schlimm, das kann sich keiner vorstellen, wenn mer 40, 50.000 Mark Schulden hat zu 10, 11, 12 %, des kann gar keiner glauben, der wo das nicht weiß! Da hab ich auch noch die Angst mit ghabt, daß wir das gar nimmer schaffen! Des wär für mich ja schlimm gewesen, wenn wir das nicht gschafft hätten, daß wir da hätten verkaufen müssen oder gar net weiterexistieren hätten können, also auf'm Bauernhof, ne... Wir hätten viel eher schon den Stall bauen sollen! Ich weiß heut, seit daß wir den Stall haben, haben wir die Einnahmen viel größer, da geht auch das Wirtschaften leichter, wenn mer sagen kann: Des kann ich abzahlen, und des kann ich abzahlen, da hat mer auch viel mehr Mut!...

Die Halle dahinten ham wir auch gebaut, eine Maschinenhalle, ne, so eine Holzhalle, und eine Schwemmentmistung ham wir gemacht, ha haben wir dann auch so ein Schwemmfaß mit jemand kauft; alleins, − des ist ja unmöglich fast zu tragen. Ja, des is es eben: Wie jetzt den Maishäcksler, den ham wir im Herbst gekauft, und den Ernter, den ham wir auch zu dritt, des geht dann schon... Wir ham jetzt auch mehr Milchküh und auch einen besseren Ertrag, ne... aber wir ham jetzt noch Schulden.

Und Hopfen lassen wir inzwischen auch spritzen vom Spritzzug der Baywa, des kost dann auch immer hübsch was, das ganze Jahr... Und Rüben, die lassen wir säen und Mais ham wir auch säen lassen; die Kartoffeln und die Rüben lassen wir auch wieder raustun vom Maschinenring und Heupressen ham wir lassen, und Stroh.

Und jetzt ist der Bulldog schon wieder 11, 12 Jahre alt, jetzt brauchen wir wieder einen zweiten Bulldog, weil der eine wirklich nimmer reicht, ne, wie im Sommer in der Heuernt, da kommt mein Mann von früh bis spät net vom Bulldog runter, und der Sohn könnt auch schon was tun, mal umschlagen, oder ich amal a Stund, ... Naja, des sind lauter Belastungen, das eine Jahr dies, und das andere brauchen wir wieder den lumpigen Bulldog da! Naja, und was kost heut a Bulldog? So 15, 20.000 Mark! Naja, wenn mer keinen Menschen kriegt, na muß mer sie ja haben, die Maschinen, und wenn sie sie erst in acht Jahren abzahlen oder bezahlen. Da kann mer net warten, bis mer das Geld hat, das geht net heutzutage, wenn mer die Maschinen braucht!

Genauso: Wir ham noch kein Zimmer tapeziert im Haus, schau, wieviel Betriebe gibt's, die ham scho lang das ganze Haus tapeziert? Weil eben das Tünchen billiger ist, dann wird eben immer wieder tüncht... Bei uns brauchert's auch das Verputzen, aber wir ham da noch kein Geld dazu, weil für's Haus wird von uns nur das Nötigste angschafft, weil eben das Geld −! Wir ham erst vor drei Jahr ein Bad gekriegt. Was meinen Sie, was das für eine War war mit'm Baden am Samstag... in den großen kalten Räumen. Aber da war eben kein Geld da für ein Bad. Naja, und dann ist es doch gemacht worden. Da ham mer dann von meiner Mama noch a bissel was kriegt, da hab ich gsagt: Jetzt wird doch amal eins baut, weil mit die drei Kinder...

Ich hab auch mein Schlafzimmer und des Wohnzimmer und die Küchen hab ich schon mitkriegt von daheim. Des hab ich schon auch schön eingerichtet, einen Schönheitssinn hab ich schon auch! Im Haus hab ich dann auch oft umgeändert, die Möbel umgestellt und auch die Küche... Ich hätt auch gern mal im Haus a Maschine oder was, aber das geht halt net, weil das andere vorgeht, und eben weil die Schulden und die Zinsen da sind: Des muß alles zahlt werden und gerichtet werden. Ich bin schon so froh, wenn mer da mal aweng über die Runden kommen, und ich kann net sagen, daß mer wohlhabend sind und reich. Es gibt reiche Bauern auch, aber da waren die Voraussetzungen schon ganz anders!" (122)

Es bestehen auffällige Gemeinsamkeiten zwischen diesen beiden Interviewpassagen:

1. Die Anstrengungen materieller und psychischer Art, die die Modernisierung der Höfe gekostet hat, stehen den Frauen noch sehr lebendig vor Augen. In Form von Einnahmen und Ausgaben, die die beiden Frauen oft bis auf den Pfennig genau rekapitulieren können, haben sich die Kosten des Produktivkraftfortschritts unauslöschlich ins Gedächtnis eingeprägt; sie sind quasi ein monetäres Maß für den ungeheuren Druck, gegen den sie sich vorwärtsbewegen mußten.

2. Die Bäuerinnen betonen des öfteren die Unvorstellbarkeit der Ausgangssituation, sowohl damals für sie selber, als sie heirateten, ohne das volle Ausmaß dessen abschätzen zu können, was auf sie zukam, als auch heute für diejenigen, denen die Geschichte dieser Generation nun erzählt wird und denen der Endzustand der Entwicklung zur Selbstverständlichkeit geworden ist.

3. Schulden und niedrigste Einnahmen, archaische Produktionsmethoden und einfachste Lebensverhältnisse markieren den Ausgangspunkt. Je nach Herkunft und Vorgeschichte wirkte das eine oder andere Moment bedrückender auf die Jungbäuerin.

4. Die ersten Jahre stehen unter dem Damoklesschwert des finanziellen Ruins, des Aufgeben-müssens zugunsten anderer bäuerlicher Konkurrenten. Die betriebstechnischen Grundlagen werden radikal und gründlich umgewälzt, eine Maschine nach der anderen angeschafft, die Gebäude neuen Zwecken zugeordnet, umgebaut, neugebaut. Über Fehlkalkulationen, Irrtümer, Mißerfolge wissen beide Frauen ausführlichst zu erzählen. Daneben wird immer wieder deutlich, wie belastend die Unsicherheit war, ob sich die Investitionen auch tatsächlich eines Tages bezahlt machen würden.

5. Der Springpunkt der Entwicklung ist das Geld. Zwar steigen im Lauf der Jahre die Einkommen aus der landwirtschaftlichen Arbeit an, doch der Geldmangel bleibt ebenso chronisch wie die Verschuldung hoch. Geldzufluß durch ein zusätzliches Einkommen lockert die Engpässe; der Geldmangel erzwingt bzw. begünstigt gemeinschaftliches Eigentum an Maschinen, Geräten, Behältnissen etc. mit Nachbarn und Verwandtschaft.

6. Den betrieblichen Notwendigkeiten nachgeordnet werden die Verhältnisse in der inneren Hauswirtschaft erst später verändert bzw. sind auf einem relativ niedrigen Niveau geblieben. Die Dynamik und Radikalität des Produktivkraftwandels

im Betrieb auf den häuslichen Bereich zu übertragen, erscheint den Frauen unmöglich und wird deshalb von ihnen zunächst gar nicht angestrebt.

4 „Das notgedrungene Neue": Produktivkraftwandel aus Wunsch oder Zwang?

Läßt sich der zeitliche Verlauf des Produktivkraftwandels gut exemplarisch nachvollziehen, so sollen nun die für die kleinbäuerlichen Produzenten maßgeblichen Gründe und Motive, sich am allgemeinen Fortschritt zu beteiligen, im Querschnitt durch alle Interviews in ihren verschiedenen Einzelaspekten aufgefächert werden. Es ist naheliegend und aus den beiden Zitaten schon hervorgegangen, daß der Produktivkraftwandel nicht einfach nur als Inbegriff einer fortschrittlich-rationalen Zukunftsorientierung begrüßt, sondern daß er zunächst mehr Last bedeutet und als eine Hypothek auf eine recht vage Zukunft betrachtet wird. Daher kommt es uns darauf an, aus den Argumentationen und Beschreibungen der Bäuerinnen herauszufiltern, worin für diese Frauen im einzelnen die Motivation bestand und noch besteht, die technische Basis des Betriebs in einem permanenten Anpassungsprozeß umzuwälzen. Darüber hinaus wollen wir zeigen, daß die Ambivalenzen, mit denen der technische Fortschritt gerade für die Menschen im bäuerlichen Milieu behaftet ist, entscheidend mit den Produktionsverhältnissen in diesem Bereich zu tun haben: Die kleinbäuerlichen Warenproduzenten müssen als Privateigentümer von Produktionsmitteln den Produktivkraftwandel aktiv betreiben und bezahlen; zugleich müssen sie als „Privatnutzer" ihrer Arbeitskraft auch die Folgen für den menschlichen Organismus tragen.

Die im folgenden dargestellten Motive sind nicht Ergebnis einer einzigen expliziten Frage, sondern Kommentare im Kontext verschiedener Fragestellungen, z.B. nach produktionstechnischem Verhalten: Machen Sie noch Fruchtwechsel? Benutzen Sie regelmäßig Kunstdünger, Spritzmittel, Medikamente? Erfolgt Medikation prophylaktisch oder therapeutisch? oder nach dem Umgang mit und der Einstellung zur Maschinerie bzw. zu ökologischen Folgelasten des modernen Landbaus. Vor allem wurden hier auch die Ergebnisse der Hofbiografie ausgewertet, die die Maschinisierung des Betriebs und des Haushalts, Spezialisierungstendenzen, Übergang zum Zu- oder Nebenerwerb, usw. beinhaltete.

Die Heterogenität der Fragekontexte läßt eine Quantifizierung der Ergebnisse nicht sinnvoll erscheinen, es handelt sich im folgenden also eher um eine Zusammenschau der wichtigsten Begründungsmuster für den Produktivkraftwandel in der kleinbäuerlichen Landwirtschaft.

4.1 Die Steigerung des Produktionsvolumens und der Produktivität

Diese Ziele wurden als Begründung für die Anwendung neuer technischer und chemischer Verfahren am häufigsten genannt, wobei gewöhnlich Formulierungen der folgenden Art verwendet wurden:

„Wenn man einen Ertrag haben will, sind Spritzen und Düngen unerläßlich." (88)

„Hopfen, Getreide, Mais, Rüben, das geht alles nicht mehr ohne Spritzen." (122)

„Gegen Unkraut und Kartoffelkäfer muß man was machen, sonst baut man nichts!" (95)

„Ohne Kunstdünger baut man nichts mehr!" (12)

„Aber streuen mußt, sonst baust ja nix!" (96)

Der Tenor dieser Argumente für die Agrochemie — ähnlich wird die Maschinisierung begründet — ist also: Man muß, sonst baut man nichts mehr. Beachtenswert ist der Ausdruck: „nichts mehr". Selbst wenn wir berücksichtigen, daß — bereits als Ergebnis eines langjährigen Raubbaus an der Natur — die Böden ohne chemische Zusatzstoffe weniger hergeben als früher, die Milchleistungen der Kühe ohne Kraftfütterung absinken, dürften die Erträge bei traditionellem Anbau nicht auf Null zurückgehen, wie die Bäuerinnen behaupten. Der Kern ihrer Aussage besteht daher zum einen darin, daß die Resultate des traditionellen Landbaus mit den althergebrachten Mitteln — gemessen an den Produktionsvolumina, die für ein bestimmtes Einkommen überhaupt auf den Markt geworfen werden müssen — verschwindend gering erscheinen. Zum anderen drückt sich hierin aber auch eine reale Erfahrung aus: traditionelle Anbaumethoden bzw. Fütterungsverfahren lassen sich unter heutigen Produktionsbedingungen gar nicht mehr ohne weiteres beibehalten:

„Man meint grad, es wächst nichts mehr, wenn man net spritzt. Es gibt so viele Schädlinge! Wie das kommt, daß man zu allem spritzen muß, das kann ich nicht verstehen." (53)

„Wenn man die Rüben nicht spritzt, die wachsen nicht. Da meint man grad, man muß spritzen, daß es wächst. Sollt man net glauben." (71)

Dagegen erscheinen die modernen agrochemischen Produktionszusätze wie Zaubermittel; sie sind nicht mehr länger nur die „Hilfsstoffe" der Produktion, sondern ihre Wirkungen lassen neben sich alles verblassen:

„Wenn man keinen Kunstdünger streut, wächst nichts mehr! Aber mit Kunstdünger — das wächst und wächst!" (71)

4.2 Konkurrenz

Der Zwang zur Höchstleistung erscheint den Bäuerinnen vielfach vermittelt durch ihre Konkurrenzposition als Kleinbauern gegenüber den großen Bauern, die

aufgrund ihrer Produktionsvorteile das Tempo und den Umfang des Produktivkraftwandels bestimmen können:

> „Wir müssen uns immer nach den Großen richten." (94)
> „Der Kleine muß mitmachen, weil der Große vorausgeht." (94)
> „Die Großen setzen die Maßstäbe und wir Kleinen müssen mit." (46)

Dieses Argument vom „Mithalten" im Konkurrenzwettlauf ist uns in den
Interviews sehr häufig entgegengehalten worden, sei es dort, wo die Frauen über
den Wandel der Produktionstechnik reden, wo sie ökologische Zusammenhänge
reflektieren oder sich von der Verantwortung für die schädlichen Auswirkungen
der industrialisierten Landwirtschaft freisprechen wollen. Sein wahrer Kern ist
folgender Sachverhalt: Anders als im Industriesektor spielen im Agrarbereich Naturfaktoren eine erhebliche Rolle für die Ertragsunterschiede der Betriebe. Sie
bestimmen die Fruchtbarkeitsrente[127] in der Landwirtschaft und machen unterschiedliche Produktivität zu einer quasi-natürlichen Angelegenheit. Diesen Faktor
versprechen die neuen Agrartechniken weitgehend zu relativieren: Auch der Kleinbauer, der zumeist auf schlechteren Böden und unter ungünstigeren klimatischen
und geografischen Bedingungen als der Großbauer wirtschaftet, kann durch entsprechenden Kapitaleinsatz für Dünger und Pestizide, durch anbau-, pflege-, ernte-
und lagerungserleichternde Maschinerie sein Produktionsvolumen von der natürlichen Fruchtbarkeit des Bodens und den anderen Naturfaktoren unabhängiger
machen.

> „Wir streuen besonders viel, weil wir so leichte Sandböden haben." (121)

Auch aus kleinen Flächen lassen sich damit relativ große Erträge auspressen.
Waren also ohne die moderne Technik die Konkurrenzchancen in hohem Maße
naturbedingt, so scheint mit der neuen Technologie Erfolg prinzipiell für jeden
machbar, soweit er nur das entsprechende Kapital für die sachliche Produktivkraftentwicklung einsetzen kann. Die Verwandlung der Naturschranken in Kapital-
schranken suggeriert auch die Chancengleichheit aller: Wer hat, der kann. Und
„wer hat" ist nicht länger eine Frage von Rahmenbedingungen der Produktion,
sondern erscheint mehr und mehr als ein Problem der Unternehmerqualitäten des
Bauern; denn sie werden dafür verantwortlich gemacht, ob der einzelne Bauer das
für die Teilhabe am technischen Fortschritt erforderliche Kapital flüssig machen
kann.

Während die meisten Frauen das Mithalten im Akkumulationswettlauf mit
den großen Betrieben unter der Perspektive und Hoffnung auf „Durchhalten"
und Überleben ihres Hofes sehen, klangen in einigen Interviews auch Resignation
und Skepsis bezüglich der Chancen kleinbäuerlicher Landwirtschaft an:

> „Der kleine Bauer wird immer mehr gedrückt, genau wie bei den kleinen Geschäften:
> die großen machen die kleinen ein, und so, glaube ich, wird es uns auch mal gehen." (73)

---

127 Vgl. O. Poppinga 1975, S. 23 f.

4.3 Arbeitskräftemangel

Das Argument, das wir bereits aus den eingangs zitierten Interviewpassagen kennen: „Wir könnten's heut nicht machen, bloß wir paar Männle", spielte in gut der Hälfte aller Interviews eine zentrale Rolle, wenn es den Bäuerinnen darum ging, ihr Mitmachen beim technischen Fortschritt zu begründen. Vor allem im Zusammenhang mit der Maschinisierung der Betriebe, aber auch als Grund für den Einsatz von Bioziden nannten die Frauen häufig die Abnahme der verfügbaren Arbeitskräfte bei gleichzeitigem Zwang zur Steigerung des Produktivitätsniveaus, des Produktionsvolumens und oftmals auch der landwirtschaftlichen Nutzfläche:

> „Früher gab es Knechte und Mägde für die Arbeit, heute muß sie der Bauer und die Bäuerin machen. Heute findet man niemand mehr, weil andere Arbeit vorgezogen wird. Außerdem könnte man fremde Leut gar nicht mehr zahlen. Deshalb brauchen wir die Maschinen. Ohne die Maschinen müßten wir aufgeben." (73)
> „Wir kommen nicht mehr ohne (Spritzen, erg.) zurecht, weil sonst zuviel Handarbeit zur Unkrautbekämpfung nötig wäre." (110)
> „Wir können nicht anders, wir müssen ja! Wir würden sonst zu zweit nicht mitkommen." (191)

Der Zeitpunkt eines Maschinenkaufs oder des erstmaligen Einsatzes eines bestimmten agrochemischen Mittels fällt daher öfters mit einem plötzlich auftretenden Arbeitsengpaß zusammen:

> „Wir selber sind fürs Spritzen eigentlich wenig. Wir ham, so lang als die Tochter daheim war, die Rangers (= Rüben) und des Zeug alles net spritzt, bloß weils amal fürs Vieh net so gsund ist. Aber etz können wir's nimmer bewältigen. Etz müß mer's spritzen, damit mer's net soviel hacken braucht... Sonst tät mer net spritzen!" (1)
> „Im Getreide müssen wir spritzen. Aber Rüben, Mais und so weiter werden vom Vater gehackt. Der hackt gern. Wenn der mal nimmer is..." (6)

Solche Argumente zeigen u.E. deutlich, daß der Innovationsprozeß (zumindest in der Landwirtschaft) nicht so verlaufen ist und verläuft, wie es manche Verfechter des technischen Fortschritts sehen wollen. Es geht hier offensichtlich nicht darum, daß das arbeitende Individuum sich von menschenunwürdiger Arbeit freisetzen will, um die Spielräume für ein freies und selbstbestimmtes Leben zu erweitern, sondern daß der Produktionsdruck auf den bäuerlichen Produzenten sich in einen Arbeitsberg umsetzt, der zumal dann, wenn sich die Arbeitskraftressourcen des Hofes zusätzlich verringern, absolut nicht mehr zu schaffen wäre. Die modernen Produktivkräfte führen im bäuerlichen Familienbetrieb also nicht zur Arbeits„ersparnis" für die tatsächlich Arbeitenden, sondern die noch in der Landwirtschaft verbleibende Arbeitskraft vollbringt mit ihrer Hilfe Dinge, die ohne sie nicht mehr zu schaffen wären.[128] Mit anderen Worten: unter den gegenwärtigen Marktbedingungen hat die „Doppelnatur" des kleinen Warenproduzenten, Produzent und Eigentümer der sachlichen Produktionsvoraussetzungen in einer Person zu sein, die Zwänge verdoppelt, unter denen er existieren muß: Der Produktions-

---

128 Vgl. O. Ullrich 1979a, S. 143.

zwang und die Arbeitskraftverknappung steigern den Arbeitsdruck. Der klein-bäuerliche Produzent kann diesem potenzierten Druck nur durch immer neue Produktivkraftsteigerung standhalten.

4.4 Marktstandards

Als Warenproduzenten sind die Bauern gezwungen, sich am Markt und sei-nen Standards zu orientieren. Dies hat Konsequenzen. Vor allem im Kontext des Biozid-Einsatzes wurde von den Frauen wiederholt der Zwang thematisiert, den die auf dem Markt geforderten Qualitätsnormen und Warenstandards ausüben. Waren, die an die Großabnehmer geliefert werden, müssen Gütetests absolvieren, die im wesentlichen optisch wahrnehmbare Kriterien, wie Größe, Schönheit, Fri-sche, beinhalten. Die Produkte müssen frei sein von äußeren Schäden; der Ge-schmack und unsichtbare Rückstände spielen offensichtlich eine wesentlich ge-ringere Rolle als ihre Konservierungs- und Kosmetikeigenschaften.[129] Die Bäuerin, die auf einen reibungslosen Absatz der zumeist leicht verderblichen Produkte auf dem Großmarkt angewiesen ist und eine hohe Qualitäts- und damit Preisklasse an-strebt, sieht sich gezwungen, die Normen einzuhalten, was gleichbedeutend damit ist, daß sie auf die zahlreichen vom Landwirtschaftsamt oder von Vertretern der Agrochemie propagierten Mittel zurückgreifen wird. So kommt eine Bäuerin zu der streng genommen nicht korrekten, aber in der Realität wirksamen Behauptung:

> „Kirschen spritzen ist vorgeschrieben!" (7)

Noch hat sich diese Tendenz nicht überall durchgesetzt; auf manchen Höfen kann sich die Bäuerin das Geld für bestimmte Spritzmittel noch sparen. Doch auch hier sieht sie es nur als eine Frage der Zeit an, daß die Schadinsekten auch ihre Gegend erreichen und der Griff zum entsprechenden Insektizid zur Routine wird:

> „Wir ham unsere Kirschen überhaupt noch net gspritzt. Aber wir ham etz schon ghört, die nehmen des dann gar net mehr an, wenn's net gspritzt ist! Die machen da a Kirschen auf, und wenn die da eine finden, wo a Maden drin ist, dann nehmen's die ganzen Kir-schen net... Mir ham noch net gspritzt, aber wie's in Zukunft wird, des weiß ich auch net!" (6)

---

129 Die Qualitätsnormen für Markt-Obst und -Gemüse bzw. deren Handelsklassenbestimmun-gen sind ein Spiegel heutzutage propagierter Qualitätsvorstellung: Die sogenannten Min-desteigenschaften, die die Waren zu erfüllen haben, wie „gesund", „sauber", „frisch", „frei von fremdem Geruch und Geschmack", „frei von anormaler Feuchtigkeit" sind in den Handelsklassenbestimmungen gänzlich auf Dimensionen der Äußerlichkeit reduziert: „Eine Bestimmung des vorhandenen Gehalts an Chemikalien in oder auf den Erzeugnissen wird nicht in Handelsklassen-Bestimmungen geregelt." (AID (Hg.) 1975, (335), S. 8)
„gesund": „frei von Krankheiten oder ernsthaften Fehlern..., die Aussehen oder Markt-wert beeinträchtigen bzw. sie zum Verzehr ungeeignet machen." (AID (Hg.) 1975 (353), S. 8)
„sauber": „frei von jeglicher Spur von Erde, Staub, Schmutz, sichtbaren Unsauberkeiten jeglicher Art und auch ohne sichtbare Rückstände von Dünge-, Schädlingsbe-kämpfungs- und anderen Behandlungsmitteln" (AID (Hg.) 1975 (353), S. 9).

Exkurs: Markt und Verbraucher

In den Äußerungen der Frauen zum Markt als einer wichtigen Instanz, die zu Innovationen zwingt, war ein merkwürdiges Phänomen zu beobachten, das uns so wichtig erscheint, daß wir etwas genauer und ausführlicher darauf eingehen wollen: das relativ bruchlose Ineinssetzen von Markt und Verbraucher, von Marktnormen und Verbraucherwünschen. Um dies zu verdeutlichen, sei zunächst ein Auszug aus einer Gruppendiskussion gebracht, der dann interpretiert werden soll.

Fr. A: Meiner Schätzung nach sind ja die Städter selber schuld, daß soviel gespritzt werden muß. Die kaufen ja nix anders, was net schön ausschaut, ne (allgemeine Zustimmung).

Fr. B: Des Auge macht's. Des muß einfach schön aussehen.

Fr. C: Ich find, a Boskop da bei uns, wenn er auch net ganz so sauber ausschaut, ist doch viel besser als so a Ausländer, die was da alle gibt.

Fr. D: Die sehen so schön aus!

Fr. C: Und schmecken!? Wenn ich a weiße Rubn (Rübe) eß, is es genauso!

Fr. B: Aber der Verbraucher, der stellt ja die Ansprüche. Wenn der net so hohe Ansprüche stellen würde, dann wäre das alles nicht so.

Fr. E: Und ich möcht amal sagen, wennst in die Stadt gehst, und des Gmüs und des Obst steht da direkt an der Straßen! Wenn des vorher gspritzt worden ist — ob des schädlicher ist, als wenn des drin steht bei die Auspuffgase?

Fr. C: Und dann is noch des Traurige dabei, wie freudig der deutsche Verbraucher gerade die ausländischen Erzeugnisse kauft.

Fr. B: Unsere Tochter, die hat eine Freundin in Frankreich. Was dort möglich ist für die Bauern, des is bei uns seit zwanzig Jahren nicht mehr möglich... Bei der Tb (Tuberkulose-Prüfung, erg.) da gehen die hintenein zum Stall vorn raus, und dann heißt's, unser Stall is Tbc-frei. Und sie ham nicht eins abschlachten müssen! Und des unter 56 Stück Vieh. Und des kann ich net begreifen, daß unter 56 Stück Vieh keins Tb hat. Ja, und seitdem ich das weiß, eß ich keinen französischen Käs mehr, die können machen, was sie wollen.

Fr. F: Und des wird schön eingewickelt, und des wird kauft! Schau doch überall mal hin, da is doch lauter ausländischer Käs da.

Fr. B: Da derfst bloß an das holländische Zeug denken, ne. Ich hab voriges Jahr deutsche Tomaten verlangt. Da ham's zu mir gsagt: Du kriegst keine deutschen Tomaten. Die kauft dir kein Mensch ab. Die verlangen alle nur Holländer. Die deutschen sehen halt net ganz so schön aus. Wahrscheinlich, weil sie net so oft gespritzt werden.

Fr. E: So a schöne Birn, wie die anbieten, die wachsen bei uns gar net!

Fr. C: Aber die schmecken auch net so gut, kannst machen was du willst.

Fr. G: An allem ist die Werbung schuld. Alle sind so dumm und glauben des.

Fr. B: Es macht's immer die Aufmachung, ne.

Fr. A: Ja, und das Ausland macht halt auch viel Werbung.

Fr. G: Und dann sind die Leut so verwöhnt! Ob's vielleicht net besser wär für die ganze Menschheit, wenn's immer des essen würden, was gerade in der Landschaft wächst? Wie im Winter jetzt, was mer eben selber hat, so an Lauchsalat oder so. Des andere, des braucht so a Organismus doch gar net.

Fr. A: Und wenn mer des so anschaut, vor fünfzig Jahren hat mer des auch net ghabt, und die Leut leben heut auch noch! Und sind noch zwanzig Jahr älter gworn.

Fr. C: Aber es wird ja überall bloß ausländisches Obst kauft.

Fr. H: Und unseres verfault. Z.B. unser Nachbar, der hat a weng mehr Äpfel, der hat jetzt vielleicht noch dreißig Kisten daheim stehen, die kann er net verkaufen.

Fr. A: Mer kriegt ja nix los, wenn net fünfzehnmal gespritzt wird. Der H. hat jetzt so a Buschbaumanlage gmacht. Ja, wie oft muß der den spritzen, wenn er die verkaufen will?!

Fr. I: Wennst nix spritzt, kannst ja keine verkaufen, ne.

Fr. G: Was sollst denn mit die Kirschen machen? Wennst sie net spritzt, dann sind die madig, dann kannst sie nicht verkaufen am Markt, dann werden sie aus der Genossenschaft ausgeschlossen, oder was weiß ich! Natürlich, wenn mer keine Anlage hat, braucht mer sie net spritzen. Jedenfalls, die Leut, die z.B. vom Erdbeerverkauf leben, die müssen ihr Zeug spritzen.

Fr. I: Die müssen spritzen, was soll's denn weiter machen?

Fr. B: Also, ich mein, die für den Hausgebrauch anbauen und die net vermarkten müssen, die müssen net spritzen. Die davon leben, die müssen.

Fr. K: Die müssen spritzen, die können gar net anders.

Fr. A: Sonst können sie's gar net verkaufen. Und wenn sie's dann daheim stehen haben, dann fehlt auch alles!

Fr. G: Wenn einer produziert zum Vermarkten, der muß sich eben danach richten. (Gruppendiskussion 2)

Es zeigt sich hier u.E. deutlich, wie die Bäuerinnen ihr Bild vom „Markt" konstruiert haben, nämlich — symmetrisch zu ihrer Eigenschaft als „freiem Warenproduzenten" — nach dem Muster der einfachen Warenzirkulation. Markt, das ist „der Verbraucher", also eine homogene Menge von frei entscheidenden Individuen. Und Marktstandards werden dementsprechend als eine vom bundesdeutschen Verbraucher bestimmte Größe empfunden, denen sich die bäuerlichen Kleinproduzenten auf Gedeih und Verderb anzupassen haben. Nun müßten sowohl die Erfahrungen der Bäuerinnen mit ihrer Hofkundschaft — zwei Drittel der Frauen mit Hofkunden geben an, daß ihre Kunden Wert auf innere Qualitäten legen, auf Geschmack, Frische, „saubere, ungespritzte Ware" — als auch ihre eigenen Präferenzen:

„Unser Obst ist manchmal fleckig und so ... aber das Wichtigste ist mir, daß es schmeckt! Wenn der Apfel auch wurmig ist, das wird weggeschnitten, der schmeck viel besser wie so ein gekaufter, viel besser, das Aroma ist ganz anders, weil unser's ist ja auch reif!" (71)

eigentlich dieses Bild korrigieren. Aber es scheint uns sehr bezeichnend, daß der Beitrag einer Bäuerin zur Gruppendiskussion, der eine differenziertere Sicht beinhaltete, von niemandem aufgegriffen wurde:

„Da sind zu uns schon oft Leut gekommen und haben ungespritzte Kirschen verlangt. Das gibt es auch!"

Den Markt als einen blanken Spiegel von Verbraucherwünschen zu sehen, entlastet die Bäuerin von Verantwortung. Es erübrigt sich dann nämlich auch jeder Skrupel, der sie gelegentlich befällt, wenn sie an die „gespritzte und gestreute War" denkt, die die Stadtkinder essen müssen. Die Konsumenten sind an der außenorientierten Qualität der Produkte selber schuld, denn sie wollen sie nicht anders.

Unter einer solchen Perspektive schrumpfen auch die letzten Reste von Produktionsmoral aus der Zeit der unmittelbaren Kundenproduktion.

4.5 Immanente Selbstdynamisierung des Fortschritts

In den Einzelinterviews haben uns die Bäuerinnen wiederholt einen subjektiven Eindruck geschildert, den sie auch durch die Betriebsbilanz bestätigt sehen, daß man nämlich selbst dann, wenn das Produktionsvolumen nicht über das des Vorjahres gesteigert werden solle, mehr Aufwand treiben müsse:

> „Ohne Spritzen wird's nix mehr und vor lauter Spritzen wird's bald nix mehr nützen. Und mit dem Streuen ist's genauso. Es wächst ja nichts mehr, die Böden sind direkt darauf eingestellt, daß die den Kunstdünger haben müssen. Und von Jahr zu Jahr mehr, damit überhaupt noch was wächst." (125)

> „Das Spritzen nützt oft nichts mehr. Letztes Jahr waren über 600 Mark fort: zweimal Rüben gesät, zweimal gespritzt und am Schluß trotzdem einen Acker wie eine Wiese!" (128)

Was die Böden betrifft, lassen manche Äußerungen vermuten, daß dort schon die Grenzproduktivität erreicht ist, daß

> „des gar nimmer rauskommt, was mer so hinhängt, an Spritzzeug und Kunstdünger und War." (10)

Die mangelnde Resistenz neuer Sorten und Züchtungen und die daraus entspringenden Notwendigkeiten, mithilfe vermehrten agrochemischen Aufwandes vorzubeugen oder zu kurieren, wird von den Frauen ebenso thematisiert wie die Tatsache, daß sich der Einsatz der landwirtschaftlichen Großmaschinerie oft nur dann rentiert, wenn das angebaute Produkt „maschinengerecht" aufbereitet ist, d.h. wenn eine chemische Materialbereinigung stattgefunden hat:

> „Will man mähdreschen und hat lauter Unkraut, das geht nicht. Also muß man halt mitmachen und spritzen." (97),

bzw. das angebaute Quantum entsprechend groß ist:

> „Wennst den Mähdrescher drüberfahren läßt und baust bloß 10 Zentner an, — des rentiert sich net." (Gruppendiskussion 1)

Summa summarum:

> „Kunstdünger und Spritzmittel sind schon immer mit dabei, sonst lohnt sich das gar nicht mit den Maschinen heute." (92)

Insbesondere dort, wo die traditionelle Vielseitigkeit aufgegeben wurde und eine schwerpunktmäßige Produktion in entsprechend vergrößertem Umfang betrieben wird, sind die Auswirkungen der immanenten Beschleunigung des technischen Fortschritts unübersehbar. So eine auf Schweinezucht spezialisierte Bäuerin:

„Man kommt ohne die (chemischen, erg.) Mittel nicht aus, das hat keinen Wert. Das wissen wir am besten in unserer Schweinezucht. Wir haben früher 4–5 Sauen ghabt und ham nie was gmacht, Eisen gspritzt oder so... sondern immer die natürlichen Mittel. Wir ham immer schöne Ferkel ghabt. Und als wir dann die Zucht ghabt ham, hat der Tierarzt gsagt, das Eisenspritzen müßt ihr halt auch anfangen... Ich hab gedacht, das brauchen wir nicht, aber nach einem Vierteljahr waren wir überzeugt. Mit einem kleinen Betrieb kann man ohne die chemischen Mittel auskommen, aber wenn man wirklich was produzieren will, im Stall oder in der Landwirtschaft, dann kommt man ohne das Chemische einfach nicht aus, weil man bloß lauter Kümmerer und unterentwickeltes Zeug erntet. Mit den Ferkeln, da kann man schnell eine Krankheit da haben, und was man dann einsetzen muß! Bis man die wieder weg hat! Da muß man ganz schön dahinter sein!" (44)

Schließlich ist in diesem Zusammenhang auch noch auf die spezifische Innovationsdynamik innerhalb der agrotechnischen und agrochemischen Industrie hinzuweisen, deren Wellenschläge inzwischen auch der kleinbäuerliche Verbraucher sehr schnell zu spüren bekommt.

„Alles ist so schnell veraltet, man muß einfach fortschrittlich sein!"

konstatiert eine Bäuerin und erinnert sich an die Statik früherer Verhältnisse:

„Früher war das anders, da ist der Bauernhof über Generationen im selben Stil weitergeführt worden!" (73)

Ihr Resümee kann auch unsere einzelnen Punkte abschließend zusammenfassen:

„Und so wird man (heutzutage, erg.) auf dem Bauernhof nie fertig mit Anschaffen und Anpassen." (131)

4.6 Zusammenfassung

Die im Vorausgegangenen dargestellten Motive der Bäuerinnen, den Wandel der agrarischen Produktivkräfte in seiner Geschwindigkeit und Radikalität mitzumachen, sollten zeigen, daß diese Form des Fortschreitens eher notgedrungen und zwangsweise zustandegekommen ist als freiwillig und überzeugt. Der Unternehmer, der im Akkumulationswettrennen bzw. unter Produktionszwang steht, der Produzent, der die Arbeit nicht mehr schafft, der Warenverkäufer, der sich an die Gesetze des Warenmarkts anpassen muß, schließlich die immanente produktionstechnische Dynamik des Prozesses, – auf allen diesen Ebenen tritt der Produktivkraftwandel den Bäuerinnen als absolute Notwendigkeit gegenüber. Gut 80 % der von uns interviewten Frauen haben betont, daß man „mitmachen muß", will man als Bauer überleben. Von einer ausgesprochenen „Fortschrittseuphorie", einer freudigen und bedenkenlosen Übernahme von Agrotechnik und -chemie kann nur in wenigen Fällen geredet werden. Ebenso selten ist das pauschale Modernitätsmotiv: „Wir wollen halt auch nicht so altmodisch sein", genannt worden. Man wird einwenden, daß dieses Bild durch die Wahl einer relativ allgemeinen und abstrakten Perspektive entstehen kann, und darauf verweisen, daß zwar möglicherweise der Produktivkraftwandel in dieser Form nicht den Wünschen der Bäuerinnen entsprochen haben mag, daß aber jetzt die angenehmen Folgen allen spürbar sein müßten. Mit anderen Worten lautet die These: In der konkreten Arbeit erst wird der Segen des technischen Fortschritts auch für die skeptische Bäuerin sichtbar und spürbar. Auf dieses Argument soll nun im Rahmen der von den Bäuerinnen dargestellten Folgen des Produktivkraftwandels eingegangen werden. Um die Sachverhalte hinreichend konkret machen zu können, werden die Auswirkungen an einem besonderen Aspekt, nämlich der Maschinisierung, gezeigt.

5 Folgen des Produktivkraftwandels: „Die Maschine macht den Menschen zur Maschine."

Die Folgen des technischen Fortschritts am Beispiel der Maschinisierung der bäuerlichen Betriebe zu zeigen, liegt nahe, da sie neben der Chemisierung das Hauptmerkmal des technischen Wandels und der „Industrialisierung" der Landwirtschaft ist. Ihre Bedeutung zeigt sich daran, daß sie auch den abgelegensten Hof erfaßt hat, einer der belastendsten Faktoren in der Hofbilanz geworden ist und an ihr die Begeisterung der Fortschrittsgläubigen sich ebenso festmacht wie die Kritik der Skeptiker. Im Gegensatz zur Chemisierung, deren Folgen von den Bäuerinnen zwar auch beobachtet werden, aber meistens im Bereich der Mutmaßungen bleiben (müssen), weil sie schwieriger zu durchschauen und zu diagnostizieren sind und zudem oft erst längerfristig wirksam werden, können die Folgen der Maschinisierung, seien sie ökonomischer, physischer oder psycho-sinnlicher Art, unmittelbar und nahezu täglich von der Bäuerin als „Unternehmerin" und als Arbeiterin erlebt werden. Weiter haben wir festgestellt, daß die „Spritzerei" relativ häufig an die Männer delegiert ist, und deshalb ein eigenes Urteil der Bäuerinnen schwerer zu erhalten ist. Dagegen hat die Technisierung nahezu aller bäuerlichen Arbeitsbereiche bei gleichzeitiger Reduktion verfügbarer Arbeitskräfte und damit verbundener Auflösung althergebrachter geschlechtsspezifischer Arbeitsteilung auch solchen Frauen einen engen Kontakt zur Technik aufgezwungen, die davor eine große Scheu hatten. Sicherlich hat sich auf Höfen, wo Männer zu ständigen Arbeitskräften gehören, auch im Bereich der Maschinerie eine geschlechtsspezifische Arbeitsteilung herausgebildet: die Reparatur der Maschinerie wird im großen und ganzen immer von den Männern vorgenommen, während die Maschinen„kosmetik", das Waschen, Putzen, Auf-Hochglanz-Bringen in den Händen der Frauen liegt. Großmaschinen werden von Männern gefahren, und bei Vollerntern führt der Bauer die Maschine, während die Frauen am Band arbeiten. Aber insgesamt fordert der normale Arbeitstag allen Bäuerinnen regelmäßig technische Leistungen und Kenntnisse ab: 103 von 133, also über drei Viertel der Bäuerinnen fahren regelmäßig Traktor, hängen alleine oder mit dem Mann zusätzliche Arbeitsmaschinen an, bedienen diese. Betriebliche Frauenbereiche, wie die Melkarbeit, sind inzwischen ebenfalls technisiert. Der Übergang zum Nebenerwerb ist nach

Auskunft der Frauen in etwa der Hälte aller Fälle mit mehr Maschinenarbeit für die Bäuerin verbunden gewesen. (Knapp ein Viertel gab an, schon immer viel mit Maschinen zu tun gehabt zu haben; für den Rest ist der Anteil an Maschinenarbeit gleich geblieben.) Bäuerinnen, die — oft durch den Nebenerwerb ganz auf sich gestellt — die Notsituation zum Trainingsfeld neuer Fähigkeiten umdefiniert haben und inzwischen „wie ein Mann" mit der Technik umgehen oder gar von sich behaupten: „Es reizt mich, die Technik" (71), die anfallenden Reparaturarbeiten in der Regel selbst ausführen, sind zwar auch anzutreffen, aber insgesamt doch sehr selten.

Die meisten unserer Bäuerinnen sind kompetente Zeuginnen für den Wandel der technischen Produktivkräfte, weil sie in ihrer Generation auch die traditionellen Verhältnisse noch von innen her kennengelernt haben, oft in ihnen heranwuchsen und dann die Dynamik der Ereignisse am eigenen Leib erfuhren. Gerade weil für die Frauen — gemessen an ihrer traditionellen antitechnischen Sozialisation — die Aneignung der Technik abrupter und gleichzeitig gebrochener ablief als für Männer, sind sie in der Lage, den Prozeß distanziert-kritischer und sensibler zu beurteilen als die Männer, für die es sich eher um ein kontinuierliches, wenngleich beschleunigtes Hineinwachsen handelte. Hinzu kommt, daß der Alltag der Bäuerin immer noch viel Handarbeit in Form wenig technisierter Arbeiten mit einfacher Gerätschaft enthält, so daß sie auch aktuell und täglich die Unterschiede nachvollziehen kann.

5.1 Die Folgen der Maschinisierung für die konkrete Arbeit

Einleitend ist ein Ergebnis unserer Befragung festzuhalten, das zunächst denen Recht zu geben scheint, die auf den Segen der Technik hinweisen: 106 Frauen, also ca. 80 % der befragten Bäuerinnen begrüßen die Maschinisierung,

„weil's schneller geht und mer sich net so plagen muß." (6)

Genau besehen fehlt jedoch selbst im Interview der technikfreundlichsten Bäuerin die Kehrseite der Medaille nicht, wobei immer wieder auffällt, wie konkret und wie detailliert die Bäuerinnen in ihren Urteilen sind. Wir lassen uns vom obigen Zitat die Gliederung des folgenden Abschnitts vorgeben: „Arbeitszeit" und „Intensivierung", und ergänzen sie um die Momente „Kommunikation der Produzenten" und „Produktionsbezug".

a) Arbeitszeit

Per Definitionem senkt die Maschinisierung als eine Form der Produktivkraftsteigerung die Arbeitszeit pro Produkteinheit. Es stellt sich aber die Frage, ob dadurch für das arbeitende Individuum, konkret für die Bäuerin, tatsächlich die unangenehme und mühevolle Arbeitszeit, die nur „Plackerei" ist, zugunsten sinnvoller Lebenszeit reduziert wird. Wir wissen aus den Statistiken, daß die Gesamtarbeitszeiten der Frauen auf den Höfen kaum gesunken sind, daß in den letzten Jahren sogar wieder eine Tendenz zur Steigerung der betrieblichen Arbeitszeit wahrzunehmen ist, ganz zu schweigen von der Arbeitszeit im Haushalt und für die Kinder, die nach Auskunft der Frauen, verglichen mit dem Aufwand ihrer Mütter, auch angestiegen ist.

Viele Äußerungen der Bäuerinnen belegen, daß die arbeitersparende Wirkung der Maschinen den starken Anstieg des Gesamtquantums an Arbeit und die gleichzeitige Abnahme der „arbeitenden Hände" nicht zu kompensieren vermag:

„Trotz der Maschinen haben wir so viele Arbeitsstunden wie früher." (128)

„Seit meiner Kinderzeit, glaub ich, ist die Freizeit für den Bauern und die Bäuerin immer weniger geworden!" (9)

„Jetzt, mit den Maschinen müßten wir die halbe Zeit Urlaub haben! Das ist aber nicht so! Was wir für Maschinen haben! Früher brauchten wir 4 Wochen zur Heuernte, jetzt sind wir in 8 Tagen fertig. Und trotzdem haben wir's immer so notwendig. Ich weiß nicht, woher das kommt!" (123)

„Ohne Maschinen geht's heute nicht mehr, aber weniger Arbeit haben wir deswegen auch nicht. Zeit bleibt keine mehr übrig." (90)

„Deswegen gibt's noch genug Arbeit, mindestens genauso viel wie früher!" (24)

Nur eine einzige Frau äußerte in diesem Zusammenhang, daß die Bäuerin heutzutage mehr Zeit habe als früher.

Dies weist nochmals darauf hin, daß die bisher im wesentlichen für industrielle Produktionsverhältnisse aufgestellte These, daß die Maschine eben nicht zu einer Freisetzung des Menschen von notwendiger Arbeit führe, auch für die kleinbäuerlichen Produzenten gilt. Dieser Sachverhalt erstaunt nicht weiter, wenn wir uns vergegenwärtigen, daß ein entscheidendes Motiv der Frauen, die Produktion zu maschinisieren, die Tatsache war, daß selbst bei extensivster Arbeitszeit und intensivster Zeitnutzung die anfallenden Arbeiten nicht mehr zu schaffen gewesen wären. Die Industrialisierung der Landwirtschaft, die viele unter der Flagge: Mehr Freizeit für den einzelnen! segeln lassen, kann zumindest für den einzelnen Kleinproduzenten solche Versprechen nicht einlösen.

b) Intensivierung

Schon K. Marx hat darauf hingewiesen, daß aus dem Zusammengehen von Industrie und Agrikultur neben der Ausbeutung der äußeren Natur auch die der inneren Natur des Menschen sich perfektionieren werde.[130] In jüngster Zeit hat vor allem O. Ullrich die Wechselwirkungen von Technik und Herrschaft und deren innere Affinität zur Logik des kapitalistischen Systems beschrieben und dabei die These aufgestellt, daß die kapitalistisch-industrielle Produktionsweise verbunden

---

130 Vgl. K. Marx 1970 (1890), S. 527 ff.

sei „mit hohen psychisch-sinnlich-leiblichen Verstümmelungen, die als ‚Kosten' für das Individuum bis heute nicht ausreichend in ‚Rechnung' gestellt werden."[131]

Die vielen Äußerungen, die die Bäuerinnen zu den Folgen der Maschinisierung auf ihr körperliches, seelisches und geistiges Befinden gemacht haben, belegen die Richtigkeit solcher Thesen.

Zunächst soll ein ausführliches Zitat einer 43jährigen Nebenerwerbsbäuerin erste Akzente setzen:

> „Die Maschine macht den Menschen zur Maschine. Das ist es! Ich wenn dran denk, früher, meine Eltern, da is doch Brotzeit gmacht worn, wenn da die Schnittert war, wenn die das Korn, ihr Getreide mit der Sensen weggemäht ham, ja, da is doch Brotzeit gmacht worn. Da is hingesetzt worn, und Brotzeit gmacht worn. Hat mer heut noch Zeit zum Brotzeit machen? Des gibt's doch nimmer! Und des war doch immer so schön! Und heut der Bulldog: Und da rennt mer und da rennt mer, immer, immer im Trab den ganzen Tag. Die Maschine macht die Leut zur Maschine! Früher war's gemütlicher. Unsere Kinder wissen da nix mehr davon, aber wie wir sind, in der Zeit, wir sind da doch auch aufgwachsen, hübsch gemütlich. Ach, ich weiß noch, mein Vater, wir ham kein Pferd ghabt, wir ham mit die Viecher geärbert, mit die Küh, ach, keine Flurbereinigung gab's seinerzeit noch net, da ham's nur so kleine Äcker ghabt, der Nachbar war neben dran. da ham's a paar Mal hin und her geackert, dann ham's die Küh wieder stehn lassen, ham sich aufn Pflug gsetzt, die Pfeifn graucht, a weng unterhalten miteinander und dann ham's wieder weiter gmacht. Heut sitzt jeder aufm Bulldog, rennt stur am andern vorbei, mit knapper Not, daß mit dem Kopf noch gnickt wird, sagen kann man nix, weil's der nächste net amal versteht, mit dem Geratter! Und so ist des!" (7)

Die Intensifikation der Arbeit — eine Folge der Maschinisierung, die am häufigsten benannt und kritisiert wurde, nämlich von einem Drittel aller Frauen — wird durch die Dynamik der gewählten Formulierungen bereits gut sichtbar: „rennen und rennen, immer, immer im Trab, den ganzen Tag". Der Zusammenhang liegt auf der Hand: Orientierten sich die Menschen früher (notwendigerweise) am Rhythmus der Natur der Pflanzen und Tiere, der gut mit dem eigenen Körperrhythmus zu synchronisieren war, so diktieren jetzt die Rentabilitätsgesetze der Maschine und ihr Zeittakt, der ein künstlicher und linear-endloser, kontinuierlich-gleichmäßiger „Rhythmus" ist, den Zeit-Raum der Arbeit und die Arbeitsweise.

> „Die Maschine muß so zu laufen, damit sie sich abzahlt." (128)

Und der Mensch muß mitlaufen:

> „und trotzdem (trotz Maschinerie, erg.) steht man laufend in der Arbeit." (118)

Die unendliche Kontinuität des Maschinentaktes läßt keine Lücken und Nischen im Arbeitsalltag, die der Mensch für sich erholend nutzen könnte:

> „Auf dem Traktor mußt stur draufsitzen und immer reinschmeißen, sonst ist ja ein Loch in der Reihe! Und das mußt machen, egal, wie'st dich fühlst!" (115)

---

131 O. Ullrich 1979b, S. 154.

Anders formuliert: Die Maschine hat der bäuerlichen Produzentin einen Teil ihrer Zeitsouveränität, auf die sie so großen Wert legt, genommen, und damit scheint die Fabrik nicht mehr fern:

„... in der Landwirtschaft geht's auch bald fabrikmäßig zu, das Hopfenpflücken am Band, das Kartoffelroden..." (122)

„... obwohl es mit den großen Maschinen schon wie in der Fabrik zugeht." (131)

„Alle Maschinenarbeit ist ein Gerumpel und bringt Hast schon wie in der Fabrik ... Es wird mehr und mehr dieselbe Strapaze wie in der Fabrik." (128)

Ein weiteres Moment, das im zitierten Beispiel weniger deutlich wird, aber in vielen anderen Bemerkungen der Bäuerinnen anklingt, ist die Ausschaltung des Körpers und die Verlagerung von Kräften, die der Maschinenbetrieb mit sich bringt.

„Leichter tut man sich heut schon. Jetzt muß man den Geist besser anstrengen. Früher hat man die Muskeln anstrengen müssen. Und des mit die Maschinen, des ist net so einfach! Net einfach anhängen und fortrumpeln, da muß man die Gedankengänge schon beieinander haben! Früher war's schwerer, aber geistig hat man sich nicht angestrengt." (65)

„Vor allem denken muß man heute dabei. Früher mußten die Leute nichts denken dabei, wenn sie eine Schaufel in die Hand nahmen." (97)

„Denken" heißt in diesem Zusammenhang nicht „schöpferische Kopfarbeit". In der Maschine tritt der Bäuerin entgegen, was andernorts von technischer Intelligenz konzipiert wurde, sozusagen ein fremder Wille, der ihren Arbeitsrhythmus kontrolliert und sie zu einer neuen Art geistiger Anstrengung zwingt: angespannte Aufmerksamkeit, ohne „List", wohl ähnlich jenem „leeren Denken", das Simone Weil in ihren Fabriktagebüchern so nuanciert beschrieben hat.[132] Deutlich wird diese Art von fremdbestimmtem, durch die Maschine erzwungenen Arbeitsrhythmus und leerem, aber diszipliniertem „Seriendenken", wenn wir die Äußerungen ernstnehmen, die die Bäuerinnen an anderen Stellen zum „Denken" bei der Arbeit machten. Die Handarbeit auf dem Feld war (ist) oft gerade deshalb von den Frauen geschätzt, weil sie hier „so in Gedanken zutun" (30) konnten, d.h. bei der mechanisch-fließenden gewohnten Bewegung der Hände und des Körpers ihre Gedanken schweifen ließen, hierhin und dorthin, tagträumend, aber auch anderes durchdenkend oder planend.

„Mer macht sich da so seine Gedanken." (30)

„Des alte Zeug geht mir in Gedanken rum." (17)

Dagegen werden freies Gedankenspiel und Tagträumereien bei der Maschinenarbeit nicht nur unmöglich, sondern sogar gefährlich:

„Auf dem Traktor muß man voll da sein, da darf man nicht träumen." (111)

„Man muß den ganzen Tag aufpassen, daß nichts kaputt geht." (95)

132 Vgl. S. Weil 1978 (1951), S. 77 ff.

„Man darf nicht das Geringste falsch machen." (86)

„Zum Umgang mit den Maschinen gehört viel Sorgfalt." (37)

„Maschinen sind so gefährlich!" (119)

c) Entsinnlichung

Die Maschine fordert nicht nur das Denken und die Aufmerksamkeit, sie fordert alle Sinne:

Der Blick muß auf das Förderband oder auf den Acker fixiert bleiben:

> „Beim Kartoffelklauben z. B. früher hat man auch Pause gemacht, sich mal hingekniet und aufgeschaut ... aber heutzutag steht man auf der Maschine, und man muß sich konzentrieren und beeilen, daß man die Steine und die Brocken rausbringt, und man muß viel zusammenbringen." (128)

> „Man muß mit der Maschine mitkommen, man darf nicht wegschauen." (103)

> „Des ist eben net, daß ich bloß droben sitz und des Lenkrad in der Hand hab, sondern ich muß auf die angehängten Maschinen schaun, wie die arbeiten und alles und des muß mer laufend machen, damit mer des richtig macht und damit's net so anstrengend ist. Und dann mach ich doch lieber Handarbeit." (9)

Das Ohr wird vom Lärm der Maschinerie eingenommen, was als besonders unangenehm und anstrengend von den Frauen geschildert wird:

> „Wenn ich den ganzen Tag da steh und nix wie Maschinengebrumm um mich, und tu Heu runter oder Stroh abladen, von mittags 12 bis abends um 6, da reicht's mir." (73)

> „Abends, da summt einem schon der Kopf, wenn den ganzen Tag der Bulldog brummt." (5)

> „Alle Maschinenarbeit ist ein Gerumpel." (128)

> „Dieses Getöse und Geraune dauernd..." (68)

Die Entsinnlichung der Arbeit durch die Maschine tritt uns auch mitunter in den Ausdrücken entgegen, mit denen die Bäuerinnen die Vergleiche zwischen Früher und Heute formulieren:

> „Früher war des Beschauliche mehr." (53)

> „Das Besinnliche ist verlorengegangen." (39)

Die Bindung der Sinne an die Maschine und das Gefühl, letztlich nur ein „Anhängsel" der Maschine zu sein, diese Erfahrung gehört längst nicht mehr nur dem Leben der Fabrikarbeiterin an, sondern auch den Erfahrungen der Bäuerinnen:

> „Man ist schon richtig ein Stück von der Maschine!" (128)

Wenn der Mensch in der Arbeit nicht mehr über seine Sinne verfügen kann, die Arbeit nicht mehr, wie S. Weil sagt zum Objekt seiner Kontemplation[133] machen kann, entschwindet jede Möglichkeit, von dieser Arbeit auch die Distanz zu

---

133 Vgl. S. Weil 1978 (1951), S. 43.

wahren, sich reflexiv mit ihr auseinanderzusetzen. Die Arbeit erfaßt den Menschen total, sie ist allgegenwärtig in einem neuen Sinne: sie verbietet abzuschalten, indem sie sich in alle Poren und Sinne einnistet:

„Viel Krach um die Ohren und die Arbeit im Sinn" (124)

wie eine Bäuerin diesen Prozeß zunehmender Entsinnlichung einerseits und Omnipräsenz der Arbeit andererseits charakterisiert.

Um die Akzente richtig in der Waage zu halten: Die Bäuerinnen betonen auch, daß die Maschinen sie von langen, strapaziösen Bückarbeiten entlasten, schwere Arbeiten abnehmen, Erntezeiten verkürzen, was besonders bei schlechten Wetterverhältnissen als wichtig empfunden wird, aber im gleichen Atemzug werden die neuen Formen von körperlichem und vor allem nervlichem Streß hervorgehoben, den die Maschinen eben auch mit sich bringen. So manche Gesamtbilanz von Bäuerinnen über die früheren und gegenwärtigen Belastungen läuft darauf hinaus, daß das Individuum heute zwar anders, aber mindestens genauso belastet sei wie früher, trotz allem technischen Aufwand bzw. gerade wegen der vielen aufwendigeren Apparaturen:

„Im großen und ganzen ist's heut auch nicht besser. Wie z.B. Schlepper fahren, ewig auf dem Schlepper sitzen, das Rütteln, das geht auf die Bandscheiben... Mein Mann sagt immer: Freilich, es war ermüdender früher, mit den Pferden, aber die Ermüdung war viel natürlicher." (9)
„Für den Körper ist es heute mit den Maschinen vielleicht doch schlechter als früher mit den Pferden." (73)

d) Entfremdung

Die durch die Maschine erzwungene Allgegenwart der Arbeit hat sich auch auf den Umgang der Produzenten stark ausgewirkt. Die Dynamik der Maschine, ihr künstlicher „Rhythmus" einerseits und ihr Sinnen-Diktat andererseits treiben die Menschen auseinander und beseitigen viele traditionelle Kommunikationsnischen im bäuerlichen Arbeitsalltag. Diese Isolation und Entfremdung der Produzenten in ihrer konkreten Arbeit, die auch durch die flurbereinigten größeren Flächenstücke räumlich begünstigt werden, beklagen einige Bäuerinnen in anschaulichen Formulierungen. So wiederholt eine Bäuerin mehrmals im Interview diesen Aspekt:

„Heute gibt es in den Dörfern keine Gemeinschaft mehr und keine Einigkeit mehr. Da setzt sich jeder ins Auto und rutscht am anderen vorbei. Also die Sympathie hat die Maschine auseinandergebracht, selbst im bäuerlichen Leben... Durch das Technische ist das alles auseinandergegangen. Da fährt jeder seine Richtung am andern vorbei, das kann gar nicht mehr schnell genug gehen, während es früher viel gemütlicher war. Wenn sie früher mit dem Pferd aufs Feld gefahren sind, und der andere Bauer ist auch den Weg gefahren, dann sind schon zwei hintereinander gefahren, die sich unterhalten konnten. Aber heut fährt der auf dem Bulldog vorbei, gerade daß er noch eine Handbewegung zusammenbringt!" (114)

In gleicher Weise gilt dies für die familiale Produktionsgemeinschaft:

„Bei der Arbeit mit dem Schlepper muß mer sich aufn Schlepper und auf die Maschine konzentrieren. Des is auch net schön, wenn da so ein Geschrei ist. Ich sitz aufm Schlepper, der Mann sitzt hintendrauf und oft von die Kinder eins. Das schreit dann immer hinter und der (Mann, erg.) schreit vor – des is doch nix! Da kann mer sich doch erst wieder unterhalten, wenn die Maschine wieder ausgeschaltet ist!" (4)

e) Entfernung Produzent – Produkt

Lebendiger war (und ist bei der verbliebenen Handarbeit) nicht nur der zwischenmenschliche Kontakt, sondern auch die Beziehung Mensch-Produkt. Die Maschine erlaubt zwar den schnellen Überblick, aber nicht mehr den Blick für das Detail:

„Man hat auch nicht mehr das Augenmerk, was auf den Feldern und in den Pflanzen vor sich geht... Wenn man früher durchgegangen ist, hat man gesehen, ob eine Pflanze kümmert oder befallen ist von Blattläusen oder so was... das sieht man von der Maschine aus nicht mehr und dann greift man zu spät ein." (116)

So formulierte eine Haupterwerbsbäuerin auf einem unserer größten Höfe ihren Eindruck und faßt diesen und den vorher genannten Aspekt bündig zusammen:

„Wenn man so mit der Hand arbeitet und von Hand zu Hand, das ist lebendiger. Durch die Maschine wird das alles toter." (116)

5.2 Die Folgen für die Bäuerin als Unternehmerin

Die Ambivalenz der Maschinisierung für die Bäuerin als Unternehmerin wird in den Interviews deutlich und eindringlich, aber weniger ausholend beschrieben:

Einerseits ist allen Bäuerinnen klar, daß ihre Betriebe ohne Maschinen nicht mehr existenzfähig wären, andererseits sind die finanziellen Kosten dieses Prozesses, die sie als Produktionsmitteleigner selbst zu tragen haben, enorm hoch und belasten sie langfristig stark. Daß Maschinen viel oder zu viel Geld kosten, wurde von vier Fünftel aller Nebenerwerbsbäuerinnen, die den Betrieb selbst mitumgestellt haben, als ein Hauptmotiv für die Änderung der Betriebsart angeführt. Immer wieder beklagt wurden die stets aufwendigeren Reparaturen, der schnelle Alterungsprozeß sowie die geringe Ausnutzung dieser hochspezialisierten und entsprechend empfindlichen Maschinen, die umso stärker ins Gewicht fällt, je teurer die Maschine ist, und je weniger Fläche bzw. Vieh damit bedient wird: „Maschinen sind teuer und stehen viel rum!" (129) Maschinen verrichten zwar die Arbeit nach Meinung der Bäuerinnen billiger als ohnehin rare menschliche Arbeitskräfte:

„Maschinen kann man noch eher bezahlen als Arbeitskräfte" (85), aber der materialökonomischen Bäuerin fällt auch auf, daß die Maschinen durch ihre notwendigerweise gröberen Arbeitsverfahren unökonomischer arbeiten. Sie machen die Arbeit „nie so schön wie mit der Hand" (51), „nicht so sauber und sparsam" (117), „nicht so gründlich" (25), überlassen „das Feine ohnehin mehr für die Hand" (125, 99). Sie „zerstören viel" (40), erfordern „Nach-Arbeit" (40), d.h. auf dem Hof muß nachsortiert werden, was früher gleich auf dem Feld erledigt wurde.

Ein weiterer Punkt, der von einigen Bäuerinnen aus der Perspektive der Unternehmerin als positive Folge der Maschinisierung angeführt wurde, ist die Tatsache, daß Maschinen unabhängiger von den Unzulänglichkeiten und Eigenwilligkeiten der lebendigen Arbeitskraft gemacht haben. Für die Frauen verstärkt sich dieser Effekt durch das Wegfallen des Arbeitsaufwandes, den das gemeinsame Mittagessen aller Arbeiter in der Hochsaison für sie bedeutete:

> „Früher waren auf dem Bauernhof sechs Mann. Stellen Sie sich mal vor, was da gekocht werden muß! Und die Unordnung, die die vielen Menschen gemacht haben. Wenn wir z.B. Hopfen gezupft ham, da warns so 13, 14 Mann jeden Tag am Tisch. Also, Sie, ich kann Ihnen sagen, wenn ich das ein ganzes Leben lang müßte, so 8 bis 10 Mann versorgen, nein, ich nicht! Da kann ich gleich Köchin werden, in einem Restaurant oder so was... Und die Maschinen kann ich einsetzen, wann i mag. Die Leut wolln amal net, spielen krank, oder sonst was. Fällt wieder einer aus. Also, ich find, daß a Maschine schon praktischer ist! Die stell ich wieder hin, und fertig!" (15)

Allerdings zeigt der Umgang mit der Maschinerie auch ein negatives Pendant, einen „Eigenwillen" der Geräte, der von Bäuerinnen, die viel Maschinenarbeit verrichten, des öfteren beklagt wurde: Es kommt vor, daß die Maschine „mitten drin", „einfach" stehenbleibt, „streikt", daß irgendetwas unvorhergesehen kaputtgeht. Dies ist ärgerlich, „macht einen verrückt", abgesehen von den Kosten, an die die Bäuerin auch sofort denkt. Vor allem Nebenerwerbsfrauen, die nur auf die eigene Kraft und den eigenen technischen Verstand angewiesen sind, befürchten die Selbstdynamik und den Eigenwillen der Maschinen:

> „Manchmal, wenn man die Maschinen net hinbringt, da muß mer sich recht ärgern; das Anhängen da immer, Menschenskind! Wenn mer immer den Zapfen net hinbringt an unserm Ladewagen! Wenn's läuft, dann geht's. Aber wenn's net geht, wenn mer dort steht, wie der Ochs vorm Berg. Des is dann –, da wird mer manchmal mutlos! Naja, manchmal laß ich den ganzen Scheißdreck stehen und wart, bis er (der Mann, erg.) kommt. Oder der Kleine, der weiß sich schon zu helfen, wenn der in erreichbarer Näh ist. Wenn er grad in Reichweite ist, dann hol ich halt den Nachbarn." (7)

5.3 Zusammenfassung

Wenden wir unseren früheren terminologischen Vorschlag, von der traditionellen bäuerlichen Arbeit als einem Beispiel für einen geschlossenen Funktionskreis instrumentalen Handelns zu sprechen, auf das Vorausgegangene an, so können wir die Äußerungen der Bäuerinnen über die Entsinnlichung der konkreten Arbeit, den Verlust an kommunikativen Potenzen und die Distanzierung vom Produkt bzw. Produktionsvorgang interpretieren als eine wichtige Bruchstelle des Funktionskreises. Sie werden bewirkt durch die Macht der in den Maschinen repräsentierten „toten" Arbeit über die lebendige Arbeit. Doch anders als im industriellen Produktionsprozeß, wo der Besitz an Produktionsmitteln das Kapital klar vom Arbeiter trennt, und die Macht und Logik des Kapitals dann entsprechend in der Maschine dem Arbeiter gegenübertritt, begegnet der Bäuerin in der Maschinerie nicht einfach die vergegenständlichte und fremde Macht „des Kapitals". (Dies geschieht „nur" in dem Sinne, daß die Maschinerie das Produkt abgespaltener und unter kapitalistisch-industrieller Logik entwickelter geistiger Potenzen ist; vgl. dazu den nächsten Abschnitt.) Vielmehr ist der Handlungsspielraum der bäuerlichen Produzenten durch ihre „Doppelnatur" eng und widerspruchsvoll: Als Unternehmer müssen sie − wie ausgeführt − akkumulieren und damit das allgemeine Mechanisierungstempo einhalten; die Bäuerin kann allenfalls kritisieren, wenn der Bauer einen stärkeren Traktor anschaffen will, (auch) um damit vor den Dorfgenossen renommieren zu können. Sie wird also im allgemeinen die Maschinisierung begrüßen, weil sie die Produktivität steigern und das Produktionsvolumen vermehren hilft; aber sie kann sie niemals uneingeschränkt begrüßen, weil sie ja ihre eigene Maschinenarbeiterin ist und damit die negativen Folgen der Maschinenarbeit am eigenen Leib verspürt und tragen muß. Sie kann andererseits nicht für einen humaneren Arbeitsplatz kämpfen, weil sie damit ihr eigener Adressat wäre: Mit Maschinenstürmerei würde sie immer auch an ihre eigene Existenz rühren. Als fremder Adressat für Forderungen nach einer Technologie, die den konkreten Arbeitsbedingungen besser angepaßt wäre, kämen allenfalls die Hersteller in Frage. Hier aber stehen die landwirtschaftlichen Produzenten einer äußerst starren und zunehmend monopolisierten Landmaschinenindustrie gegenüber, deren Interessen in andere Richtungen weisen. Die aus dem Doppelcharakter des kleinbäuerlichen Produzenten entspringenden Zwänge und Widersprüche fesseln die Bäuerinnen in ihren Möglichkeiten, ihre Situation zu verändern. Sie tragen letztlich dazu bei, die „Selbstausbeutung" der Frauen zu perfektionieren.

6 Produktivkraftwandel und Wandel bäuerlichen Wissens

„Die Macht und Ohnmacht der lebendigen Arbeit gegenüber der geronnenen in den Produktionsmitteln bestimmt sich auch − und dies sogar zunehmend − durch das ‚Wissen' und ‚Nichtwissen', das Menschen im System über diese vergegenständlichten Prozesse haben..."[134]

Wir haben zu Beginn dieses Kapitels die traditionelle bäuerliche Arbeit unter der Überschrift „Funktionskreis instrumentalen Handelns" beschrieben (vgl. III. 1) und sind dabei auch eingegangen auf die eigene Produktivkraft, die der Produzent über seine organische Natur und deren Potenzen in den Arbeitsprozeß einbringt und hier realisiert. Betrachtet man diese „subjektiven" Produktivkräfte im Kon-

134 O. Ullrich 1979a, S. 289.

text des gleichfalls organischen Charakters des bäuerlichen Arbeitsgegenstandes und -rahmens, so läßt sich eine Vorstellung vom traditionellen bäuerlichen Wissen und Können entwickeln:[135]

6.1 Traditionelles Regelwissen und intuitive Fähigkeiten

Da jeder organische Prozeß, mit all seinen Unwägbarkeiten und Unregelmäßigkeiten, komplex und einmalig abläuft, nicht standardisiert und nur schwer standardisierbar ist, ist die menschliche Arbeit, die sich hiermit auseinandersetzt, zunächst sehr vielfältig. Eine Bäuerin belegt dies mit einem Beispiel aus der Stallarbeit:

> „Es ist nicht immer gleich. Es ist immer wieder was anderes. Und es passiert ja allerhand, mit lebendigem Vieh... Wenn jetzt der Tierarzt da war: Da denk ich jetzt, das merkst dir jetzt bis nächstes Mal, – des ist wieder ganz anders! Es wiederholt sich gar nix, vielleicht in zwanzig Jahren ein Mal." (15)

Was die gleiche Bäuerin an anderer Stelle formuliert, mutet wie ein krasser Widerspruch an, bringt aber inhaltlich nur den zweiten o.g. Aspekt zum Ausdruck:

> „Wenn Sie da drei bis fünf Jahre hinter sich haben, und das ist ja immer – das wiederholt sich ja in der Landwirtschaft alles: Frühling, Sommer, Herbst, Winter, 's ist ein ewiger Kreislauf, und da kommen Sie schon hinein!" (15)

Sie beschreibt damit die Tatsache, daß die Natur selbst die Prozesse gewissermaßen standardisiert, indem sie ihnen einen zyklischen Charakter aufprägt: viele natürliche Prozesse laufen nicht linear in Raum und Zeit ab, sondern in besonderer Weise regelmäßig und periodisch, d.h. rhythmisch.[136] Schon immer hat der Mensch versucht, die „inneren Bewegungsabläufe" des Naturgeschehens nachzuvollziehen und sie für sich zu nutzen. Insbesondere bemühte er sich, Regelmäßigkeiten festzustellen und zu formulieren, die ihm stetiges Wachstum, kontinuierliche Ernten und längerfristige Vorratshaltung garantierten. So ist ein umfangreicher Schatz an „bäuerlichem Laienwissen" gesammelt und von Generation zu Generation weitergegeben worden. Es besteht im wesentlichen aus Regeln, die Prognosen und/oder Handlungsanweisungen für bestimmte Situationen geben. Sie unterscheiden sich

---

135 Die Abtrennung der geistigen Potenzen aus dem unmittelbaren Arbeitsprozeß und deren isolierte Weiterentwicklung bis hin zum Einbau in den ursprünglichen Arbeitsvorgang, aber auch die umfassenderen Qualifikationsveränderungen, die jede technische Innovation begleiten, sind bisher in ihren Bedingungen und Folgen hauptsächlich für die industrielle Produktion untersucht und beschrieben worden. Dagegen fehlt ein Beitrag zum Thema Qualifikation und Dequalifikation des bäuerlichen Produzenten im Zuge des Wandels im Agrarsektor seit langem. Die folgenden Ausführungen sollen einen Einstieg in diesen Themenkomplex bieten.

136 Dieser quasi-spontane Prozeßrhythmus unterscheidet sich von den „erzwungenen", von Menschen hergestellten regelmäßigen Bewegungen einer Maschine, bei denen im Normalbetrieb jeder Zyklus mit dem vorhergehenden und dem nachfolgenden identisch ist.

von den analytischen Gesetzen der Naturwissenschaften[137] dadurch, daß sie nicht wie diese im Laborversuch, sondern in der alltäglichen Empirie, sozusagen am „Ernstfall" aufgestellt wurden, daß sie oft nur in kaum praktisch durchführbaren Langzeitversuchen mit den Mitteln herkömmlicher Wissenschaft überprüfbar sind, daß sie sich auf sehr konkrete zumeist mit Eigennamen formulierte Situationen beziehen, also nicht beliebig reproduzierbar, sondern räumlich und zeitlich nur begrenzt anwendbar sind.[138]

Das Regelwissen zerfällt in zwei Komplexe: Eine Sorte der Regeln beschreibt und prognostiziert Naturzustände und ihre wechselweisen Zusammenhänge und gibt Vorschriften für „richtiges" Verhalten. Zu diesen Bauernregeln im engeren Sinn gehört eine stattliche Anzahl von Wetterregeln, Singularitäts- und Korrelationsregeln, Lostagsregeln, Regeln, welche auf der Beobachtung und Wahrnehmung von Geräuschen und Gerüchen beruhen und Regeln, in denen Tiere und Pflanzen als Wetterpropheten benutzt sind; weiter land- und forstwirtschaftliche Saat-, Dünge-, Pflanzen- und Tierzucht- sowie Ernteregeln, schließlich die Mondregeln. Sie zeigen, in welcher Weise der bäuerliche Mensch das natürliche Geschehen um sich herum registrierte, wie er kombinierte und seine Schlüsse zog. Die heutige Wissenschaft, z.B. die Meteorologie und Biologie haben dadurch, daß sie verschiedene dieser Regeln bestätigten, gezeigt, daß solche Bauernregeln nicht samt und sonders als „Unsinn" und „Aberglaube" abzutun sind; wo allerdings die Grenze zwischen Wahr und Falsch hier exakt verläuft, kann nicht immer angegeben werden, da die hierzu notwendigen Untersuchungen[139] sehr aufwendig sind:

> „Wie diese und andere Untersuchungen, die im übrigen noch nicht abgeschlossen sind, zeigen, muß heute mit bestimmten Einflüssen gerechnet werden. Ihre Wirksamkeit ist noch nicht restlos geklärt."[140]

Daneben gibt es noch einen weiteren Katalog von Regeln, die den menschlichen Eingriff in gestörte Wachstumsverläufe zum Gegenstand haben, und die wir als therapeutische Regeln bezeichnen wollen. In Ermangelung eines exakten wissenschaftlich „fundierten" botanischen, zoologischen oder medizinischen Wissens mußte der bäuerliche Produzent selbst einen Reim auf Krankheiten von Pflanzen Tieren finden, mußte Ursache-Wirkungshypothesen aufstellen, Ähnlichkeiten und Unterschiede herausarbeiten, vor allem aber Krankheiten heilen und Schäden beheben lernen.

Vor die Notwendigkeit gestellt, oft schnell, immer aber aus eigenen Kräften heraus zu handeln, griff er auf Mittel zurück, die die Natur ihm zur Verfügung stellte, oder auf Verfahren, die nur von den in Haus und Hof verfügbaren Ressourcen

---

137 Eine gute Zusammenfassung wichtiger Merkmale naturwissenschaftlichen Wissens gibt O. Ullrich 1979a, S. 75 ff.

138 Umso erstaunlicher ist in vielen Fällen das außerordentlich hohe Alter der Regeln. Manche reichen bis in die sumerisch-babylonische Kulturepoche, viele in das klassische Altertum zurück; vgl. hierzu Hauser 1975, S. 28 ff.; vgl. auch U. Jeggle 1981.

139 Vgl. hierzu die Arbeit von M. Thun und H. Heinze 1973 und die Dissertationen von U. Abele 1973 und H. Graf 1977 sowie U. Graf und E. R. Keller 1978.

140 A. Hauser 1975, S. 88.

Gebrauch machten. Erfolg oder Mißerfolg seiner Handlungen lieferten ihm Rückschlüsse auf die Richtigkeit der Diagnose bzw. die Angemessenheit des Hausmittels. Diese Mittel waren „homöopathisch"; sie stammten aus dem Betriebskreislauf; sie waren vielfach in der Praxis überprüft; ihre Wirkungsweise schien durchschaubar, die Wirkung erfahrbar, die Nebenwirkungen kontrollierbar. Gebunden an die Alltagspraxis blieben Erwerb und Überprüfung allerdings in dem Maße begrenzt, wie diese sich in starren Formen verfestigten. Sowohl das Aufstellen wie auch das Anwenden der Bauernregeln und des therapeutischen Wissens verlangt zwei wichtige Fähigkeiten vom bäuerlichen Produzenten: Um Situationen richtig einzuschätzen und die richtigen Handlungen zum passenden Zeitpunkt auszuführen, stehen dem Menschen keine „objektiven" Meßgeräte zur Verfügung; das Lebendige als Ganzes entzieht sich weitgehend dem quantifizierend-messenden Zugriff des Menschen. Daher muß der Mensch jene Werkzeuge anwenden, die ihm relativ zuverlässig jederzeit verfügbar sind, nämlich seine natürlichen Sinne. Er muß sorgfältig beobachten, ein feines Gehör haben, ausgeprägte Geruchs- und Geschmackssinne. Vor allem muß er in der Lage sein, die sinnlichen Einzelqualitäten einer Situation zu einem Gesamteindruck zu verbinden und möglichst assoziativ-spontan, alle Umstände berücksichtigend, einzugreifen. Damit sind Fähigkeiten beschrieben, die man üblicherweise mit dem Terminus „sinnliche Intuition" zusammenfassend bezeichnet.[141]

Die genannten Kenntnisse und Fähigkeiten sind auf spezielle Lern- und Vermittlungsprozesse angewiesen. Da sie sich gerade auf die jeweilige Besonderheit der Alltagssituation beziehen müssen, werden sie am besten in der Praxis selbst erworben. Jede theoretische Vermittlung muß notwendig von den spezifischen Bedingungen der konkreten Situation abstrahieren, muß situationsunabhängig formulieren und setzt damit die Notwendigkeit, die abstrakten Inhalte später in der Praxis wieder schrittweise zu konkretisieren und dadurch anwendbar zu machen. Theoretische Vermittlung erscheint daher den Bauern oft als wenig erfolgreicher Umweg.[142] Einfühlungsvermögen und sinnliche Intuition leben vom Ernstcharakter der Situation und können kaum durch Probehandeln angeeignet werden. Es ist zwar möglich, technische Einzelfähigkeiten, wie beispielsweise das Melken, in einem Übungskurs zu erlernen, nicht aber das Einfühlen in Ereignisse und Vorgänge, die sich einer Vorausschau und Kalkulation weitgehend entziehen. Ebenso kann die Bereitschaft, sich an außenbestimmten Arbeits- und Lebensrhythmen zu orientieren, nur schwerlich in der Theorie angeeignet werden; wirkungsvoller ist die Internalisierung auf dem Weg einer frühen „Prägung" und einer lebenslangen Praxis. Um eine „Innenschau" der Abläufe auf dem Bauernhof zu haben, muß man sie oft nachvollzogen haben und selbst die Koordination von Lang- und Kurzzeit-

---

141 Vgl. I. Ostner 1978, S. 122 ff.
142 Dies zeigte schon die Untersuchung von Sachs, wonach sich die Landwirtschaftsschulen einer allgemeinen Wertschätzung bei der bäuerlichen Bevölkerung erfreuen, freilich weniger aufgrund des dort erlernbaren technischen Wissens und der im bäuerlichen Alltag erforderten Fähigkeiten; im Gegenteil: sie werden wegen ihrer „Betriebsfremdheit" kritisiert und geschätzt aufgrund des dort möglichen „sozialen Erlebens" der Kontaktaufnahme und Kommunikationsmöglichkeit; R. E. G. Sachs 1972, S. 169.

zyklen mehrmals mit vorgenommen haben, was angesichts der Länge mancher Zyklen jahrelange Übung bedeutet.

Daher wurde in der traditionellen Landwirtschaft ein Mädchen zur Bäuerin, indem es das Leben seiner Mutter und anderer Personen auf dem Hof imitatorisch nachvollzog, Arbeiten mitmachte, ausprobierte, korrigierte, einübte und sich so schrittweise in den bäuerlichen Arbeits- und Lebenszusammenhang einpaßte.

6.2 Die Entwertung traditionellen Regelwissens am Beispiel der Bauernregeln

Mit der Modernisierung der Landwirtschaft ist das bäuerliche Regelwissen auf weite Strecken hin entwertet und überflüssig geworden. Als wir den Bäuerinnen die Frage stellten, ob ihnen noch Regeln bekannt seien, die Säen und Ernten für bestimmte, auch vom Stand des Mondes[143] abhängige Tage, vorschreiben, reagierten viele prompt mit einem etwas distanzierten Lächeln:

„Und die wenn mir auch bekannt wären, da kann ich nur lachen, da geb ich gar nichts drauf." (48)

44 % der Befragten kannten solche Regeln, konnten oft auch noch mehrere nennen. Manche wurden beim „Hersagen" jedoch dann unsicher, ob eine Regel diesen oder genau den gegenteiligen Zusammenhang herstellte, wodurch sie schlagend deren praktische Irrelevanz dokumentierten. 45 % der Frauen kannten keine Regeln mehr. Fast alle Frauen betonten spontan, daß sie sich nicht an solche Regeln halten würden, und nur ein winziger Prozentsatz, nämlich 7 %, das sind 9 Frauen, richtete sich nach alten Vorschriften. Unsere Zahlen belegen auch die plausiblen und in den wenigen anderen Untersuchungen zu diesem Themenbereich herausgefundenen Korrelationen mit dem Alter der Bäuerinnen: Setzt man in jeder der 3 Altersgruppen die Frauen, denen Bauernregeln noch bekannt sind, in Relation zu den Frauen, die nichts mehr davon wissen, so erhält man für die jüngste Altersgruppe ein Verhältnis von ca. 2:3, in der mittleren von etwa 1:1 und in der ältesten von 2:1. Manche Frauen aus der mittleren Altersgruppe gaben vor, „Sprüche" noch „von der Mutter im Ohr" zu haben, sich aber längst nicht mehr dran zu halten; andere verwiesen die Interviewerinnen auf ältere Leute im Dorf, die dazu Auskunft geben könnten. Hier bestätigte sich für unser Untersuchungsgebiet das Ergebnis einer Umfrage in der Schweiz, daß Regeln zwar noch zum bäuer-

---

143 In zahlreichen der tradierten Mondregeln wird ein Zusammenhang hergestellt zwischen dem Mondstand und den Mondphasen einerseits, dem Wetter, dem Wachstum von Fauna und Flora andererseits. Unsere Wahl fiel auf diese „Mondfrage", weil einige Zeit vorher in den Landfrauenzirkeln, denen die meisten Bäuerinnen des einen Untersuchungsgebietes angehören, ein Vortrag zu diesem Thema stattgefunden hatte, der allerdings keine Frau nachhaltig umgestimmt hat.

lichen Wissensbestand vor allem der älteren Leute gehören, aber kaum jemand mehr an ihre Anwendbarkeit glaubt oder gar nach ihnen arbeitet.[144]

Auch dort, wo bestimmte Saat- und Ernteregeln noch eingehalten werden, scheint oft ein Sinnzusammenhang verlorengegangen und der Gebrauch mehr oder weniger ritualisiert zu sein. Da die Bestätigung durch den beobachteten Erfolg nur noch vereinzelt gelingt, und der Mißerfolg bei Nichtbeachten (eben aufgrund der stärkeren anderen Effekte) auch ausbleibt[145], gerinnt die überlieferte Regel oft zur puren Tradition:

> „Ja, ich geh wirklich noch ein wenig danach, vielleicht im Unterbewußtsein. Z.B. vorm Georgitag tut man keine Bohnen raus. Das hab ich so drin im Ohr, von der Mutter her, und tu ich's halt danach raus, weil man's auch öfters so gemacht hat. Und ich geb das auch weiter, tu das immer wieder erwähnen." (12)

So ist nach dem Stand der Dinge zu vermuten, daß mit der Gruppe der älteren Bäuerinnen die „Bauernweisheiten" der Altvorderen vollends aus der Praxis verschwinden und nur noch in Büchern weiterleben werden.

Die befragten Frauen haben in ihren Antworten spontan oft die Gründe für die praktische Irrelevanz bzw. die „modernen" Alternativen genannt. Wir wollen sie im folgenden kurz zusammenfassen.

Zunächst ist es die Agrarchemie, die viele naturgebundene Rhythmen im Tier- und Pflanzenreich aufgelöst hat. Durch die maschinell und chemisch erreichte Verkürzung von Wachstumsperioden und die Verschiebung von Saat-, Pflanz- und Ernteterminen wurden sie dem Jahres- bzw. Tageszyklus sowie kosmischen Einflüssen entzogen.[146] So kommentiert eine Bäuerin, die von ihr erinnerte alte Säregel „Bartholomä, Bauer sä!":

> „Mit dem Kunstdünger wird doch alles künstlich hochgezogen und aufgetrieben... (Früher) ... hat mer länger gewartet, da hat man sich schon ein wenig an die Regeln gehalten. (Heute) Wenn's Gras grad richtig ist, läßt man's doch net hart werden. Bei einem jungen Gras ist doch der Futterertrag viel höher!" (8)

Ähnlich äußerte sich eine andere Frau:

> „Mein Mann hat immer gesagt: Vor Johanni wird nicht Heu gemäht. Ich sag: Heu gemäht wird, wenn was draußen steht!" (51)

---

144 Weitere Ergebnisse von A. Hauser 1975, S. 58 ff.: Die junge Generation ist sehr kritisch gegenüber Bauernregeln. Haupterwerbsbauern stehen ihnen positiver gegenüber als Nebenerwerbsbauern. Gut ausgebildete Personen sind kritischer und skeptischer als weniger gut ausgebildete. Männer sind kritischer als Frauen. Größere Skepsis besteht gegenüber Regeln, die nicht zum eigenen Regelvorrat gehören. Die Tradierung der Regeln erfolgt zumeist übers Elternhaus.

145 „Gerste sollt mer noch im März nausbringen. Wenn's geht, machen wir's ja, aber wir haben schon im April auch noch gesät und den gleichen Erfolg gehabt." (10)

146 U. Graf hat in ihrer Dissertation 1977 versucht, den Zusammenhang zwischen der Wirtschaftsweise und der Gültigkeit bestimmter Regeln über Gestirnseinflüsse zu ermitteln. Demnach ist er bei modernem chemisiertem Landbau nicht mehr existent, bei „biologischem" Landbau — allerdings in Abhängigkeit vom jahresdurchschnittlichen Wetter — nachweisbar.

Der finanzkräftige Bauer gar scheint alle Naturgesetzlichkeiten bezwingen zu können:

> „... der haut natürlich Kunstdünger hin, daß das wächst über Nacht..." (116)

Somit hat der Satz: „Jedes Ding braucht seine Zeit", den uns manche Bäuerin in anderen Kontexten entgegenhielt, angesichts der Chemotherapie in der Landwirtschaft seine strenge Gültigkeit offenkundig eingebüßt.

Auch die Maschine sprengt die Möglichkeit und Notwendigkeit, eine traditionelle Regel anzuwenden. Damit die immer größer und schwerer werdenden Maschinen eingesetzt werden können, muß u. a. die Witterung passen. Und umgekehrt: Da eine Maschine immer einsatzbereit ist und vor allem dort, wo sie gemeinsam von mehreren Bauern benutzt wird, möglichst effektiv eingesetzt werden soll, kann man sie bei günstigem Wetter nicht einer tradierten Regel wegen ungenutzt lassen. Agrochemie und Technik haben damit einen anderen Einflußfaktor relativ aufgewertet, das Wetter. Denn auch beim Ausbringen von Dünger oder Bioziden ist eine günstige Witterung wichtig:

> „Im Frühjahr, wenn man streun tut, der Kunstdünger ist mordsteuer. Streut man viel, dann weiß man net: Regnet's viel, dann haut's alles rein. Streut man net so viel, regnet's net, dann ist's auch nix!" (3)
>
> „... oder wenn das Wetter nicht paßt, wenn es z. B. nicht regnet, liegt der Kunstdünger noch im Herbst in den Feldern..." (86)

So erstaunt es nicht, daß viele Bäuerinnen das Wetter als die wichtigste Richtgröße für den Termin der Feldbestellung nennen. Selbst hier nutzt althergebrachtes Wissen wenig: Auskunft über Wetteraussichten holt man sich eher aus den Wetterberichten der Medien als aus der Wetterprophetie der Alten.

Ein weiterer Grund, der die Anwendung traditionellen Regelwissens schwierig macht, ist die arbeitswirtschaftliche Situation auf den kleinen Höfen, vor allem außerhalb der winterlichen „Ruhezeiten". Das Vielerlei der Tätigkeiten, die auf einer Bäuerin lasten, macht eine zusätzliche Koordination mit Terminvorschriften, die sich von kosmischen Rhythmen ableiten, zu einem schwierigen Zeitproblem, dem sich die meisten Bäuerinnen von vornherein entziehen:

> „Ich steck meine War, wann's mir paßt!" (47)
>
> „Wir richten uns nach uns, d. h. wie wir Zeit haben!" (99)

Gerade was die Bauernregeln anlangt, muß noch ein letzter wichtiger „Entwertungsfaktor" genannt werden: Der Anpassungsdruck durch das heute vorherrschende rationalistische, am Paradigma der exakten Naturwissenschaften orientierte Weltbild. Demzufolge gelten alle Bauernregeln als der Inbegriff von irrationalem magisch-religiös gefärbtem Umgang mit der Natur. Wer modern sein will, muß sich von solchen Irrationalismen frei gemacht haben, und sei es auch nur in seiner Selbstdarstellung vor anderen.[147] Dies gilt insbesondere für den Bauernstand,

---

147 In letzter Zeit nimmt die Kritik an der Haltung, die wissenschaftliche Vernunft verabsolutiert und zum alleinigen Maßstab für die Beurteilung anderer Erfahrungs- und Erkenntnisweisen erhebt sowie die Rehabilitierung anderer Denkweisen zu; vgl. K. Hübner 1978; P. Feyerabend 1980; H. Novotny/H. Rose (Hg.) 1979; hierin bes. S. Peters, S. 251–275.

dessen „Rückständigkeit" häufig gerade an seiner Funktion, Träger solcher irrational-konservativer Traditionen zu sein, festgemacht worden ist. Der Gestus der Abwehr und Distanz, mit dem die Antworten zur „Mondfrage" meistens gegeben wurden, und die Häufigkeit von Formulierungen wie „Aberglaube", „bin doch nicht abergläubisch", „da lach ich darüber", „nur die Alten machen das noch", weisen offenkundig auch auf den Wunsch hin, nicht für altmodisch gehalten zu werden.

6.3 Die neuen Qualifikationen: Bedienen technischer Apparate und Interpretation von Anwendungsvorschriften

Jeder Rationalisierungsschub läßt Fertigkeiten und Fähigkeiten des einzelnen Produzenten „veralten", ohne diese Dequalifikation immer auch wieder zu kompensieren. Dies läßt sich auch am landwirtschaftlichen Beispiel nachvollziehen. Getrennt vom eigentlichen Produktionsprozeß arbeiten Techniker, Ingenieure, Chemiker etc. an der Perfektionierung der Apparate und an der Optimierung ertragssteigender Stoffe und Methoden, deren Einsatz im Landbau dann die menschliche Arbeit nochmals produktiver machen soll. Ein Ziel ihrer Kopfarbeit ist, den Naturprozeß experimentell nachzukonstruieren und − in vom Menschen zunehmend unabhängig gemachter perfektionierter Form − beliebig reproduzierbar zu gestalten. Dieses Merkmal naturwissenschaftlicher und technischer Forschungsarbeit bedeutet, daß dort, wo die Forschungen praktisch werden, dem Subjekt eine entsprechend reduzierte Funktion zukommt bzw. eine andere Art von Wissen und Können abverlangt wird.

So bedarf es, um den umfangreicheren, komplizierteren und größer dimensionierten Maschinenpark zu bedienen, eines neuen technischen Bedienungswissens, das an aktiven Potentialen Geschicklichkeit, aufmerksame Umsicht und Kraft erfordert; hinzu kommen Kontinuität, Anpassung an den Maschinentakt usw. Wir haben bereits darauf hingewiesen, daß und wie die Maschinen die Arbeitsbereiche der Bäuerinnen erfaßt und ihnen neue technische Qualifikationen abverlangt haben. Es wurde auch erwähnt, daß die Fälle selten sind, in denen eine Bäuerin aus einer objektiven Notsituation eine subjektive Tugend macht und ihre technische Kompetenz soweit perfektioniert, daß sie nicht nur mit der gesamten Maschinerie im „Normalbetrieb" gut umgehen kann, sondern auch Störungen der Apparatur souverän zu meistern versteht, etwa so wie diese 35jährige Nebenerwerbsbäuerin:

> „Beim Miststreuen ist mir einmal die Kette gerissen. Da hätten wir zum Schmied fahren müssen und das Ding schweißen lassen ... hat sich aber der Opa erinnert, daß wir selber einen Schweißapparat haben, und dann hab ich die Kette zusammengeschweißt, und die hält heute noch ... will demnächst einen Schweißkurs im Maschinenring mitmachen mit dem großen (Sohn, erg.) zusammen." (123)

Insgesamt gesehen besteht bei den Bäuerinnen wenig Neigung, ihr technisches Wissen zu komplettieren. Die antitechnische Frauensozialisation, ein großes Unbehagen im Umgang mit schweren Maschinen, die von Männern für Männer konstruiert sind, die Abwehr neuer Verantwortlichkeiten und zusätzlicher Arbeitsbereiche sind die Hauptgründe. Das Repertoire an technischem Minimalwissen, das sie sich in den letzten Jahrzehnten aneignen mußten, die Fähigkeiten und Kräfte, die sie bei der Maschinenarbeit immer wieder mobilisieren müssen, auch wenn sie Hilfsarbeiten verrichten, vermitteln ihnen ohnehin schon das Gefühl, sie müßten „halbe Techniker" sein, wenn sie ihre Aufgaben perfekt erledigen wollen. Auch aus der Frage nach den idealen Fähigkeiten einer Bäuerin wird spürbar, welche Rolle das technische Bedienungswissen heutzutage für die Frauen auf den Höfen spielt: Von 20 % der Frauen wird die Fähigkeit, mit Machinen umgehen zu können, explizit gefordert; in der hier häufigsten Auskunft: „alles" ist das Maschinenwissen ohnehin implizit mitenthalten.

Ist das Funktionieren des technischen Mechanismus im Detail schon für viele Bäuerinnen ein Rätsel, so gilt dies erst recht für die Agrochemie, ohne die die Bäuerin nicht mehr auskommen zu können meint. Bei den Agrarchemikalien wird ein doppelter Schleier wirksam: erstens die Tatsache, daß sie fernab von der eigentlichen Produktion auf der Basis einer hochspezialisierten Wissenschaft entwickelt wurden, für den Produzenten also fremd und unverstehbar sein müssen; zweitens ein Spezifikum dieser Wissenschaft, in der das Prinzip der analytisch-synthetischen Naturwissenschaften besonders rein realisiert ist: Zerlegen vorhandener, der Natur entnommener Stoffe und Synthese zu völlig neuen Stoffen, über deren Wirksamkeit prinzipiell überhaupt noch sehr wenig ausgesagt werden kann, eben nicht nur durch den Laien, sondern auch vom Experten. Insbesondere − und dieser Aspekt wird im folgenden von Bedeutung sein − läßt sich die langfristige Unschädlichkeit der künstlich erzeugten Stoffe sehr schwer beweisen, und darauf käme es natürlich an.[148]

So sind mit der Agrochemie komplexe und im Detail auch nicht immer vom Fachwissenschaftler nachvollziehbare Wirkmechanismen in die Landwirtschaft eingedrungen. Schon die Angemessenheit der Düngegaben oder die korrekte Dosierung eines Spritzmittels für Pflanze oder Tier setzen Kenntnisse und Fähigkeiten voraus, die die Bäuerin gar nicht besitzen kann: Wie ist die chemische Zusammensetzung des eigenen Bodens? Wie wird sie vom jahrelangen Düngen im Nährstoffgehalt oder in der Humusstruktur verändert? Wie wirkt sich die chemotherapeutische Praxis auf Flora und Fauna langfristig aus? Viele Frauen behaupten, die genaue Einhaltung der Vorschriften gewährleiste die Ungefährlichkeit der auf die

---

148 Vgl. A. J. Büchting/A. Gutschow 1976, S. 18 f.; O. Ullrich 1979b, S. 85 ff. Als drittes Moment wäre noch die Harmlosigkeit suggerierende, den Entstehungsprozeß wie die Wirksamkeit verschleiernde schlichte Form und die freundliche Bezeichnungsweise („Gelbpulver", „Grüne Tropfen", „Flohpulver", „Schneckenkorn" in der Terminologie der Hersteller oder der Bäuerinnen) zu nennen. Solche Verschleierungsformen sind kürzlich im Zusammenhang mit der Frage der offenen oder geschlossenen Gemengteildeklaration bei Mischfuttermitteln ins Kreuzfeuer der Kritik gekommen (vgl. Bauernblatt Nr. 11, Juni 1979).

Felder ausgebrachten Chemie. Nur wenige geben zu, daß es bereits schwierig sei, die Vorschriften korrekt zu verstehen und anzuwenden.[149]

> „Man will auf Nummer Sicher gehen mit den Spritzmitteln. Wenn man ein Zehntel weniger nähme, was viel ausmacht, geht es vielleicht auch noch so gut. Aber wie soll man das messen können oder ausrechnen?" (72)

Überkommene Erfahrungswerte besagen nichts mehr; die heutigen Probleme sind anderer Art. Neues empirisches Wissen ist schwer zu gewinnen, da der Dünge- und Spritzmittelaufwand über die Jahre keinesfalls sich auf einem konstanten Niveau einpendelt, ganz abgesehen vom schnellen Wechsel der jeweiligen Mittel:

> „Die Böden sind schon direkt darauf eingestellt, daß die immer mehr Kunstdünger haben sollen, von Jahr zu Jahr mehr, damit überhaupt noch was wächst." (125)[150]

> „Wenn mer mal ein Feld net gnug gspritzt hat oder gspart hat, – wie des hergricht worn ist von die Schädlinge! Des is unwahrscheinlich! Des hab ich früher in meiner Jugend überhaupt net gekannt!" (13)

> „Wie des kommt, daß man zu allem spritzen muß, das kann ich nicht verstehen!" (53)

faßt eine andere Bäuerin ihr Gefühl von Nicht-wissen und Ohnmacht zusammen. Und eine weitere Bäuerin berichtet, daß sie aus ihrer großen Verunsicherung heraus radikale Konsequenzen gezogen hat:

> „Da hat man schon allerhand ghört, mit dem Spritzen und dem Zeug! ... Die ganze Zeit mit dem Hopfen! Etz ham wir ihn ja weg, allerweil mit dem Gift umeinand gehn, Spritzen gegen die Läus! Na is gossen worn, des Zeug, neigossen, in die Stöck, daß mer's nimmer spritzen muß. Des is besser, ne, da braucht mer's nimmer einatmen. Da is scho allerhand vorkommen, ne. 's letzte Jahr, erst im Herbst: Ham's auch was gspritzt im Hopfen, gegen's Unkraut. Und der Mann hat des eingeatmet, und den ham's fei grad noch in die Intensivstation bracht, der wär fei bald gstorbn, dem sei Lebn war an einem Faden ghängt, ja! Des is fürchterlich. Und der sagt: Ich hab doch des scho öfters gspritzt, nei die Pfoschtn (Rüben) zur Unkrautbekämpfung und da hat's nix gschad und da passiert's! Ja, da weißt manchmal wirklich net, was alles – und wie des geht, ne. Aber des is scho was auf der Landwirtschaft, – man hat ständig mit dera War zu tun...! (70)

149 Vgl. hierzu die im Spiegel Nr. 44 (1978) S. 90 zitierte Untersuchung über die Kenntnisse von Landwirten im aktiven Umgang mit der Agrochemie: „Die Hälfte bekannte sich zu Schwierigkeiten bei der Entscheidung, ob überhaupt, und wann und wogegen und welches der vielen Mittel sie zu spritzen hätten (aber sie spritzen). 13 % gaben offen zu, sie nähmen eine höhere als die in strengen Gebrauchsanweisungen vorgeschriebene Dosis..." Eine solche Haltung hängt sicherlich mit der totalen Überforderung und Resignation der Bauern vor der Aufgabe, sich im Dilemma von ökonomischer Konkurrenz und ökologischer Gefährdung zu bewegen, zusammen.

150 Hier liegt ein auch von der Wissenschaft noch nicht gelöstes Problem. So bezeichnet Hampicke 1977, S. 378 den gegenwärtigen Zustand geologisch und ökologisch gesehen als eine „Abnormität", zumindest was einen wichtigen Düngerbestandteil, den Phosphor, betrifft: „Offenbar wird in der Praxis davon ausgegangen, daß sich das Ertragsniveau nur durch fortwährende Überschußgaben halten ließe. Andererseits haben Mangelzeiten gezeigt, daß das Ausbleiben der Phosphor-Düngung über Jahre hinaus keine Ertragsausfälle verursachte. Es scheint dringend erforderlich, über diese Zusammenhänge in eine vertiefte Diskussion einzutreten, denn die gegenwärtige Ungleichgewichtssituation wird sich zwar lange, aber nicht auf ewige Zeiten durchhalten lassen."

Breite Wissenslücken scheinen auch dort zu klaffen, wo es um den richtigen Umgang mit den Spritzgeräten bzw. um eine sichere Lagerung von Dünge- und Spritzmitteln geht. So verlangte eine Bäuerin, daß sich die Bauern jährlich einer Kontrolle der Spritzgeräte unterziehen sollten.[151]

Kann also die Bäuerin schon im „Normalbetrieb" des bäuerlichen Alltags nicht mehr ohne weiteres auf erlerntes Wissen zurückgreifen, so gilt dies vor allem für den „Störfall", der ihre sinnliche Intuition vor besondere Rätsel stellt.

Es hat den Anschein, daß sich die Zahl solcher „Störfälle" mit der Verwertung biogenetischer und chemischer Forschungsergebnisse für die Landwirtschaft vergrößert hat. Zusätzlich zu der von vielen Bäuerinnen thematisierten Anfälligkeit neuer Tierzüchtungen und Pflanzensorten, die zur chemotherapeutischen Prophylaxe zwingt, treten neuartige Krankheiten auf, deren Ursache ebenso unklar ist, wie ihre Diagnose schwierig. Im Hausgarten der Bäuerin ist dagegen zumeist kein Kraut mehr gewachsen.

Dies wird an der folgenden Darstellung deutlich, die die erste Konfrontation einer 50jährigen, auf Schweinemast spezialisierten Nebenerwerbsbäuerin mit der „Bananenkrankheit" von Schweinen beschreibt. Wir geben sie in ihrem vollen Wortlaut wieder, da sie viele typische Momente enthält: Zunächst den Versuch, mit herkömmlichen diagnostischen Mitteln die Ursache und Art der Krankheit festzustellen; Beratung mit dörflichen „Experten" und Ende des Laienwissens; hilflos-witzelnde Reaktion auf die Auskunft des Tierarztes; Unsicherheit der Tiermedizin bezüglich dieser neuen Krankheit, was auch durch das Scheitern des tierärztlichen Eingriffs praktisch demonstriert wird; diffuse Zweifel der Bäuerin an der Angemessenheit der Therapie; vorsichtiges Festhalten an den eigenen Vermutungen:

„Bei uns ist heuer im Herbst ein Schwein kaputt gegangen, mit 2 ½ Zentner. Die hat früh noch gefressen, aber am Abend nimmer. Sagt mein Mann: Horch, schau amal, des eine Schwein, des geht mir nicht hin zum Trog! Dann hab ich gsagt: Nein, des gibt's doch net, hat's doch heut früh noch gfressen! Schau ich nei, da steht's drin und schnauft. Horch, des mein ich, hat was mitm Herz, hab ich gsagt, des is a weng schnell gewachsen. Im Sommer hat man schlecht füttern können, weil's ja net viel gegeben hat, und dann hat man im Herbst halt natürlich, wie man die Kartoffeln — haben wir dann gut gebaut heuer! —, dann hat man halt doch a weng viel (gefüttert, erg.). Dann hab ich halt gsagt: Vielleicht, daß ich's a weng zu gut gmeint hab, und daß des jetzt das Herz nicht so richtig mitmacht. Und dann hab ich gsagt, jetzt holst einmal den Onkel — unser Onkel, der ist Metzger und der tut auch bei uns schlachten —, jetzt holst ihn mal, was der meint, denn wenn's mit dem Herz (was ist, erg.), dann lassen wir's nicht kaputt werden! Und dann is der kommen und hat gsagt: Ja, da kannst fei recht haben, die kann's am Herz haben, weil's so schnauft. Hab die Ohren angefaßt, die waren warm. Hab ich gedacht: Nein, keine Temperatur hat die nicht, weil sonst sind die Ohren kalt. Dann hat er gsagt: Da hast recht. Also gut, hab ich gsagt, dann machen wir uns fertig, dann heizen wir den Kessel an, daß wir Wasser kriegen zum Brühen und dann stechen wir's und lassen's dann eben vom Fleischbeschauer oder vom Tierarzt, je nachdem, untersuchen, vielleicht ist's

151 Eine Untersuchung der BAYWA bestätigte kürzlich, daß hier ein großes Problem zu liegen scheint: Von den im Laufe von 7 Jahren untersuchten 10 % der eingesetzten Sprüh- und Nebelgeräte waren 4/5 nicht in Ordnung; vgl. Spiegel Nr. 44 (1978), S. 90.

doch weiter nix, daß man's dann verwenden kann. Naja, den Fleischbeschauer holt man
da schon eher, daß er's lebendig auch noch sieht, weil's ja keinen kranken Eindruck
macht, des Schwein. Dann wird's versichert, und dann bist du aus der Sache. Und der
Fleischbeschauer hat's dann gemessen. Du, die hat doch ein wenig Temperatur, hat er
gsagt. Fieber, hat er dann gsagt, ich glaub, da holst den Tierarzt. Ja, hab ich gsagt, selbstverständlich! Haben wir den Tierarzt geholt. Und dann hat er gesagt: Na, was hat denn
das Schwein? Dann hab ich gesagt: Ich weiß nicht, ich glaub, daß die mit dem Herz a
weng hat, die schnauft so arg. Dann hat er neigschaut, dann hat er gsagt: Gute Frau,
die hat die Bananenkrankheit! Ich wollt im ersten Moment grad nauslachen, des hab ich
ja noch nie ghört ghabt! Horchen'S, hab ich gsagt, was is denn des für a Krankheit? Ich
hab ihr doch keine Bananen gefüttert, hab ich gsagt. Und dann hat er gsagt: Nein, des
ist eine neue Krankheit, die existiert gar noch net lang, haben's auch noch nicht richtig
erforscht. Da tut sie sich am Rückgrat oben entzünden und dann schwillt des. Schauen's
doch einmal hin, hat er gsagt, ob Sie des nicht sehen. Des ist mir halt auch nicht auf-
gfallen gewesen. Sagt er: Des ist jetzt bloß einseitig, des könnt auf der andern Seite auch
so sein, und dann ist's natürlich noch schwerer. Sag ich: Ja, und was tut man damit? Wir
haben's schlachten wollen. Dann hat er gsagt: Nein, das tät ich Ihnen net raten, weil das
Fleisch da oben von dem Kammstück, des können'S dann nicht verwenden, weil des hat
dann allerhand Farbe und fällt direkt vom Knochen. Und dann hab ich gsagt: Muß man's
dann kaputt gehen lassen? Nein, hat er gsagt, des kann man behandeln, des spritzt man!
Dann sagt mein Mann: Freilich, des probieren wir! Lassen wir's spritzen. Dann hat er's
gespritzt. Naja, wir haben ihr dann noch ein schönes Bett neigmacht und haben wir
Schluß gemacht, Feierabend. Und am andern Tag, früh, mei Mann wollt noch neischaun.
Sagt er, er schaut nach dem Schwein. Dann hat sich nix gerührt, denkt er, ich laß es liegen. Und wie dann ich aufgestanden bin, war natürlich mein erster Gang, daß ich nach
dem Schwein gschaut hab. Denk ich: Na, etz liegt's aber schön ruhig drin! Denk ich:
Des hat sich doch gegeben, die Entzündung! Dann war's zu ruhig dringlegen! Hat sie's
überstanden ghabt... Ich denk, daß die zusätzlich eine neue Spritze gebraucht hätt. Des
hab ich mir eingebildet. Aber des hat ja keinen Wert mehr." (10)

Das Dilemma der Bäuerinnen dort, wo es um die neuen Zaubermittel der
Chemie geht, ist unübersehbar. Versuche, sich in dieser Situation mit einer eigenen
Laienchemie zurechtzufinden, sind ebenso verstehbar wie hilflos:

„Das Zeug, was nicht gekocht wird, streue ich nicht. Bei Sachen, die gekocht werden,
ist's weiter nicht so tragisch, durch's Kochen geht's wieder weg." (103)
„Aber die Spritzmittel sind ja nicht mehr so arg giftig wie früher, find ich. Man hat jetzt
sehr viele Spritzmittel, die überhaupt keinen Totenkopf mehr drauf ham. Und im Hopfen
doch überhaupt, die sind nur auf Kupferbasis aufgebaut. Das ist überhaupt nicht schlecht!
... Kupferkalk is net so schlimm, lediglich gegen die Läuse, und da wird net gespritzt,
sondern lediglich gegossen, an die Wurzel, das steigt im Stamm hoch. Des is, also, um-
weltfreundlich! Des hat eigentlich mitm Spritzen gar nix zu tun. Des einzige, was mir
auffällt, ist, daß nimmer viel Singvögel gibt..." (15)

So hat die Agrochemie, die die traditionellen Kreisläufe unterbrochen und
− nicht nur für den Laien[152] − auf undurchsichtige Weise neu definiert und dyna-

152 Aus der Tatsache daß noch kein Fall bekannt geworden ist, in dem nach sicherer wissen-
schaftlicher Kenntnis breiten Bevölkerungsschichten schwerer Schaden zugefügt wurde,
kann auf keinen Fall eine generelle Unschädlichkeit abgeleitet werden, im Gegenteil:
„Jedes Urteil über die toxikologischen Probleme in ökologischer und physiologischer Sicht
muß von der Unsicherheit des heutigen Wissens hierüber ausgehen." (Hampicke 1977,
S. 243)

misiert hat, dem bäuerlichen Produzenten auch einen Teil seines Wissens, soweit es auf die Manipulation dieser Kreisläufe bezogen war, enteignet und ihn zum Erfüllungsgehilfen unbegriffener Regeln und Anweisungen gemacht. Diese Situation erzeugt nicht nur Skepsis gegenüber der Zuverlässigkeit der wissenschaftlichen Experten:

> „Aber sonst wird oft irgendwas erzählt und nach einem halben Jahr genau das Gegenteil." (53),

sondern auch Angst vor den Folgen einer verwissenschaftlichten Landwirtschaft:

> „Die meisten sehen das gar nicht, was da auf uns zukommt. Die sagen, das ist nur Schwarzmalerei. Die Probleme kommen aber wirklich auf uns zu." (34)

Im Bewußtsein mancher Bäuerinnen zeichnet sich infolge der jüngsten Erfahrungen ein Bild von der Wissenschaft ab, das eher die Züge von Destruktivkraft als von Produktivkraft trägt, etwa in dem Sinne, wie sich eine Bäuerin in einer Gruppendiskussion äußerte:

> „Seit sich die Wissenschaft ins Bauerntum reingemischt hat, geht's rückwärts."

Darüber hinaus stellt sich die Frage, ob nicht Angst und Hilflosigkeit einem neuen Mythos Vorschub leisten. Der traditionelle, eng in den bäuerlichen Handlungskontext verwobene Mythos, der die Wirksamkeit göttlicher oder kosmischer Kräfte postulierte, scheint ersetzt zu werden durch einen neuen Mythos, der die Omnipotenz der Naturwissenschaft suggeriert und dabei den unmittelbaren Produzenten vollends entmündigt.

7 Enteignetes Wissen und praktisches Handeln

Angesichts der geschilderten Situation gewinnt die Frage an Bedeutung, wie sich die Bäuerinnen konkret verhalten, wenn sie sich zu Handlungen veranlaßt sehen, deren Voraussetzungen, Bedingungen und Konsequenzen sie nicht mehr überblicken können. Wie integrieren sie das Expertenwissen in ihre Alltagsprobleme? Halten sie sich Nischen für ihre traditionellen Vorstellungen offen? Wie bewältigen sie die Widersprüche zwischen ihrem Wunsch nach Qualitätsproduktion und den Zwängen der Hofökonomie? Fühlen sie sich für die ökologischen Probleme, die allerorten sichtbar werden, verantwortlich?

7.1 „Laien"wissen und Expertenwissen

> „Bei allem kann man sich auch nicht nach den Herren richten; man muß einen Weg finden zwischen Anpassung und eigener Meinung, was paßt und reicht!" (125)

Im Sinne dieses Zitats stützt sich etwa die Hälfte der Frauen auf beides: sowohl auf das eigene Gespür und die eigene Erfahrung, als auch auf den Rat der

Experten. Etwa jede 8. Bäuerin verläßt sich eher auf die Fachleute, und immerhin jede 3. Bäuerin benutzt primär zumeist das eigene Wissen.

Insgesamt ergibt sich somit, daß nur ein verhältnismäßig kleiner Prozentsatz von Frauen überwiegend auf Tierärzte, Berater etc. hört, und daß die große Mehrheit (84 %) (auch) die eigenen Fähigkeiten und Kenntnisse hoch bewertet und sicherlich aktiv zum Einsatz bringt.

Traditionales Verhalten findet sich eher in größerer Zentrumsentfernung. So wohnen von allen Bäuerinnen, die der eigenen Erfahrung mehr vertrauen als dem Rat der Experten, 61 % in größerer Entfernung zu den Entwicklungsachsen und 39 % in der Nähe von Entwicklungsachsen und -zentren. Expertenorientiertes Verhalten ist etwa gleichverteilt: In Zentrumsnähe geben 9 von 66, in Zentrumsferne 7 von 67 Frauen den Experten den Vorzug. Auf den ersten Blick überraschend ist die Altersverteilung. Der Anteil von Frauen, die sich eher auf das eigene Gespür verlassen, an der Gesamtzahl der Frauen in der jeweiligen Altersgruppe, liegt nicht – wie man erwarten könnte – am höchsten in der Ältestengruppe, sondern in der Gruppe der 36- bis 50-jährigen; umgekehrt sind expertengläubige Frauen in dieser Gruppe absolut und relativ am seltensten: Auf das eigene Gespür und die eigene Erfahrung verlassen sich von den Frauen unter 35 Jahren 31 %, von 35 bis 50 Jahren 38 %, und 50 Jahre und darüber 19 %. Nur auf Experten vertrauen 19 % der jüngsten, 4 % der mittleren und 29 % der ältesten Gruppe. Dies mag damit zusammenhängen, daß gerade die mittlere Gruppe eine Arbeitssozialisation erhielt, die zeitlich und inhaltlich mit der sich ändernden Arbeitssituation in der Landwirtschaft zusammenfiel, so daß es ihr eher möglich war, Kenntnisse und Fähigkeiten entlang den neuen Erfordernissen auszubilden und sie in den eigenen Erfahrungshorizont zu integrieren, als den älteren Frauen, die von der Entwicklungsdynamik zu einem Zeitpunkt betroffen wurden, als ihre Arbeitssozialisation schon in der traditionellen Form stattgefunden hatte und abgeschlossen war. Aus ihrer Schwierigkeit heraus, selbst einen angemessenen Weg zu finden, vertrauen sie sich oft lieber von vornherein den Fachautoritäten an.

Solche Probleme der Aneignung neuen Wissens bei der älteren Generation benannte eine 55jährige Bäuerin am Beispiel der Technisierung in der Landwirtschaft:
Obwohl sie sehr drastisch die Mühen des nichtmaschinisierten Landbaus schildert und die Vorteile der Maschine betont, ist sie „altmodisch auf dem Gebiet" geblieben, „eine technische Niete". Sie begründet dies mit dem überstürzten Einbruch der Technik:

„Und vor allen Dingen ist die Technik für uns zu schnell gelaufen. Wir kommen da nicht so schnell mit. Wir ham keine Technik gekannt fast, außerm Fahrrad und der Nähmaschine. Was ham mer denn früher gehabt? Gar nix! Einen Staubsauger amal, der Radio war schon eine Errungenschaft, vorm Krieg. Stellen Sie sich mal vor, was in den dreißig Jahren herkommen ist auf uns! Wir, wir, – wir können uns mit demselben gar net befreunden, während die Jungen schon damit gewachsen sind. Die sind hineingewachsen in das Ganze, die spielen mit dem Zeug!" (15)
Daher hat die Bäuerin die Maschinenarbeit an den Mann und den Sohn delegiert.

Insgesamt entsteht also der Eindruck, daß auch heute noch ein erstaunlich hoher Prozentsatz der befragten Bäuerinnen mit der eigenen Erfahrung und dem eigenen Gespür auszukommen versucht und Fachleute in den Ausnahmefällen beansprucht, „wenn's gefährlich aussieht" (118), „in schlimmen Fällen", um einen Fütterungsplan bei spezialisiert betriebener Mast aufzustellen, für den Neubau des Wohnhauses etc.

Fälle, in denen die Bäuerin den Wert der eigenen Erfahrung völlig in Frage stellt:

„Was heißt ‚eigene Erfahrung'? Heute ist alles anders als früher..." (90),

oder davon spricht, daß Erfahrung und Gespür heutzutage „hinfällig sind" (88), sind jedenfalls selten. Zumeist handelt es sich dann um Frauen, die selbst nicht aus der Landwirtschaft stammten, daher auf kein umfangreiches Erfahrungspotential meinen zurückgreifen zu können, oder um Frauen, die insgesamt eine sehr fortschrittsorientierte Haltung bekunden, vor allem aber um Bäuerinnen aus relativ spezialisierten Betrieben.

Das Ergebnis, daß traditionelles Wissen immer noch geschätzt wird, kann noch dadurch bestätigt und komplettiert werden, daß die Bäuerinnen im Zusammenhang mit der „Expertenfrage" sich auch häufig spontan zur Verwendung traditioneller Hausmittel bei Tierkrankheiten geäußert haben:

„... das alte Zeug, was ich noch weiß, das wend ich schon noch an! Denk ich oft, des hat ja da auch hingehaun, warum soll des auf einmal nimmer gelten?" (10)
„... Bei uns wird noch viel nach dem alten System gemacht!" (114)
„Ich halt mehr davon, was die Alten früher gemacht haben!" (6)
„Man geht schon nach dem alten Herkommen. Die Alten waren ja auch nicht dumm!" (71)

Andrerseits wissen die Bäuerinnen vor allem in den spezialisierten Betrieben auch klar um die Grenzen:

„Aber es gibt immer wieder was, daß man den Tierarzt oder einen Berater braucht. Das Vieh ist so überzüchtet, da nützen die alten Hausmittel wenig, reichen nicht aus." (52)

Wie die Bäuerinnen im konkreten Fall jedoch immer wieder die Bestätigung erhalten, daß ihre eigenen Beobachtungen und Erfahrungen dem Expertenwissen überlegen sein können, soll im folgenden an einem ausführlichen Interviewausschnitt illustriert und kommentiert werden. Dieses Beispiel zeigt sehr plastisch, was zum einen in der komplexen alltäglichen Situation die Kenntnisse, Vergleichsmöglichkeiten und Beratungen der „Laien" den Experten voraushaben, und wie zum andern die Skepsis gegenüber der bloßen Theorie und das traditionelle Festhalten an der in der Praxis gewonnenen Erfahrung legitimiert werden.

Eine 43jährige Nebenerwerbsbäuerin, die auf einem zentrumsfernen 12 ha-Betrieb wirtschaftet, antwortet auf die „Expertenfrage":

„Eigene Erfahrung ist immer noch das Beste! Ich mein, ich will da durchaus keinem Tierarzt was anhängen! Er kann ja auch nicht reinschauen, wenn mit einer Kuh was ist. Aber wir ham –, am 2. Januar hat die Kuh gekalbt, war eine junge Kuh, und es war eine harte Geburt. Ich hab schon irgendwie das Empfinden gehabt, wenn nur das mit der Kuh gut geht. Naja, wir ham den Tierarzt zum Spritzen, weil wir schutzimpfen lassen müssen die

Kälber, und ich sag dann zum Tierarzt (mei Mann war ja auf Arbeit): Ich weiß auch net, ich hab so a Empfinden in mir, als wenn des mit dera Kuh gar net so stimmen tät! Ach, das ist nach der schweren Geburt! Da brauchen Sie sich überhaupt keine Gedanken und nix machen drüber, des ist halt Erholung! Sie ham ja auch Kinder ghabt, Sie wern ja wissen, wie das is! Er hat weiter gar nix drauf gebn.
Abends, wie ich dann gfüttert hab, hab ich schon gsehen: Ja, die Kuh frißt net! Dann hab ich mein Schwager, den Herrn D. drunt (aus dem Unterdorf, erg.) gholt: Soll ich den Tierarzt holn? Jetzt war er vor zwei Stunden erst da und hat gar nix drauf gebn! Jetzt ist's abends neun, is er recht bös oder irgendwie was! Ach, sagt er, des is doch wurscht! Jetzt bin ich naus in die Fabrik und hab's meim Mann gsagt. Sagt er: Hol ihn! Naja, wie er dann kommen ist, hat er gsagt — hat er mir recht gebn — sagt er: Wenn eins unterm Vieh ist, hat er einfach mehr Gspür dafür als wie wenn sie net —.
Am nächsten Tag früh ham mers schon abschlachten müssen im Stall. Und wissen'S, was mer dafür kriegt ham? 77 Mark von einer Kuh! Und wert wär's wohl gwesen 2500 Mark! Des sind so Dinge, wo ein Bauer eben in Kauf nehmen muß! — Ich denk, die hat Harnvergiftung oder so was Ähnliches ghabt. Hat unheimlich viel Wasser in sich ghabt. Schauen's, wie bei Schwangerschaft und die Nieren, so kann des auch mit der Trächtigkeit —.
Ja, früh ham mer ihn dann nochmal gholt. Da hat er gsagt: Weg, weg, weg! Ja, dann: Weg! Dann ham mers halt nimmer wegbracht. Bis dann der Metzger kommen ist, is kaputt gwen!
Ich find, da kann man dann eigentlich wieder —. Was da so viel gschribn und priesn wird —. Es is vielleicht manchmal was guts schon dran, des will ich net —, daß ich des nicht für gut heißn will! Aber eigene Erfahrung, des wern Sie in Ihrem Haushalt mit Kochen und allem wissen: Mit eigener Erfahrung lernt man am besten, und des is mit alles so, ob des in der Landwirtschaft ist, — wenn man immer so drunter ist, und man kennt des Vieh so, des is ganz anders!" (7)

Die Bäuerin stellt die Diagnose des Arztes ihrer eigenen gegenüber und kommt zum recht vorsichtig formulierten Ergebnis, daß in diesem speziellen Falle ihr diagnostisches Instrumentarium das bessere und angemessenere gewesen ist. Ihr Urteil stützt sich auf ihren langen Umgang mit dem Vieh (,,immer unterm Vieh") und eine Verallgemeinerung von früheren Erfahrungen (,,junge Kuh ... harte Geburt ... wenn ... das gut geht!"). Das Argument, das sie dem Arzt zugute hält, daß er ,,nicht reinschauen" kann, trifft streng genommen auch auf sie zu, doch sie hat dieses Defizit durch Einfühlungsvermögen, durch die vermittelt über ihre sinnliche Wahrnehmung zugängliche Ein-Sicht, eben durch sinnliche Intuition ausgeglichen. Ihr inneres Empfinden sagt ihr, daß das Tier nicht in Ordnung ist, doch wie sollte sie diesen ,,arationalen" Eindruck dem Experten vermitteln? Dieser dämpft zunächst ihre Sorge durch eine Analogiebetrachtung, die sich an die Bäuerin nicht in ihrer Eigenschaft als Expertin in der Viehhaltung wendet, sondern in ihrer Rolle als Mutter. Doch selbst hier argumentiert er so abstrakt, daß die Möglichkeit zu einer Korrektur der Diagnose, die genau in dieser Analogie auch enthalten gewesen wäre, gar nicht sichtbar wird. Wie sich später zeigt, ging in die Diagnose der Bäuerin nämlich genau ihre konkrete eigene Erfahrung ein: Sie vermutet eine Harnvergiftung, weil sie sich an das Nierenversagen während ihrer eigenen Schwangerschaft erinnert fühlt.

Als aufgrund neuer Beobachtung doch wieder ihr ungutes Gefühl und ihre Skepsis gegenüber der Expertenauskunft stärker werden, versichert sie sich ihres Urteils erst bei einem verwandten Nachbarn und beim Ehemann, ehe sie den Tierarzt erneut bemüht. Doch es ist zu spät. Auch die Rehabilitation ihrer „Laien"-intuition durch den Experten persönlich sowie dessen fachmännisches Eingreifen können den schlimmen Lauf der Dinge nicht mehr aufhalten oder wenden. Der finanzielle Schaden ist groß. Die Bäuerin zieht das Fazit, daß sie durch Vertrauen auf ihr eigenes Gespür besser gefahren wäre als durch das Vertrauen auf das Bücherwissen des Fachmannes.

In ähnlicher Weise vergleichen viele Bäuerinnen

ihre Erfahrung aufgrund des „täglichen" und „langen Umgangs" mit dem Vieh: „... bin gewöhnt, selber zu entscheiden, schließlich habe ich schon 15-jährige Erfahrung und da ist schon allerhand vorgekommen!" (117)

mit der „Stippvisite" des Arztes: „Ich beobachte doch meine Schweine besser als der Tierarzt, wenn er 10 Minuten reinkommt!" (113);

ihre Kenntnis der Tierkrankheiten aufgrund der Aufzucht der Tiere: „Man kennt ja selbst die Viecher am besten, wenn man sie aufzieht!" (121) „Durch das Aufziehen lernt man die Entstehung von Krankheiten besser kennen und kann sich dadurch selbst besser behelfen!" (114)

mit dem Bücherwissen, auf das der Fachmann zurückgreifen muß, da er das Tier nur im Ausnahmezustand, nicht aber im Normalfall kennt;

ihre Vertrautheit mit den individuellen „Gegebenheiten" des Hofes, wo sie „mittendrin" steht: „Jeder Hof ist anders bestellt und schaut anders aus!" „Verschiedenheit der Tiere"

mit den abstrakten Routinevorstellungen der Fachleute, die z.B. eine Spezialisierung auf Schafe vorschlagen, obwohl der Bauer eine Abneigung gegen diese Tierart hat; die die Größe des neuzubauenden Kuhstalls unabhängig vom Arbeitskräftebesatz des Hofes festlegen, usw.;

ihre therapeutischen Fähigkeiten und Möglichkeiten, sich auf die Bedürfnisse des Viehs einzustellen: So erzählt eine Bäuerin von einem Kälbchen, das der Tierarzt bereits erschießen lassen wollte und welches sie gesundpflegte, fünf Wochen lang mit Tee, rohen Eiern und Haferschleim. Eine andere Bäuerin umgeht die obligatorische Erstimpfung von Kälbern, seit ihr daraufhin sehr viele Kälber starben, und versucht mit eigenen Mitteln auszukommen;

mit den allopathischen Sofortmaßnahmen des Arztes: „Heute wird zuviel ausprobiert! Der Tierarzt spritzt sofort, selbst wenn er noch nicht klar weiß, welche Krankheit das Tier hat!" (106)
Und schließlich setzt sie der distanzierten Betrachtungsweise und dem abstrakten Zugang des Fachmanns, der nur „vom Schreibtisch aus" arbeitet, „ein Theoretiker, kein Praktiker" ist, der doch „erst mal praktizieren soll"

ihre eigene sinnliche Wahrnehmung und Intuition entgegen.[153] Der Bedeutung dieser Fähigkeit entsprechend sei hier nochmals ein etwas ausführlicheres Zitat angegeben:

---

153 Bezeichnenderweise werden von den Bäuerinnen Tierärzte dann lobend erwähnt, wenn sie in der Lage bzw. bereit sind, in ihrer Diagnose sehr stark auf das einzugehen, was die Bäuerin beobachtet hat und ansonsten von dem Tier weiß: So erzählt die oben zitierte Bäuerin vom Hoftierarzt:

„Viel kann man auch mit Gspür machen. Es gehört auch a Erfahrung dazu und ein umsichtiges Auge und Fingerspitzengefühl...
Im Schweinestall geht des oft sehr schnell... Da muß ich ganz schnell handeln, ganz genau beobachten. Und da hab ich schon manches gerettet... Da braucht mer schon Erfahrung. Und da find ich, muß man das richtige Herz mitbringen... Wenn man so ein Wurschtl von vornherein ist, dann ist man's wahrscheinlich in seiner Familie schon und dann ist man's auch bei den Tieren. Wenn man das richtige Auge und Ohr hat, und das Herz dazu, dann haut des schon hin!" (13)

Eingebunden in die scharfe Konkurrenz kann sich kein Bauer dem Zwang zur Produktivitätssteigerung und damit dem Druck, neue Verfahren anzuwenden und die hierfür vorgesehenen Experten zu konsultieren, völlig entziehen. Daß die traditionalen Wissensinhalte, Fähigkeiten und Fertigkeiten der Bäuerinnen dennoch die im Vorangegangenen aufgezeigte praktische Bedeutung bewahren konnten, hat eine gewisse Traditionalität der Wirtschaftsweise und einen niedrigen Spezialisierungsgrad zur Voraussetzung. Dort, wo die Landwirtschaft auf der Höhe der Zeit arbeitet und dem technisch-wissenschaftlichen Fortschritt gefolgt ist, müssen pflanzen- und tiermedizinisches und -hygienisches Wissen, und somit im wesentlichen die Experten, den Normalfall anleiten und im Störfall eingreifen. Traditionales Wissen ist dort nahezu gegenstandslos geworden.

Exkurs: Eigenschaften einer „idealen Bäuerin"

Hier soll noch einmal kurz auf die Folgen dieser Situation für den Prozeß bäuerlichen Lernens eingegangen werden. Da die Bäuerin am Fortschritt partizipieren muß und meist auch will, aber nach wie vor nur in Sonder- und Notfällen auf die Experten zurückgreifen möchte, kommt sie oft nicht umhin, sich selbst zusätzliches Wissen vor allem über Maschinen, über Düngung und über die Fütterung anzueignen.

„... Ratschläge sind nicht immer richtig; heute muß jeder Bauer ein halber Chemiker, Physiker, Schlosser und Tierarzt sein!" (120)
„... man ist ein halber Doktor!" (37)

Ebenso muß sie aber über die wichtigen herkömmlichen bäuerlichen Eigenschaften und Kenntnisse, Teile des therapeutischen Wissens, wache Sinne, Intuition und Einfühlung, Anpassungsbereitschaft verfügen. Um heutzutage ihre Arbeitsbereiche zu bewältigen, muß eine „gute Bäuerin"

„alles können und wissen", „in allem a weng bewandert sein", „Mädchen für alles sein", „ganz viel können", „alle Fähigkeiten haben", „in allem Bescheid wissen", „zu viel wissen", „mit allem vertraut sein", „zu allem passen", „überall mitmachen", „praktisch alles können", „soviel, wie ein Mann weiß, wissen", „sich in allem auskennen".

Fortsetzung Fußnote 153
„Grad unser Hoftierarzt gibt da (auf die Beobachtung, erg.) sehr viel drauf. Er sagt immer: Das ist mir wichtig! Haben Sie Fieber gemessen? Wie war's gestern? Haben Sie die Beobachtung gemacht? Hat das Tier die Anzeichen gezeigt? Und der geht da ganz genau drauf." (13)

Die Vokabel „alles", die auf die Vielseitigkeit der Arbeitsaufgaben und auf das totale und permanente Gefordertsein der Bäuerin hinweisen soll, wurde auf die Frage nach den Eigenschaften und Fähigkeiten einer idealen Bäuerin von 62 der 133 Bäuerinnen, also von ca. 47 % genannt und steht damit an 2. Stelle aller Nennungen.[154]

Wie aber soll der Lernprozeß selbst aussehen? In welchem Ausmaß wünschen die Bäuerinnen heutzutage institutionalisierte Bildungsprozesse, welchen Stellenwert hat das imitatorische Lernen in der Praxis selbst? Nur relativ selten (11 mal) formulierten die Bäuerinnen eine solide Schulausbildung, Gehilfen- und Meisterprüfung, Fachschulbesuch oder gar einen Auslandsaufenthalt, permanente Fortbildungskurse etc. als wichtige Voraussetzung für die „gute Bäuerin". Nur wenige Frauen, die sich inzwischen mehr auf die Experten als auf ihr eigenes Wissen und Können verlassen, ziehen daraus die Konsequenz, daß die Bäuerin durch Kurse, Fortbildung bzw. durch eine insgesamt gründlichere fachspezifische Ausbildung sich das Expertenwissen aneignen sollte. Vermutlich haben sie meistens die bestehende Arbeitsteilung zwischen Theoretikern und Praktikern akzeptiert als notwendige Entwicklung gesellschaftlicher Arbeitsteilung und den Anspruch, selber die Dinge ihres Alltags und des Geschehens in der Landwirtschaft zu verstehen, aufgegeben.

Dem entspricht auch die Tatsache, daß die Mehrheit der Meinung ist, es sei besser, in den bäuerlichen Alltag „hineinzuwachsen", „hineingeboren", „eingeboren" zu sein, dort „aufzuwachsen", denn dann „wächst alles in einem besser auf". Der landwirtschaftliche Rhythmus soll schon dem Kind „in Fleisch und Blut" übergehen. Wenn man den „rechten Willen", „Lust und Liebe", „Interesse", aber oft auch: „den richtigen Partner" hat, dann kann man sich auch „über Jahre hinweg einleben". Äußerungen, die eine vollständige Professionalisierung der bäuerlichen „Qualifikationen" für möglich halten und die landwirtschaftliche Lehre als „Lehre wie jede andere auch" ansehen, werden von ca. 1/4 der Frauen vorgetragen. Sie stammen zumeist von denen, die selbst nicht auf dem Bauernhof aufgewachsen sind, sich aber inzwischen als „echte" Bäuerinnen fühlen, oder von Frauen, die eindrucksvolle Beispiele einer gelungenen späten Bäuerinnensozialisation kennen, oder von Frauen, die ausgesprochen fortschrittsorientiert sind. Daß das teilnehmende und imitatorische Lernen immer noch als besonders angemessen betrachtet wird, geht auch aus der folgenden Tatsache hervor: 74 Bäuerinnen haben angegeben, daß sie ihren Kindern Mut machen, Bauer oder Bäuerin zu werden und halten sie dementsprechend zur Mitarbeit an. Aber nahezu alle Frauen legen gleichzeitig

---

154 Der Prozeß der Auslagerung vieler produktiver Zweige aus der Landwirtschaft hat zwar die Vielfalt möglicher Arbeiten auf dem Hof reduziert, die Schrumpfung des Arbeitskräftepotentials hat aber die verbliebenen Arbeitsaufgaben immer weniger Personen zugewiesen, so daß im Extremfall eine Person eben „alles" können muß. Die einzige weitere Arbeit, von der oft behauptet wird, daß der sie verrichtende Mensch „alles" können muß, ist die Hausarbeit. Der Eindruck bzw. die Tatsache hängt mit den Dimensionen Naturnähe, Lebendigkeit, Ganzheitlichkeit usw. zusammen, die beiden Arbeitssorten gleichermaßen zukommt.

Wert darauf, daß die Kinder einen anderen (wenngleich oft landwirtschaftsnahen) Beruf erlernen, und zwar über einen institutionalisierten Qualifizierungsprozeß. Das zum bäuerlichen Dasein nötige Wissen kann „nebenbei" angeeignet werden. Nur 16 Frauen halten eine spezielle landwirtschaftliche Lehre für notwendig, und das angesichts der Tatsache, daß in 94 Fällen ein Kind den Hof übernehmen soll und auf 41 Höfen der Hoferbe schon feststeht bzw. auf dem Hof bereits voll mitarbeitet. Institutionalisiertes Erlernen der bäuerlichen Arbeit scheint also trotz der Wissenslücken, die die moderne Landwirtschaft hat entstehen lassen, den Kleinbäuerinnen im großen und ganzen unnötig. (Allerdings ist hierbei auch zu bedenken, daß in vielen Fällen die Zukunft des Hofes, auch wenn der Hoferbe schon feststeht, letztendlich unsicher bleibt. Oft ist geplant, ihn nur noch in reduzierter Form weiterzuführen. Dann aber genügt das praktisch angeeignete bäuerliche Wissen, und die eigentliche Berufsausbildung macht die Unsicherheit des künftigen Fortbestandes des Hofes erträglich bzw. mindert das Risiko.)

7.2 Zur Frage der Ökologie[155]

Zunächst zur Groborientierung einige quantitative Ergebnisse. 18 von den 133 Bäuerinnen, also knapp 15 %, haben keine Bedenken, „fleißig" zu spritzen und zu streuen; sie halten schädliche Folgen für eine Einbildung verwöhnter Städter und nehmen Kunden mit gegenteiliger Auffassung nicht ernst:

> „Wenn die Leut sagen, daß sie ungespritztes Obst wollen, sag ich, das ist ungespritzt. Aber es gibt nichts Ungespritztes mehr!" (60)
> „Ungespritzte Sachen gibt's gar nicht mehr. Das ist alles nur Einbildung, daß Ungespritztes besser ist. Man kann nicht gegen die Natur, und wenn man heute Kirschen nicht spritzt, kommt die Kirschfliege ... das bringt die Natur mit sich, das muß so sein!" (30)
> „Also, vom Kunstdünger hab ich überhaupt ka Angst, das sind ja Naturprodukte! Stickstoff wird aus der Luft geholt — und das andere — ist ja zum Teil verboten!" (9)

Sie behandeln die Produkte, die sie verkaufen, nicht anders als die Produkte, die sie selbst verzehren. Einige Bäuerinnen machten aus diesem Grundsatz sogar eine moralische Forderung: Was man den Konsumenten allgemein zumutet, muß man auch vor sich selbst vertreten können. Glaubwürdig bleibt man nur, wenn die Produkte für den Markt gleichermaßen auf den eigenen Tisch kommen.

Bei dieser Gruppe ist aufgefallen, daß Höfe mit 10 ha und mehr überrepräsentiert waren (13 von 18); daß 8 Höfe spezialisiert bzw. schwerpunktmäßig vereinfacht waren; daß die beiden Frauen, die Krankenschwestern gewesen waren, ebenso hier vertreten waren wie diejenigen Frauen, deren Männer Lebensmittelkontrolleure bzw. in der Futtermittelbranche zusätzlich beschäftigt waren. Ein Drittel

---

155 Trotz der Aktualität des Themas gibt es zum ökologischen Bewußtsein bisher nur wenige empirische Befragungen; vgl. das Forschungsprojekt „Umweltinformation in der Landwirtschaft" von A. Hennecke/H. Kessel/H. I. Fietkau/B. Glaeser 1980. Unsere Ergebnisse verstehen sich auch nur als erste Ansätze.

dieser Frauen teilte mit, daß der Umfang mit Chemikalien auf dem Hof ohnehin Männersache sei:

> „Das macht der Mann, da schau ich gar nicht so hin." (118)

Diese Frauen gehören zur Gruppe derjenigen 50 Frauen, die kaum Bedenken hinsichtlich der möglichen ökologischen Folgeprobleme moderner Landbewirtschaftung haben, teils ohne weiteren Kommentar, teils mit dem Hinweis auf die strengen Vorschriften (9 Frauen), teils mit der Einschränkung: Wir jedenfalls schaden nicht.

> „Wenn man nicht zu arg streut, kommt das gar nicht in Frage" (Schäden, erg.). (95)
>
> „Na wissen'S, mer hat ja da auch Vorschriften. Da haben wir in Deutschland doch des Lebensmittelgesetz, und das ist da so streng, wesentlich strenger wie in die andern EG-Länder. Z.B. wenn etz da des schon blüht, derf mer des nimmer spritzen und des halt mer schon ein! Des muß mer ja einhalten!" (9)

Der größere Teil der befragten Frauen jedoch (60 Frauen) äußerte Bedenken gegen die Agrochemie und fand sie aus eigener Anschauung heraus berechtigt. Die Nuancierungen sind unterschiedlich. Sie reichen von vorsichtig geäußerter Unsicherheit und Mißtrauen:

> „Alles ist überzüchtet und weniger widerstandsfähig. Ich war auch arg mißtrauisch, aber neulich hat ein Mann vom Landwirtschaftsamt gesagt, es sei doch nicht so gefährlich!" (52)

bis zu einer sehr dezidierten Terminologie:

> „Das ist ja alles Gift. Hopfen spritzen hab ich nie gern gmacht!" (51)
>
> „Volldünger ist das reinste Gift!" (14)
>
> „Und ich bin dann auch der Auffassung, wenn da net so viel Gift reinkommt in die Felder, das is doch irgendwie besser immer, ne..." (6)
>
> „Da muß man schon vorsichtig sein mit dem Dünger und Spritzzeug. Das ist das pure Gift..." (64)
>
> „Ich denk schon, daß das lauter Gift ist." (70)
>
> „Speziell heuer wirkte der Kunstdünger wie Gift, weil's nicht viel geregnet hat und da ist nicht viel abgebaut worden, einfach liegen geblieben." (125)

Etwa 10 Frauen dieser zweiten Gruppe betonen wiederum den Aspekt, daß die Bedenken zwar allgemein gerechtfertigt seien, daß sie selbst allerdings auf vorsichtige und maßvolle Dosierung achten. Zumeist werden Kosten und Gesundheit als Gründe angegeben. Diese Zahlenverhältnisse lassen eine Art Patt-Situation vermuten: Sorglosigkeit und Vertrauen auf die Experten halten einer Unsicherheit, Skepsis und düsteren Zukunftsprognose die Waage.

Nun hat sich aber durch die Informationen zwischen den Zeilen ein Sachverhalt herausgestellt, der diesen Eindruck relativiert. Ohne explizite Nachfragen haben uns 95 der interviewten 133 Bäuerinnen, also etwa drei Viertel aller Frauen Auskünfte darüber erteilt, welche Anbaumethoden sie in ihren eigenen Gärten und für „die eigene War" am Feld bevorzugen. 77 dieser Frauen haben ausdrücklich darauf hingewiesen, daß sie die eigenen Produkte anders behandeln als die Produkte für den offiziellen Markt. Dazu einige Zitate, die in ihrer Formulierung und Radikalität nichts zu wünschen übrig lassen:

> „Im Garten bin ich für Kunstdünger net und fürs Spritzen. Ich bin halt der Meinung: Die Kartoffeln werden gestreut, das Obst wird gespritzt, das ist ja alles Gift. Und wenn ich den Radi aus dem Garten hol, und der ist auch schon mit Kunstdünger und Spritzmittel, da fehlt mir der Appetit!" (61)
>
> „Wir essen nichts Gespritztes. Sechs von den Kirschenbäumen spritzen wir nicht. Mein Mann hat noch keine gespritzte Kirschen gegessen und mir graut's auch davor!" (21)
>
> „Wir tun z.B. im Garten nix spritzen, weil des für den eigenen Bedarf ist. Ich hab öfters Salat, Zwiebeln, Gurken am Feld drunter. Und wenn die Kartoffeln neben dran sind und wir tun's spritzen, dann deck ich des zu und wart mindestens 10 bis 14 Tag, bis ich da was runter tu." (8)
>
> „Wir wollen nichts Gespritztes, daß mer's mit Genuß essen kann... Wenn ich mir heut ein Obst (hol, erg.) – ich wasch des net! Das wird aweng abgrieben und dann beiß ich rein und trag nix davon! Ich kann das mit größtem Gewissen essen, weil ich weiß, die sind net gespritzt, ich krieg kein Ausschlag net... Die sind net: außen schön und innen wie a Rangers (Futterrübe, erg.)!" (8)
>
> „In meinen Garten kommt kein Kunstdünger rein: Alles, was die Natur so bringt, des wird gegessen." (116)
>
> „Im Garten verwenden wir wenig Kunstdünger, mehr Mist. Gespritzt wird überhaupt nicht, wir leben da mehr nach ‚natura‘." (114)
>
> „Den Eigenbedarf spritzen wir net. Die Spritze wird notfalls dort ausgeschaltet." (4)
>
> „Im Garten drinnen, da verwend ich so a Giftzeug net, in Garten laß ich so a Giftzeug net nei. Was ich essen tu, das möcht ich net spritzen!" (51)

Der Tenor dieser Zitate macht deutlich, daß es sich hier nicht nur um ein ökonomisches Problem handelt: „natura" ist eben billiger, sondern daß es auch um Rücksichten auf die eigenen Bedürfnisse, um Angst vor gesundheitlichen Schäden und andere Qualitätsansprüche geht. Dies wird oft auch explizit formuliert:

> „Im Garten spritzen wir sowieso net. Erstens kost's Geld und zweitens leidet die Qualität; wenn mer selber einweckt, spritzt mer's sowieso net! Und Erdbeeren für den Eigenbedarf, die spritzen wir auch net." (2)
>
> „Wir spritzen und streuen in Maßen. Nicht bloß aus finanziellen Gründen, sondern weil wir ja das meiste, was wir anbauen, auch selbst genießen, und da wolln wir net, daß es – ich will net sagen, vergiftet ist – so hertrieben ist mit Kunstdünger, da sind wir sehr dagegen, z.B. im Garten, mein Gartenland, wo's Gemüse wächst, da kommt überhaupt kein Kunstdünger hin. Da kommt bloß Mist hin, ne, Stallmist." (10)

Die Subsistenzproduktion ist in der kleinbäuerlichen Produktion derjenige Bereich, in dem die ökonomischen Zwänge, unter denen der Bauer wirtschaftet, mit ökologischen Erwägungen zur Deckung gebracht werden können. In dieser kleinen Nische kann die Bäuerin ihrer Skepsis nachgeben, ohne die Hofbilanz zu gefährden; im Gegenteil: sie nützt ihr, weil die traditionellen Methoden auch die sparsameren sind.

Einschränkend bleibt zu erwähnen, daß der Grad der Vorsicht und Zurückhaltung bei der Eigenproduktion unterschiedlich ist. Nicht alle 77 Frauen, die

Produkte für den Eigenkonsum anders behandeln, verzichten völlig auf chemische Zusätze. Zum Schneckenkorn oder Flohpulver greift so manche Bäuerin, die mit den althergebrachten Methoden den Schädlingen im Garten nicht mehr beikommt. Wir erinnern in diesem Zusammenhang auch an die Bäuerin, die nicht spritzt, was roh gegessen wird, aber spritzt, was gekocht wird. Es wäre eine Illusion anzunehmen, daß die Frauen in der Gartenproduktion plötzlich die Wirkmechanismen von Zusatzstoffen durchschauen; auch hier wirken die Verunsicherungen durch das chemische Angebot, die Verlockungen einerseits wie die Ängste andererseits nach. Zudem geht immer mehr Wissen über traditionelle Methoden im Gartenbau verloren, wird von der älteren Generation nicht mehr weitergegeben. (Dementsprechend fanden wir im Rahmen einer Vortragsreihe über gesunde Ernährung bei einer Mütterkur eine große Aufgeschlossenheit bei den Bäuerinnen gegenüber Methoden des biologischen Gartenbaus. In diesen Methoden ist teilweise traditionelles Wissen aufgehoben, scheinen Zusammenhänge oft gut einsehbar oder aber der unmittelbaren Beobachtung zugänglich zu sein. So kommentierten die Bäuerinnen den Referenten: „Also, das war großartig, was Sie uns da erklärt haben. Das war wie eine Offenbarung für mich!" „Das muß ich meine junge Leut sagen! Etz kannst wieder mit die Kräutersäckle von der Oma!" „Kommen Sie doch nochmal!")

Werfen wir nochmals einen Blick auf die quantitativen Verhältnisse. Wir haben festgestellt, daß ca. 50 Frauen keine oder wenig Bedenken gegenüber den Folgen industrialisierter Landwirtschaft haben. Immerhin sind es aber auch von diesen 50 Frauen 21, also gut 40 %, die sich in der Subsistenzproduktion lieber an traditionellen Methoden orientieren. Zwar sind sie in ihrem Urteil über die Auswirkungen weitaus zurückhaltender, aber es ist wiederum sehr deutlich, daß sie nicht nur aus finanziellen Gründen, sondern „weil's besser schmeckt", „weil man sonst die War auch kaufen könnt", „weil man weiß, was man hat", die chemischen Zusatzstoffe sparsam verwenden. Je weiter sich der Bestimmungsort der landwirtschaftlichen Produkte vom Hof entfernt, umso mehr treten rein ökonomische Gesichtspunkte gegenüber ökologischen in den Vordergrund. In der Hofproduktion kann man noch partielle Kongruenzen feststellen: Knapp 50 % der Hofkunden achten auf die innere Qualität der Produkte, d.h. auf die Frische und auf die (relative) Rückstandsfreiheit; sie bevorzugen „saubere War", „legen Wert auf Ungespritztes", „schauen drauf, daß nichts gespritzt wird und die Kartoffel nicht so gestreut sind" (95). Und sie zahlen die handelsüblichen Preise, auch wenn die Produkte nicht die schönsten und größten sind. Die offiziellen Marktstandards jedoch sind andere, worauf wir bereits eingegangen sind. Dennoch zeigen die Kommentare der Bäuerinnen, daß auch hier trotz des obligatorischen „man muß" (streuen und spritzen) in der kleinbäuerlichen Produktion einschränkende Faktoren wirksam sind. Sowohl von solchen Bäuerinnen, die Bedenken gegen den technischen Fortschritt in dieser Form geäußert haben, als auch von solchen Frauen, die bedenkenlos in die Zukunft schauen, haben wir den Zusatzkommentar erhalten: „Wir erzeugen solche Probleme nicht". Die Gründe für die behauptete Zurückhaltung auch in der Marktproduktion sind zunächst finanzieller Art:

„... der kleine Bauer, der gibt net mehr Geld aus als was unbedingt nötig ist fürs Spritzen, weil das zu teuer ist..." (51)

„Der Tierarzt ist ein sehr teurer Taglöhner, den man nur holt, wenn's gar nicht anders geht!" (103)

„Spritzen kosten Geld! Der Bauer zahlt stets drauf!" (106)

Sie tragen längerfristigen Kalkülen Rechnung:

„So hochzüchten tun wir alles nicht. Lieber haben wir dann nicht ganz so viel Milch. Das Vieh wird viel anfälliger!" (49)

und enthalten auch hier noch Relikte kundenbezogener Warenproduktion und „moralischer Ökonomie":

„Die Kirschen werden das letzte Mal gspritzt, wenn's anfangen, rot zu werden, und dann müssen's noch 14 Tag hängen, bis sie geerntet werden. Und da hab ich schon beobachtet, daß die Leut da keine 14 Tag mehr warten, nach 2, 3 Tagen wird da schon geerntet. Und des is doch wirklich schad, die Kinder in der Stadt, die des dann essen müssen! Traurig is des!" (6)

8 Die Verantwortlichkeit des Kleinbauern

Die Kritiker des technischen Fortschritts im kapitalistisch-industriellen System haben darauf hingewiesen, daß als ein Maß für den „echten" Fortschritt gelten kann und soll, inwieweit dieser Fortschritt dem Individuum auch die Möglichkeit läßt bzw. erst gibt, die Folgen des Handelns sowohl verstehend als auch „erfühlend" nachzuvollziehen. Legen wir diesen Maßstab an die Industrialisierung der Landwirtschaft an, so muß aus den vorangegangenen Kapiteln deutlich geworden sein, daß schon der erste Aspekt, das Verstehen der Zusammenhänge und Folgen, sehr schwierig und in den meisten Fällen (notwendig) unmöglich geworden ist. Wir sind auch der zweiten Dimension in der Weise nachgegangen, daß wir das Verantwortungsgefühl der bäuerlichen Produzentinnen gegenüber möglichen Auswirkungen ihrer neuen Produktionsformen zum Gegenstand einer Frage gemacht haben:

„An allen möglichen Ecken stellt sich jetzt heraus, daß der industriell-technische Fortschritt unsere Lebensgrundlagen in einer Weise ausgebeutet und zerstört hat, daß das Leben der kommenden Generation durchaus bedroht ist. Meinen Sie, daß der kleinere Bauer auch Verantwortung für diese Entwicklung trägt?"

Obwohl die abstrakt-distanzierte Formulierung der Frage dazu beigetragen hat, daß ein verhältnismäßig hoher Prozentsatz von Frauen (15 %) die Frage nicht beantwortete bzw. behauptete, sich dazu noch keine Gedanken gemacht zu haben, erwies sich die Fragestellung im nachhinein als nicht so unglücklich, wie die ersten Auswertungen vermuten ließen. Es zeigte sich nämlich, daß gerade die Allgemeinheit der Prämisse den Frauen die Möglichkeit bot, unterschiedliche Anknüpfungspunkte zu wählen, je nachdem welcher Aspekt ihnen besonders am Herzen lag. Dabei veranlaßt uns die große Aktualität und Brisanz, die diese Fragestellung in der jüngsten Zeit durch die öffentliche Diskussion um den „grauen Markt" auf den Bauernhöfen und das Bekanntwerden überhöhter Schadstoffwerte in Nahrungsmitteln aller Art gewann, unsere Ergebnisse zu veröffentlichen.

Etwa 10 % der Bäuerinnen haben die Frage schlicht verneint (ohne weiteren Kommentar) bzw. abgelehnt, daß die in der Prämisse genannten Prozesse überhaupt ablaufen, oder die Schäden, die durch den Landbau entstehen, stark relativiert:

„Die kommende Generation ist nicht bedroht, in der BRD nicht, vielleicht nie!" (73)

„Und ich find, am natürlichsten erzeugt immer noch der Landwirt!" (9)

„Der Bauer ist doch der Kleinste, der die Umwelt versaut!" (78)

37 Bäuerinnen, also knapp 30 % sind der Ansicht, daß der Kleinbauer mitverantwortlich sei für diese Entwicklung. Allerdings sind davon wiederum 17 der Meinung, daß ihm schließlich nichts anderes übrig bleibe als mitzumachen:

„Freilich trägt er Verantwortung! Er macht ja auch mit. Aber er kann nicht anders." (91)

„Naja, der Kleine vielleicht nicht ganz so. Aber vielleicht − schuld sind wir schon alle mit dran! Aber was sollen wir sonst machen? Wenn wir nicht streuen und spritzen, bauen wir nichts! Was nützt's, wenn der eine biologisch düngt und der andere nicht?! Es ist mir klar, daß sich das ganze Zeug irgendwie auswirkt im Futter und in den Nahrungsmitteln. Man meint ja, die ganze Natur bäumt sich auf. Ich nehme schon an, daß die ganzen Katastrophen zur Zeit von daher kommen." (103)

Ein anderer Teil der Frauen, die die Frage bejahen, haben dabei den Aspekt vor Augen, daß der Kleinbauer seine Produktionsweise verantworten können soll und will:

„Das muß ich schon verantworten können, was ich in den Boden reintu. Das soll man nicht zu arg machen." (28)

„Es gibt ja jetzt solche Mittel, die lang im Boden bleiben, die dann verboten wurden, und die von manchen trotzdem angewendet werden. Das darf man nicht, schon im eigenen Interesse nicht und auch nicht für andere." (49)

Immer wieder klingen Aspekte der traditionellen Produzentenmoral an:

„Ja, (der Kleinbauer trägt Verantwortung, erg.), wenn er verkauft. Man muß eben darauf achten, daß die Kartoffel nicht acht Tag vorher gespritzt werden. Beim Obst genauso. Da gibt es auch bestimmte Vorschriften. Was ich selber nicht essen will, verkaufe ich auch nicht." (80)

Ein Viertel aller befragten Bäuerinnen (35 Frauen) lehnt die Mitverantwortung des Kleinbauern unter Angabe von Gründen ab. Zumeist wird hierbei die Hauptverantwortung anderen bäuerlichen Produzentengruppen zugeschoben, wobei an dieser Stelle die Polarisierung zwischen Klein- und Großbauernschaft so deutlich wie sonst an wenigen Stellen der Interviews zur Sprache kommt:

„Der Kleine, mein ich, hat weniger Verantwortung. Eher der Große. Man darf's bloß net laut sagen vielleicht. Die meinen ja, was sie machen, ist recht. Manchmal schüttelt man schon mitm Kopf, wenn man's so sieht. Der Kleinbauer kann des net so. Es kommt ja gar net raus, was man so hinhängt an Spritzzeug und Kunstdünger und War! Des holt mer net raus!" (10)

Neben dem ökonomischen Argument („Der Kleine kann sich das finanziell gar nicht leisten, der Große kann sich das waggonweise kaufen.") werden intakte Kreisläufe und bessere Arbeitskräfteressourcen der Kleinbetriebe für deren ökologisch verantwortungsbewußteres Verhalten genannt:

> „Die Kleinbauern, die ham ja alle zusammen mehr Eigentumsdünger, mehr Mist, also, da streuen wenige viel. Die Kleinen fahren viel Mist auf die Äcker. Aber die Großen, die ham ja so viel, die bringen den Mist gar net her! Leichter ist's schon, den Kunstdünger zu streuen als Mist zu fahren." (11)

> „Im Großbetrieb wird ja noch mehr gespritzt, weil die's überhaupt net bewältigen und bloß noch mit fremdem Personal machen ... und das kommt ja teuer, dann muß sich des da irgendwie ausbezahlen!" (73)

> „Der große Bauer muß ja praktisch mehr spritzen, weil, der kommt ja net zum Hacken und so! Die Arbeitskräfte sind ja viel zu teuer, da muß er sich anderweitig helfen." (2)

Doch auch andere Konkurrenzen zwischen den bäuerlichen Gruppen kommen zur Sprache; so meint eine unserer landreichsten Bäuerinnen:

> „Vor allem der Gärtnerbauer nutzt den Boden am intensivsten ... der haut Kunstdünger rein, damit das wächst über Nacht!" (116)

Gerade bei dem vereinfachten bzw. spezialisierten Nebenerwerbsbetrieb bestehen in den Augen einiger Haupterwerbsbäuerinnen Notwendigkeiten und Möglichkeiten, die auf einen gesteigerten Einsatz der Agrochemie hinauslaufen:

> „Im Nebenerwerb ist das Geld dafür vorhanden!" (131)

> „Der Nebenerwerbsbauer hat viel weniger Zeit, die Felder richtig zu bearbeiten." (99)

> „Beim Nebenerwerbslandwirt gibt's zu wenig Mist. Bei denen kommt nur Kunstdünger auf die Felder, weil sie keine Kühe, nur Ferkel haben. Die Felder sind ausgesaugt. Wir haben ein solches gepachtet, das war richtig ausgelaugt." (18)

Vereinzelt werden auch andere „Sündenböcke" benannt, zum einen der Staat und seine Organe, Experten und Berater:

> „Ich mein, wir ham da überhaupt keinen Einfluß drauf, ich denk immer, die des leiten, die müßten doch gescheiter sein, die ham doch die Schulen und ham studiert, wenn die des net einsehn und vorausdenken können, wie des alles wird, ja, was sollen dann wir einfachen Menschen machen? Man wundert sich bloß manchmal! Aber ich denk mir immer, die Parteien da, die eine Partei muß eben so reden, daß sie wieder gewählt wird, und die andere so! Die wissen das im Grund schon, aber die können net anders. Was wolln da wir dagegen machen? Wir sind da ganz machtlos!" (6)

> „Nicht der Bauer, sondern die Beratung ist schuld und verantwortlich. Wir wissen ja nicht, wie gefährlich das ist." (36);

zum andern die Industrie, die sich als Hersteller und Vertreiber der Gifte schuldig mache und schon im eigenen Produktionsprozeß „auf den Niedergang" hinwirtschafte:

> „Ich glaub's weniger, weil ich sag, der kleine Bauer, der gibt net mehr Geld aus als was unbedingt nötig ist fürs Spritzen, weil das zu teuer ist. Er lebt ja selber von dem Zeug. Das geht mehr von der Industrie aus." (51)

„Die Hersteller haben größere Verantwortung. Je ungiftiger die Herstellung, umso ungiftiger die Anwendung." (110)

„Das hab ich fei immer schon gesagt, die Chemie und die Industrie, die wirtschaften da drauf los, direkt auf den Niedergang. Des muß ja ein Chaos geben." (12)

Singulär bleibt die Aussage einer Bäuerin, die — nicht-bäuerlich sozialisiert und selbst auf einem für die Gegend relativ wohlbestallten 20 ha-Hof wirtschaftend — die Kleinbauern zu Hauptverantwortlichen macht:

> „Er (der Kleinbauer, erg.) trägt sogar mehr Verantwortung als der Großbauer (mit dem sie sich identifiziert, erg.). Die Kleinbauern sind gerade diejenigen, die den Ertrag immer höher fixieren wollen und gerade sie streuen und spritzen besonders viel... Der Kleinbauer müßte mehr Verantwortung übernehmen, damit die Umwelt nicht so zerstört wird. Möglichst viel rausbringen auf möglichst wenig Fläche ist oft bloß noch das Ziel. Das sehe ich bei den Nachbarn." (99)

Die restlichen ca. 20 % aller Bäuerinnen wollen die gestellte Frage weder bejahen noch verneinen, sondern verweisen auf die Sachzwänge, als deren Opfer sie sich fühlen, oder aber gehen darauf ein, daß die Situation, die wir als ein Resultat des Fortschritts in dem Vordersatz der Frage beschrieben hatten, genau für ihren eigenen Hof zutreffe. Sie stellten uns dar, daß auch ihre Existenzgrundlagen empfindlich getroffen seien, daß in spätestens 10 Jahren auch dem letzten Kleinbetrieb der Garaus gemacht sei: Vor allem der Ausdruck „Leben der kommenden Generation" wirkte wie ein Reizwort, das sofort Kommentare über die schlechten Zukunftsaussichten des Hofes und die Probleme der Hofnachfolge auslöste. Angesichts eines Prozesses, der verselbständigt und ohne Rücksicht auf ihre Wünsche und Belange über sie hinweggerollt ist, erübrigt sich für diese Frauen auch die Frage nach einer Schuld am verhängnisvollen Ausgang dieser Entwicklung:

> „(Verantwortung?, erg.) Ach woher denn! Der Bauer doch net! Des Wirtschaftswunder! Des hat doch der Bauer nicht gefordert. Uns hat mer des förmlich aufgedrängt!" (13)

Es bleibt für den Gesamteindruck wichtig, nachzutragen, daß dieses letztgenannte Argument, das auf die Sachzwänge der ganzen Entwicklung abhebt, nicht nur von den Bäuerinnen angeführt wurde, die damit die Frage nach einer Mitverantwortung gegenstandslos machen wollten. Insgesamt haben über die Hälfte aller Frauen dort, wo es um ihre Verantwortlichkeit für die negativen Folgen des Fortschritts ging, die Sachzwänge ihres Handelns thematisiert, vor denen die letzten „Freiheiten des bäuerlichen Unternehmers" dahinschmelzen. Und vor diesen Sachzwängen neigen sie als Kleinbauern mit der jahrzehnte- oder auch jahrhundertelangen Erfahrung des Opfers eher zur Resignation als zum Widerstand:

> „Was wird der kleinere Bauer schon machen können? Wir werden nicht viel ändern können, was uns angeht." (92)

IV. Die Arbeit der Kleinbäuerin

1 *Allgemeines zur Frauenarbeit in kleinbäuerlichen Betrieben*

Wie im Kapitel zum bäuerlichen Kleineigentum erwähnt, zählt die Bäuerin in der Statistik wesentlich nur als Arbeitskraft. Schon aus älteren Untersuchungen geht hervor, daß der Anteil der Frauen an der bäuerlichen Familienarbeitskraft relativ hoch ist und in den unteren Betriebsgrößenklassen zunimmt. In den Betrieben bis zu 1 ha landwirtschaftliche Fläche lag in den zwanziger Jahren der Anteil der weiblichen Arbeitskräfte zwischen 70 und 80 %, bei 1 bis 10 ha zwischen 50 und 60 %; bei 200 und mehr ha war er auf 30 % zurückgegangen.[156] (Speziell aus Bayern wurde berichtet, daß die Beteiligung der Ehefrauen an den anstrengenden Arbeiten außerhalb des Hauses sehr groß sei.)

An dieser Situation hat sich bis heute grundsätzlich wenig geändert. Die Zahl der in der Landwirtschaft erwerbstätigen Frauen ist zwar in den letzten Jahren ebenso zurückgegangen wie die Gesamtzahl der dort Erwerbstätigen, ihr relativer Anteil liegt aber − wie gesagt[157] − durchschnittlich konstant bei ca. 60 %. Der besonders hohe Anteil der Frauenarbeit in den kleinbäuerlichen Anwesen wird je nach Bezugsgröße unterschiedlich deutlich. Schon die Statistiken, die nur die betriebliche Seite des Arbeitsanfalls fixieren und hierbei in der Regel die Bäuerin nicht als eine betriebliche Vollarbeitskraft zählen, weil ein Teil ihrer Arbeitszeit durch die Aufgaben im Haus und gegenüber den Kindern absorbiert sei,[158] zeigen, daß der Anteil der rein betrieblichen Frauenarbeit zwischen 1 und 10 ha im Mittel um 40 % liegt, über 20 ha bei ca. 25 %.[159] Betrachten wir aber den Anteil der Frauen an den vollbeschäftigten Familienarbeitskräften, d.h. an den Personen, die mit ihrer gesamten Arbeitskraft dem Hof zur Verfügung stehen, so liegt ihr

---

156 Vgl. M. Hainisch 1924, S. 185 ff.
157 Vgl. Einleitung.
158 Die Statistik unterscheidet zwischen (mit betrieblichen Arbeiten) vollbeschäftigten Arbeitskräften und Vollarbeitskräften. Die Arbeitsleistung einer vollbeschäftigten Arbeitskraft von 16 bis unter 65 Jahren wird mit 1 Vollarbeitskraft, von 14 bis unter 16 Jahren mit 0,5 Arbeitskrafteinheiten und von 65 und mehr Jahren mit 0,3 Arbeitskrafteinheiten bewertet; vgl. ABM 1978, S. 13, Fußnote 2. Teilbeschäftigungen im Betrieb werden entsprechend gewichtet und in Vollarbeitskräfte umgerechnet. Die Vollarbeitskraft ist also ein Indikator für die Arbeitsleistung eines „normalen", intakten Arbeitsvermögens. Einerseits können solche altersspezifischen Gewichtungen der faktischen Bedeutung der Arbeit des einzelnen für den Gesamtkontext der betrieblichen Arbeit, für ihren reibungslosen Ablauf, für die gegenseitige Entlastung, usw. nicht gerecht werden, andererseits geben die Statistiken eben nur einen Ausschnitt aus der Frauenarbeit wieder und vernachlässigen die reproduktiven Arbeiten völlig.
159 Eigene Berechnung nach ABM 1978, S. 13.

Anteil zwischen 1 und 10 ha um 80 %, zwischen 10 und 20 ha über und ab 20 ha unter 50 %.[160]

Wie in der Einleitung schon dargestellt, spiegeln die Zahlen ein Phänomen, das die Entwicklung des Agrarsektors im Zuge der Industrialisierung der Landwirtschaft in Europa kennzeichnet: die Feminisierung der Landwirtschaft. Die Gründe hierfür liegen angesichts der herrschenden gesellschaftlichen Arbeitsteilung, die Haus und Kinder zur Frauensache gemacht hat, auf der Hand: Wenn in einer Bauersfamilie mit kleinen oder schulpflichtigen Kindern jemand zuverdienen soll, muß es der von solchen Arbeiten entlastete Mann sein. Nichtlandwirtschaftliche Arbeit bedeutet für die Frau eine räumliche und zeitliche Trennung von ihrer Familienarbeit, die sich dann in unvermindertem Umfang, eher noch verkompliziert und intensiviert auf die Abende und Wochenenden zusammendrängt. In den Familien wurde eine solche Möglichkeit selten von vornherein ausgeschlossen, sie war durchaus ein Gesprächsthema. Aber angesichts mangelnder Bereitschaft und Fähigkeiten der Männer, zur landwirtschaftlichen Arbeit zusätzlich Haus- und Kinderarbeit zu verrichten, der Skepsis der Frauen gegenüber einer ,,Maskulinisierung'' der Frauenarbeiten, sowie fehlender Arbeitsangebote, die mit Mutter- und Hausfrauenpflichten ähnlich gut zu verbinden wären wie die bäuerliche Arbeit, ist von vornherein klar, wer zuhause bleibt und wer ,,arbeiten geht''. Die zugrunde liegende Unsymmetrie drückt sich exemplarisch in folgenden Zitaten aus:

> ,,Ich hab schon manchmal gsagt, ich würd auch ganz gern amal so halbtags arbeiten gehn. Aber wenn mein Mann arbeiten geht, na kann ich net, na bleibt zuhaus was liegen. Er macht im Haus net gern was. Ich mach's Haus und dann mach ich draußen die Arbeit. Ich mach im Stall die Arbeit. Ich fahr Stroh heim, Heu, ich mäh, ich heu, ne, was halt —, was er schon auch machert, aber er würd wahrscheins im Haus alles liegen lassen. Na bleibt alles liegen! Na wird noch mehr dazugeschmissen, dann bleibt die Wäsch liegen. Aber abends möcht ich dann meine Ruh ham! Bin keine Nachteule!'' (8)
> ,,Des sag ich schon manchmal aus Spaß: Laß mich fort! Aber des würd ja gar net gehn, mit die drei Buben, die brauchen mich daheim. Und der Kleine is etz in die Schul kommen, der braucht mich zum Schulaufgaben machen...'' (6)

Weitere Gründe für Bäuerinnen, die ihnen möglichen nichtlandwirtschaftlichen Arbeitsalternativen abzulehnen, hängen mit dem konkreten Charakter dieser Arbeiten, mit ihrer sozialen Position im hierarchisierten Arbeitsgefüge, mit psycho-emotionalen und sinnlichen Qualitäten der Arbeitsplätze zusammen. Von Nebenerwerbsbäuerinnen wurden relativ häufig materielle, vor allem auch versicherungstechnische Argumente genannt:

> ,,Das hab ich mir schon überlegt (ob sie ,,arbeiten gehen'' soll, und der Ehemann in die Landwirtschaft zurückkehrt, erg.). Aber wenn der Mann auf Arbeit geht, sind alle versichert. Wenn ich arbeiten geh, bin nur ich versichert und mein Mann muß dann das Geld in die landwirtschaftliche Alterskasse zahlen.'' (16)
> ,,Ich hab ja nix gelernt, ich kann ja bloß als Hilfsarbeiter gehn. Mein Mann hat ja doch jetzt einen guten Beruf, er hat sich emporgearbeitet.'' (6)

160 Vgl. Tab. 4 im Anhang

Neue Konzepte, die sich von den gängigen Vorstellungen lösen, werden von den Familien nicht einmal gedacht, allenfalls spielerisch-utopisch phantasiert, wie in diesem Fall:

„Den Vorschlag (arbeiten zu gehen, erg.) mach ich ihm schon manches Mal. Sag ich: Horch, es wär doch amal schön! Etzt gehst Du 24 Jahr zur Arbeit, jetzt könnt ich doch auch amal gehn! Na sagt er: Wennst meinst, könn mer schon amal tauschen! Na sagt er immer: Wir machen's anders: einen Tag gehn wir alle zwei auf Arbeit, einen Tag bleiben wir alle zwei daheim. Ja!" (4)

Wie hoch die jährliche Gesamtarbeitszeit auf einem Hof ist, hängt von sehr vielen Faktoren ab: Betriebsgröße,[161] Nutzungsart,[162] Arbeitskräftebesatz[163] usw. Die Gesamtarbeitszeit der Bäuerin ist zwar sehr schwer zu ermitteln,[164] doch stimmen alle Untersuchungen in folgenden Aussagen überein:

- Die Bäuerin arbeitet im Durchschnitt länger als der Bauer.[165]
- Die Bäuerin übernimmt den größten Anteil an der gesamten Frauenarbeit im bäuerlichen Haus.[166]
- Der Arbeitsalltag der Bäuerin ist sonntags wie werktags länger als der der übrigen männlichen und weiblichen Arbeitskräfte auf dem Hof.[167]

Auch wenn wir berücksichtigen, daß die Arbeitszeiten auf dem Hof immer wieder mit weniger intensiven oder gar freien Zeiten gepuffert sind, kann aus dem verfügbaren quantitativen Material das Resümee gezogen werden, daß die Bäuerin von allen Arbeitskräften in der Landwirtschaft die höchste physische Arbeitslast zu bewältigen hat.[168] In der offiziellen Statistik läßt sich hinsichtlich der Wochen-

---

161 B. v. Deenen u. a. ermittelten für die Jahre 1959/60 auf der Basis von Arbeitstagebüchern, daß die betriebliche Jahresarbeitszeit pro ha landwirtschaftliche Nutzfläche von 869 Stunden in den Größenklassen 5 bis unter 10 ha auf 234 Stunden in Betrieben über 50 fällt. Durchschnittlich liegt sie im Bundesgebiet bei 688 Stunden; vgl. B. v. Deenen u. a. 1964, S. 34 f.
162 Die Gesamtarbeitszeit steigt von extensiveren zu intensiveren Betrieben (bei gleicher Größe) an; vgl. B. v. Deenen u. a. 1964, S. 34.
163 „Der effektive Arbeitsaufwand eines landwirtschaftlichen Betriebes wird weniger durch den notwendigen Arbeitsbedarf, sondern vielmehr durch die Zahl der verfügbaren Arbeitskräfte bestimmt." (B. v. Deenen u. a. 1964, S. 45 f.) Ohne Einfluß auf die Gesamtarbeitszeit bleiben nach v. Deenen u. a. die natürlichen und innerwirtschaftlichen Verhältnisse, der Mechanisierungsindex und die Kapitalausstattung je Arbeitskraft oder je ha landwirtschaftliche Nutzfläche.
164 Vgl. Th. Iffland 1956, S. 633.
165 Vgl. S. Tiede 1966, S. 29.
166 Vgl. Ä. Sprengel/K. Dahm 1958, S. 566; Th. Iffland 1956, S. 637, Tab. 6; S. 640, Abb. 4; S. 641/2, Abb. 5 und 6; S. Tiede 1966, S. 24/III, II (Betriebsaufriß) und die Arbeitsaufrisse im Anhang.
167 Vgl. Th. Iffland 1956, S. 634, Tab. 2 und S. 635, Tab. 4.
168 Neben den o. g. Faktoren, die die Gesamtarbeitszeit eines Betriebes beeinflussen, und individuellen Faktoren, wie Ausbildung, Organisationstalent, Dynamik und Anpassungsfähigkeit, wirken sich auf die Länge des Arbeitstages einer Bäuerin insbesondere die Existenz von Kleinkindern, Sonderbelastungen aller Art und die technische Unterentwicklung der Frauenarbeitsgebiete aus.

stundenzahl der selbständigen Frauen im Betrieb sogar eine Zunahme feststellen;[169] zudem finden sich in den Selbstzeugnissen der Bäuerinnen viele Hinweise darauf, daß auch der Aufwand für die Hausarbeit, speziell für die Kindererziehung, gestiegen ist. Sicherlich arbeitet heutzutage keine Kleinbäuerin unter 10 Stunden pro Wochentag, zumeist sogar wesentlich darüber, wie die Schilderungen des Winter- bzw. Sommerarbeitstages ergeben:

> „12 bis 14 Stunden arbeitet man halt!"
>
> „... an die 16 Stunden am Tag oft..."
>
> „... täglich 18 Stunden..."

Für die Länge des Arbeitstages sind bei vielen Bäuerinnen auch bestimmte Nebentätigkeiten verantwortlich, wie Feriengäste im Sommer, Schnapsbrennen im Winter, eine Gastwirtschaft, Hilfsarbeiten für Versicherungen, Genossenschaften oder für den Maschinenring.

Wir sind nun weniger den quantitativen Fragen nachgegangen, etwa wie lange die tägliche Arbeitszeit beträgt, aus welchen Einzeltätigkeiten sie sich zusammensetzt, durch welche Faktoren sie sich verändert. Uns interessierten mehr die qualitativ-strukturellen Merkmale der Arbeit und des Arbeitstages der Frauen in der Landwirtschaft. Für eine solche Strukturanalyse sind in der Frauenforschung inzwischen allgemeine Kategorien erarbeitet worden. Dabei hat insbesondere Ilona Ostner auf die Ähnlichkeiten zwischen traditioneller bäuerlicher und weiblich-reproduktiver Arbeit aufmerksam gemacht und sie unter dem Gesichtspunkt ihrer gemeinsamen, auf Subsistenz gerichteten Orientierung erörtert: „Merkmale, die mit dem (quasi) ‚Subsistenzcharakter' beider Arbeitsweisen zusammenhängen, und für Berufsarbeit nur beschränkt oder qualitativ verschieden gelten, sind:

a) die Naturwüchsigkeit der Arbeitsaufgabe
b) ein besonderes Wissen, d. h. Aneignungsweise des unmittelbar naturwüchsigen Arbeitsgegenstandes (Empathie, Intuition und Erfahrungswissen)
c) die ‚organische Ganzheit' der Arbeit, eine persönliche ‚Synthesis' der anfallenden Einzeltätigkeiten
d) ein ‚natürlicher Zeitrhythmus', der im Gegensatz zur industriellen ‚Arbeitsnorm' steht
e) Fehlen der Kategorie ‚Freizeit'
f) der ‚Arbeitscharakter' zwischenmenschlicher Beziehungen
g) eine Unabhängigkeit des Arbeitserfolges von einer besonderen (außerhäuslichen) Ausbildung."[170]

169 Vgl. Einleitung; vergleichsweise seien genannt: weibliche mithelfende Familienangehörige arbeiten im produzierenden Gewerbe 1978 34,0, im Handel und Verkehr 38,4, im Dienstleistungsgewerbe 42,4 Wochenstunden.
170 I. Ostner 1978, S. 115. Nicht unter jedem Blickwinkel sind traditionelle bäuerliche Arbeit und die Hausarbeit strukturell ähnlich. Dies läßt sich besonders gut an den Kleinbäuerinnen nachvollziehen, die beide Arbeitsbereiche in einer Person repräsentieren und deshalb ihre Vergleiche von innen her anstellen können. Je nach ihrer Urteilsperspektive betonen sie stark die kongruenten Momente, z.B. wenn sie ihre Distanz zu außerlandwirtschaftlicher Arbeit beschreiben wollen, oder aber die Differenzen, etwa wenn sie die Feld- und Hausarbeiten miteinander vergleichen; vgl. dazu in diesem Kap. die Abschnitte 3.3 und 4.4.

Für unsere Untersuchung sind diese „Merkmale" von großer heuristischer Bedeutung gewesen, beschreiben sie doch traditionelle bäuerliche Arbeit im allgemeinen und die Arbeit der Bäuerin, die Hausarbeit und Hofarbeit umfaßt, im besonderen in einer Weise, die qualitative Veränderungen ebenso zu erfassen erlaubt wie auch hartnäckige Resistenzen. Wir haben daher die Hauptarbeitsbereiche der Frauen daraufhin untersucht, inwieweit diese und einige andere Momente auch heute noch geeignet sind, die Einstellungen der Bäuerinnen zu ihrem jeweiligen Arbeitsbereich zu charakterisieren bzw. inwieweit sie „moderneren", z.B. an marktökonomischen Gesichtspunkten orientierten Normen Platz gemacht haben.

Ein zweiter großer Themenkomplex bezieht sich auf die „Synthesis" der Arbeitsvielfalt, denn bei allen nicht linear-kontinuierlich vorgegebenen Arbeitsverläufen und gleichzeitig verschiedenen Arbeitsaufgaben ist die Synthese eine besonders wichtige und schwierige Aufgabe, von deren Gelingen oder Mißlingen der Zustand der menschlichen Arbeitskraft ebenso abhängt wie die Arbeitszufriedenheit.

Um die spezifischen Momente heutiger bäuerlicher Arbeit und entsprechender Identifikationsmechanismen der bäuerlichen Produzentinnen noch pointierter herauszuarbeiten, griffen wir sodann auf einen Vergleich zwischen bäuerlicher und nicht-bäuerlicher lohnabhängiger Arbeit zurück. Die Bäuerinnen waren dazu umso mehr bereit, als sie aus eigener Erfahrung oder aus den Berichten der Ehemänner oder der Kinder andere Arbeitsplätze kannten.

Schließlich interessierten wir uns noch besonders für die auffällige Arbeitsmoral der Frauen, ihre oft geradezu zwanghaft wirkende Art, sich beständig und überall zu schaffen zu machen. Vor allem in den Biografien zeigt sich die Chronologie eines oft bruchlosen Hineinwachsens in eine Arbeitsmoral, die auf diese Weise zur „zweiten Haut" der Bäuerin werden konnte.

2 Die Arbeit im Stall

2.1 Allgemeine Fakten

Der Stall gehört traditionell zu den wichtigsten Arbeitsbereichen der Frau im bäuerlichen Betrieb. Ihr obliegt zumeist die Versorgung der Kälber, Schweine und Rinder, ebenso wie das Melken der Kühe, das namentlich in Bayern eine typische Frauenarbeit darstellt.[171] In den von uns untersuchten Betrieben haben die Frauen auch oft die Säuberung der Ställe ganz oder teilweise übernommen. Weiter

---

171 Beim Einsatz von Melkmaschinen ging zwar das Melken oft an die Männer über, zumeist aber nach einiger Zeit wieder an die Frauen zurück; vgl. Th. Iffland 1956, S. 645. Während Iffland diese Arbeitsteilung kritisiert: „Auch das Melken — gleichgültig ob mit oder ohne Maschine — wäre in anderen Händen besser aufgehoben. Es ist einmal nicht unbedingt Frauenarbeit und fügt sich außerdem zeitlich in den Rhythmus der Bäuerinnenarbeit nur schlecht ein" (a.a.O., S. 641), befürwortet J. O. Müller, daß die Melkmaschine in der Hand der Frauen bleibe, „denn die saubere und sorgfältige Arbeit mit der Melkmaschine ist der weiblichen Arbeitskraft in besonderem Maße angemessen." (J. O. Müller 1964, S. 102).

gehört die Versorgung des Kleinviehs zu ihren Aufgaben. Nur bei einer regelmäßig anfallenden Arbeit haben wir sehr häufig den Bauern oder männliche Ersatzkräfte als Hauptverantwortliche angetroffen: beim Kalben.[172] Der Bestimmung des quantitativen Anteils, den die Frauenarbeit an der Hof- und Stallwirtschaft hat, stehen viele Schwierigkeiten im Wege. Er variiert nicht nur stark mit der jeweiligen Region und dem dort üblichen Brauchtum, sondern auch von Hof zu Hof, je nach dem Arbeitskräftebesatz und den jeweiligen Besonderheiten. Dies haben vor allem auch die Arbeiten von S. Tiede 1966 gezeigt. Zur Illustration seien die Zahlen angegeben, die sie für den Anteil der Frauenarbeit an der Hofwirtschaft in sieben Betrieben mit Hilfe der Arbeitstagebuchmethode ermittelt hat: Die Hofwirtschaft selbst nimmt 20,1−38,7 % der gesamten betrieblichen Arbeitszeit ein. Der Anteil der Frauenarbeit beträgt zwischen 31,4 und 59,5 %. Viehwirtschaftliche Tätigkeiten übernehmen die Frauen zu folgenden Anteilen:

Melken	68,3 − 100 %
Rindvieh	4,9 − 98,5 %
Schweine	0,1 − 97,4 %
Geflügel	51,7 − 100 %.[173]

Die enormen Spannbreiten illustrieren die bunte Vielfalt der Formen von Arbeitsteilung in den einzelnen Betrieben und somit die grundsätzliche Problematik einer Durchschnittsbildung. Wir begnügen uns daher mit der Feststellung, daß für die meisten der von uns untersuchten Betriebe der Anteil der Frauenarbeit eher im oberen Bereich des Zahlenspektrums liegt.[174] Der Anteil, den die einzelne Bäuerin zu übernehmen hat, variiert mit der Anzahl und dem Alter der weiteren auf dem Hof verfügbaren weiblichen Arbeitskräfte.

2.2 Tierhaltung als Einschränkung für die Menschen

Der organische Charakter des bäuerlichen Produktionsgegenstandes und -rahmens veranlaßt die bäuerliche Familie, den Hof nur in Ausnahmefällen und nur vorübergehend allein zu lassen. Die räumliche und zeitliche Bindung an den

---

172 Als Gründe dafür, daß das Kalben in erster Linie „Mannsbilderarbeit" ist, was natürlich eine Assistenz der Frau durchaus einschließt, wurden genannt: günstige Anatomie (lange Arme, kräftige Hände), Kraft, langjährige Erfahrung und damit Sicherheit; hohe Risiko- und Verantwortungsbereitschaft; Tradition und Gewohnheit; Vordrängen der Männer; Verweigerung der Frauen, einen zusätzlichen Bereich zu übernehmen; Schamgefühl. Bezeichnenderweise haben die Frauen aber die Beobachtungs- und Intuitions„arbeit" wahrzunehmen: „aufmerken, wann's soweit ist", „nach Abstand der Wehen die Geburt vorausberechnen" und nach erfolgter Geburt die pflegerisch-sanitären Handlungen vornehmen.
173 Vgl. S. Tiede 1966, S. 21.
174 Die Werte, die Th. Iffland 1956 ermittelt hat, schwanken auch beträchtlich, wenngleich nicht in solcher Breite wie bei S. Tide. Z.T. erheblich nach unten abweichende Werte ermittelten v. Deenen u. a. 1964.

Betrieb wird von den Bäuerinnen als einer der größten Nachteile ihrer Existenz empfunden:

60 der 133 Frauen, also knapp die Hälfte, formulieren das Gebundensein als Nachteil der Arbeit auf dem Bauernhof. Im wesentlichen wird das Gefühl der Gebundenheit an den Betrieb durch die Verpflichtungen in der Viehhaltung verursacht. Etwa 40% der befragten Frauen fühlen sich durch die Tiere angehängt, „angehängt wie an einer Kette" (25). Besonders kraß wird dieser Zustand an den Sonn- und Feiertagen empfunden, wenn die Dorfnachbarn „frei haben" und „schön angezogen" sind. Auf diese Tage, aber auch auf die Arbeitsspitzen während der sommerlichen Hochsaison, also dann, wenn die meisten anderen in Urlaub fahren, und auf Zeiten, in denen sich die Frauen gesundheitlich nicht gut fühlen, bezieht sich die Antwort „manchmal angebunden", die ca. 20 % der Bäuerinnen gaben:

> „Sonntag ist am schlimmsten: Wenn man angezogen ist und man muß sich wieder ausziehen nach der Kirche." (45)
>
> „Wenn's wo am schönsten ist, muß man gehen und die Tiere versorgen." (61)
>
> „Wenn man im Sommer kaputt vom Feld heimkommt, muß ich gleich in den Stall gehen; nicht erst hinsetzen und essen. Da komme ich oft nicht mehr hoch ... lasse deswegen oft das Essen ausfallen!" (123)
>
> „Wenn andre im Sommer in Urlaub fahren, denkt man's manchmal — sonst nicht!" (56)
>
> „Nur wenn ich krank bin..." (120)

Mehr als ein Drittel aller Befragten behauptet allerdings, sich nicht durch die Tiere angehängt zu fühlen. Hierzu gehören einige, denen ein ausgewogenes Verhältnis von Arbeitskräftebesatz und anfallender Arbeit ein rotierendes System in der Stallarbeit erlaubt, ferner solche, die die traditionale Arbeitsteilung in der Innenwirtschaft aufgebrochen und den Bedürfnissen der Familienangehörigen entsprechend gestaltet haben, sowie Frauen, deren Betrieb rationalisiert und vereinfacht ist. Typische Äußerungen hierfür:

> „Noch net (angehängt, erg.), weil noch mein Vater und meine Mutter da sind!" (2)
>
> „In meim Fall nicht, weil Eltern da sind... Die meisten im Dorf sind schon wirklich angehängt, wenn keine Eltern mehr da sind!" (6)
>
> „Eigentlich net. Anghängt is man schon, aber ich kann, wenn mei Mann da is und der Sohn, dann machen die des, und da kann ich ruhig mal sagn: Ich bin amal in der Stadt oder irgendwas. Also ich brauch in der Zeit net da sein." (8)
>
> „Sonntags füttert sowieso mein Mann, und wenn ich nicht wollte, gingen die Kinder in den Stall." (115)
>
> „Der Sohn hilft ab und zu. Oder es kommt auch vor, daß die Nachbarin beim Melken aushilft, wenn ich selbst grad auf Besuch bin." (88)
>
> „Wir haben uns selber frei gemacht, wir füttern manchmal früh doppelt so viel!" (30)
>
> „So angehängt is man durch die Schweine überhaupt net. Wenn wir fort sind — wegen die Schweine können wir a Stund länger fortbleiben, weil die fressen um 7 und um 8 genau noch so gern, wie wenn wir schon um 6 gefüttert hätten!" (10)
>
> „Seit der Umstellung nicht mehr (angehängt, erg.); weil ich zeitlich nicht gebunden bin. Ich muß nicht pünktlich vom Einkaufen heim kommen. Wir können morgens länger liegen bleiben." (34)

„Sonntags wird nicht im Stall gearbeitet!" (101; spezialisiert auf Schweine)

„Mit Schafen ist man nicht mehr angehängt!" (23)

Zu den 48 Frauen, die sich nicht gebunden fühlen, gehören auch solche, denen die objektive Gebundenheit an außenbestimmte natürliche Rhythmen durchaus bewußt ist, ohne daß sie darauf mit einem subjektiven Abhängigkeitsgefühl reagieren. Pointiert formuliert:

„Man ist, aber ich fühl mich net (gebunden, erg.)!" (9)

Es ist also zu vermuten, daß in die subjektive Einstellung der Bäuerin zur Stallarbeit verschiedene andere Motivationen, Gefühle und Erwartungen eingehen, die den Nachteil der ständigen Verpflichtung zumindest partiell kompensieren können. Darauf deutet auch hin, daß fast 90 % der befragten Bäuerinnen angaben, an ihren Tieren zu hängen, und daß etwa ein Viertel der Frauen die Stallarbeit als ausgesprochene Lieblingsarbeit bezeichnet hat. Auch die Tatsache, daß auf die Frage nach den wichtigsten Eigenschaften einer guten Bäuerin ca. 20 % der Frauen „Liebe zum Vieh" bzw. Kenntnisse in der Tierpflege genannt haben, liefert einen weiteren Beweis für die objektive Bedeutung und subjektive Wertschätzung dieser Arbeit.

Immerhin haben auch fast die Hälfte der Frauen unsere Frage: Kommt es auch mal vor, daß Sie am Abend nicht in den Stall gehen wollen, um die Arbeit zu machen, die Sie dort wie an jedem Morgen und Abend erwartet? verneint.[175] Die abstrakt bewußte und konkret immer aufs neue erfahrene Abhängigkeit von den Lebensrhythmen der Tiere muß eben nicht notwendig Unlustgefühle und Ablehnung bei den Bäuerinnen hervorrufen, im Gegenteil: für die „Anhänglichkeit", die die Frauen gegenüber ihren Tieren zeigen, und deren Gründe hat sich reichhaltiges Material gefunden.

2.3 Zur „Anhänglichkeit" an das Vieh

a) Bäuerliches Arbeitsethos

Die besondere Arbeitssozialisation, die die meisten Bäuerinnen erlebt haben, hat Hofnotwendigkeiten und eigene Bedürfnisse der Frauen soweit miteinander verschmolzen, daß sie von den Bäuerinnen als eine Einheit empfunden werden, und Widersprüche, die zu einem früheren Zeitpunkt in der Biografie vielleicht noch deutlich als solche empfunden wurden, unterdrückt sind. Alles deutet darauf hin, daß der Prozeß eher durch Abschleifen der individuellen Wünsche der Bäuerin als durch Veränderung der betrieblichen Erfordernisse vonstatten gegangen ist. So hat die Bäuerin auch das „Angehängtsein" oft soweit internalisiert, daß es zur

---

175 49 Frauen (= 37 %) wollen manchmal nicht in den Stall gehen; 63 Frauen (= 47 %) gehen immer gern oder selbstverständlich; 13 Frauen (= 10 %) wollen manchmal nicht und gehen dann auch nicht.

„Gebundenheit" und „Gewohnheit" geworden ist, die man schließlich nicht mehr missen möchte. Das „ewige Muß" ist ihr „in Fleisch und Blut von Kindheit an übergegangen" (33), ist „eingefleischt" und zur Selbstverständlichkeit geworden. Die Gewöhnung durch frühzeitige Arbeitssozialisation und lange Berufspraxis einerseits und durch „objektive" Sachzwänge andererseits werden von etwa einem Viertel aller Bäuerinnen in diesem Zusammenhang benannt:

> „Man ist das von Jugend an gewöhnt. Da macht es einem nichts mehr aus!" (87)
>
> „Wenn man das so lang gemacht hat wie ich, kommt das nicht mehr vor!" (131)
>
> „Das gewöhnt man mit der Zeit." (121)
>
> „Ich glaube, das ist eine Gewohnheitssache ... mir würde was fehlen, wenn ich's nicht mehr müßte ... der Stall, der muß ja sowieso sein, da geh ich auch gern!" (127)
>
> „Kommt net vor, weil ich immer im Stall bin, des ist noch net vorkommen!" (43)
>
> „Das steckt schon in einem so drin, daß es dazu gehört! Des macht man schon automatisch!" (6)
>
> „Tja, angehängt ist man da! Aber wir ham ja noch nie was anderes ghabt, so lang, dann weiß man das nicht anders." (52)

Daß der „Sachzwang" unhinterfragt akzeptiert, vielleicht auch vorgeschoben wird, klingt in folgenden Zitaten an:

> „Manchmal möcht mer net, aber mer muß ja, des is ja a Muß!" (45)
>
> „Stallarbeit muß einfach sein!" (91)
>
> „Ist nicht anders zu machen, muß man halt da sein!" (73)
>
> „Das ist man gewohnt, das muß man machen, bleibt einem nix anderes übrig!" (12)

Eine ausgeprägte Arbeitsmoral und das Verdrängen unvereinbarer Wünsche wird aus folgenden Kommentaren deutlich:

> „Also, wenn ich ehrlich bin, das hab ich noch nie denkt! Wenn ich gsund bin, da will ich bloß arbeiten." (10)
>
> „Nein (nicht angehängt, erg.)! Man weiß es nicht weiter: das muß gemacht werden..." (80)
>
> „Man weiß es nicht weiter! Ich hab's gewählt, also muß ich's jetzt machen." (59)
>
> „Wie ich noch jünger war, hat's mir schon was ausgemacht, jetzt nicht mehr." (113; 37 Jahre)
>
> „Früher schon, als ich noch mehr Interessen hatte..." (41; 51 Jahre)

Während in diesen Aussagen eine relativ traditionale Haltung: Anpassen, Gewöhnen, Sich-fügen in Verhältnisse, die unveränderbar erscheinen, den Ausschlag gibt, argumentieren andere eher mit dem finanziellen Ertrag der Viehwirtschaft.

b) Ökonomisch-marktwirtschaftliche Gründe

> „Angehängt-Sein ist unser Brot. Wir leben davon!" (99)

sagt eine Bäuerin und verweist damit auf eine ökonomische Rechtfertigung für die tägliche Plackerei. Die Tierhaltung ist für den Betrieb in den meisten Fällen eine wichtige Erwerbsquelle, ein „Lebenszweig", oft sogar die einzige Garantie für ein relativ regelmäßig fließendes monatliches Einkommen in Form des Milchgeldes:

> „Um den Stall bin ich schon besorgt und bestrebt, weil da das Milchgeld reinkommt." (122)

Sieht die Bäuerin das Vieh überwiegend aus dem ökonomischen Blickwinkel, so wird sie auch nicht trauern, wenn es seiner Bestimmung zugeführt, verkauft oder geschlachtet wird:

> „Übers Vieh nur können wir Geld einnehmen, und Geld muß alle Tage sein." (120)
>
> „Sind doch da, um das Brot zu verdienen... Ohne Vieh ist's nix auf dem Bauernhof, ist nichts verdient... Ohne Vieh müßte der Mann nebenbei arbeiten gehen." (99)
>
> „Das ist unser Beruf, wir wollen doch auch was verdienen!" (49)
>
> „Kann ich schon wieder eine Rechnung damit zahlen." (122)

Der Verdienst, den ein Tier oder seine Produkte erzielen, ist von zahlreichen Eigenschaften abhängig, wie z. B. stetigem Wachstum, hoher Leistungsfähigkeit, langanhaltender Fruchtbarkeit, möglichst schnellem Erreichen des Marktstandards beim Mastvieh, insbesondere des gewünschten Gewichtes, usw. Auf diese Eigenschaften hin wird das Tier bearbeitet, und das schließt gerade auch das sorgfältige Eingehen auf die tierischen Rhythmen ein:

> „Die wolln ihr Fressen zur Zeit. Also, wir halten schon möglichst die Zeiten ein, genau, schon der Leistung wegen, und alles. Also, wenn's geht, dann sind wir pünktlich." (15)

Dort, wo ökonomische Rationalität als Legitimation für die Gebundenheit dient, wird die Trennung beim Verkauf oft entsprechend ökonomisch-rational gehandhabt. So trennt sich die eben zitierte Bäuerin reibungslos von den sorgfältig betreuten Tieren, da ihr dann der materielle Lohn für ihre Mühe zufließt:

> „Mich gfreut's (die Trennung, erg.), weil, da kommt Geld!" (15)

Daß marktwirtschaftliche Gründe eine wichtige Rolle für die Bereitschaft der Bäuerin spielen, sich an die Bedürfnisse der Tiere zu binden und viel vom eigenen Wunsch nach geregelter Freizeit aufzugeben, erhellt auch folgende Tatsache: Die Bäuerinnen haben oft eine Vorliebe für die zwar arbeitsaufwendigere, aber weniger den Preisschwankungen ausgesetzte Rinderhaltung, was ein Grund für manche Mißerfolge der Rinderabschlachtprämie gewesen ist.

> „Mit die Schweine hab ich's net so recht, a Kuh is mir schon lieber: der Ertrag mit der Milch! Freili, die Schweine machen net so viel Arbeit. Dann hat man's groß gmästet, na kosten's wieder nix! Dann hat man's auch aufzogn. Mit der Kuh hab ich mehr Ertrag. Da hab ich mei Milch und mei Kalb, dann paßt's. A Kuh is mir schon lieber!" (11)

Die Milchproduktion mit ihrem vertraglich abgesicherten, kontinuierlich fließenden, wenn auch niedrigen und durch den „Milchpfennig" nochmals reduzierten finanziellen Ertrag ist, verglichen mit den punktuellen Verkäufen von Mastschweinen, deren Erlös mit dem „Schweinezyklus" schwankt, immer noch ein relativ risikoarmer bzw. -verteilender Betriebszweig der tierischen Veredelung.

c) Emotional-naturalwirtschaftlicher Bezug

In einer Untersuchung von J. O. Müller anfangs der sechziger Jahre ist die „besondere emotionale Beziehung zum ganzheitlichen Naturgeschehen", ein Teilaspekt des eher „produktions"- als „marktbezogenen" Denkens bei der bäuerlichen Bevölkerung, nicht nur in Gemeinden vorwiegend bäuerlichen Typus, sondern auch noch — wenngleich dort dem betrieblichen Interesse untergeordnet — in Gemeinden „im Vorfeld der Industrie" festgestellt worden.[176] Diese Untersuchung liegt nun fast 20 Jahre zurück. Umso interessanter war es für uns herauszufinden, ob und in welchem Umfang sich hier ein Wandel von einem emotional-naturalwirtschaftlichen Denken zu einer eher rechenhaften Marktorientierung vollzogen hat. Daß sich die ökonomische Rationalität schon aufgrund der teils freiwilligen, teils erzwungenen Integration auch der kleinbäuerlichen Wirtschaft in das Marktgeschehen stärker durchgesetzt haben müßte, schien ebenso plausibel wie die Annahme, daß die emotionalen Bezüge zum konkreten Arbeitsinhalt stärker noch bei einer Frauenenquete als bei einer überwiegend auf Aussagen von Männern sich stützenden Untersuchung hervortreten würden, denn die Emotionalität im Umweltbezug gehört ebenso zur „zweiten (gesellschaftlich vermittelten) Natur" der Frauen wie die Traditionalität des Normensystems der Bäuerin.[177]

Zunächst gehen wir vom organischen Charakter der Landarbeit und der insbesondere in der Tierhaltung eine Rolle spielenden biologischen Abhängigkeit des Produktionsgegenstandes aus. Die spezifische Bedürftigkeit der Tiere fordert die Bäuerin zu permanenten Pflegehandlungen heraus.

> „Das weiß man, daß die (Tiere, erg.) einen brauchen. Die sind ja auf einen angewiesen." (125)

> „Das muß man machen, ob man das will oder nicht, weil das Vieh ja auch seine Ordnung braucht!" (116)

> „Das Vieh braucht ja auch sein Recht. Es ist da. Es kann sich ja nicht selber versorgen. Bei den Menschen ist das anders." (86)

Gerade diese Bedürftigkeit spricht Seiten in der Bäuerin an, die während ihrer Sozialisation als Frau besonders entwickelt worden sind. Sie hat frühzeitig gelernt, sich durch Hilflosigkeit angesprochen zu fühlen und für das Wohl von anderen verantwortlich zu sein. Zugleich hat sie gelernt, die eigenen Wünsche zu unterdrücken, wenn sie in Konkurrenz zu den Bedürfnissen anderer nahestehender Wesen treten, bzw. so umzubilden, daß sie damit verträglich oder gar identisch werden. Wie solche internalisierten Verhaltensweisen auch den Tieren gegenüber wirksam werden, zeigen die beiden folgenden Zitate:

176 Vgl. hierzu J. O. Müller 1964, S. 214 ff.
177 Die Untersuchung der Lebensverhältnisse in kleinbäuerlichen Dörfern von 1952 hatte ergeben, daß gerade in den kleinbäuerlichen Betrieben mit arbeitswirtschaftlicher Dominanz das traditionelle Normensystem von der Frau übernommen und engagiert vertreten wird; vgl. C. v. Dietze u.a. 1953, S. 158. Leider ist durch die Nachfolgestudie von 1972 die Binnenstruktur der Familie nicht annähernd so genau untersucht worden; vgl. Lebensverhältnisse o. J., S. 170 ff.

„Es zieht einen automatisch rein, wie ein Magnet. Man denkt, die Viecher wollen essen und wir auch!" (14)

„Da überwiegt wieder der Pflegetrieb die Abhängigkeit... Aber das läßt dich einfach net los, du weißt, du wirst gebraucht und deine Umsicht und Aufsicht ist notwendig; des unterdrückst dann!" (13)

Die Verantwortlichkeit, die die Bäuerin gegenüber den Tieren empfindet, hat starke mütterliche Komponenten:

„Man hat die Viecher wie die Kinder!" (129)

Insbesondere wird die mütterliche Fürsorglichkeit gegenüber den Jungtieren angesprochen; viele Bäuerinnen äußern ihre Vorliebe für die „kleinen Tiere", für die „Flaschenkinder" (kleine Schafe) und die „Sorgenkinder" (57), ihre Freude bei der Aufzucht und die Schwierigkeiten, wenn es darum geht, sich von solchen Tieren zu trennen:

„Manchmal schon (Trennungsprobleme, erg.): Die Kälber, wenn sie fort müssen! Aber was willst du machen? Wenn'st die kleinen Kälber saugen läßt... Die sind mit dir von klein aufgewachsen. Alle Tage neigangen zum Tränken. Machen kannst nix, weil man's nicht alle behalten kann!" (70)

„Ja, wenn man so ein kleines Kälbchen hat und immer zu saufen gibt, und dann weg-tut!" (83)

„ Die Kleinen reuen mich schon immer!" (107)

Die Lebendigkeit teilen die Tiere mit den Menschen. Ihr Wachstum und Ge-deihen wird — so die Meinung vieler Bäuerinnen — nicht nur durch die Sorgfalt in der technischen Erledigung der Pflegehandlungen gefördert, sondern durch emo-tionale Zuwendung.

„Ich sag immer: Mit Vieh ist Umgang wie mitm Menschen. Wer mit Menschen net um-gehen will ... kann's auch net mitm Vieh." (4)

„Jedes Vieh braucht Liebe!" (22)

meint eine Bäuerin, und aus manchen anderen Äußerungen wird deutlich, daß die Tiere nicht rein nach den Gesetzen der Zeitökonomie versorgt werden:

„Die kriegen nicht nur was zum Fressen hingestellt ... die brauchen auch eine Ansprache, ein gutes Wort. Da lachen manche Leute darüber, aber wir nehmen uns Zeit..." (124)

„Gespräche" mit den Tieren werden von den Bäuerinnen häufiger themati-siert, etwas verschämt freilich, weil die gesellschaftlichen Normen einen kommu-nikativen Kontakt im allgemeinen nur zwischen Menschen vorsehen, und Gespräche mit Tieren eher als schrullig und irrational gelten.

„Ich kann mich da vor die Kälberbox hinstellen und unterhalten und unterhalten mit die kleinen Kälble. Da lachen die (Familienangehörigen, erg.) über mich! Und des horcht und horcht. Die Viecher wissen des, da hab ich mei Freud dran und des gfällt mir dann ein-fach." (7)

„Wenn man sagt: ‚Wo is'n die Alte?' (Zuchtsau, erg.), die plaudert (die Bäuerin ahmt die Geräusche nach, erg.). Eine alte Sau, die spricht, die macht einem einen Widerhall. Die

Mastschweine, die tun schon auch a weng plaudern (sie ahmt es wieder nach, erg.), die kommen auch a weng her, aber nicht so." (14)

„A alte Kuh, die wo mer scho 10 Jahr drin hat, die kann an Hauf'n derzähln!" (12)

„Wenn man alle Tage mit den Sauen umgeht, kennt man sie nach 3 bis 4 Jahren, dann plaudert man mit ihnen, das wissen die auch, wie sie behandelt werden." (29)

Natürlich stellt sich für den Außenstehenden die Frage, warum die Bäuerin sich in dieser Weise, nämlich mit Geduld und emotionaler Beteiligung, den Tieren zuwendet. Die Kommentare der Bäuerinnen deuten auf drei Momente hin, die den „Lohn" und die Rechtfertigung für die Intensität der Pflege darstellen: der optisch am Wachstum und Gedeihen der Tiere sichtbare Naturalerfolg der Arbeit, das durch die Langfristigkeit des Umgangs mit dem Vieh mögliche ganzheitliche Naturerleben und die damit verbundene emotionale Befriedigung. Diese Aspekte sind in den Kommentaren der Bäuerinnen oftmals eng miteinander verwoben, wie im folgenden ausgeführt werden soll.

Die Chronologie des Produktionsvorganges beginnt oft bei der Geburt der Jungtiere auf dem Hof, ein emotional stark besetztes Ereignis, wie die Äußerungen der Frauen belegen:

„Wenn heut ein Schwein ferkelt und man sieht die Kleinen, wie sie alle leben und sich amüsieren und dann heranwachsen..., das ist doch lebendes Wesen und kein totes Inventar!" (114)

„Die Geburt ist einfach ein Naturwunder, und ich empfind des so wunderbar! Des is so ein Geschenk, wenn mer da so die Geburt mitverfolgt ... des is schön für mich!" (12)

Die Vermehrung des Viehbestandes durch die Geburt erlebt die Bäuerin einerseits als Spende der Natur („Naturwunder", „Geschenk"), andererseits wird hier auch ihr erfolgreiches Zutun belohnt. Gleichzeitig schafft das Geburtserlebnis selbst den ersten intensiven Kontakt der Bäuerin zu dem Tier und spielt mitunter für die spätere Intimität eine wichtige Rolle:

„... Da sind wir schon dabei, wenn sie (Bullenkälber, erg.) geboren werden, und die ziehen wir auf, und damit verwächst man." (129)

„Wenn man so kleine Bullen kriegt, ist's doch nicht so, als wenn sie am Hof geboren würden." (27)

Zwar nicht unmittelbar beeindruckend, aber stetig wachsen dann die Tiere heran, werden „schöne Kälber", „schöne Kühe". Für die Bäuerin entsteht so ein sichtbares Resultat ihrer kontinuierlichen Sorgfalt, das sie mit gewissem Produzentenstolz kommentiert:

„Man freut sich, wenn's heranwächst..." (41)

„Man sieht einen Erfolg, wie sie so wachsen." (62)

Je nachdem, wie langfristig dann der Aufenthalt des Viehs im Stall währt, entwickelt sich eine mehr oder weniger intensive Beziehung zwischen der Bäuerin und den Tieren. Tiere, die gemästet werden, also schnell umschlagen sollen, lassen engere Bindungen kaum zu. Aufgrund des dauernden „Rein und Raus", des

„Kommens und Gehens" wird das Verhältnis zum Mastvieh häufig als „locker" empfunden:[178]

„Zucht ist umsichtiger und muß man intensiver machen. Die Mast ist doch kürzer... Die gemäst werden, hat man weniger gern..., weil man sie weniger lang hat, weil man den Bezug net hat als wie a alte Kuh, die wo man schon 10 Jahr drin hat!" (10)
„Bei die Mastschwein denkt man, naja, in einem guten halben Jahr hab's ich schon abgschoben!" (10)

Hat die Bäuerin die Tiere längere Zeit (z. B. Milchvieh, Zuchtschweine), so entsteht aus der Kontinuität, aber auch aus dem engen „Körperkontakt" beim Füttern, bei der Pflege und bei der Geburtshilfe oft so etwas wie eine innige, „persönliche" und „individuelle" Verbindung zu dem Tier:

„Ich hab die Tiere, die ich groß zieh, einfach lieb." (105)
„Bei einer Muttersau – die kennt man ganz individuell..." (86)

Die Wahrnehmung differenziert sich, physiognomische Unterschiede fallen auf:

„Es sieht jede anders aus. Wie Menschen andere Gesichtszüge haben, so auch die Sauen. Wer viel mit ihnen umgeht, lernt ihre ganzen Arten so kennen, jedes Viech, wie man jeden Menschen kennt." (44)

Die Bäuerin kennt „artige" und „unartige" Tiere; es besteht ein Bedürfnis und aufgrund des überschaubaren Bestandes die Möglichkeit, die Tiere individuell zu unterscheiden und ihnen Eigennamen zu geben.[179] Die Reaktion der Tiere wird mit Genugtuung festgestellt:

„Wir hatten eine Kuh, die war lieb. Wenn man ihren Namen gerufen hat, hat sie ihren Kopf gedreht und die Ohren gespitzt." (123)
„Ich hab Sauen, wenn ich in den Stall rein geh und schrei den Namen, dann heben die den Kopf und spitzen und schauen." (44)

Im Laufe des langen „Zusammenlebens" entwickeln sich besondere (gegenseitige) Sympathien und Antipathien:

„Wir haben eine (Kuh, erg.) so gern gehabt. Die war weiß und so schön und mußte weg... und waren alle so beieinander und traurig. Man hat bestimmte Viecher, die man lieber hat." (72)

---

178 Die quantitative Auswertung ergab: 58 Bäuerinnen (= 43,6 %) empfanden das Verhältnis zum Mastvieh lockerer als zum Nutzvieh; 48 Frauen (36,1 %) empfanden es nicht so. 12 Frauen (= 9,0 %) antworteten mit „weiß nicht". 37 Frauen, d.h. 27,8 % der Grundgesamtheit bzw. 63,8 % derjenigen, die einen lockeren Bezug zum Mastvieh haben, begründeten dies mit dem schnellen Umschlag.
179 Auch dies ein Zeichen traditioneller Viehhaltung. In der Massentierhaltung, die auf standardisierte Produktion hinarbeitet, sind die Tiere kaum mehr unterscheidbar, und es besteht auch kein Anlaß und kein Bedürfnis, sie zu unterscheiden. Eigennamen sind entsprechend überflüssig.

„Bei den Schweinen ist eines dabei, zu dem ich eine besondere Beziehung habe. Wenn ich sage: So, jetzt kommst du dran zum Ausmisten, dann weiß es genau, daß es rausdarf. Es kommt dann auch freiwillig zurück, wenn ich es rufe." (115)

„Wir haben z. B. eine (Kuh, erg.), die kann mich nicht leiden. Die wenn mich sieht, geht sie auf mich los." (127)

„Die Zuchtsau ist so verständig. Wenn der Mann oder die Kinder zum Misten hingehen, meint man grad, die Welt geht unter. Wenn ich sag: Hopp, geh nei in dein Stall! – die geht rein, da brauch ich kein Besen oder irgendwas! Die andern müssen rudern und rudern!" (7)

Wieviel emotionale Befriedigung aus den Pflegehandlungen mitunter entspringt, zeigt das folgende Zitat, in dem mit Hilfe von anthropomorphisierenden Formulierungen eine Wechselseitigkeit im Mensch-Tier-Verhältnis nahegelegt wird. Es stammt von einer 46jährigen Frau, die mit Leib und Seele Bäuerin ist und manchmal so lange Zeit im Schweinestall verbringt, bis sie mit ihrem ältesten Sohn „Krach" kriegt („Geh rein und hör endlich auf!"):

„Die Säu, die haben manchmal Läus, wenn ich hin geh und pack von einer Sau a Laus oder krabbel die ein wenig, wo's ihre Läus hat, die stelln sich hin und tun ihr Ohr weg und halten still, wenn ich dann da so mit denen plauder. Des is eigentlich Tierpflege, wenn ich die entlaus, aber für mich ist des, des gefällt mir einfach, wenn die Viecher dann so stillhalten und mit den Menschen so freundlich umgehen, es is mir mehr Freizeitbeschäftigung als wie ich des als Arbeit anschau. Des ist meiner Ansicht nach schön und schöner, als wenn manche in ein Kino gehen. Wenn ich mit dem lebenden Objekt da beisammen sein kann, das ist doch viel schöner..." (44)

Daß die Bäuerin das Wachstum der Tiere nicht nur aus der Distanz des stolzen Produzenten betrachtet, klingt auch in solchen Formulierungen an, in denen sie sich als „aufgewachsen" oder gar „verwachsen" mit ihnen bezeichnet. Sie teilen ein Stück gemeinsamer Geschichte. Dies wird auch dort deutlich, wo das Wohlergehen der Tiere durch Krankheit oder sonstige Mangelsituationen während der Dürre im Jahr 1976 gefährdet war:

„Wenn man das Zeug welken sieht, denkt man gleich an das Futter, das nicht reichen wird, und hört schon die Kühe brüllen vor Hunger..." (117)

Die Bäuerin leidet aber besonders dann, wenn es sich um Tiere handelt, mit denen sie eine lange Zeit zu tun hatte:

„Ja, wenn eines krank ist, gehe ich nicht zum Stall heraus!" (86)

„Wenn ein Vieh krank ist, fühl ich mich auch fast krank!" (92)

„Ja, wenn eins krank ist, ist man selber krank. Kann niemand nachempfinden, der kein Vieh hat. Bei Kühen tut einem das Herz weh, bei Mastbullen nicht so schlimm." (91)

„Wenn die Kuh nicht frißt, brauch ich auch nichts zu essen." (117)

Die Aspekte, unter denen die Bäuerin ihre Beziehung zu den Tieren thematisiert, sind also vielfältig: neben der Arbeit und täglichen Verpflichtung, der Freude am Wachstum als Naturgeschehen und als Ausdruck des Arbeitserfolges, der Langfristigkeit und Intensität des Kontaktes, die Ganzheitlichkeit des „Produktions"vorgangs. Dies bedeutet, daß die Arbeit von der Entstehung bis zur vollendeten gebrauchsfertigen Gestalt des Produkts von einer oder mehreren Personen gemeinsam verrichtet wird. Wie in anderen Bereichen kommt auch der Stallarbeit der Bäuerin dieses Charakteristikum zu, das prägend für ihre Einstellungen und Erlebnisweisen ist. Der natürliche Lebenszyklus der Tiere wird zwar immer wieder durch Schlachten oder Verkauf abgebrochen, doch finden lange Abschnitte und Ausschnitte, die oft über mehrere Tiergenerationen andauern, im Stall und unter der Obhut und Aufsicht der Bäuerin statt. Diese Möglichkeit des ganzheitlichen Erlebens vermittelt der Bäuerin auch heute noch eine große Arbeitsbefriedigung und Arbeitsfreude.[180]

2.4 Marktrationalität und naturalwirtschaftlich-emotionale Denkweise

Wir haben im vorigen Abschnitt die Frage aufgeworfen, in welchem Verhältnis die verschiedenen Motivationen der Bäuerinnen, insbesondere der Naturalerfolg und der emotionale Gewinn einerseits und der zu erwartende ökonomische Ertrag andererseits, in ihre Gesamthaltung zur Viehwirtschaft eingehen. Sicherlich gilt auch für die Kleinbäuerin die Feststellung Poppingas: „Kein Bauer kann es sich mehr leisten, andere als ökonomische Überlegungen zur Richtschnur seiner Produktion zu machen."[181] Doch haben viele zitierte Äußerungen der Frauen ein Ausmaß an affektivem Bezug zu den Tieren bekundet, das über ökonomisch notwendige und vom Zeitbudget der Bäuerin her angeratenen Umfang weit hinausgeht. Die Emotionalität kann dabei auch nicht als besonders raffinierte Methode angesehen werden, die Leistungsfähigkeit und den Tauschwert der Tiere dadurch zu steigern, daß man das psychische Befinden optimiert.[182] Emotionalität als Technik führt sich ohnehin langfristig ad absurdum.

Können wir also von der Eigenständigkeit des emotionalen Bezuges gegenüber ökonomischen Interessen ausgehen, so gibt es andererseits Belege für eine Kopplung von marktwirtschaftlichen Überlegungen und Freude am Naturalerfolg; die Befriedigung über das stetige Wachstum der Tiere entspringt mitunter der Aussicht auf ein angemessenes Geldäquivalent, wie bei dieser Bäuerin:

> „Ich geh gern in den Schweinestall. Wenn ich 30, 40 heranwachsen seh, denk ich, die Arbeit macht sich bezahlt, ich hab dann doch ein wenig Geld." (87)

180 Auch die Untersuchung der Lebensverhältnisse in kleinbäuerlichen Dörfern 1952 und 1972 hat die Relevanz der emotionalen Komponente an der Arbeitsfreude des Bauern bestätigt; vgl. Lebensverhältnisse o. J., S. 346.
181 O. Poppinga 1975, S. 134.
182 Einen Zusammenhang zwischen Leistungsfähigkeit und „psychischer" Verfassung der Tiere mag die Bäuerin durchaus in ihrer Alltagspraxis schon erfahren haben; es gibt aber keine Hinweise dafür, daß sie diese Erfahrung strategisch einsetzt. Die Wissenschaft hat den Einfluß der „psychischen" Konstitution auf die Leistungsfähigkeit des Viehs erst im Zusammenhang mit den in der Massentierhaltung auftretenden Problemen konstatiert; genauere wissenschaftliche Untersuchungen stecken noch in den Anfängen; vgl. U. Hampicke 1977, S. 271.

Um nun den Anteil der jeweiligen motivationalen Komponenten im einzelnen zu isolieren und grob zu bestimmen, haben wir die Kommentare der Bäuerinnen in solchen Situationen untersucht, in denen die einzelnen Motivationen kollidieren können und von daher eher in ihrer Widerspruchsstruktur bzw. in ihrer Hierarchie expliziert werden.

Ein solcher Anlaß liegt z. B. vor, wenn sich die Bäuerin von den Tieren trennen muß, weil sie verkauft oder geschlachtet werden. Der ökonomischen Notwendigkeit und der marktwirtschaftlichen Vernunft stehen dann möglicherweise die emotionalen Bezüge im Wege. Unsere Frage, ob der Bäuerin die Trennung vom Vieh, das verkauft werden soll, schwer fiele, haben 46 Frauen bejaht, ebenso viele verneint; 22 antworteten mit „teils, teils". Während in die Ja-Stimmen vor allem Ablöseschwierigkeiten von Tieren, die man selbst aufgezogen oder lange im Stall gehabt hat, eingehen (49 Nennungen), also emotionale Anteile offensichtlich eine dominante Rolle spielen, ist der Zusammenhang der Nein-Stimmen mit marktwirtschaftlichen Überlegungen nicht so zwingend: Nur 26 Bäuerinnen, also etwas mehr als die Hälfte der Frauen, die sich ohne Probleme von ihrem Vieh trennten, nennen als Grund das zu erwartende Geldäquivalent. 17 Frauen trennen sich leicht von den Tieren, weil bzw. wenn es sein muß, etwa bei Krankheit oder weil dies dem „Lauf der Dinge" auf einem Hof entspricht. Vorhandene psychische Affekte werden dann ohne weiteres der Ökonomie untergeordnet; als typisch kann folgende Äußerung gelten:

„Nun ja, wenn man's Geld gebrauchen hat, ist's einem nicht schwer gefallen. Ich hab schon oft schöne Kälber gehabt, wo ich gesagt hab, das reut mich. Aber wenn man das Geld gebrauchen hat, hat man's wieder abgegeben." (17)

Nur wenige äußern sich so dezidiert wie folgende Bäuerin, deren Rigorosität schon fast wieder eine Abwehr eigener emotionaler Strebungen und das strikte Druchhalten des Realitätsprinzips vermuten lassen könnte:

„Tiere sind zum Aufziehen und Schlachten da, nicht zum Anschauen und Liebkosen." (60)

Meist machen Randglossen zur „Trennungsfrage" jedoch deutlich, daß bei den Frauen Bindungen an die Tiere bestehen, die über den existentiell geforderten ökonomisch-rationalen Bezug hinausgehen. Oft können sie nicht mit ansehen, wenn die Tiere vom Hof entfernt werden:

„Wenn die (von ihr groß gezogenen Kälber, erg.) abgeholt werden, kann ich nicht hinschauen." (127)

„So ein kleines Kälbchen reut mich manchmal. Wenn ich die so tränk alle Tag und tu mit denen a weng schön, – und wenn's dann fortkommen, und die Metzger sind a weng so roh, dann tun's mir leid, müssen's jetzt schon ihr Leben lassen!" (49)

„Vor allem die Zeitspanne, wo das Tier losgelassen wird und aus dem Stall in den Viehwagen getrieben wird, ist das schrecklichste... Wir hatten eine Muttersau, die mußte blutig geschlagen werden, bis sie im Viehwagen endlich drin war ... das Geschrei der Sau steckt mir heute noch in den Knochen ... die hätten die Sau nicht so schlagen müssen, wenn ich sie gelockt hätte - die wär mir gefolgt! Aber ich hab's nicht fertig gebracht, mich im Haus versteckt, weil ich nicht zuschaun konnte, wie sie sie fortzerren." (117)

Eine Bäuerin berichtet stolz und triumphierend, daß sie zusammen mit der Oma einmal einen Verkauf verhindert habe (55). Eine andere muß sich immer wieder zur marktwirtschaftlichen Raison rufen, da ihre gefühlsmäßige Orientierung dem schnellen Umschlag des Tierbestandes widerspricht und eher einen Tiergarten aus dem Hof machen möchte:

> „Na, ich möcht's halt immer alle ham. Wenn immer die Säu groß sind und wern verkauft, − des gfallert mir halt, wenn ich des alles beisamm hätt. Aber das geht ja net. Man muß ja was hergebn auch!" (4)

Einen weiteren Beleg für eine relativ enge emotionale Bindung der Bäuerin an ihre Tiere sehen wir in den Antworten zur Frage, ob es der Bäuerin leicht falle, Tiere zu schlachten. Obwohl es nach Meinung mancher Bäuerin zu den Routinearbeiten am Bauernhof gehört, beantwortete nur knapp ein Drittel der Frauen die Frage mit Ja. Dazu gehören viele Nebenerwerbsbäuerinnen, die es einfach machen mußten und sich daran gewöhnt haben. Manche schildern die Schwierigkeiten der Umstellung:

> „Das war zuerst ein Kapitel! Da hab ich net hinkönnt, wenn's − wir schlachten ja bloß a Sau − aber jetzt schon. Wenn man älter wird, vielleicht. Daheim bin ich nie hin, da hab ich mich gezogen, was gangen ist. Aber wie ich daher kommen bin, da hab ich mich geniert, wenn ich net hin bin, da muß ich automatisch bleiben..." (52)
> „Am Anfang war's mir immer schlecht." (88)

So wie diese Bäuerin haben viele die Frage von vornherein als „Zuschauen beim Schlachten" interpretiert und in diesem Sinn geantwortet:

> „Nein, ich kann es nicht gut sehen, aber manchmal muß ich dabei sein." (41)

64, also fast die Hälfte der Bäuerinnen schlachten nur ungern[183] oder überlassen es als „Männerarbeit" dem Bauern oder anderen Personen:

> „Ich würde die Tiere nie schlachten. Ist das einzige, was ich auf dem Hof nie machen will." (89)
> „Bloß net kaputt machen!" (51)

Erst wenn das Tier tot ist, kann die Bäuerin wieder „alles" damit machen.

Einen Rückschluß auf die affektive Besetzung der Tierhaltung lassen auch die Berichte von Bäuerinnen über den Wandel ihrer Gefühle, wenn der betriebliche Schwerpunkt auf schnell umschlagendes Mastvieh verlagert wurde, zu. Zunächst handelt es sich um einen „schweren Entscheid":

> „Ich hätt lieber Rinder behalten, auch wenn man das Melken bedenkt. Ich bin extra fortgegangen, als die Küh dann alle verkauft wurden." (115)

---

183 Dabei scheinen die Größe, das Alter und der Kontakt zwischen Mensch und Tier eine Rolle zu spielen. So fällt es beispielsweise manchen Bäuerinnen schwer, Enten zu töten:
„Die (Enten, erg.) schaun ein anders an, die muß mer a paar Mal am Tag füttern." (8)
„Enten aufziehen ist schön, aber schlachten nicht!" (22)
Zur „Skala unterschiedlicher seelischer Fühlungnahme und Verbundenheit mit dem Tier" und der damit verbundenen Tötungsproblematik vgl. J. Illies 1977, S. 76 ff.

Ist der Schritt dann getan, die Arbeitssituation spürbar verbessert, vielleicht sogar ein „Ersatztier" geblieben, dem sich die Bäuerin emotional zuwenden kann, dann fällt es ihr mit der Zeit immer leichter, die Masttiere recht nüchtern als bloßen Produktionsgegenstand anzusehen. Es kann freilich auch hier nicht übersehen werden, daß immer noch mehr als ein Drittel der befragten Frauen angeben, daß ihr Verhältnis zum Mastvieh auch nicht lockerer sei als das zum Nutzvieh, wobei der zu erzielende Naturalerfolg und die entsprechend intensive Pflege eine große Rolle spielen:

„Nein, net anders! Mer will ja auch, daß wachsen und schön wern, net gleich so dick und so fett!" (10)

Zusammenfassend läßt sich also sagen, daß bei den meisten Bäuerinnen unserer Untersuchungsgebiete der ökonomisch-pragmatische Umgang mit den Tieren zumindest stark durchsetzt ist mit emotionalen Momenten, deren Intensität von der Ganzheitlichkeit und Dauer des Kontaktes und den, den Tieren zugeschriebenen besonderen Eigenarten und „kommunikativen" Fähigkeiten abhängt. Die Tatsache, daß in unserer Untersuchung damit ein ähnliches Ergebnis vorliegt wie in der fast 20 Jahre zurückliegenden Untersuchung von J. O. Müller, hängt sicherlich mit dem, gemessen am entwickelten Stand der Produktivkräfte, immer noch eher traditionalen Wirtschaftsstil und mit dem niedrigen Spezialisierungsniveau in unseren Betrieben zusammen. Das marktwirtschaftliche Denken gegenüber dem Produktionsgegenstand „tierisches Wachstum" setzt sich am stärksten dort durch, wo ein Betrieb auf eine schnell umschlagende Tierart umgestellt worden ist.

3 Die Arbeit auf dem Feld

3.1 Allgemeine Fakten

Der Arbeitsbereich am Bauernhof, der im allgemeinen die meiste menschliche Arbeit fordert, ist die Außenwirtschaft. S. Tiede hat als Anteil der Außenwirtschaft an der betrieblichen Gesamtarbeitszeit Werte bis zu 48,1 % ermittelt.[184] Das Arbeitsquantum, das auf die Frauen entfällt, variiert je nach Hofgröße, Arbeitskräftebesatz, Betriebsart usw. Die Zahlen von Th. Iffland[185] schwanken zwischen 1/5 und 1/3; S. Tiedes Werte liegen höher: ca. 1/4 bis über die Hälfte. Man kann davon ausgehen, daß in den von uns untersuchten Kleinbetrieben, vor allem in den Nebenerwerbsbetrieben im Durchschnitt sicherlich mindestens die Hälfte der Außenarbeiten von den Frauen am Hof verrichtet wird. Als ausgesprochene Frauendomänen können die wenig mechanisierten Arbeiten im Hackfruchtanbau angesehen werden. Die sozialhistorische Deutung solcher traditioneller Formen

---

184 S. Tiede 1966, S. 10.
185 Th. Iffland 1956, S. 637.

geschlechtsspezifischer Arbeitsteilung ist oft recht schwierig.[186] Die Bäuerinnen formulieren mitunter selbst Ursachen für die Zuordnung der Frauen zu bestimmten Feldarbeiten, wie diese Frau, die nicht gerne hackt und dazu ausführt:

> „Es ist eine buckelige Arbeit. Wenn der Boden schwer ist, muß man hineinhauen. Es ist ausgesprochene Frauenarbeit, weil die Männer sich nicht bequemen, das zu machen. Sie hocken sich lieber auf den Traktor." (78)

Die Maschine hat die geschlechtspezifische Arbeitsteilung sicherlich verändert, doch es gibt keine Untersuchung, die über die Daten zum Einsatz der Frauen bei den einzelnen Maschinenarten hinaus[187] die historischen Verschiebungen und regionalen Unterschiede auch unter Rückgriff auf volkskundliche Ergebnisse genauer diskutieren würde.

3.2 Einige Spezifika der Außenarbeit

Der Produktionsgegenstand in der Außenwirtschaft ist das pflanzliche Wachstum. Trotz des gemeinsamen organischen Charakters von Hof- und Außenarbeit unterscheiden sich beide Arbeitsbereiche in vielen Aspekten, die die Einstellungen der Bäuerinnen zum jeweiligen Gebiet entscheidend prägen. So ist das Pflanzenwachstum in höherem Maße als das tierische Wachstum von wechselnden Naturkräften abhängig; es ist auf den Boden als Standort und Versorgungsreservoir angewiesen, ebenso wie auf die Sonnenenergie als Triebkraft des Wachsens. Die Kehrseite dieser größeren „Naturwüchsigkeit" der pflanzlichen Entwicklung ist ihre stärker ausgeprägte Eigenständigkeit und Anspruchslosigkeit dem Menschen gegenüber: Auf der einen Seite sind seinen Einflußmöglichkeiten auf das Wachstum Grenzen gesetzt, die er zwar durch die Entwicklung der technischen und wissenschaftlichen Produktivkräfte lockern, aber niemals beseitigen kann. Auf der anderen Seite ist das Wachstum damit auch unabhängiger von der Pflege des Menschen. So kann z.B. der Zeitpunkt der Aussaat, der Pflegehandlungen und der Ernte in gewissen Grenzen zeitlich durchaus hin- und hergeschoben werden, ohne daß gravierende Schäden zu befürchten sind. Ein wechselseitiger, gar emotional gefärbter Kontakt zwischen Mensch und Pflanze kommt daher kaum zustande. Die Bedürfnisäußerungen der Pflanzen erfolgen eher unaufdringlich. Die Pflanze „verhält" sich

---

186 Vgl. die kontroverse Diskussion um die Ergebnisse einer Enquete in den Jahren 1929 bis 1935 bei G. Wiegelmann 1959–1964, bes. S. 81 ff.
187 Die Arbeit von R. Schewczik 1971 über die Mitarbeit der Bäuerin in der Außenwirtschaft bezieht sich auf österreichische Verhältnisse, kann also ohne weiteres übertragen werden. Trotzdem seien kurz seine Ergebnisse referiert: Die Frauen sind trotz Mechanisierung für die Außenwirtschaft unentbehrlich; nur 4,2 % arbeiten aufgrund von Alter, Arbeitsunfähigkeit durch Krankheit oder Unfall nicht mit. Von den Bäuerinnen, die allein den Haushalt führen und regelmäßig im Stall arbeiten, helfen 27,2 % bei der Bestellung, 70,4 % bei der Düngung, 88,5 % beim Anbau, 86,6 % bei der Pflege und 94,2 % bei der Ernte mit. Über das Ausmaß macht er keine Angaben. Der Einsatz bei den einzelnen Maschinen ist sehr unterschiedlich, z.B. bei dem Stallmiststreuer nur 4 %, bei der Kartoffellegemaschine 57,7 %; vgl. R. Schewczik 1971, S. 44 f.

nicht, ist nicht unberechenbar in ihren Aktionen und Reaktionen wie manchmal das Vieh. Ihr Wachstumsprozeß durchläuft im Normalfall kaum „dramatische" Etappen wie tierisches Wachstum (z.B. Geburt). Diese Aspekte sind gemeint, wenn wir davon sprechen, daß dem bäuerlichen Produzenten in der Feldarbeit eine relativ periphere Funktion zukommt.

Der Arbeitsrhythmus auf dem Feld differiert vom Rhythmus der Stallarbeit. Während sich hier eine Abfolge von Pflegehandlungen tageszyklisch wiederholt, muß der landwirtschaftliche Produzent in das Wachstum der Pflanzen jahreszyklisch eingreifen, um das gewünschte Mehrprodukt sicherzustellen. Die einzelnen Arbeiten wiederholen sich in einer relativ langen Periode; sie haben einen deutlichen Anfang und ein absehbares Ende. Das Gesamtspektrum der über ein Jahr verteilten Arbeiten ist vielgestaltig und abwechslungsreich, die natürliche Arbeitskulisse ändert sich beständig. Daran ändert auch die Tatsache wenig, daß viele Feldarbeiten über Tage und mitunter Wochen hin repetitiven Charakter haben können (Hacken, Kirschenpflücken z.B.).

3.3 Einstellungen der Bäuerin zur Außenarbeit

Etwa drei Viertel der Bäuerinnen finden die Feldarbeit mitunter recht mühselig, vor allem „wenn's Wetter nicht paßt", „wenn's mit Schmerzen verbunden ist" oder wenn die Lage der Äcker und ihre Bodenstruktur den arbeitserleichternden Einsatz von Maschinen nicht gestatten. Öfters wird im gleichen Atemzug darauf hingewiesen, daß die Maschinen einerseits oder die Kooperation mit Familienmitgliedern und die Nachbarschaftshilfe andererseits die Mühsal doch erträglich machen.

Wenn auch auf unsere Frage nach der Mühsal der Feldarbeit emphatische Antworten wie:

„Da müssen'S einmal kommen, wie interessant das ist!" (4)

selten sind, so geht doch aus dem Kontext anderer Antwortmaterials hervor, daß die Feldarbeit bei den Bäuerinnen angesehen und beliebt ist. So haben auf die Frage nach bevorzugten Arbeitsplätzen im Betrieb 75 Frauen, d.h. ca. 56 % die Feldarbeit angegeben, die damit noch beliebter ist als die Hausarbeit, der 61 Bäuerinnen, also ca. 46 %, den Vorzug gaben. Legen wir die Unterscheidung zwischen „Meisterarbeiten", die die Bäuerin gerne selbst verrichtet, und anderen Arbeiten, die sie lieber delegiert, zugrunde,[188] so scheint die Feldarbeit für viele Frauen, zumindest so lange sie hinreichend arbeitsfähig sind, zu den Meisterarbeiten zu gehören. Manche Bäuerin mit heranwachsenden Söhnen freut sich schon auf die Schwiegertochter, die sie von der Hausarbeit befreien soll:

„Und wenn ich mal a Schwiegertochter hab, dann laß ich die daheim. Dann will ich nimmer kochen!" (15)

188 Th. Iffland 1956, S. 653.

Im folgenden sollen nun die Gründe herausgearbeitet werden, die die Frauen für ihre Vorliebe gegenüber der Feldarbeit anführen. Vorweg sei bemerkt, daß eine arbeitsethische Selbstmotivation, wie wir sie im „man-muß-Argument" zur Stallarbeit häufig angetroffen haben, in diesem Zusammenhang im Hintergrund geblieben ist. Dies hängt sicherlich mit den größeren Zyklen der Feldarbeit zusammen. Die Feldarbeit erlaubt dem Produzenten einen breiteren zeitlichen Einteilungs- und Planungsspielraum als die Stallarbeit. Das Gefühl, gebunden und verpflichtet zu sein, drängt sich seltener auf und provoziert nicht zu arbeitsethischen Bewältigungsstrategien.

a) Ökonomische Gründe

Es gibt wenige Feldarbeiten, die sich unmittelbar in Geld umsetzen lassen. Zu den wenigen gehören das Kirschenpflücken oder Spargelstechen. Die wenigen Angaben über Arbeiten, die aus ökonomischen Gründen beliebt sind, beziehen sich daher alle auf diese: Eine sehr rechenhafte Bäuerin begründet ihre Vorliebe für das Kirschenpflücken damit, daß

„man da gleich Geld auf der Händ hat. Des andere muß erst alles verarbeitet wern!" (1)

Sehr anschaulich erzählt eine andere Bäuerin, wie sie sich gerade in der Zeit der Kirschenernte hetzen muß, da sie zusätzlich auch Feriengäste zu bewirten hat. Dennoch erscheint ihr das Kirschenernten als „Hobby" und macht ihr viel Spaß, weil ihr der Verkauf an die Obstgenossenschaft am Abend den Lohn für ihre Mühe unmittelbar auf die Hand liefert.

Ansonsten gibt es gerade von rechenhaften Frauen eher Kritik an bestimmten Arbeiten in der Außenwirtschaft, weil sie nichts (unmittelbar) einbringen. So scheint der Hopfenanbau unbeliebt, nicht nur weil er „eintönig" und „stur" ist, sondern auch:

„Man verdient nix dabei!" (79)

Ein ähnliches Argument wird von einigen Frauen gegen das Hacken eingewandt: Es sei eine Pflegearbeit,

„wo nix dabei rausschaut!" (119)

„wo'st nix siehst und nix verdienst den ganzen Tag." (48)

Da also zum einen die Produkte der Feldarbeit häufig im Betriebskreislauf verarbeitet und verwendet werden, also nicht auf den Markt kommen, da zum andern ein Großteil der Frauenarbeit auf dem Feld nur indirekt Einfluß auf den Ertrag hat und von daher in seinem ökonomischen Resultat nicht unmittelbar sichtbar wird, bietet die Feldarbeit ohnehin keinen allzu großen Anlaß zu ökonomisch-finanziell motivierter Freude an der Arbeit. Sie wird dementsprechend selten von den Bäuerinnen thematisiert.

b) Sichtbarkeit der Arbeitsergebnisse

Während der sichtbare naturalwirtschaftliche Erfolg, das Wachstum der Pflanzen, relativ selten von den Bäuerinnen als Motiv ihrer Freude an der Feldarbeit genannt wird, und dann auch in etwas stereotyper Form, was mit der beschriebenen peripheren Rolle des Menschen beim Pflanzenwachstum zusammenhängen mag:

> „... ganz schön, wenn man sieht, wie alles wächst und gedeiht. Da hat man schon Spaß!"
> (33)
> „Ich freu mich, zu sehen, wie alles wächst und schön wird!" (102)
> „Ich hab meine Freude dran, wenn alles wächst und blüht." (11),

ist die Sichtbarkeit des konkreten Arbeitsergebnisses (nach getaner Arbeit) eines der wichtigsten Momente für die hohe Wertschätzung der Feldarbeit. Der Umfang und die Qualität der menschlichen Arbeit sind genau fixierbar; das Produkt, z.B. ein gehacktes und gejätetes Feld, ist „dauerhaft" in dem Sinne, daß die Spuren der Bearbeitung und das fertige Resultat noch längere Zeit sichtbar bleiben. Die Arbeit wiederholt sich erst in mehr oder weniger langen Zeitabständen. Damit steht die Feldarbeit im Gegensatz zur Hausarbeit, deren Produkte — sei es nun ein Essen oder die Ordnung und Sauberkeit der Wohnung — rasch verschwinden und daher nach kurzer Zeit erneut wiederhergestellt werden müssen. Die Hausfrau muß „immer wieder von vorne" anfangen; Hausarbeit ist „endlos", „unbegrenzt", weil ihre Wirkungen kurzlebig sind und rasch unsichtbar werden. Hausarbeit besteht weiter in einer Ineinanderschachtelung zahlloser „Kleinigkeiten" über den ganzen Tag, während auf dem Feld eher gleichförmige Arbeitsabläufe zu einem kontinuierlich wachsenden Ganzen aufaddiert werden.

In diesem Sinne erscheint die Feldarbeit der Bäuerin als „was Produktives" (12), während der „unproduktive" Charakter der Hausarbeit auf der Hand liegt. Der hier angesprochene Gegensatz zwischen Feld- und Hausarbeit wird sehr deutlich von den Bäuerinnen gesehen und häufig thematisiert.[189] Im folgenden seien einige hierfür typische Äußerungen gegenübergestellt:

> „Man sieht die Arbeit, die dort (auf dem Feld, erg.) gemacht wird." (85)
> „Man sieht (im Haus, erg.) nur, was nicht getan ist." (40)
> „Draußen seh ich, was ich arbeite.
> Im Haus sehe ich das nicht.
> Ich geh lieber raus, fort!" (100)
> „Da seh ich wenigstens, was ich gearbeitet habe.
> Wenn ich daheim was tue, sieht man's danach nicht." (94)
> „Auf dem Feld sieht man, was man macht...
> Im Haus arbeitet man oft den ganzen Tag und sieht nicht, was man gemacht hat!" (87)

---

189 Die genannten Eigenschaften teilt die Feldarbeit mit der Gartenarbeit, weswegen Feld- und Gartenarbeit hier häufig in einem Atemzug genannt werden.

„Auf dem Feld sieht man, was man gemacht hat.
>   Im Haus fällt es kaum auf!" (75)
„Da sieht man am allermeisten, was man tut.
>   Im Haus ist es so, da macht man seine Arbeit, und hinterher ist's
>   trotzdem wieder (so wie vorher, erg.)." (49)
„Feldarbeit lieber.   Zuhaus kann man nicht so viel aufweisen an Arbeit!" (111)
„Überall lieb, aber draußen ist mir's liebste. Weil ... ich da seh, was ich mach. Sag ich ja:
>   Daheim putz ich alle Tag und da kommt der Hund und da kommen
>   die Leut und dann is des alles wieder dreckter. Und dann denk ich
>   oft: Da wenn ich etz gar nix gemacht hätt, wär auch so gwesn!
Aber draußen, da seh ich, was ich mach. Kann ich abends sagn: Da schau her, des hab ich
heut fertigbracht!" (10)

In der letzten Äußerung ist eine wichtige Konsequenz der Tatsache erwähnt, daß Feldarbeit (langfristig) optisch wahrnehmbar ist: Feldarbeit kann auch vorgezeigt werden: Jeder kann die Bäuerin auf dem Feld arbeiten sehen und jeder kann das Resultat und Ausmaß ihrer Arbeit auf einen Blick erfassen und anerkennen. Die Sichtbarkeit des Arbeitsresultats ermöglicht auch den optischen Leistungsvergleich mit dem Nachbarn:

„Abends die größte Fuhre Kirschen, – ist schon Spaß dabei." (5)

Dagegen fällt Anerkennung für Tätigkeiten, die gleichsam im Verborgenen geschehen, und deren Ergebnisse oft rascher wieder unsichtbar werden als sie produziert wurden, recht selten ab:

„Am Acker draußen gefällt's mir auch; ... da seh ich wenigstens, was ich arbeit, und ein
andrer sieht's auch.
>   Daheim, da meint man halt, man kocht daheim und tut nichts. Da
>   sieht man nicht, was man tut." (51)

Wie tief die Frauen mitunter den Gegensatz zwischen Hausarbeit und Außenarbeit sehen, wird recht deutlich an der Biografie einer Bäuerin, die als Kind und junges Mädchen außerordentlich viel in der Außenwirtschaft arbeiten mußte, da der Bruder im Krieg war und die Schwester, die kleiner und schwächer war, den Haushalt mitversorgte. Der Außenbetrieb machte ihr „unheimlichen Spaß", „es konnte gar nicht schwer genug kommen". Der Vater war zunächst ihr Vorbild und Lehrherr, sehr bald gelang es ihr, mit Geschick und Ehrgeiz die Arbeiten selbständig auszuführen. In der ersten Zeit ihrer Ehe empfand sie es als „sehr schön und bestätigend", mit ihrem Mann mitarbeiten und „mitreden" zu können. Als dann die Kinder kamen, mußte sie zu Hause bleiben, zumal die Schwiegermutter nicht mehr lebte und der Schwiegervater krank war. „Der Mann hat gesagt: Solang die Kinder klein sind, bleibst du bei den Kindern!" Sie bewältigte die Situation, indem sie sich mit aller Energie den neuen Aufgaben zuwandte, Familie und Haus zum Zentrum ihres Lebens und ihrer Arbeit machte und selbst zum Knotenpunkt der Familienbeziehungen wurde. Gleichzeitig legitimierte sie ihre Umorientierung durch Rückgriff auf Vorstellungen von der „wahren Natur" und der „eigentlichen Bestimmung" der Frau. Welch einen Bruch mit ihrem bisherigen Leben diese Umstellung bedeutete, lassen folgende Bemerkungen ahnen, die durch die Selbstdisziplin und Anpassungsbereitschaft dieser Frau gefiltert sicherlich den damaligen realen Konflikt nur entschärft wiedergeben.

„Ich mußte in den Haushalt rein. Das war ein Problem! Nicht, daß ich's nicht gemeistert hätte, es war nicht schwierig, – aber die Bestätigung! So ein Tagesablauf im Haushalt ist ein ganz andrer wie draußen. Die Arbeit im Haushalt – viele Kleinigkeiten, die sich zusammensetzen über den ganzen Tag hinweg, und das sieht man nicht. Und das war das, was mich dann nicht mehr so befriedigt hat. Man konnte des einfach net sehn, und des war für mich unbegreiflich, immer die wiederkehrende Arbeit und immer wieder. Man konnt nicht mehr die Leistung vollbringen, daß man das sieht. Am Feld sieht man's, und das ist eine Bestätigung, und da freut man sich dann selbst, wenn ich so ein Rangersen (= Rüben)-Beet durchgehackt hab, und das ist einfach ganz anders. Wenn man daheim auf dem Hof ist, sieht man's nicht so!" (13)

c) Freiheit und Selbstbestimmung bei der Feldarbeit

Ein weiterer wichtiger Grund für die Beliebtheit der Feldarbeit scheint die Tatsache zu sein, daß die Bäuerin hier den Arbeitsablauf, den Rhythmus und das Tempo der Arbeit selbstbestimmen kann. Draußen kann sie draufzu arbeiten; sie muß sich nicht zwischen zahlreichen Ansprüchen, die von außen an sie gestellt werden, zerteilen und verlieren; da sie oft allein arbeitet, erwartet niemand „Ansprache", Antworten oder Auskünfte. All dieses steht im Gegensatz zu ihrem häuslichen Wirkungsbereich. Dagegen teilen Hausarbeit und bestimmte Feldarbeiten eine Eigenschaft, die auch verschiedentlich von den Frauen erwähnt worden ist: niemand, vor allem auch nicht der Ehemann, „reden in die Arbeit rein". Nimmt man noch die Tatsache hinzu, daß — wie ausgeführt — das am Feld bearbeitete Naturmaterial im Normalfall relativ „anspruchslos" ist, so ist zu verstehen, daß die Bäuerin sich auf dem Feld „frei" fühlt: Freigesetzt von Ansprüchen und von Kontrolle, frei für eigene Gedanken und eigenes Erleben. Hierzu einige charakteristische Zitate:

> „Ich bin lieber draußen. Da wird nicht so viel dreingeredet." (123)
> „Angenehm ist, in Ruhe draufzuarbeiten zu können." (100)
> „Man kann ruhiger arbeiten." (84)
> „Feld und Garten: Draußen hab ich meine Ruh, kann meinen Gedanken nachhängen und muß mich nicht mit den Kindern rumärgern." (90)
> „Auf dem Feld bist du ein freier Mensch. Da habe ich meine Ruhe. Da schnaufe ich auf." (76)
> „Am Feld muß man nicht so viel denken, Rüben hacken ist schön, einen halben Tag muß man nichts sagen." (20)
> „Draußen ist mir's liebste, weil ich da so frei bin." (10)

d) Psychophysische Wirkungen der Feldarbeit

Schon im Kontext unserer Fragen nach bevorzugten Arbeitsplätzen auf dem Hof, vor allem aber in den Antworten auf die Frage nach dem Verhältnis von Arbeits- und Entspannungsdimensionen in der Feldarbeit haben viele Bäuerinnen ihre Vorliebe für die Feldarbeit mit den Wirkungen begründet, die diese Tätigkeiten auf ihr seelisches und nervliches Befinden haben.

Bäuerinnen, denen die Natur schlicht eine Arbeitskulisse ist, sind selten. So empfinden nur 12 % der befragten Frauen die natürliche Arbeitsumgebung nicht auch als einen Ort der Entspannung. Solche Frauen haben dann zumeist Arbeit und Muße in der Natur zeitlich oder räumlich getrennt:

> „Die Sonntag, daß mer amal spazieren gehen, dann ist's schon schön, wenn alles so in Blüte steht... Aber wenn wir in der Arbeit sind, dann ist es das Gewohnte, dann sieht man's nimmer." (51)

> „Beim Spaziergang am Wochenende ist's auch Entspannung, aber während der Arbeit hat man kein Auge dafür." (61)

> „Natur ist mehr die gewohnte Umgebung, weil man da immer ist. Abends ist's schon Entspannung." (57)

> „Bei der Arbeit erlebe ich die Schönheit der Natur nicht, bloß, wenn ich mal wegfahre." (89)

Im Alltag handelt es sich um einen recht spröden Arbeitsgegenstand, und erst am Sonntag, in der Distanz, gelingen andere Wahrnehmungen:

> „Am Sonntag kommt sie einem friedlicher vor." (130)

> „Am Sonntag gefällt's einem besser, wenn man nichts zu tun hat." (128)

> „Durch die Arbeit wird die Natur ganz gewohnt. Beim Sonntagsspaziergang sieht man wieder, wie schön's draußen ist." (62)

Losgelöst vom arbeitenden Umgang, in der Freizeit, kann die Natur allerdings nur zum Genuß werden, wenn sie nicht aufgrund der täglichen Plackerei zum Überdruß geworden ist:

> „Am Sonntag will ich den Acker nicht sehen!" (5)

Eine solche Einstellung geht zumeist Hand in Hand mit arbeitserschwerenden Faktoren: besonders ungünstige natürliche Bedingungen, spezifische Arbeitsüberlastung, deutliche Existenzprobleme usw. Als ein Beispiel soll eine 52jährige Bäuerin zitiert werden, Mutter von 4 größeren Kindern, von denen 3 noch im Haushalt mitversorgt werden. Ihr Hof wird aufgrund der ungünstigen Lage (eingezwängt zwischen steil aufragenden Felsen und einem Bach, zerschnitten durch die vor allem touristisch genutzte Ortsdurchfahrt, stark verstreute Besitzungen auf den wenig fruchtbaren Berghöhen mit entsprechend langen und beschwerlichen Anfahrtswegen) niemals entwicklungsfähig sein. Die Klage über die Arbeitslast und Geldsorgen durchziehen das Interview wie ein roter Faden. Zu ihren Möglichkeiten, Natur zu genießen, kann sich die Bäuerin nur noch negativ-resigniert äußern:

> „Freunde, wenn herkommen: Ach, is des schön! Wenn man nix tun brauchert, dann wär des schon schön! Aber unter der ganzen Wochen kommt man net dazu, daß man recht viel rumschaut... Hauptsächlich is des Arbeit! Dann muß man wieder dabei denken, wie man den nächsten Tag, was man da wieder macht, einteilt... Die Touristen machen mir weniger aus, aber wenn ich so aufm Bulldog durchs Dorf fahr und die andern Weiber sitzen so auf die Bänkle, des stört einen schon awengl!" (3)

Meistens jedoch, d. h. in 88 % aller Fälle, geht der Naturkontakt der Bäuerinnen über ein nüchternes Alltags-Arbeitsverhältnis hinaus. Die Arbeit in der „freien Natur", wie es zumeist von den Frauen formuliert wird, ist ein großer Vorzug der Bauernarbeit gegenüber der Fabrikarbeit. (Dem korrespondiert, daß „Arbeit in Gebäuden" und „Arbeit in schlechter Luft" in den aufgelisteten Nachteilen der Fabrikarbeit gegenüber der Bauernarbeit gleich hinter der Monotonie, Kontrolle und Fremdbestimmtheit der Arbeit kommen.)

Ähnlich, nur etwas emotionaler und weniger nüchtern-sachlich formulieren die Bäuerinnen auch den Aspekt „Arbeit in der freien Natur" im Kontext unserer Frage nach belastenden und entspannenden Momenten der Feldarbeit. Hier erfolgt sehr oft der Vergleich mit der Arbeit im Haus, das nach längerem Aufenthalt als „Käfig" (130) empfunden wird. Um die Intensität ihrer Sehnsucht „nach draußen" zu verdeutlichen, erzählen die Frauen oft von ihren Gefühlen im ausgehenden Winter und bei Frühlingsbeginn:[190]

> „Im Winter sehnt man sich immer wieder nach draußen." (71)
>
> „Im Frühjahr (bin ich, erg.) gerne draußen, wenn man den ganzen Winter über im Haus war!" (130)
>
> „Im Frühjahr, da zieht's mich dann raus und im Sommer, da halt ich's daheim gar net aus! Z.B. wenn die Sonn scheint, da könnt ich net flicken, da muß ich naus, da muß ich was Produktives machen, des brauch ich einfach." (12)
>
> „Nur im Haus, wär net schön! Ich möcht aweng naus. Ich räum ganz gern einmal im Haus, — daß ich einmal ein Tag meinetwegen einmal die Küchn aufn Kopf stell, aber dann will ich vier Wochen von der Küch nix mehr sehn!" (8)
>
> „Drinnen bin ich wie ein eingesperrter Vogel." (103)
>
> „Ich muß an die frische Luft, sobald es geht, Reisig hacken." (121)

Die Lust an der Arbeit in der freien Natur wird von den Frauen noch weiter begründet:

Zum einen ist sie überhaupt ein „Gesundheitsding" (17), d.h. sie hält den Organismus gesund, insofern sie ihn mit „schöner", „guter" Luft versorgt und zu aktiver Bewegung veranlaßt:

> „Man hat die Gesundheit besser, draußen die Welt ist Arznei!" (17)
>
> „(Ich bevorzuge, erg.) Arbeit im Freien: Ich hab den ganzen Winter keine Grippe, keinen Schnupfen oder Husten." (14)
>
> „Sobald die Arbeit draußen angeht, werd ich gesünder. Der Winter macht mich krank." (103)
>
> „Daheim werd ich so müd, draußen merk ich nix davon!" (7)
>
> „Es tut einem so gut, draußen in der Luft zu arbeiten, besser als im Stall oder im Haus." (93)

---

190 Dies haben unsere Erfahrungen mit der Interviewbereitschaft sehr konkret gezeigt: Als die Frühlingswärme schon Anfang März einsetzte, wurden die Frauen unruhig und wollten lieber im Garten arbeiten als ein Interview geben. Im Gegensatz zur kalten Jahreszeit wurde es dann immer schwieriger, die Frauen für ein Interview zu gewinnen, denn: „Im Frühjahr ist's draußen am schönsten". (4) In diesem Zusammenhang sei auch erwähnt, daß Arbeiterbauern besonders im Frühjahr die Enge der Fabrikräume als unerträglich empfinden. Personalleiter von AEG Backnang haben berichtet, daß die Arbeiterbauern „besonders im Frühjahr häufig im Betrieb eine Runde machen", zit. nach O. Poppinga 1975, S. 285.

In das Lob des Gesundheitswertes der Landarbeit wird die Kritik am Leben in der Stadt eingeflochten:

> „Ich wollt nicht in die Großstadt ziehen: Verkehr, Lärm, Hetze, Hochhäuser. Bin jedes Mal k.o., wenn ich von Stadtfahrten nach Hause komme... Und nervlich ist's in der Stadt genauso schlecht." (90)

Auch Bäuerinnen, die in der Stadt aufgewachsen sind, schreiben der ländlichen Atmosphäre eine gute Heilwirkung zu:

> „Ich war immer krank, wie ich jung war. Mit Angina, mit Diphtherie, mit allem, immer im Hals. Ich bin dahergekommen und weg war's. Wahrscheinlich immer mit der Temperatur im Haus und in der Klinik. Ich war dann hier, einmal eine richtige Angina gehabt, und weg war's. Das erste Jahr gleich, ja. Und ich hab mich ja so erholt hier. Und zugenommen hab ich auch wahnsinnig. Mein Ehering paßt mir net amal mehr am kleinen Finger." (15)

Zum anderen wirkt die Feldarbeit insbesondere entspannend und entlastend auf das Nervensystem der Bäuerin, vor allem aufgrund der Möglichkeit zur Selbstbestimmung von Arbeitsrhythmus und -tempo;

> „(Hacken und Kartoffelklauben sind angenehme Arbeiten, erg.) weil man sich nicht so beeilen muß und nicht so viel bedenken und organisieren... Man kann so zumachen. Das ist nervliche Entspannung. Dieses Gefühl überwiegt die körperliche Strapaze." (117)

Viele Arbeiten haben einen geringen Kompliziertheitsgrad, absorbieren wenig Konzentration und erlauben ein frei assoziierendes Gedankenspiel, Tagträumereien oder Nachdenken.

> „Draußen überhaupt! Des is alles Entspannung für mich, überhaupt Handarbeit, mit der Händ, mitm Rechen oder mit der Hacke oder irgendwas, des is doch a Spielerei, is doch des ... des is doch so wunderbar!" (10)

Entspannend wirken auch die Weite und die Ruhe in den verkehrsarmen abgelegenen Gegenden:

> „Für mich ist's Entspannung, ja. Das Ruhige, da kommt kein Auto. Auf den zugepachteten Feldern in E., die liegen an der Straße, da ist man ganz fertig abends." (52)

> „Draußen ist ein ganz andres Gefühl wie drinnen. Geh gern auf's Feld. Ist man viel ruhiger." (67)

> „Entspannung, sobald ich draußen arbeite. Man kann in alle Richtungen schauen..." (99)

Die Feldarbeit — so paradox dies klingen mag — „tut gut" (102), sie gibt den Bäuerinnen eine Möglichkeit, „auszuschnaufen" (102) bzw. „aufzuschnaufen" (76), — Metaphern, die den Druck spüren lassen, unter dem die Frauen stehen —, denn die Außenarbeit schafft eine optische und akustische Distanz zum Binnenraum des Betriebes. Die Bäuerin ist unerreichbar für die vielfachen Ansprüche in Haus und Hof, die sich oft zum häuslichen Streß verdichten. Sie kann sich in ruhigen, gleichmäßigen Bewegungen und repetitiven Handgriffen wieder ein inneres

Gleichgewicht schaffen, den Streß in Motorik umsetzen und damit die angegriffene Arbeitskraft erholen.[191]

„Ach ja, wenn ich so droben auf dem Berg bin und ich hör und seh nichts von da unten, das ist wunderschön! Bei uns ist halt immer was los, da droben kommt kein Mensch, da bist alleine, so eine richtige Entspannung ist das!" (45)

„Wenn man aus dem Trott daheim rauskommt, das entspannt schon!" (27)

„Ist schon Entspannung mit dabei, wenn man so vom Haus wegkommt." (95)

„Manchmal das Haus –, da gehe ich lieber raus, gerade, wenn schönes Wetter ist. Wenn'st mit deine Nerven fertig bist, dann gehst raus in die Welt und dann erholen sie sich wieder. Wenn'st arbeiten tust, ruhen sich deine Nerven wieder aus. Im Haus sieh'st nur deine vier Wände!" (96)

„Wie ich's noch gar net verstanden hab, daß mer Entspannung überhaupt braucht, hab ich des trotzdem schon empfunden, daß des schön ist, wenn mer draußen ist und die Vögel pfeifen und zwitschern und mer sieht, wie die War wächst, – ach, nix schöneres gibt's doch net!" (10)

Diesen Schilderungen der regenerierenden Wirkung der Außenarbeiten draußen muß relativierend gegenübergestellt werden, was die Bäuerinnen im Kontext der Maschinisierung der Landarbeit geäußert haben: die Entspannungsmöglichkeiten schwinden in dem Maße, wie die Maschinen Arbeitstempo und -rhythmus bestimmen, neue psycho-physische Belastungen verursachen sowie kommunikative und entspannende Möglichkeiten der Feldarbeit zerstören.

e) Sinnlich-ästhetische Wirkungen der Natur

Im Gegensatz zur Studie von J. O. Müller[192] haben wir einen hohen Anteil von Frauen ermittelt, die die sinnlich-ästhetischen Wirkungen der Natur betonen, auch jenseits aller Erfolgs- und Ertragsgedanken. Ein Grund hierfür ist sicherlich die Tatsache, daß Frauen weniger als Männer unter dem sozialen Verbot stehen, über ihre Gefühle zu sprechen, und von daher viel spontaner Begeisterung und Freude über Naturvorgänge zeigen können. Wir haben selbst von Bäuerinnen, die eindeutig ökonomisch-rationale „Betriebsleiterinnen" darstellten und sich nüchtern-sachlich zu den Dingen des Alltags äußerten, emotional gefärbte Schilderungen des Naturbezugs erhalten. Wenn ihnen dabei eine nuancenreichere Wortwahl nicht zur Verfügung stand, versicherten sie durch eindringliche Wiederholungen, „wie schön das draußen ist". Ein Beispiel:

191 Natürlich gilt das nicht für alle Bäuerinnen und auch nicht für alle Feldarbeiten, wie sich im weiteren Verlauf noch zeigen wird. Es ist zu vermuten, daß gerade Bäuerinnen mit viel häuslichem Trubel, Kindern etc. die ruhig fließende, überschaubare und sichtbare Feldarbeit zu schätzen wissen. Umgekehrt ist solchen Bäuerinnen, die ohnehin den ganzen Tag alleine sind, weil sie z. B. einen Nebenerwerbsbetrieb haben und die Kinder groß sind, die Feldarbeit mitunter zu langweilig.

192 „Die Masse der Befragten reagiert allerdings entgegengesetzt, indem sie diesem Kriterium (‚Naturbeobachtung') mit der Bemerkung, für die Naturbeobachtung habe man keine Zeit oder wenig Interesse, die letzte Stelle der ausgewählten Vorzugsmöglichkeiten einräumt." (J. O. Müller 1954, S. 210)

„Aber draußen ist's schon sehr, sehr schön. Sie glauben gar net, wie schön das draußen ist. Ich geh jeden Tag naus, auch im Winter, ja, ja, ich such mir immer was draußen zu tun. Ich könnt's net aushalten, den ganzen Tag im Haus." (15)

Nüchterner im Ton verweist eine andere Bäuerin darauf, daß Innehalten und Betrachten der Umgebung zum Arbeitsalltag gehören:

„Man richtet sich doch einmal auf von der Arbeit und schaut herum und stellt fest, daß es doch recht schön ist bei uns." (115)

Bei der technischen Bearbeitung des Naturmaterials ist es mancher Bäuerin ein Anliegen, auf die Eigenart und Schönheit der Landschaft Rücksicht zu nehmen. Tätige Sinnlichkeit und sinnliche Tätigkeit scheinen in eins zu fließen bei der Bäuerin, die uns erzählt, daß sie beim Schlepperfahren immer darauf achte, daß „die rote Schafgarbe, aber auch andere schöne Pflanzen" (90) stehen bleiben.

Natur wird als vielfältig und ständig wechselnd erlebt:

„... man sieht alle Tage was Neues, wenn man draußen arbeitet." (106)

Andererseits bereitet die Vertrautheit des gewohnten Bildes einen besonderen Genuß. „Jeder Baum und jeder Strauch" ist der Bäuerin bekannt; sie beobachtet den jahreszeitlichen Rhythmus und kann sich kaum für eine besondere Präferenz entscheiden:

„Wenn's jetzt im Frühjahr so schön ist, und man schaut dann so ins Grüne, das empfind ich immer als eine Pracht, auch im Winter heuer war's manchmal so schön. Das find ich immer wieder von neuem so schön. Manchmal, wenn man sich dann so aufstellt am Acker, dann denkt man, wie schön ist doch die Natur und wie schön ist doch alles!" (49)

Eine Bäuerin gewinnt der Melancholie der absterbenden Natur im Herbst am meisten ab, „weil man weiß, daß alles wieder kommt im Frühling" (Pretest).

Die Bäuerin besteht darauf, daß sie in ihrem Alltag mehr wahrnimmt als der Städter bei seiner exilierten Sonntagserfahrung:

„(Ich, erg.) sehe Tiere mit anderen Augen als die Spaziergänger: Rehe, Hasen, Bussarde usw. Rehe laufen wegen der Bauern auf dem Feld nicht weg; sie wissen, die gehören dazu." (99)

Angesichts dieser Erlebnisweisen meinten einige Bäuerinnen, auf einen Urlaub durchaus verzichten zu können:

„Da laufen die weiß Gott wo zu, und bei uns ist's so schön!" (131)

Einen Anhaltspunkt dafür, daß es sich beim Naturerleben um einen eigenständigen Wert der bäuerlichen Arbeit handelt und nicht nur um eine Rationalisierung unerträglicher, aber unabänderlicher Verhältnisse bzw. um ein gesprächstaktisches Manöver gegenüber dem Interviewer, liefert auch die Tatsache, daß sich die Bäuerinnen manchmal jenseits des Arbeitskontaktes noch besondere Möglichkeiten zu einem ungetrübten Naturgenuß verschaffen. Dazu bieten manchen die Sonntagsspaziergänge Gelegenheit.

„Denken Sie, daß ich mich den ganzen Sonntag da rein setz?" (7)

„Mir gehn sehr viel spazieren ... am Sonntag ... und wenn ich noch so müd bin..." (6)

„Mir gehen viel spazieren die Sonntag, da gehen wir mit offene Augen durch; die Blumen, oder wenn's was Seltens is. Mir gehen z.b. auf die Orchideensuche, z.b. die Fliegenorchidee, da gehen wir jeds Jahr nauf und schaun, ob's wieder da sind. Gehen wir spazieren und schaun; der Kuckuck und die Vögel, manches Tal, des wir noch net kennen." (8)

Auch beim Sonntagsspaziergang vergißt die Bäuerin ihr Produzenteninteresse nicht; sie nutzt ihn, um einen Überblick über den Zustand der Felder zu gewinnen und um den eigenen Produktionserfolg mit dem der anderen vergleichen zu können:

„Am Sonntag gehen wir oft raus ... da schaut man dann ... Gehen die Rüben schon auf oder nicht? ... und da sieht man: Dem andern seine gehen schon auf ... werktags haben wir zu sowas keine Zeit!" (118)

Spaziergänge an Werktagen sind eine Seltenheit, vermutlich schon allein deshalb, weil man damit gegen die bäuerlich-dörfliche Norm rastloser Betriebsamkeit verstoßen würde. Gönnt sich die Bauernfamilie diesen „Luxus" trotzdem, dann möglichst unauffällig und unbeobachtet:

„Wir gehen oft abends noch spazieren, mein Mann und die Kinder und die Katzen und ich. Durch die Flurbereinigung haben wir unsere Gründstücke gleich hinterm Haus und da können wir unbeobachtet bis zum Waldrand gehen. Dort haben wir uns eine Sitzgruppe eingerichtet." (124)

Zusammenfassend läßt sich also festhalten, daß viele Bäuerinnen neben dem produktiven auch einen engen kontemplativen Bezug zur „freien Natur" haben.

Anders als dem Städter, „dem sich Natur als Landschaft zum jenseits des Alltags erscheinenden Schönen verklärt hat",[193] kann der Bäuerin der Genuß von Natur jedoch weniger leicht zur Ideologie geraten, da er tagtäglich an der Mühsal der Arbeit geläutert wird. Er mag andererseits aber Momente in sich aufgenommen haben, die in der landfernen, vom unmittelbaren Produzenteninteresse abgelösten Erlebnisweise der Städter geprägt wurden. Ihnen in den Redewendungen und Topoibildungen der Bäuerinnen nachzugehen, bedürfte einer genaueren Sprachanalyse.

4 Hausarbeit

4.1 Vorbemerkungen zum Form- und Funktionswandel der Hausarbeit

Durch die neuere Frauenforschung ist die historische Entwicklung, die gesellschaftliche Funktion und die Form der modernen Hausarbeit vielfältig analy-

193 B. Wormbs 1976, S. 20.

siert worden. Auf der Basis dieser Ergebnisse sollen im folgenden die Spezifika der Hausarbeit im bäuerlichen Haus dargestellt werden.

Hausarbeit als eigene Domäne der weiblichen reproduktiven Arbeit und als ausschließlich ihr zugeschriebener Bereich ist in einem historischen Differenzierungsprozeß entstanden, in dem Beruf und Erwerbsleben einerseits und Familie und Privatleben andererseits allmählich räumlich und zeitlich dissoziiert wurden. Durch die Industrialisierung der Produktion und die Verberuflichung von Arbeiten, die vorher in einem umfassenden ganzheitlichen Reproduktionskontext integriert waren, ist dabei die Hausarbeit auf jene Tätigkeiten reduziert worden, die als unmittelbar bedürfnisbezogene und weitgehend naturabhängige sich einer weiteren Verberuflichung sperrten.[194] Das gilt vor allem für die Tätigkeiten, bei denen sich materielle Versorgungsleistungen mit psychisch-emotionalen Qualitäten verknüpfen.[195]

Die veränderte „Arbeit" im Hause wurde zum Gegenbegriff und Gegenbild des instrumentellen, erwerbsorientierten Begriffs von Arbeit stilisiert und feminisiert: in der vertrauten, harmonischen, dem feindlichen Außenleben abgekehrten Sphäre des Hauses leistet die Frau nicht Arbeit, sondern verrichtet ihre Tätigkeiten — ihrer Natur und ihrem Wesen gemäß — als Dienst an Mann und Kindern;[196] oder, mit anderen Worten: sie wird zur Hausfrau, „die im eigenen Heim unbezahlte Arbeit aus Liebe verrichtet".[197] Im weiteren Verlauf dieses Prozesses begegnen wir einer weiteren Polarisierung, die jetzt die Hausarbeit selbst betrifft: zum einen werden die mit der materiellen Versorgung zusammenhängenden Arbeiten — sofern sie nicht infolge der Industrialisierung und Vermarktung schon aus dem Haus ausgelagert sind — technisiert und rationalisiert. Zum anderen gewinnen viele verbleibende Tätigkeiten intensivere emotionale Bedeutung. Darüber hinaus entstehen jenseits der konkreten materialen Hausarbeit neue psychosoziale Aufgabenbereiche, die durch die veränderten oder zusätzlichen emotionalen Bedürfnisse der Familienmitglieder bestimmt sind. Die Eigenständigkeit dieser Aufgaben ist dadurch bedingt, daß die Dissoziierung von Arbeit und Leben sich innerhalb der Sphäre des Hauses wiederholt, so daß die auf reine, routinisierbare Arbeitsleistungen reduzierten Tätigkeiten vielfach nicht mehr mit der früheren Selbstverständlichkeit kommunikative und emotionale Bedürfnisse zu befriedigen vermögen. Diese werden vielmehr Gegenstand besonderer Anstrengungen und expliziter Bearbeitung.

Diese Beschreibung des Funktions- und Formwandels der Hausarbeit ist zunächst auf den städtischen Kontext bezogen. Uns dient sie jedoch als Folie, um unsere Fragestellungen im Bezug auf die Veränderungen der Hausarbeit im bäuerlichen Haus zu pointieren und zu präzisieren:

Welche Tendenzen sind erkennbar, was die Dissoziation des „ganzen" bäuerlichen Hauses in den erwerbswirtschaftlichen Außenbereich Betrieb und den pri-

194 Vgl. I. Ostner 1978.
195 Zu weiteren Ausführungen hierzu vgl. S. Kontos/K. Walser 1979.
196 Vgl. K. Hausen 1978.
197 G. Bock/B. Duden 1976, S. 157 und 161.

vaten Binnenraum Haus betrifft? Wie erfahren die Bäuerinnen diesen Prozeß und wie arrangieren sie sich mit ihm? Konkreter gefragt: in welchen neuen Standards, Ansprüchen und Normen manifestiert sich der Funktionswandel der Hausarbeit für die Bäuerinnen, und wie beurteilen sie ihn? Welche Probleme entstehen für sie, und welche Problemlösungen oder Arrangements finden sie angesichts der Besonderheiten ihrer kleinbäuerlichen Existenz?

4.2 Ein exemplarischer Bericht

Die jetzige Generation bäuerlicher Hausfrauen hat besonders einschneidend die Veränderungen von Haus und Hof erfahren und ein ausgeprägtes Bewußtsein davon entwickelt. Wir möchten deshalb als illustrativen Hintergrund für unsere weiteren Ausführungen die Schilderung einer Nebenerwerbsbäuerin über ihre Erfahrungen wiedergeben. Wie schon in Kap. III. 3. soll wiederum Frau A. zu Wort kommen. Ihr Bericht spiegelt besonders kraß das Entsetzen wider, das sie angesichts der Ärmlichkeit und Rückständigkeit von Haus und Hof bei ihrer Einheirat empfand: die umständliche Arbeitsorganisation, die überflüssigen Wege, die Anspruchslosigkeit der Haushaltsführung, die mangelnde Hygiene, der Dreck und Gestank, der in jede Pore des Hauses drang. Fast unverständlich ist ihr die Apathie, Gedanken- und Tatlosigkeit, mit der die ältere Generation noch vor 30 Jahren diese Bedingungen ertrug. Inzwischen hat sie das Haus umgebaut und so ausgestattet, daß es nun ihren Vorstellungen von angemessenen modernen Lebensbedingungen entspricht, die ihr heute auf dem Land genauso realisierbar erscheinen wie in der Stadt.

„Na ja, und dann bin ich hergekommen. O Gott, wenn ich dran denk! Ach, ich kann Ihnen sagen! Kein Bad, kein fließendes Wasser, keine Maschinen, gar nichts, überhaupt nichts! Nur der eine Raum zum Heizen gewesen, und das mitm Herd. Das ganze Wasser reintragen, o Gott, war das was! Sie können's sich nicht vorstellen. Meine Schwester hat uns besucht damals, die wollt mich gleich wieder mitnehmen...
Das Haus ist 200 Jahre alt. Das war zwar – na ja, wie halt überall früher: man hat ganz einfach an nix anders gedacht, z.B. an einen Hausanbau oder so was, – man hat ganz einfach vegetiert am Land, ne. Man hat gearbeitet. Man hat gegessen. Man ist in die Wirtschaft gegangen und ins Bett, ne. Und sonst ist nix passiert. Die ham doch praktisch net gelebt.
Früher war net amal ein Leintuch übrig, gar nix, kein Vorhang an den Fenstern, gar nix, also trostlos. Von der Decke is a Lampe runterghängt, hat halt da so a bisserl an Ring drum ghabt, da warn so kleine Gucklöcherle drinnen, mit viel Holz, die warn schon so groß, aber die warn oft so unterteilt, daß einfach kein Licht reinkam. Und vorn lauter einfache Fenster, da hat's dich gfroren, wennst sie bloß angschaut hast, und bei Wind hat alles klappert. Ich hab noch Bilder von früher, gestern ham mer's erst wieder angschaut, unwahrscheinlich... Aber wenn man so zurückdenkt: daß man's überhaupt machen hat können!...
Wir ham, zuerst hab' ich immer von Hand gwaschen, in so einem großen Trog, ... oft bis nachts um 2 Uhr... Dahinten, wo jetzt die Garagen sind, war der Kuhstall im Haus. Da, direkt vorm Fenster, war der Mist. Dann ham sie alles da reintragen müssen, hinten war die Tür noch net. Den Dreck müssen Sie sich vorstellen!...

Die ham auch so gspart mitm Wasser, mit sich selber waschen, weil sie alles reintragen ham müssen, war ihnen doch alles zuviel, ne. Ham sich selber grad mal so a bissel angspritzt, die Händ schon fast gar nicht, weil alles zu umständlich war. Mit so einem Ding da am Rücken, so einer Krucken ham sie's vollgmacht und dann reintragen. Und da in der Küche war ein Küchenstein und dann draufgstellt. Und dann hat man's rausgeschöpft. Die ham ja kein Fernwasser ghabt. Ich weiß gar net, wann die Wasserleitung gmacht worden ist, noch gar net so lang...

Die ham schon nix zum Umziehen ghabt, früher, ..., sie ham amal zwei Sachen vielleicht ghabt, und wenn die gwaschen worn sind, ham's die anderen wieder anzogn: ist vielleicht auch die Umstellung zu groß, weil heut ham sie vielleicht alle fünf, sechs Anzüge, sie ham ein Haufen anderer Sachen zum Wechseln.

Dahinten hab ich extra eine Tür reinmachen lassen, daß man, wenn man vom Stall kommt, direkt hinten in die hintere Tür reingeht, die Sachen auszieht, weil die riechen nun mal nach Stall, und des stinkt impertinent − wenn man's selber anhat, riecht man's nicht, aber der andere riecht's.

Dann sag ich, dahinten hab ich extra Haken hingemacht, daß sie's aufhängen können und ein Korb, daß' die dreckige Wäsch reintun, daß ich weiß, daß ich's zu waschen habe, net wahr, ja, die Söhne machen's schon, aber mein Schatz macht's net. Der geht damit ins Bad, schmeißt alles nei, läßt's liegen, geht fort...

Das war früher die Graskammer, die alte. Also die hintere Tür ist Gold wert. Seitdem hab ich kein Dreck mehr. Und da hab ich jetzt die Waschmaschine drin und die Gläser, also die eingemachten Sachen, hab nen ganz schönen Raum...

Und dann waren wir doch alle zwei so dürr! Mein Mann auch noch damals, ach, die Hälfte von meim Sohn! Hat ja nix gebn! Und meine Schwiegermutter hat so schlecht gekocht, daß sie nix gessen ham...

Heut, schaun'S, ob a Hochzeit ist oder a Tauf oder a Kirchweih oder sonst ein Fest, Sie essen praktisch immer dasselbe wie jeden Sonntag. Früher war das was, weil man nur einmal in der Wochen Fleisch gegessen hat, da war das was. Aber heut − heut hat das Essen gar kein Anreiz mehr. Früher sind sie hingegangen wegen dem Essen und Trinken...

Die Maschinen helfen einem überall, im Haushalt und überall, ne, im Haushalt gibt's jetzt auch viel Maschinen... Die Waschmaschine wäscht alleine, net wahr, weil's a automatische ist. Und bügeln, na ja, dann laß ich's halt liegen. Es gibt halt soviel Sachen, die das Bügeln gar net brauchen, wie die Stricksachen, die vielen Jersey-Sachen, die leg ich sehr schön zusammen und überstreich sie mal kurz, mit dem Bügeleisen, daß sie ein bisserl besser in Schrank nei passen...

Wir ham keine Technik gekannt, außerm Fahrrad und der Nähmaschine. Was ham mer denn früher gehabt? Gar nix! Einen Staubsauger amal, − der Radio war schon eine Errungenschaft vorm Krieg. Stellen Sie sich mal vor, was in den dreißig Jahren herkommen ist auf uns. Wir, wir können uns mit demselben gar net befreunden, während die Jungen schon damit gwachsen sind...

Die Bauern heut, die sind nicht mehr das, was sie vor Jahren waren, daß sie sich vorm Stadtmenschen mit Katzbuckel und geduckt haben, des is einfach gar nimmer. Mir sind halt schon weit, in der Landwirtschaft, auch schulisch und alles, daß mer eben einigermaßen ebenbürtig sind. Und das Selbstbewußtsein ist dadurch auch sehr gehoben. Und des können wiederum die Stadtleut nicht vertragen. Dadurch ist die Kluft dann wieder da, die sonst gar nicht da wäre... Aber man hat eben auch das Empfinden am Land, daß man gewissermaßen geschätzt sein will. In seiner Arbeit einfach."

4.3 Neue Standards und ihr Preis

a) Modernisierung der Bauernhäuser

Wie die detaillierte, alte und neue Zustände plastisch kontrastierende Erzählung von Frau A. zeigt, muß derjenige, der mit der Erwartung von Rückständigkeit und Altertümlichkeit ein heutiges Bauernhaus betritt, seine Vorstellungen gründlich korrigieren. In der Regel haben sich die äußere Erscheinung und innere Ausstattung denen des städtischen Einfamilienhauses tendenziell angeglichen. Wo nicht alte, baufällige Häuser ganz abgerissen — freilich oft ohne Rücksicht auf ihre dorf- und architekturgeschichtliche Bedeutung — und durch neue ersetzt wurden, sind zumindest die Fassaden erneuert, An- und Umbauten vorgenommen, neue, konfektionell hergestellte größere Fenster und Türen eingebaut worden. Die Häuser verfügen über Zentralheizungen, gekachelte Bäder, Warmwasserversorgung, eigene Vorrats- und Wirtschaftsräume und mit den wichtigsten technischen Geräten ausgestattete Küchen; fast alle Bäuerinnen benutzen Elektro- oder Gasherde, Kühlschränke, Gefriertruhen, Küchenmaschinen, Waschmaschinen, — die dadurch gewonnene Zeitersparnis und der Vorteil leichteren Arbeitens sind ihnen gemäß unseren Interviews zur Selbstverständlichkeit geworden. Der Stolz vieler Frauen ist die Einrichtung der Wohnräume: bis in die jüngste Zeit haben viele von ihnen bedenkenlos ihr altes Mobilar gegen neues eingetauscht, die Eck- und Ofenbänke beispielsweise durch Couchgarnituren, die alten Holzdielen durch pflegeleichte Fußböden oder Teppichböden ersetzt.

Die Zielstrebigkeit, mit der diese „Modernisierungen" vorgenommen wurden, zeigt, wie schnell und gründlich sich neue Standards im bäuerlichen Milieu durchgesetzt haben — und fast alle Frauen reagieren wie Frau A. mit Stolz und Selbstbewußtsein auf die Tatsache, daß sie die städtischen Vorbilder nahezu eingeholt haben. Die Kehrseite dieses Anpassungsprozesses erfahren sie jedoch täglich: wenn auch die einzelnen Arbeiten leichter und schneller zu erledigen sein mögen, so ist der Gesamtaufwand gestiegen.[198] Diese Ambivalenz kam neben den Einzelinterviews vor allem in dem kumulativen Meinungsbildungsprozeß der Gruppendiskussionen zum Ausdruck.

b) Sauberkeitsstandards

Alle Frauen waren sich einig, daß sie heute mehr Zeit und Sorgfalt für die Sauberkeit des Hauses aufwenden. Das liegt ihrer Meinung nach daran, daß zum einen die neuen Materialien und Einrichtungsgegenstände mehr Putz- und Pflegearbeit brauchen. Zum anderen ist die Toleranzschwelle gegenüber Schmutz gesunken. Darüber hinaus hat sich die bäuerliche Arbeitsweise und damit auch die

---

198 Damit ergibt sich eine ähnliche Situation wie bei der Maschinisierung des Hofes: Die Maschinen und Geräte verkürzen die Arbeitszeit für die Frauen deshalb nicht, weil inzwischen soviel mehr Arbeit anfällt, daß sie ohne Maschinen gar nicht mehr zu schaffen wäre.

Nutzung der Wohnräume geändert: früher waren die verfügbaren Arbeitskräfte kontinuierlich den Tag über in der Außenwirtschaft beschäftigt; heute wechseln sie häufiger und kurzfristig zwischen Haus und Außenbereich — die Wohnräume werden dadurch mehr in Anspruch genommen.

Diese verschiedenen Aspekte veranschaulichen die Bäuerinnen meist an einem Vergleich zwischen früher und heute.

Aus einer Gruppendiskussion:

Frau A.: Früher haben sie doch net die Store, die Vorhänge und des alles net ghabt. Des is schon mit der Küche: Ich hab zuerst so a naturfarbenes Büffet ghabt, ne, des hab ich abgewischt; und jetzt hab ich a Küchen, und jetzt muß ich's nachreiben, ne, die Einbauküchen. Schon des amal! Aber es geht auch leichter.

Frau B.: Ja, leichter geht's! Aber des Putzen ist viel mehr. Also ich hab's im alten Haus an sich besser ghabt wie im neuen. Da war ich viel schneller fertig mit dem Putzen. Und oft amal ist es heute auch so, daß du einfach nicht dazu kommst, — ich mein, die anderen Leut wern ihre Fenster öfter mal putzen, weil sie mehr Zeit haben dazu.

Frau C.: Und vor allem tät ich sagen, draußen ist auch die Arbeit weniger geworden. Die Frauen haben ja früher dauernd draußen sein müssen. Da haben die drinnen auch net soviel rumtun können mit dem Putzen. Ich weiß, wie ich so a Madla war, wir waren alle Tage früh und am Nachmittag am Acker und auf der Wiesen oder was. Des kann mer sich gar nimmer vorstellen. Da hätt mer soviel Geputze net ham können.

Frau B.: Ja, da hast halt den Dreck net so gsehen. Da hast wirklich die Samstag oder die Mittwoch, die Samstag nachgwischt, ne!

Frau D.: Da is mer net soviel im Haus gwesen. Da is früh Kaffee getrunken worden, dann is mer draußen gewesen. Des war einfach a andere Arbeitsweise. Im Haus hat sich net viel abgespielt. Da waren die Maschinen noch net so da. Da is gessen worden und wieder nausgegangen. So weiß ich's wenigstens von uns.

Frau E.: Mer muß sich praktisch mehr im Haus aufhalten.

Frau F.: Da is mer über den Dreck drübergestiegen!

Frau E.: Ich find das Putzen unheimlich, mit des Schlimmste im Haus. (Gruppendiskussion 2)

Wie schon das Interview mit Frau A. zeigte, haben sich die Ansprüche auch im Bezug auf die Kleidung geändert. Es ist den Bäuerinnen zur Selbstverständlichkeit geworden, daß man über eine größere Auswahl an Kleidungsstücken und Wäsche verfügt und diese häufiger wechselt. Auch wenn sie dabei auf pflegeleichte Materialien achten und sich der Waschmaschine bedienen, klagen sie doch über eine große Mehrbelastung. Sie wird dann als besonders drückend empfunden, wenn Mann und Kinder keine besondere Rücksicht erkennen lassen und die ältere Generation mit Unverständnis reagiert. Im landwirtschaftlichen Bereich bereitet es zudem spezielle Schwierigkeiten, die Sauberkeitsnormen zu erfüllen, weil die Verschmutzung durch Stall- und Maschinenarbeit das Waschen fast wie eine vergebliche Mühe erscheinen läßt. In einer anderen Gruppendiskussion bestätigten sich die Teilnehmerinnen gegenseitig, wieviel mehr Zeit sie im Vergleich zu früher auf die Wäschepflege verwenden müssen.

Frau A.: Heut braucht mer doch viel mehr Wäsche wie früher. Waschen — ich mein, mer is auch sehr großzügig vielleicht mit der Wäsche. Manches Trum wirft mer wieder zu der Wäsche, was mer früher sicher noch lang angezogen hat. (Zustimmung vieler Frauen, erg.) Wenn ich an mei Eltern denk, na, unser Vater, der hat acht Tag lang oft a Hemd anghabt (mehrere: Ja, erg.), oder auch mit der Unterwäsche...

Frau B.: Mer kann's ja gar nimmer so lange anziehen!

Frau C.: Ja, im allgemeinen wollen wir mal sagen, mit den Maschinen, mit dem Bulldog, da werden sie so dreckig.

Frau A.: Grad wenn mein Mann ein frischen Anzug angezogen hat, legt er sich gleich unter den Bulldog drunter.

Frau D.: Also, mit der Wäsche hat man viel mehr.

Frau B.: Also, Wäsche hat man mehr, wenn's gleich die Waschmaschinen gibt.

Frau E.: Ja, ohne Waschmaschinen würde es gleich gar nimmer gehen... Na, muß mer so sagen: früher is doch die Wäsche — was ist denn da gerade gebügelt worden? Die Arbeitshosen, die hat mer doch net bügelt!

Frau F.: Die auf der Landwirtschaftsschul ham gsagt, es ist Unsinn, die Unterwäsche zu bügeln. Unterwäsche und Handtücher bügel ich net.

Frau G.: Da schaut mer schon, wenn mer kauft, daß es was bügelleichtes ist...

Frau H.: Na, mei Mutter sagt immer, was ihr nur dauernd wascht und wascht. Was ham die früher für Wäsch ghabt im Vergleich zu heut, wenn man einen Sechs-Personen-Haushalt hat! Damals hat man erstmal gar net soviel Zeug ghabt zum Anziehen — ham's auch net braucht wahrscheinlich — aber was heut Wäsch anfällt! Und die muß ja doch zum größten Teil wieder bügelt werden! (Gruppendiskussion 3)

Vor besondere Probleme sehen sich ferner die Bäuerinnen gestellt, die schulpflichtige Kinder den neuen Standards entsprechend reinlich und ordentlich zu kleiden haben.

„Wenn man drei Kinder hat, ist des (= Hausfrau sein, erg.) schon a Beruf. Sie müssen ja sauber sein, wenn's zur Schul gehen, wenn's zur Arbeit gehen... Man muß alles aufholen abends." (7)

c) Trennung von Haus und Betrieb

Wie die traditionellen Lebensverhältnisse durch neue Vorstellungen umgeformt werden, zeigt sich besonders deutlich an den Bestrebungen, Haus und Betrieb räumlich gegeneinander abzugrenzen und die Arbeitsprozesse drinnen und draußen zeitlich auseinanderzureißen. Von den 133 Bäuerinnen wünschen sich 81 eine räumliche Trennung vor allem von Haus und Stall; die in Stadtnähe lebenden Bäuerinnen verlangen dabei relativ häufiger nach einer solchen Trennung als die an der Peripherie lebenden, die jüngeren relativ häufiger als die älteren. Durch die vorgenommenen Bautätigkeiten und Renovierungsarbeiten haben viele diesen Wunsch weitgehend realisieren können: die Stallungen sind aus der ursprünglichen Nähe zum Wohnbereich ausgelagert worden; oftmals sind an deren alter Stelle die sanitären Anlagen oder Wirtschafts- und Verbindungsräume gebaut, zumindest aber sind „Schleusen" zwischen den beiden Gebäudekomplexen errichtet worden. Nur eine Minderheit von 30 Frauen meint jedoch, daß die Trennung wirklich vollkommen gelungen sei.

Die zeitliche Trennung der Arbeitsprozesse halten die meisten Frauen für ausgeschlossen, vor allem wenn sie berücksichtigen, daß sie ihre Zeit dauernd auf die Vielzahl der Innen- und Außentätigkeiten aufteilen müssen und die dringendere Frage ansteht, wie sie ihrem Arbeitsdruck überhaupt standhalten können. Wichtigstes Ziel aller Trennungsmaßnahmen ist immer, das Wohnhaus vor dem Geruch und Schmutz des Stalles zu schützen. Gegenüber diesen berufsbedingten „Makeln" haben die Bäuerinnen eine gesteigerte Empfindlichkeit und Abwehr entwickelt, ob sie dies nun explizit als Begründung artikulieren wie in den folgenden Zitaten:

> „Ich mag mit der Stallkleidung nicht ins Haus hineinrennen. Beim Umbau haben wir eine Milchkammer und einen Schmutzraum zwischen Stall und Wohnhaus eingebaut. Dort kann man sich waschen. Das war mir wichtiger als ein neues Wohnzimmer einrichten. Das war meine Initiative." (129)

> „Ja, des hat mich geniert. Der Geruch, der ist halt da. Da kann's im Stall noch so sauber sein, den Geruch bringt mer halt net naus. Ich, wenn vom Schweinestall komm und hol mir a warmes Wasser, na sagt die gleich: Mama, gell, du warst im Saustall. Sag ich: Jawoll gnädiges Fräulein! Mich selber hat's aa net geniert." (10)

> „Mit der Stallkleidung kann mer net in der Gegend rumrennen. Ich gingert öfters mal weg, wenn mich das Umziehen nicht aufregen tät." (7)

oder als Sinn ihrer Vorkehrungen unterstellen, wenn sie die gelungene Trennung beschreiben:

> „Schweine füttern wir nicht mehr von der Küche aus. Stallarbeit in einem Zug erledigen..." (118)

> „Ich hab die Stallkleidung draußen über dem Hof – das ist räumlich so abgefaßt, daß man nicht in den Wohnbereich braucht. Wir gehen auch nicht eher rein, als wir im Stall fertig sind." (115)

d) Emotionalisierte Häuslichkeit

Ansatzweise deutete sich in unserer Befragung eine Tendenz an, die für bäuerliche Lebensvollzüge gewiß eine neue Entwicklung darstellt und – würde sie sich konsequent ausgebildet haben – Ausdruck der vollzogenen Dissoziation von Arbeits- und Lebenssphäre wäre. Manche Bäuerinnen ließen eine Neubestimmung des Privatbereichs erkennen: der Binnenraum des häuslichen Lebens wird in ihren Vorstellungen zu einer Sphäre, die eigene Geltung und Gestaltung beanspruchen darf; in ihr soll ein emotionales Klima von Behaglichkeit und Gemütlichkeit gepflegt werden, als deren Zentrum die Kleinfamilie und die je individuellen Bedürfnisse ihrer Mitglieder gelten. Fast durchgängig war die Tendenz, die traditionelle Mehrgenerationenfamilie wenigstens partiell aufzulösen, indem der jungen (Kern-) Familie räumlich und zeitlich private Refugien zugestanden werden. Diese Abspaltungstendenzen bleiben allerdings insofern beschränkt, als unter kleinbäuerlichen Bedingungen der Produktions- und Arbeitskontext Kooperation und Gemeinsamkeit verlangt und dies von den Frauen auch überwiegend als Vorteil ihrer Lebensverhältnisse empfunden wird.

Innerhalb dieses eingeschränkten Rahmens und subjektiv gefesselt durch die eigene traditionale Sozialisation brachten dennoch einige Frauen den neuen Anspruch an ein privatisiertes und emotionalisiertes häusliches Leben zum Ausdruck:

„Wir schaffen meistens zusammen, und abends haben wir es uns zur Gewohnheit gemacht, daß wir mindestens eine Stunde für die Kinder da sind. Spätestens um acht muß Schluß sein mit der Arbeit. Arbeit soll nicht an erster Stelle stehen, sondern Geselligkeit." (124)

„Arbeitsfreie Zeiten werden eingehalten; wir machen auch gemeinsame Ausflüge." (117)

„Das Abendessen gibt's um fünf Uhr, wenn die Tochter heimkommt. Das mögen wir gerne, daß wir alle zusammensitzen." (49)

„Das gefällt ihnen schon, wenn's behaglich ist in der Wohnung und nicht alles kreuzweise herumliegt. Heut legen die Männer mehr Wert auf den Haushalt, weil sie abends zum gemütlichen Teil übergehen wollen und sich wohl fühlen wollen." (114)

Für die Mehrheit der Frauen, vor allem für die Haupterwerbsbäuerinnen steht jedoch der Arbeitskontext im Vordergrund; ihr Alltag besteht in einem fortlaufenden Aneinanderreihen und Ineinanderschachteln von notwendigen Arbeiten. „Freizeit" als notwendige Voraussetzung für Privatheit bildet in ihrem Erfahrungshorizont und in ihrem Wortschatz fast ein Fremdwort. Selbst disponible Zeiten füllen sie noch mit „Arbeiten", die auf die familiale Reproduktion bezogen sind und als „freie" Betätigung nach eigenen Bedürfnissen und Vorlieben kaum zu bezeichnen sind.

Hierin unterscheiden sich die Frauen in Nebenerwerbsbetrieben kaum von denen in Haupterwerbsbetrieben. Eine beachtliche Zahl von Nebenerwerbsbäuerinnen nimmt jedoch von seiten ihrer lohnarbeitenden Männer Erwartungen und Ansprüche wahr, die auf die extrafunktionale Dimension der Häuslichkeit hinweisen. Von 60 Nebenerwerbsbäuerinnen meinen 2/3, daß der Mann erwarte, daß die Frau abends für ihn da sei, 1/6 verneinte eine entsprechende Frage mehr oder weniger kategorisch, und 1/6 konnte sich dazu nicht äußern.

Meistens beinhaltet die Erwartung des Mannes den Wunsch, mit der Frau gemeinsam Feierabend zu machen; die Bäuerin soll die betrieblichen und häuslichen Arbeiten erledigt haben, um nur für den Mann da zu sein und u. U. die Feierabend-Tätigkeiten mit ihm zu teilen.

„Er möcht schon, daß alles schön hergericht ist, wenn er heimkommt." (54)

„Er erwartet, daß ich früh genug abstalle und mit ihm Feierabend mache." (95)

„Er will schon, daß ich nicht den ganzen Abend in der Küche bin, und er ist hier ganz alleine, wenn die Kinder im Bett sind." (71)

„Ich soll auch keine Handarbeit mehr machen, sondern mich mit ihm unterhalten, fernsehen, ausgehen." (117)

„Wenn ich manchmal flick abends, sagt er zu mir, hock dich endlich her und schau Fernsehen! Das kann er nicht haben. Er geht die ganze Zeit nicht fort." (83)

Mitunter reduziert sich der Wunsch nach Gemeinsamkeit auf eine Art atmosphärische Präsenz der Frau und auf das Abschirmen des Mannes gegen Störungen:

„Essen machen, sonst erwartet er nichts. Wichtig sind Fernsehen und Ruhe haben." (40)

„Er will keine Unterhaltung, ich muß nur da sein." (61)

An solchen Äußerungen zeigt sich deutlich, daß das bäuerliche Haus und mit und in ihm vor allem die Bäuerin neue regenerative Funktionen für den Arbeiterbauern übernehmen soll. Verbal scheint sie mit Selbstverständlichkeit diesem Anspruch zuzustimmen. Doch Wunsch und Verwirklichungsmöglichkeiten klaffen nicht selten auseinander, wie schon das zögernde: „er will schon", „er möcht schon", „ich soll auch" andeutet. So mögen häufig Spannungen entstehen, zum einen weil die Bäuerin angesichts ihrer eigenen Belastungen dem Wunsch des Mannes gar nicht nachkommen kann:

> „Heut früh z.B. hat er gsagt: wartest heut abend! Dann hab ich gsagt: heut werd ich nicht warten, weil ich das nicht jeden Tag machen kann." (115)

und zum anderen, weil in der Regel den Nebenerwerbsbäuerinnen ihre eigene Situation in bezug auf die neu an sie gerichteten Erwartungen noch recht undurchsichtig ist: noch teilen und koordinieren sie mit dem Mann einen nicht unbedeutenden Rest der Arbeiten auf dem Hof:

> „Man macht eh' alles zusammen." (8),

und es bedarf nicht unbedingt neuer verbaler Mitteilungsformen. Aber meistens ist der Arbeitszusammenhang für den größten Teil des Tages zerrissen. Zwar behaupten fast alle Nebenerwerbsbäuerinnen, die Arbeit des Mannes mehr oder weniger genau zu kennen. Das bedeutet jedoch noch keineswegs, daß sie über die Fähigkeit verfügen, das ganze Ausmaß der von den Ehemännern nicht artikulierbaren Folgen ihrer neuen Arbeitssituation wahrzunehmen und angemessen darauf zu reagieren. Nur mühsam begreifen die Frauen, welche neuen Aufgaben im Sinne der weiblichen „Beziehungsarbeit" auf sie zukommen. Es kostet sie oft einen langen Lernprozeß, der allerdings nur äußerst selten so bewußt wahrgenommen wird wie von dieser Nebenerwerbsbäuerin:

> „Ja, das hat er immer scho gwollt, da ist er schwer vernachlässigt worden. Etz ist des a weng besser, des hat er mir immer wieder gsagt, aber ich hab's lang net begriffen, ne. Aber des hat sich scho bessert. Er möcht's daheim halt a weng gemütlich ham und a weng gut essen und so. Dann hat er kein Verlangen nach Fortgehen." (10)

Wenn für die Nebenerwerbsbäuerin die neuen Ansprüche an emotionalisierte Häuslichkeit objektiv schwer zu realisieren und subjektiv kaum durchsichtig sind, so gilt dies noch mehr für die Haupterwerbsbäuerinnen. Ihnen begegnen die neuen Ansprüche sehr viel vermittelter und undeutlicher, da der integrierte Hof-Haus-Komplex noch nicht so weit aufgebrochen ist, daß veränderte Bedürfnisse aus der inneren Dynamik der Arbeits- und Lebensverhältnisse heraus freigelegt würden. Die Nebenerwerbsbäuerinnen dagegen sind aufgrund ihrer dualen ökonomischen Existenzgrundlage schon jetzt und direkter mit der neuen Problematik konfrontiert.

Beide Gruppen bewegen sich jedoch auf bekanntem und vertrautem Terrain, wenn es um die materielle Versorgung, insbesondere in ihrer subsistenzwirtschaftlichen Form geht. Die Befriedigung elementarer Bedürfnisse ist deshalb der Bereich, über den die Bäuerinnen ihren Familienangehörigen emotionale Zuwendung vermitteln — für manche von ihnen vielleicht die einzige bisher ausgebildete Form, ihrer Zuwendung Ausdruck zu verleihen. Den Bäuerinnen ist bewußt, wie wichtig eine sorgfältige, auf individuelle Wünsche Rücksicht nehmende Nahrungszubereitung für die Zufriedenheit der Familie ist.

> „Kochen tu ich gern! Mei Mo, der ißt gern, und mei Schwiegermutter hat gut kocht! No hab ich mich scho anstrengen müssen, daß ich's auch so hinkrieg, daß er ja zufrieden ist. Und tatsächlich hab ich des gschafft! Und auch die Kinder, wenn's dann sagen: Mensch, das war heut wieder Klasse, des war fein... (12)

> „Kochen (ist besonders angenehme Arbeit, erg.), weil mir das gefällt, wenn ich meinen Herrschaften was Gutes auf den Tisch bringen kann, wenn's denen schmeckt." (28)

> „Manchmal, wenn a Spitzenzeit is, in einer Ernte, daß sich die Witterung verschiebt, daß ich dann wochenlang draußen bin, und dann krieg ich schon das Gefühl: Mensch, etz müsserst doch amal a vollkommenes Essen in Ruhe machen dürfen. Aber ich schau dann immer, daß ich's a weng nachts unterbring und vorbereiten kann. Aber irgendwie belast mich das dann scho, dann hab ich scho das Gefühl, die kommen etz zu kurz, und ich muß amal a ganz vollkommenes Essen machen können, daß sich eben die Familie wieder wohl und zufrieden fühlt." (13)

Verlangt schon die sorgfältigere Bereitstellung der Nahrungsmittel viel Mühe und Überlegung, so stellen die „verwöhnten" Ansprüche die bäuerliche Hausfrau vor neue zusätzliche Schwierigkeiten bei der Zubereitung.

> „Früher, da schmeckte das Essen noch viel besser. Heute kann man kochen, was man will, und es ist immer bloß das Essen! Wenn damals ein Einmachglas aufgemacht wurde, wurde geteilt und hielt gut zusammen. Heute ist man viel nörgeliger." (86)

> „Die sind heute aber verwöhnt! Nieren und Lenden und Leber, vor allem viel Gemüse essen wir. Salzkartoffeln — früher net kennt! Früher ein Topf Pellkartoffeln auf dem Tisch..." (13)

> „Und mit dem Kochen: die kommen heim und stellen Ansprüch, die Jungen, da muß man sich auch schon jeden Tag was anderes einfallen lassen." (6)

Den Gewinn an Häuslichkeit, Emotionalität und Rücksichtnahme zahlt somit die Bäuerin mit Mehrarbeit und neuen psychischen Belastungen. Wie sie diese bewältigt, wird Thema eines der nächsten Abschnitte sein.

e) Genese und Geltung neuer Standards

Fragen wir uns, warum die Bäuerinnen die neuen Standards trotz all der Mehrbelastungen als verbindlich erachten und akzeptieren, so erhalten wir zwar keine expliziten Begründungen, dafür aber eine umso größere Fülle von Details, Vergleichen, Bewertungen. Sie zeigen einerseits, daß die Frauen vor dem Dilemma stehen, über Entwicklungen argumentierend und begründend Rechenschaft ablegen zu sollen, die sich quasi naturwüchsig für sie ergeben haben. Sie lassen andererseits das Bedürfnis erkennen, neue handlungsleitende Normen als gewollte und richtige in den eigenen Lebenskontext zu integrieren und aus ihm heraus zu interpretieren. Die Bäuerinnen erfahren die neuen Standards nicht nur als Anpassungsdruck, sondern artikulieren sie auch als Anpassungswunsch. Dies wird an den von ihnen mit großer Detailfreude erzählten Geschichten deutlich,[199] die den Druck von außen ebenso thematisieren wie die Identifikation mit ihrem jetzigen Lebensstil.

Der folgende Auszug aus einer Gruppendiskussion vermittelt ein schillerndes Bild des doppelgesichtigen Anpassungsprozesses:

Frau A.: Na ja, des muß alles etwas angepaßt werden!

Frau B.: Des kann mer net machen. Da muß man schon schauen, daß es immer wieder sauber ist. Weil des geht ja auf unser Konto —

Frau E.: Und die Kinder dann. Die Kinder kommen auch in die anderen Familien rein, und die sehen auch, wie's dort ist, wo die Mutter eben den ganzen Tag im Haus ist... Und mer will's dann auch so haben. Sonst denken ja die Kinder, wie schaut's denn da aus. Der macht schon sehr viel Arbeit, der Haushalt... Die ziehen dann die Vergleiche, ne. Des glaubt einem kei Mensch, daß, wenn mer im Haus, wenn mer so in der Küchen mit Holz schürt, was da anfällt. So dreckig immer. Bis mer's nur von draußen reinbringt.

Frau F.: Ja, und wenn aans kummt, no steht das Geschirr no dort. Und wem sei Schand is es dann?! Meine! Die Männer ihre net... Der Besuch sagt dann: des ist ein ganz faules Weibsstück, kann die net amal ihre paar Teller spülen?

Frau B.: Also, ich muß sagen, daß heutzutage die saubere Küchen scho besser is als die schwarze früher...

Frau F.: Aber ich denk, wohler fühlen wir uns trotzdem alle...

Frau E.: Vielleicht hat mer selber so a Gefühl.

Frau F.: Daß mer selber so a weng drauf schaut. (Gruppendiskussion 2)

Um die Aussagen der Bäuerinnen zu diesem Thema in einen systematischen Kontext zu stellen, wollen wir alle die Faktoren stichpunktartig zusammenfassen, die — als objektive Bedingungen und subjektive Reaktionsweisen — neue Standards entstehen ließen und ihnen Geltungskraft verleihen:

1. Materielle Bedingungen

Der markt- und geldvermittelte landwirtschaftliche Produktionsprozeß hat die Struktur und Funktion des bäuerlichen Haushalts geändert:

— Trotz sparsamen materialökonomischen Umgangs mit den eigenproduzierten Konsumtionsmitteln partizipiert auch der bäuerliche Haushalt heute in vielfältiger und ausgedehnter Weise am industriell hergestellten Warenangebot.

— Insbesondere der Übergang zum Nebenerwerb ermöglicht den Bauernhaushalten einen neuen Lebensstandard.

— Die veränderte Arbeitsweise in der mechanisierten Landwirtschaft führt zu einer größeren Beanspruchung und intensiveren Nutzung häuslichen Lebens.

---

199 Vgl. dazu nochmals die Schilderung von Frau A., die durch viele weitere ergänzt werden könnte. Bahrdt hat dieses Erzählen von „Begebenheiten" als „ursprüngliche Form der Reflexion" bezeichnet, in der sich das Subjekt seiner individuellen und kollektiven Identität und Tradition vergewissert und Maßstab und Form für die „Deutung, Bewertung und Normierung der Gegenwart" findet; H. P. Bahrdt, in: M. Osterland 1975, S. 14 und 15.

2. Fremdansprüche und -einflüsse

Verschiedene Bezugsgruppen und Instanzen vermitteln der Bäuerin die neuen Standards:
- Der Mann (besonders der Nebenerwerbsbauer) und die Kinder lernen andere soziale Milieus kennen und „ziehen dann die Vergleiche...", „und mer will's dann auch so haben".
- Landwirtschaftsschulen, für Bäuerinnen veranstaltete Kurse und Versammlungen sowie die landwirtschaftliche Presse versuchen, den Bäuerinnen ein neues Anspruchsniveau und entsprechende hauswirtschaftliche Kenntnisse nahezubringen.[200]
- Der Vergleich mit städtischen Lebensbedingungen weckt in der Bäuerin den Wunsch, diesem Vorbild ebenbürtig und selbstbewußt gegenübertreten zu können.
- Das Konsumangebot — verstärkt durch Medien und Werbung — präsentiert sich der Bäuerin als auch für sie erstrebenswert und erreichbar.

3. Die normative Kraft des Faktischen

Die neuen Lebensbedingungen sowie die ihnen korrespondierenden Vorstellungen behaupten sich kraft Gewöhnung, Verfestigung und Mangel an Alternativen und beanspruchen so Selbstverständlichkeit und Gültigkeit. Die Bäuerinnen bringen das in folgenden Wendungen zum Ausdruck:
Früher war das einfach so...
    das war automatisch so...
    da hat sich niemand was dabei gedacht...
    da hat sich kein Mensch dran gestört...
Heute soll alles sauber und in Ordnung sein...
    das muß alles etwas angepaßt werden...
    da muß man schon schauen.

4. Identifkation mit der Rolle der Hausfrau

Gemäß der geltenden Arbeitsteilung fühlen sich die Bäuerinnen für die Realisierung der Standards im Haus und in der Binnenwirtschaft verantwortlich. Ihnen wird es angekreidet, wenn sie nicht befolgt werden:
„Und wem sei' Schand is des dann? Meine! Die Männer ihre net!"
„Weil, des geht auf unser Konto!"

5. Bewertung

Trotz höherer Arbeitsbelastung und finanziellen, organisatorischen und zeitlichen Mehraufwands stellen die häuslichen Lebensbedingungen für die Bäuerinnen einen relativen Komfort und Luxus dar, den sie nicht mehr missen möchten.

200 Wie stark z.B. die landwirtschaftliche Presse bestrebt ist, die Bäuerinnen mit neuen Ansprüchen auf den Gebieten der Hauswirtschaft, der Ernährung, Gesundheit und Körperpflege, der Erziehung und den Familienbeziehungen insgesamt, der Bildung (Ausbildung, Weiterbildung) und der Freizeitgestaltung bekannt zu machen, geht aus einer Inhaltsanalyse der Jahrgänge 1967 und 1972 von drei landwirtschaftlichen Zeitschriften in Süddeutschland, insbesondere von deren Frauenteilen, hervor. Zum Schwerpunkt aller untersuchten Zeitschriften gehört der Bereich Haushalt: besonderes Gewicht erhält darin die Ernährung, die Kleidung und die rationale Abfolge von Haushaltsarbeiten. Als nächstes nehmen dann Fragen der Erziehung und Entwicklung der Kinder einen breiten Raum ein (spez. Schulprobleme) sowie die Probleme, die sich durch die Pflichten der Mutterrolle für manche Frau ergeben können. Alle drei Zeitschriften sprachen die Frauen vorwiegend in den ihnen traditionell zugeschriebenen Domänen — Kinder und Küche — an, worin sie beabsichtigen, ihnen nun zeitgemäßere Tips und Anregungen zu geben (Rundbrief Arbeitsbereich Landwirtschaft 16 (1976), S. 14—24).

„Früher hat man einfach vegetiert am Land, die ham doch einfach net gelebt."
Heute ist es einfach besser, sauberer, komfortabler...
    wir fühlen uns wohler...
    man hat selber so ein Gefühl...

4.4 Die Arrangements hinsichtlich der Hausarbeit

a) Hausarbeit ist Frauensache

Seitdem es zum alltäglichen Erscheinungsbild zumindest kleinbäuerlicher ländlicher Regionen gehört, daß Frauen den Traktor fahren und die maschinelle Feldbestellung und Ernte besorgen, ist jedermann sinnfällig geworden, daß die Bäuerinnen traditionell männliche Arbeitsbereiche mit-, wenn nicht gar hauptverantwortlich übernommen haben. Von der umgekehrten Form der Aufhebung der Arbeitsteilung, nämlich der, daß die Männer althergebrachte Frauenaufgaben im Haus übernähmen, ist die Bauernfamilie jedoch noch weit entfernt. Womöglich noch stärker als in anderen sozialen Schichten[201] ist die Haushaltsführung ausschließlich Aufgabe und Pflicht der Bäuerinnen bzw. der weiblichen Familienangehörigen. Nach ihren Interviewaussagen erledigen 40 Bäuerinnen den Haushalt völlig allein, 90 zusammen mit anderen weiblichen Personen am Hof (Müttern oder Schwiegermüttern, Töchtern und in Einzelfällen anderen weiblichen Verwandten). Nur 12 Bäuerinnen gaben an, daß männliche Personen sich an der Hausarbeit beteiligen (bei einer verschwindend kleinen Zahl von 4 Fällen wird der Haushalt häufig überhaupt von anderen Personen geführt).

Diese geschlechtsspezifische Arbeitszuweisung wird von den Bäuerinnen in der Regel akzeptiert. Hausarbeit ist für sie eine selbstverständliche und notwendige Arbeit, die von den Frauen neben der Betriebsarbeit zu erledigen und in sie einzufügen ist.

„Des gehört einfach dazu, daß die Frau für alles sorgt." (102)

„Muß man auch machen, gehört dazu." (11)

„Das muß man auch machen, das ist klar. Ich rechne mich eben zu einer berufstätigen Frau. Hausarbeit ist neben der landwirtschaftlichen Arbeit zu machen wie bei anderen Berufstätigen." (49)

„Das ist ja unweigerlich miteinander verbunden." (72)

Sehen dies manche Bäuerinnen primär unter dem Aspekt der Verpflichtung,

„Hausfrau-Sein ist Pflicht", (50)

so identifizieren sich andere mit der Hausarbeit aufgrund ihres Verständnisses der Frauenrolle:

---

201 A. Oakley 1978, S. 139. Danach sind die Verantwortung für und die Bindung an die Hausfrauenrolle bei den Frauen in allen sozialen Schichten sehr groß.

„Ja, des is ja des Ureigenste der Frau, vor allem Hausfrau sein, verstehen Sie mich?" (9)

„Des liegt der Frau besser." (1)

„Man fühlt die Verantwortung..." (95)

Dieses Verständnis veranlaßt sie, sich auch dann für die materielle und psychische Versorgung der Familie verantwortlich zu fühlen, wenn sie z.B. krank sind:

> „dann wird gesagt, du brauchst kein Mittag richten. Aber ich hab dann des Gefühl, sie brauchen's doch, und dann mach ich's." (12)

oder dringend einen Erholungsurlaub benötigten:

> „Solang Kinder in der Schule sind, geht's schlecht. Möcht sie nicht alleine lassen." (68)

Das Gefühl der Unentbehrlichkeit und Unersetzbarkeit verknüpft sich häufig mit dem Stolz, in der Hausarbeit einen ausschließlichen Kompetenzbereich zu besitzen:

> „Ja, da bin ich für mich allein. Da kann ich so machen, wie ich will." (38)
> „Hausarbeit ist mein Bereich. Da interessieren sich die Männer nicht dafür." (121)
> „Das ist einfach mein Bereich. Das macht mir auch Freude, wenn alles sauber ist." (116)

Die Nachteile der alleinigen Zuständigkeit der Frauen für Haus und Familie sind vielen jedoch durchaus bewußt und ein Ärgernis. Vor allem die Frauen in Haupterwerbsbetrieben fühlen sich benachteiligt: 61 Bäuerinnen meinen hier, daß der Mann ungestörter und gleichmäßiger zuarbeiten könne, während nur 12 dies verneinen.[202] Manche beschreiben die ungleiche Arbeitsbelastung angesichts der alten geschlechtsspezifischen Arbeitsteilung recht detailliert:

> „A Mann hat's immer noch leichter wie a Frau. Wenn man sich jetzt so rumplagt auf'm Feld: da, wenn die Männer heim kommen, die ham wenigstens Zeit, daß sie sich mal hinsetzen, nicht? A Frau net! Nein! Da, wenn mer Hunger hat oder was, da essen wir halt schnell, bis mer zum Stall rüberkommt, a Stückle Brot..." (Pretest)
> „Der Mann braucht sich nicht um das kümmern, worum sich eine Frau kümmern muß. Männer können gehen, brauchen nicht kochen, waschen, putzen." (40)

Sie verfügen auch über Erklärungen für diese Situation. Doch meist wird dadurch der Schein des Selbstverständlichen kaum durchbrochen, sondern man resigniert und kapituliert vor den Gegebenheiten, in diesem Fall vor den Folgen eines nicht mehr korrigierbaren Erziehungsprozesses.

> „Des is die Erziehung von der Großmutter. Die hat des denen so anerzogen, daß die Hausarbeit gleich Null ist, was, was mer halt mitm klaan Finger macht." (9)
> „Männer helfen nicht, des is a Fehler. Die ham des bis jetzt net nötig ghabt, daß die gholfen ham. Die ham des gern gmacht als Kinder, aber wie's größer gworden sind,

---

202 Andererseits halten die meisten Nebenerwerbsbäuerinnen die Doppelbelastung des Arbeiterbauern für schlimmer als ihre eigene: 1/3 der Frauen fühlt sich hier stärker belastet als der Mann, während fast 2/3 sich nicht stärker belastet fühlen.

nimmer. Wenn's außer Haus sind, dann will man's auch gar net verlangen von ihnen." (6)

„Des liegt an der Erziehung der Männer. Als Ehefrau kann man da wenig ändern." (128)

Die Möglichkeiten einer Umerziehung schätzen diese Frauen infolgedessen sehr skeptisch ein:

„Des kann mer nimmer, zu spät!" (Pretest)

Außerdem ist es auf dem Dorf (noch) nicht üblich, daß ein Mann sich an der Hausarbeit beteiligt. Fordert ihn die Bäuerin einmal ausnahmsweise dazu auf, so besteht seine Hilfe eher in einer symbolischen Geste als in tatkräftiger Unterstützung. Besonders bei unangenehmeren Arbeiten versucht er, seine Unwilligkeit zusätzlich durch Ungeschicklichkeit zu verdecken:

„Aufm Dorf is des — es gibt scho Männer, also mei Mann, ja, wenn er etz fertig is im Stall und ich sag: mach mer aweil den Kaffee, des macht er. Der schaut auch amal beim Kochen irgendwie noch mit dem Zeug, des machen's. Aber abspülen?! Da ham's linkische Händ! Sie könnten schon, wenn's wollten! Aber da stören sie sich net dran." (7)

Mit einer gewissen Regelmäßigkeit übernehmen nur wenige Männer Hausarbeiten, und dies auch nur in angebbaren Ausnahmefällen und beschränkt auf ganz bestimmte Einzeltätigkeiten, die zu den eher anerkannten und „spektakulären" gehören.

„Samstag übernimmt er manchmal die Hausarbeit. Er mußte in seiner Familie schon Hausarbeit machen, weil seine Mutter krank war. Er badet die Kinder und bringt sie ins Bett." (71)

Doch haben einige Frauen berichtet, daß ihre Söhne oder Schwiegersöhne über neue „weibliche" Kompetenzen verfügen — als Resultat einer anderen Erziehungspraxis in Familie oder Schule:

„Mei Großer, der backt die schönsten Kuchen!... Etz ham's ihn a weng aufzogn, etz zieht er a weng hinter sich... Neulich war's mer amal net gut, hab ich gsagt, der Kuchen wär halt noch zu backen ... nachher war der Kaffee und der Kuchen auf dem Tisch gstanden... Der verziert die Torten so schön wie a Madl." (11)

b) Hausarbeit ist Nebensache

Genauso selbstverständlich wie Hausarbeit Frauensache ist, ist sie auf dem Bauernhof auch Nebensache. Die Bedeutung der Betriebsarbeit als Einkommens- und Einnahmequelle setzt allen möglicherweise vorhandenen subjektiven Wünschen der Bäuerinnen, für den Haushalt mehr Zeit und Energie aufwenden zu können, objektive Grenzen.

„Auf einem Bauernhof ist's eigentlich Nebensache. Feld und Vieh und die anderen Sachen gehen eigentlich immer vor, Haus ist Arbeit, aber eine Dreingabe." (30)

„Das läßt sich am Bauernhof einfach nicht verwirklichen, daß sich die Frau bloß um den Haushalt und die Kinder kümmert." (101)

„Zuerst kommt's Vieh und die Arbeit draußen auf dem Bauernhof. Das ist unser Verdienst, hinter dem man her sein muß." (73)

„Ich rechne mich eben zu einer berufstätigen Frau. Hausarbeit ist neben der landwirtschaftlichen Arbeit zu machen wie bei anderen Berufstätigen." (49)

Nur sehr selten fanden wir Frauen, die Betriebs- und Hausarbeit als völlig gleichwertig betrachten und beiden Aufgabenbereichen dasselbe „Recht" zubilligen, wie es z.b. die folgende Bäuerin zum Ausdruck brachte:

„(Die Hausarbeit ist, erg.) genau a so a Beruf und Aufgab wie des andere. Man kann net sagen, des is mir egal! Mei Landwirtschaft, mei Vieh is mer soviel wie mei Kinder. Der Haushalt ist genauso viel wert. Da darf mer nix vermissen; des muß alles sei Recht kriegen." (4)

Genießt der betriebliche Sektor eindeutig die Priorität auf dem Bauernhof, so schließt dies keineswegs aus, daß Betriebs- und Hausarbeit von den Bäuerinnen als ineinandergefügte Einheit angesehen werden. Im Gegenteil: Während der Lebenszusammenhang anderer Frauen durch die „strukturelle Inkompatibilität"[203] von Hausarbeit und Berufsarbeit gekennzeichnet ist, können die Bäuerinnen die Erfahrung der Kongruenz und Komplementarität ihrer Arbeitsbereiche machen. Außen- und Innenarbeit liegen räumlich nah beieinander, sind zeitlich koordinierbar und unterliegen strukturell ähnlichen Bedingungen. Die beschriebenen Dissoziationstendenzen, die Maschinisierung und Intensivierung der Betriebsarbeit sowie neue Ansprüche der Familienmitglieder mögen zwar zunehmend erschweren, daß sich „eins ins andere fügt". Dennoch sind die Integrationsmöglichkeiten der Bäuerinnen relativ weitreichend, besonders wenn sie sich mit anderen Frauen vergleichen:

„Das ist zwar anders als wenn ich einen anderen Beruf hätte. Wenn ich jetzt arbeiten ging, hätte ich zwei Berufe. Aber so glaub ich, geht das ineinander: Hausfrau und Bäuerin. Da kann ich jetzt nicht sagen, ich hab zwei Berufe." (34)

Wenn trotzdem manche Frauen wünschen, nur für Haus und Kinder zuständig zu sein, dann vor allem deshalb, weil die Menge der Arbeit besonders in einem großen Haushalt eigentlich ihre ganze Arbeitskraft beanspruchen würde:

„Ja, mit vier Kindern und Putzen! Man kommt ja so schon kaum rum. Bei einer großen Familie ist Hausarbeit gleich Berufsarbeit." (37)

„... mit neun Personen voll ausgelastet!" (106)

„Man hat schon viel Arbeit mit drei Schulkindern, zum Waschen, Bügeln usw. Wenn man doch sieht, wie's andere leichter haben, denkt man, wäre man bloß was anderes geworden. Kann man nicht mehr ändern!" (97)

„Ja, wenn eins den Haushalt in Ordnung halten will, wäre sie den ganzen Tag beschäftigt. Eine Bäuerin kann sich das nicht leisten. Hausarbeit ist nebensächlich." (28)

„Der Haushalt leidet oft Not." (1)

203 E. Beck-Gernsheim, I. Ostner 1978.

Knapp ein Drittel möchte wenigstens vorübergehend in Zeiten von großer Arbeitsfülle sich ausschließlich dem Haushalt widmen können:

> „Nur Haushalt amal ein paar Wochen lang!" (128)
>
> „Wenn im Haus viel Arbeit ist, denkt man: nur das Haus wäre schön!" (16)
>
> „Wer wünscht sich das manchmal nicht? Wenn es mal zuviel wird, dann schon!" (81)
>
> „Das hab ich mir auch schon gewünscht, wenn es gar zuviel geworden ist." (80)
>
> „Nur zwischendurch! Man hätte mehr Zeit." (129)

Diese Argumente implizieren, daß sehr viele Bäuerinnen immer wieder die negativen Folgen ihrer Doppelbelastung für die Familie spüren: Etwa die Hälfte hat das Gefühl, daß die Familie dabei zu kurz kommt. Von den Nebenerwerbsbäuerinnen, die wir explizit danach fragten, gab die überwiegende Mehrheit an, daß sie die Hausarbeit nicht immer schaffe, sie liegenlassen oder aufschieben müsse. Ihr Einsatz im Betrieb geht nach der Meinung vieler Bäuerinnen auf Kosten der Haushaltsversorgung:

> „Es kann mir niemand weismachen, daß er beides wirklich schafft. Im Sommer bleibt im Haushalt halt vieles liegen, im Winter ist die Hausarbeit gut zu schaffen." (112)

Wie vielschichtig die Problematik der Hausarbeit auf den Bauernhöfen ist, zeigt indessen die Tatsache, daß aus einer anderen Perspektive die Mehrheit genau die umgekehrte Ansicht vertritt: ihnen wäre Hausarbeit allein zu langweilig, sie würden sich nicht ausgefüllt fühlen. Aus ihrer Sichtweise sind es nicht nur die Bedingungen am Bauernhof, die erzwingen, daß Hausarbeit als Nebensache erledigt wird, sondern ebenso kämen ihre eigenen Vorstellungen zu kurz; Hausarbeit allein könnte ihre Arbeitskraft und -energie nicht auslasten; 60% lehnen deshalb die ausschließliche Tätigkeit im Haus und für die Familie ab.

> „Nein, allein im Haushalt wäre ich nicht so ausgefüllt. Ich bin kein so Putzteufel wie manche Frauen, die alle acht Tage die Fenster putzen." (113)
>
> „Nein, da müßt ich ja den ganzen Tag rumkramen, alles umstellen, daß ich überhaupt den Tag rumkriege." (86)
>
> „Wäre mir zu langweilig, da wäre meine Arbeitskraft nicht ausgewertet, nur ständig mit Putzen!" (114)
>
> „Ich bräuchte höchstens den halben Tag dazu." (122)
>
> „... müßte was dazu erfinden!" (131)

Die Argumente der Bäuerinnen gegen den Nur-Hausfrauenstatus beschränken sich jedoch nicht auf die „Unterbeschäftigung" durch Hausarbeit. Die Arbeit draußen ist — wie wir in den entsprechenden Kapiteln gezeigt haben — so stark positiv besetzt, daß aus dieser Perspektive für Haushalt und Familie nur eine gespaltene Identifikation übrigbleibt. Die Vorzüge der inhaltlichen Qualitäten der landwirtschaftlichen Arbeit liefern den Bäuerinnen Argumente gegen die Hausfrauenrolle.

> „(Nur Hausfrau sein?) Wünsch ich mir manchmal schon! Wenn ich so denk, ich könnte mich so richtig reinhängen, wenn der Mann morgens auf Arbeit geht, braucht net raus...

Aber auf die Dauer wär ich das gar net mehr gewöhnt, das würde mir direkt a bissle schwerfallen. Das ist auch so ein Gefühl: im Sommer, wenn ich mal net raus muß, da krieg ich schon so ein dummes Gefühl, ich versäum was, da werde ich unruhig, da muß ich raus. Wenn alles mit dem Bulldog fährt, da bildet man sich ein: da mußt du jetzt auch raus." (61)

„Das nicht, nein! Ich möchte schon mal raus. Da kommt einer auf ganz andere Gedanken und hat Abwechslung. Das ist schöner, als wenn man die ganze Zeit die Kinder um sich hat und oft die Kleinen schreien, die wollen dies und das. Da bin ich manchmal froh gewesen, daß ich draußen war, oder wenn's geschlafen haben, daß man seine Ruh hat." (71)

Eine ältere Bäuerin resümiert kurz und bündig:

„Bloß daheim sein? Nein!" (97)

Haben auf diese Weise die meisten Bäuerinnen die objektiv ihnen vorgegebenen Betriebserfordernisse in Übereinstimmung gebracht mit ihren subjektiven Bedürfnissen und Prioritäten, so ist dieses Arrangement nichts weniger als störungs- und konfliktfrei. Weder kann die Bäuerin ohne weiteres das Gleichgewicht zwischen ihren einzelnen Aufgabenbereichen nach Maßstäben herstellen, die ihr als richtig erscheinen, noch finden ihre verschiedenen Leistungen in gleicher Weise Anerkennung.

Als personifizierte „Störfaktoren" scheinen meist die Männer empfunden zu werden. Sie sind es, die die Pläne und Vorhaben der Frauen vor allem durchkreuzen:

„Die Bäuerin muß springen in den Spitzenzeiten und auch sonst, wenn die Männer was vorhaben." (98)

„... muß oft den Handlanger für den Mann spielen." (131)

Während die Bäuerin versucht, die Erfordernisse von Betrieb und Haus gemäß ihrer relativen Gewichtigkeit gegeneinander abzuwägen und auszubalancieren, vertritt der Mann mit viel größerer Ausschließlichkeit das Hofprinzip. Sie fügt sich in der Regel beidem: den Betriebserfordernissen und der Autorität des Mannes:

„Daß es viel Arbeit gibt im Haus, das hat er nicht gesehen. Die Hauptsache ist, daß ich mit raus bin; im Sommer muß alles liegenbleiben, aber wenn er heimkommt, soll's auch gemacht sein." (17)

„Da denk ich, na, etz hast Zeit, tust bügeln nachmittag. No kommt mei Mann, und der hat sich unterwegs scho was überlegt: des mach mer etz heut noch! No sagt er: horch, ich hab fei überlegt, des mach mer so noch. Na bitte, dann mach mer's eben so! No hör ich eben auf zu bügeln." (10)

Und selbst wenn der Mann die häusliche Tätigkeit der Bäuerin für wichtig erachtet, ist er es, der entscheidet, ob und wann er auf ihre betriebliche Hilfe verzichten kann.

„Das kommt vor, und da sagt mein Mann, wenn ich mal 'nen tüchtigen Wäschekorb hab, ich brauch heut nicht. Im Winter kommt es öfters vor. Auch Samstag und Sonntag brauch ich nicht..." (34)

So ist es denn kaum verwunderlich, daß 62 Bäuerinnen (= 47 %) angeben, der Mann nehme wenig oder kaum Rücksicht auf die Hausarbeit. Uns hat dabei erstaunt, wie offen die Frauen sich darüber beklagen und die mißachtende Haltung ihrer Männer kaum zu beschönigen versuchen.

> „Er denkt, was er macht, ist mehr wert." (92)
>
> „Er sagt: Du sitzt den ganzen Tag drinnen!" (75)
>
> „Manchmal hab ich das Gefühl, wie wenn Ihr (zum Sohn gewandt, erg.) denkt, des kann man im Schlaf machen." (37)
>
> „Macht er nicht bewußt. Ich mein immer, die nehmen's net so ernst, die Hausarbeit: die macht's schon irgendwie. Die kriegen's meist gar net so mit. Die machen sich da gar keine Gedanken." (61)

Beharren vor allem die Männer auf der Vorrangigkeit der Betriebsarbeit, und ist die Hausarbeit für sie so unscheinbar und unsichtbar, wie es in den eben zitierten Aussagen zum Ausdruck kommt, so wählt nicht selten – komplementär dazu – eine Bäuerin die Strategie, die Hausarbeit geradezu zu verstecken.

> „Na ja, da gibt's schon immer mal wieder eine Stunde Zeit, morgens, wenn er schläft, wenn's draußen net so notwendig ist. Aber wenn der Mann da ist, muß man beieinander sein; es hat keinen Wert, wenn eins dahin zieht und das andere dorthin." (32; Nebenerwerbsbäuerin)

Andere lassen erkennen, wie konfliktträchtig mitunter das Thema Hausarbeit sein kann:

> „Betriebsarbeit geht schon vor. Manchmal krieg ich schon mei Wut auch!" (11)
>
> „Die Arbeit ging immer vor früher. Da hat es manchmal schon Reibereien gegeben, weil er immer dachte, es sei nicht so viel, wie es war." (41)

Indessen gab auch eine relativ große Zahl von Bäuerinnen (57 = 43 %) an, daß der Mann Rücksicht auf die Hausarbeit nehme. Am ehesten sind das die Männer (oder Söhne), die Wert auf ein „schönes Zuhause" legen. Freilich scheint auch in diesen Fällen der Frau die Zeit für den Haushalt eher eingeräumt zu werden und an den Interessen des Mannes orientiert zu sein, als daß sie selbstbewußt ihre Vorstellungen verträte.

> „Mein Mann möcht schon haben, daß schön aufgeräumt ist, daß er was Gutes zum Essen bekommt. Das möcht er so haben. Daß alles sauber ist, das will er schon. Der weiß, daß ich den ganzen Tag damit zu tun hab." (71)
>
> „Wenn ich mit raus will, sagt der Sohn manchmal: Hast Du denn daheim nichts zu tun?" (44)

Einem großen Teil der Bäuerinnen ist es jedoch selbstverständlich, daß sie „mit dem Haushalt amal zurückstecken müssen". Und damit schließt sich der Kreis: Aus Einsicht, die ihnen nicht zuletzt die ökonomische Notwendigkeit gebietet, teilen sie den Standpunkt des Mannes, daß die Arbeit draußen vorgeht und die Hausarbeit zweitrangig und weniger wert ist.

„Ich bin selber so vernünftig, daß ich den Haushalt nicht mache, wenn die Zeit drängt." (121)

„Wenn die Arbeit draußen ist, müssen mer scho im Haushalt amal zurückstecken und nachts a bissel was tun, a weng Überstunden machen. Des richt sich alles nach'm Wetter... Da sin mer uns scho einig." (3)

„Da wird nicht viel gefragt. Und ich bin selber der Ansicht, weil, daß der Acker vernachlässigt wird, das will man nicht, das soll so ausschaun, wie dem Nachbar seins." (118)

„Der sagt: Im Haus verdienst nix! Freilich stimmt das, aber oft ärgert es mich doch, weil die Arbeit im Haus auch getan werden muß. Das kommt halt daher, daß ich vom ersten Tag an mit draußen war. Die Freiheit hätte ich schon, daheim zu bleiben, aber ich bin selbst so eingestellt, daß die Arbeit draußen vorgeht." (122)

Freilich hebt auch dieses „vernünftige" Arrangement keineswegs das Dilemma auf: Trotz ihrer eindeutigen Identifikation mit dem Hof wollen die Bäuerinnen sich den betrieblichen Arbeitserfordernissen nicht so weit unterwerfen, daß die Versorgung der Familie − zumal angesichts des gestiegenen Anspruchsniveaus − darunter leidet. Die häuslichen Versorgungsleistungen werden jedoch nicht in dem Maße als Arbeit respektiert wie die Betriebsarbeit. So müssen die Bäuerinnen ihre Arbeitskraft dauernd flexibel und disponibel halten und die Hausarbeit in der Zeit erledigen, die ihnen verbleibt − für eine Nebensache.

5 Die Synthese der Tätigkeitsbereiche im Alltag der Bäuerin

5.1 Zum Perspektivewechsel in den Einstellungen zur Arbeit

Feld-, Stall-, Haus- und Kinderarbeit sowie all die anderen darunter fallenden Arbeiten der Bäuerin innerhalb und außerhalb des Hofes stehen nicht in einem willkürlichen oder zufälligen Zusammenhang. Sie werden tagtäglich in bestimmter Weise synthetisiert, wobei für das Gelingen die Fähigkeiten der Bäuerin und die unterschiedlichen Merkmale der Tätigkeitsarten bedeutsam werden. Für sich genommen bleibt eine Tätigkeit oft relativ unkonturiert und unspezifisch, erst ihre zeitliche, räumliche und inhaltliche Verknüpfung mit anderen Tätigkeiten gibt ihr den einen oder anderen charakteristischen Zug oder weist ihr im Gesamtbild be- und entlastender Faktoren einen besonderen Stellenwert zu.

Wie wichtig es ist, die Arbeiten in ihrer räumlich-zeitlichen Abfolge und in ihrer gegenseitigen Wechselwirkung wahrzunehmen, haben uns die Bäuerinnen selbst gelehrt. So verblüffte uns zunächst die Tatsache, daß manche Frauen in ihrem Interview an verschiedenen Stellen unterschiedliche bis gegensätzliche Präferenzen oder Einschätzungen gegeben haben, oder daß zunächst geäußerte Vorlieben im weiteren Verlauf schrittweise relativiert wurden. Beispielsweise antwortete eine Bäuerin auf die Frage, ob sie Hausfrau-Sein auch als Beruf empfinde:

„Oh, Sie, das würd mir am meisten Spaß machen. Ja, das ist mein größtes Hobby, daß ich amal einen ganzen Tag im Haus stöbern kann!" (15)

Aber auf die Nachfrage, ob sie das auf Dauer machen wolle:

„Nein, nein: Im Winter ja, im Sommer möcht ich naus!"

Und als dann über die vielen Unterbrechungen bei der Hausarbeit gesprochen wird, über das Liegenlassen halbfertiger Arbeiten, wenn der Mann ruft:

> „Da hoff ich dann, daß ich amal a Schwiegertochter krieg, die's amal macht. Da werd ich schon nausgehn, wenn amal a Schwiegertochter da ist. Die lass ich im Haus. Ich bin so gern an der Luft... Draußen ist's schon sehr, sehr schön. Sie glauben gar net, wie schön das draußen ist. Ich geh jeden Tag naus, auch im Winter. Ja, ja, ich such mir immer was draußen zu tun. Ich könnt's net aushalten, den ganzen Tag im Haus!"

Es handelt sich hier nicht etwa um einen Widerspruch, der die Bäuerin als eine unglaubwürdige Informantin ausweisen würde, sondern um Varianten und Nuancen einer Einschätzung, je nachdem, aus welcher Perspektive die Frau in diesem Fall die Hausarbeit beurteilt, in welchem Zusammenhang sie sie vor Augen hat. Diese Form des spontanen Perspektivewechsels einerseits, aber auch die vielen Vergleiche zwischen den einzelnen Arbeiten oder Arbeitsfeldern, die die Frauen immer wieder − die von uns aus methodisch-systematischen Gründen vorgesehene Separation der Bereiche durchbrechend − vollzogen haben, brachten uns dazu, den inneren Zusammenhängen und Wechselwirkungen zwischen den Tätigkeitsfeldern sowie deren Folgen für die Situation und das Bewußtsein der Bäuerinnen verstärkt Aufmerksamkeit zu schenken. Es wurde bald deutlich, daß sich Interpretationsprobleme vereinfachten oder anders stellten, wenn die Feinstruktur der wechselweisen Beziehungen klar war. Hatten wir z.B. früher die häufige Antwort auf die Frage nach Arbeitspräferenzen „alles gleich gern" als Folge rigider Arbeitssozialisation oder eines traditionellen Arbeitsethos („Was getan werden muß, wird eben gern getan!") interpretiert, so wurde jetzt auch folgende Deutung möglich: Gerade weil die Arbeiten in ihren Inhalten und Wirkungen sehr stark (ausgleichend verstärkend, ergänzend, vervollständigend) aufeinander bezogen sind, wäre es ganz unangemessen, eine Arbeit herauszulösen und hervorzuheben. Gleiches gilt natürlich auch für „lästige" Arbeiten: Es fällt schwer, eine Tätigkeit als (absolut) lästig zu bezeichnen, da dieses Merkmal stark kontextabhängig ist. Die gleichen Arbeiten können je nach Perspektive und Rahmensituation „lästig" oder „unangenehm" sein.

Als empirisches Ausgangsmaterial für unsere Aussagen über die Syntheseleistungen von Bäuerinnen im Alltag möchten wir zunächst anhand von Tagesabläufen deren routinisierte Formen darstellen.

5.2 Der Arbeitsalltag: „Früh die Erste, abends die Letzte."

Mangels hinreichender eigener Impressionen z.B. durch teilnehmende Beobachtung und überzeugt von der ausreichenden Kompetenz der Bäuerinnen selbst beziehen wir unser Bild vom Alltag dieser Frauen aus ihren Schilderungen des

Tagesablaufes. Wir stellen zunächst vor, wie der Wintertag für eine Vollerwerbsbäuerin und für eine Nebenerwerbsbäuerin aussieht:

Die 36jährige Vollerwerbsbäuerin, die auf einem 14 ha-Betrieb wirtschaftet
und drei Kinder (14; 13; 10 Jahre) hat, berichtet:

„Um sechse steh ich auf. Des ist halt auch verschieden, was mer halt für Küh hat. Wenn
viel trocken stehen, dann steh ich a bißle später auf, so um sechse eben. Wenn's dann
nauswärts geht (ins Frühjahr hinein, erg.), dann muß mer schon um halbe sechse aufstehen. Naja, dann deck ich da den Kaffeetisch und richt ihr Zeug her: Wenn's nimmer
so kalt ist, dann tu ich da früh erst anschüren, den Ölofen, und stell den Wasserkessel
hin und die Milch für den Buben, weil der einen Kaba trinkt, die Mädle trinken Kaffee.
Dann deck ich noch schnell den Tisch und dann geh ich in Stall runter. (Jetzt hab ich
momentan wieder a weng mehr Milch, da bin ich dann um sieben noch net fertig mitm
Melken, drum deck ich vorher den Tisch. Wenn ich weniger hab, dann mach ich's erst,
wenn ich vom Stall reinkomm.) Um sieben geh ich rauf und schrei den Kindern. Der
Kleinen mach ich immer noch ihre Tasse Kaffee selber, den Caro, ne, und na sag ich:
Jetzt tut Ihr schön Kaffee trinken und dann komm ich nochmal und mach Dir (der
kleinen Tochter, erg.) Dei Haar. Den Großen brauch ich nix mehr machen, und da geh
ich dann nochmal vom Kuhstall rauf unterm Melken. Soviel Zeit hab ich schon, weil
die Küh auch brav sind und still bleiben. Na gehen sie um halbe achte in die Schul fort.
Da werd ich dann auch immer so fertig mitm Stall, ne. Dann geh ich rauf, und dann tu
ich Kaffee trinken.
Naja, und der Mann steht a bissle später auf wie ich, des is auch so a schöne Untugend,
und der macht dann nach mir sei Arbeit fertig, ne, macht den Stall fertig und füttert die
Schweine... Naja, und dann tu ich Kaffee trinken danach, na tu ich aufräumen, da innen,
da schaut's am besten aus, weil mer da abends scho immer a weng reinwolln (in
die Stube, erg.). Der liest, der andere tut basteln, wie halt des ist. Und da räum ich dann
früh auf, wenn die Kinder fort sind, und dann die Küche. Abspülen tu ich immer meistens nachmittag, mal wird mittags auch net abgspült, na spül ich früh ab. Naja, na mach
ich die Betten und dann hat mer zu waschen und aufzuräumen und dann tun wir amal
Mais holen, mal Pfoschten (= Rüben) fahren. Da muß ich dann schon mit, allein tut er's
net um die Welt, wenn's net sein muß. Dann tun wir amal die Schweine misten, weil,
des hab ich net allein angfangt, sonst müßt ich's auch noch allein tun! ... Und dann,
wenn wir eine Stunde arbeiten, sind wir damit ja auch fertig. Naja, und wenn wir dann
amal in den Wald gehen, des teilen wir uns halt ein, weil die Kinder auch oft erst um
viertel drei kommen. Dann fahren wir mal früh zwei Stunden oder nachmittag, wie des
halt ist. Naja, dann mach ich auch Handarbeiten, Flicken oder so, was mer halt im Winter
so Arbeiten hat. Im Keller ham wir heuer a weng mehr Arbeit: Wir ham recht viel Kartoffel baut, jetzt ham wir denkt, wir können recht viel verkaufen, jetzt kaufen's keine.
Faulen tun sie net amal, na müssen wir sie eben ausklauben, die schlechten und die angeschnittenen und die wo so aufgschabt sind zum Dämpfen und die zum Samen und
die Großen zum Verkaufen. Da ham wir heuer schon a weng Arbeit ghabt...
Die Kinder kommen um viertel zwei alle Tag ... na koch ich jetzt immer erst bis um
eins. Wir essen meistens erst, wenn die Kinder kommen ... unsere Kleine, die kommt
scho meistens a bissle eher. Die will immer, wenn's heimkommt, gleich die Hausaufgaben machen, daß sie fertig ist bis zum Essen, bis die anderen kommen. Und des paßt
dann für mich auch. Da koch ich immer noch und sie sitzt da. Nach dem Essen und
Spülen leg ich mich auch manchmal hin, wenn ich Zeit hab, weil des tu ich schon wegen
der Gesundheit ... weil ich's brauch, wenn mer früh die Erste und abends die Letzte ist!
Und der Mann legt sich Mittag auch a weng hin im Winter. Na denk ich, warum soll's
ich net auch tun? Und die Arbeit läuft ja net davon...

Dann bin ich da innen. Wenn die Kinder Hausaufgaben machen, tu ich Strumpfhosen stopfen, und wie des so ist... Naja, nachmittag, entweder ich arbeit mitm Mann oder ich tu flicken oder was mer halt im Winter macht. Abends fangen wir dann um dreiviertel fünfe, fünfe an. Da geb ich dann wieder Mais rein. Viertel sechse fang ich dann mitm Melken an. Da brauch ich dann bis halb, dreiviertel sieben, bis ich dann fertig bin. Naja, da is dann der Mann von Anfang an da, wenn er zuhaus ist. Da tu ich mich dann schon leichter. Na füttert er die Hälfte und die Kinder tun auch mal was helfreingeben. Wenn wir fertig sind, tun wir abendessen. Da wird's dann schon immer halbe achte meistens bei uns, und im Sommer noch später, da essen wir erst um halbe neune.

Und dann ist Feierabend, und dann tu ich auch nimmer die Welt, bin ich ehrlich, mal handarbeiten, wie häkeln oder so was, was halt notwendig anfällt. Das tu ich dann abends. Dann noch a bissle fernsehen und dann schlafen." (122)

Nun der Wintertag einer 38jährigen Nebenerwerbsbäuerin auf einem viehar-men 8 ha-Betrieb. Ihr Mann arbeitet als Baggerführer in einem nahegelegenen Ton-werk. Die Töchter sind 8 bzw. 12 Jahre alt und gehen in einem Nachbarort zur Schule:

„Ich steh alle Tag um halb, dreiviertel sechs auf. Der Mann muß im Winter etwas früher fahren, wegen dem vielen Schnee und Eis. Um sechs, viertel sieben muß er ausm Haus, dann geh ich anschließend gleich in Stall und mach dort alles sauber, melken, misten. Für unsere drei Küh ham wir keine Melkmaschine, ich mach alles mit der Hand. Dann muß ich schaun, daß ich dann wieder rein komm bis halb-, dreiviertel sieben, weil die Kinder zur Schul müssen. Anziehen, waschen, Zähne putzen, das tun sie schon selber, aber Kaffee und Pausebrot muß gerichtet sein, und wenn's fortgehen, daß ihre Sachen alle ham... Wenn die fertig sind, dann geh ich gleich nochmal in Stall und tu Streu nei-tragen und Heu, dann bin ich fertig mitm Stall. Dann geh ich rein, wasch mich und zieh mich um, Milch tragen. Da ist da unten das Milchhaus, da muß mer die Milch abliefern. Dann geh ich heim, trink mein Kaffee, und dann geht's in der Küche weiter, Milchge-schirr sauber machen, die Kanne, den Filter und das Eimerle, das wird extra gespült. Dann mach ich die Betten.

Und dann schau ich nochmal in den Stall hinter, tu gleich alles wegmisten. Dann mach ich die Küch sauber, den Gang, das Nebenzimmer und das wär dann die Hauptarbeit für den ganzen Tag. Da ist's dann neun, halb zehn, bis ich da richtig fertig bin. Naja, dann hat mer mal Wäsche zum Aufhängen, – ich wasch nachts, da tu ich alles abends rein in die Waschmaschine und das geht dann mit Nachtstrom ... und das häng ich dann in der Früh auf, wenn's schönes Wetter ist, naus, und wenn's regnet, aufn Dachboden. Naja, dann hat mer Schuhe zu Putzen und dann wird's schon Zeit wieder zum Kochen, weil dann die Kinder kommen. Des is auch unterschiedlich. Manchmal, wie heut, ham beide um ein Uhr erst aus, da kommen's erst um halb zwei heim dann. Manchmal kommt die Kleine schon um dreiviertel zwölf, die andere um dreiviertel eins oder halb zwei, das ist ganz verschieden. Da bin ich oft von elf bis um zwei in der Küch, kochen, wieder ab-spülen, saubermachen und da machen's dann die Hausaufgaben in der Küche. Da muß mer bei der Kleinen immer mithinschauen, daß es sauber und ordentlich ist.

Im Winter hat mer nachmittags oft was zum Flicken, wie die Säcke, die hab ich noch nicht geflickt, wo die Kartoffeln rein kommen, ne, die muß ich noch machen, oder bügeln, da fällt immer wieder was an. Na, und manchmal tut mer dann gar nichts, strik-ken (lacht, erg.). Der Mann kommt dann um vier Uhr, da ess mer aber noch net gleich, da mach mer noch das Notwendigste: im Sommer Gras holen oder Heu heimfahren, Kartoffeln heimfahren. Da mach mer erst draußen die Arbeit. Um fünf gehen wir dann schon in den Stall, weil abends wollen wir fertig sein. Wenn wir grad Schweine haben, macht der Mann den Kuhstall und ich fütter die Schweine. Und bis der Mann gar fertig ist, richt ich das Essen auf den Tisch. Dann sind wir gemeinsam fertig um sechs, halb sieben. Mein Mann geht dann rein und schaut Fernsehen, und ich mach dahinten dann gar sauber, spülen, ne, und aufräumen, daß net so schlampig ausschaut. Und dann geh ich auch rein und schau fern. Die Kinder müssen dann um acht Uhr ins Bett. Und wir könnten schon um neun Uhr ins Bett gehen, meistens wird's halb zehn, zehn, bis wir ins Bett gehen, außer es ist jemand da, dann wird's halb zwölf, aber des macht ja nichts!" (71)

Im Frühjahr und Sommer dehnt sich die Länge des Arbeitstages, die Bäuerin muß ein bis zwei Stunden früher aufstehen und geht später ins Bett. Die Außenarbeiten kommen dazu, wachsen an und drängen die flexiblen Arbeiten, wie das Zubereiten der Nahrung, zurück. Der Wechsel der Arbeitsplätze wird häufiger. (Nur 12 Bäuerinnen, knapp 10 %, meinen, es würde sich für sie nichts wesentliches ändern.)

Dazu eine Bäuerin, die mit ihrer Mutter und ihrer 16jährigen Tochter alleine einen 7,5 ha-Betrieb bewirtschaftet. Die Kirschenernte und Ferien auf dem Bauernhof sind ihre wichtigsten Einkommensquellen. Sie beschreibt im folgenden die besonders hektischen sieben Wochen der Kirschenernte.

„In der Kirschenernt, da möcht ich schon sagen, da geht's früh recht bald los bei uns: halb, dreiviertel vier, vier wird da schon aufgestanden. Dann wird voran vielleicht schon der Garten gossen, die Blumen am Haus gossen, das mach ich alles schon vor dem Stall. Manchmal wird sogar — da ham mer neben dem Dorf ... ein Kirschgarten, der net weit weg ist. Den tu ich manchmal vorm Stall verrichten: ein, zwei Körb Kirschen gezupft, und nachher wird der Stall verricht. Des vergangene Jahr ham mer volle sieben Wochen pflückt...
Dann waschen und umziehen, dann werden die Feriengäst versorgt und dann wird der Wagen zampackt fürn ganzen Tag, fürs Kirschenzupfen, mitsamt Brotzeit, Trinken, alles versorgen, weil da wird mittags dann net heimgangen... Da wird dann pflückt über Mittag drüber bis nachmittags drei, vier Uhr. Gewogen werden sie gleich draußen, da ham mer a Waag dabei ... und dann wird der Wagen wieder zampackt. Wenn ich heim komm, wird's umgladen ins Auto. Sollten's nicht über dreißig Körb sein, dann schaff ich's mitm Auto runter ... was drüber ist, wird mitm Schlepper runtergefahren. Die anderen (Mutter und Tochter, erg.) zupfen dann weiter. Ich fahr ganz allein heim ... wenn net manchmal die Feriengäst daheim sind und helfen mit Umladen, dann muß ich's ganz allein machen, des Umladen, einen jeden Korb a Anhängsele schreiben und so Etiketten drauf, daß mer weiß, wer der Erzeuger ist, und dann runter (zum Großmarkt, erg.). Drunt muß mer sich dann anstellen, ganz schön lang. Vergeht auch eine Stund, anderthalb, manchmal zwei Stund... Alles andere muß weiterpflücken draußen, aber net langsam, immer schnell! Und wenn ich vom Markt komm, wird der nächste Schlepper gnommen mitm Wagen, wird wieder nausgfahrn, draußen wird wieder weiterpflückt, no wird wieder auf die Uhr gschaut, halb sieben, sieben. Na wird gschaut, daß mer doch noch a weng Futter zambringt, ... und na wird pflückt manchmal bis acht, viertel neun. Und nachher ist's zuend. Dann müss mer heim, den Stall noch versorgen. Na is zehn, halb elf worn, bis mer abends manchmal wieder was gessen hat... Des war der größte Streß vom ganzen Jahr: sieben Wochen Kirschenernt... Am 24. Juni ham mer die ersten aufn Markt und am 9. August hab ich die letzten aufn Markt." (5)

An allen Berichten fällt sofort die große Zahl und Vielfalt der verschiedenen Tätigkeiten auf, zwischen denen eine Bäuerin im Laufe des Tages hin- und herwechselt. Die Art und Weise, wie die Tätigkeiten miteinander verknüpft und hintereinander geschaltet werden, ist unterschiedlich:

a) Nach dem Prinzip der ganzheitlichen Bearbeitung können Aufgaben hintereinander weggearbeitet werden. Eine Tätigkeit wird zu Ende gebracht, erst dann erfolgt ein Wechsel des Tätigkeitsbereichs: Kirschen werden ohne Unterbrechung durch das Mittagessen gepflückt, weggefahren, abgeliefert; dann geht die Bäuerin in den Stall; dann bereitet sie das Abendessen.

b) Die einzelnen Teilabschnitte verschiedener Arbeiten lassen sich zeitlich ineinander schieben, „verschachteln": Die Bäuerin unterbricht das Melken, um die Kinder zu wecken, macht Frühstück und geht dann wieder in den Stall; anschließend räumt sie den Frühstückstisch ab und die Küche auf. Charakteristisch für dieses „Reißverschlußsystem" ist die Tatsache, daß hier Tätigkeiten unterbrochen werden, daß Unfertiges liegenbleibt und zu einem späteren Zeitpunkt weitergeführt wird.

c) Manche Tätigkeiten lassen sich synchronisieren; beispielsweise betreuen die Frauen gleichzeitig die Kinder bei den Hausaufgaben und kochen oder flicken dabei.

d) Tätigkeiten können verschoben werden. Die Bäuerin kann vor- oder nacharbeiten, z.B. für den nächsten Tag vorkochen oder die Flickarbeiten auf den Winter verschieben.

Daß die bäuerlichen Arbeiten auf diese Weisen synthetisierbar sind, hängt zum einen damit zusammen, daß ein großer Teil problemlos in Teilarbeiten zerlegt und Schritt für Schritt erledigt werden kann. Zum anderen aber, und dies scheint uns der Springpunkt zu sein, sind die unterschiedlichen Zeitstrukturen der Tätigkeiten die Bedingung der Möglichkeit, die vielen Arbeiten, die über den Tag und über das Jahr anfallen, zu koordinieren. Hierauf soll im Folgenden genauer eingegangen werden.

5.3 Zur Zeitstruktur des bäuerlichen Arbeitstages und -jahres

a) Zyklische Verläufe und punktuelle Ereignisse

Für die Bäuerin ist die Arbeitszeit kein ununterbrochener homogener Fluß von Arbeitssekunden, sondern eine komplex strukturierte Abfolge qualitativ verschiedener Einheiten. Sie geben ihr im großen und ganzen bestimmte relativ konstante Grundrhythmen vor, die in erster Linie naturbedingt sind, wie z.B. die sich zyklisch äußernden Lebensbedürfnisse von Menschen, Tieren und Pflanzen, bzw. die durch natürliche Rhythmen wie Tageslänge, Vegetationsperioden, Jahreszeit (grob) festgelegten Zeitspannen. Hinzu kommen Arbeiten, die zwar mit rhythmischem Regelmaß anfallen, aber eher gesellschaftlich bedingt sind, wie die tägliche Hausaufgabenbetreuung der Kinder, oder technisch, wie die kontinuierliche Versorgung eines Ofens der (Schnaps-) Brennerei mit Brennstoff im Vierstundenrhythmus. Da alle rhythmischen Arbeiten regelmäßig anfallen, sind sie antizipierbar.

Ihr Umfang und ihre Dauer ist im Regelfall bekannt und überschaubar; die Produzentin kann sich auf sie einstellen. Jeder Zyklus ist von endlicher Dauer, wenngleich er sich nach einer bestimmten Zeit — allerdings meist nicht in identischer Form — wiederholen wird und damit eine gewisse Endlosigkeit an sich hat.

Unter dem Gesichtspunkt des rhythmischen Arbeitsflusses kontrastieren hierzu die punktuell anfallenden Unterbrechungen. Zumeist gehen sie in den Vollerwerbshöfen, aber auch zu gewissen Zeiten in den Nebenerwerbsbetrieben von den Ehemännern aus, die die Bäuerin unerwartet zu einer dringlichen Arbeit im Betrieb abrufen:

> „Dann heißt's: Etz geh amal mit mir! Und dann muß ich a Stund mit, und dann bleibt halt des Kochen liegen, und dann wird der Kochherd kalt." (8)

Mitunter unterbrechen auch die Hofkunden, die Feriengäste oder die Kinder den Fluß der Arbeit, oder aber es handelt sich um naturbedingte Unterbrechungen, wie Wetterstürze, Krankheiten der Tiere usw. Solche Ereignisse fallen unregelmäßig und plötzlich an; sie brechen in den normalen Gang der Dinge ein, nehmen auf keine Arbeitskonstellation Rücksicht. Sie drängen sich — zumeist mit einem starken Aufforderungscharakter — dem Produzenten auf.

b) Lang- und kurzzyklische Rhythmen

Alle zyklischen Arbeiten wiederholen sich nach einer bestimmten Zeit. Diese Zeit ist unterschiedlich lang. Es gibt relativ kurzzyklische Arbeiten wie die sich täglich mehrmals wiederholende Ernährung von Mensch und Tier. Gerade die Hausarbeit beinhaltet viele „kurzlebige" Tätigkeiten, deren Resultat schnell verschwunden ist und wieder erneuert werden muß. Solche Arbeiten werden von den Frauen daher oft als „endlos", weil sich permanent wiederholend, empfunden. Andere Arbeiten dagegen fallen in längeren Zyklen an, z.B. jährlich oder im Abstand mehrerer Wochen, wie Holzarbeiten im Winter oder bestimmte Pflegearbeiten während der Vegetationsperiode. Ihr Ende gibt sich jeweils deutlich als solches zu erkennen.

c) Zeitpunktfixe und zeitpunktvariable Arbeiten

Die bäuerlichen Arbeiten lassen sich auch danach unterscheiden, ob sie auf einen genau festgelegten Zeitpunkt bezogen sind, z.B. zu einem bestimmten Zeitpunkt begonnen oder beendet sein müssen, wie die Versorgung der Kinder bis zur Abfahrt des Schulbusses oder der Ablieferungstermin für die Milch, oder ob sie eher zeitpunktvariabel sind, d.h. zwar irgendwann gemacht werden müssen, aber nicht notwendig hier und jetzt. Hierzu gehören beispielsweise bestimmte Gartenarbeiten, das Ausmisten des Schweinestalls oder Flickarbeiten. Zeitpunktfixe Arbeiten haben eine höhere Dringlichkeit, setzen den Produzenten eher unter Druck als zeitpunktvariable Tätigkeiten.

5.4 Die Syntheseleistung der Bäuerin

Die Syntheseaufgabe der Bäuerin besteht darin, daß sie alle objektiv anstehenden oder ihrem subjektiven Empfinden nach dringlichen, die regelmäßig anfallenden wie die punktuell auftauchenden Arbeiten in einer geeigneten Reihenfolge und einem passenden Rhythmus erledigt. Insbesondere geht es darum, die zeitflexiblen oder plötzlich anfallenden Tätigkeiten in die durch zyklische Notwendigkeiten gesetzten zeitlich mehr oder weniger dehnbaren Arbeits„spiel"räume einzupassen. Schon diese Beschreibung macht verständlich, warum die meisten Bäuerinnen ihr Tagespensum nicht nach einem genauen Plan absolvieren. Viele Arbeiten müssen nach einem durch die Sache selbst vorgegebenen Zeitschema verrichtet werden, so, „wie sie anfallen"; „mit der Zeit teilt sich das von selber ein". Andere Arbeiten werden dann in dieses feste Grundmuster eingepaßt: „wie sich's ergibt", „wie's grad paßt". Da der Bäuerinnenalltag immer ein relativ großes Quantum an zeitvariablen Arbeiten enthält, und da die zyklischen Arbeiten, soweit sie naturbedingt sind, zumeist in gewissen Grenzen elastisch sind: im Beginn verschoben, in der Dauer gedehnt oder gestaucht werden können, empfindet die Bäuerin im Regelfall eine gewisse Disponibilität, was ihre Verfügung über die Zeit angeht:

„Ich bin freier (als der Ehemann, der in der Fabrik arbeitet, erg.). Auf eine Viertelstunde kommt es bei mir nicht an." (83)[204]

„Arbeit ist geduldig." (134)

Auf dieses Gefühl relativer Zeitautonomie bei zahlreichen zyklisch wiederkehrenden Tätigkeiten ist auch zurückzuführen, daß auf die Frage nach einem Plan für die tägliche Arbeit sehr häufig geantwortet wurde:

„Ich mach das nach Lust und Laune!"

Nur auf den ersten Blick steht im Gegensatz zu diesen Ausführungen, daß einige Frauen (ca. 15 %) im Kontext der Frage, ob sie ihr tägliches Arbeitspensum zumeist erledigen könnten, entgegneten, das käme auf die „richtige Einteilung" an. „Einteilung" heißt hier nicht „fester Plan", sondern: „tun, was man muß", also zunächst all die notwendigen von außen her gesetzten rhythmischen und zeitfixen Arbeiten verrichten, und dann dazwischenpacken, was anfällt, was schon lange liegt, wozu man Lust und Laune hat. Man darf weder „alles schleifen lassen" noch „sich auf irgendetwas versteifen"; „der Plan zerreißt", wenn die Bäuerin ihm als genau fixiertem Zeitkalkül folgen will. Es kommt darauf an, flexibel und sensibel mit der Zeit umzugehen, „im Rhythmus zu bleiben." Dazu gehört, daß auch die unerwarteten Unterbrechungen, die immerhin bei zwei Dritteln der Befragten an der Tagesordnung sind und von einem Viertel aller Frauen dann als störend empfunden werden, in den rhythmischen Ablauf integriert werden. Dem

---

204 Vgl. auch die Zeitangaben in den drei Arbeitstagschilderungen, die selten einen absoluten Zeitpunkt, zumeist eine Zeitspanne nennen.

kommt wiederum die relative Zeitflexibilität mancher Bäuerinnenarbeit zugute, deren „Geduld" Zeit für momentan Dringlicheres freisetzen kann. Wie weitgehend sich die Bäuerinnen im allgemeinen mit der geringen Planbarkeit ihrer täglichen Arbeit abgefunden haben, beleuchten die Antworten auf die Frage, ob sie mit ihrem Arbeitspensum über den Tag fertig werden. Von den über zwei Dritteln der befragten Frauen, die ihr Pensum nicht schaffen, wobei sehr häufig „zu viel vorgenommen" als Grund angegeben wurde, reagieren fast 60 % ruhig und flexibel: „Morgen ist auch noch ein Tag!" Am Rande soll noch darauf hingewiesen werden, daß die Autonomie der Einteilung doch in verhältnismäßig großem Umfang von der Anwesenheit des Bauern abhängt. Spontan haben mehrere Nebenerwerbsfrauen erzählt, daß sie die Zeiten, in denen der Mann „auf Arbeit" ist und sie damit von seiner Dominanz, die mit betrieblicher Dominanz identifiziert ist, freigestellt sind, wesentlich besser nach ihrem Rhythmus und ihrer Vorstellung arbeiten können. Es hat den Anschein, daß die Unterordnung der Frauen unter den „fremden" Plan auch deswegen einigermaßen konfliktfrei gelingt, weil sie wissen, daß sie in den „männerlosen" Zeiten ihren Bedürfnissen entsprechend vor sich hinarbeiten können. Hierfür nun ein etwas längeres Beispiel:

Frau D. ist eine sehr selbständig und energisch wirkende Persönlichkeit. Ihr Mann arbeitet Nachtschicht, er verläßt nachmittags den Hof. Einer der Söhne arbeitet in einem Schlachthof und hilft an einigen Tagen in der Woche auf dem Hof mit. Während der Anwesenheit des Mannes muß Frau D. uneingeschränkt nach seiner Pfeife tanzen.

> „Während der Woche, so lang mein Mann da ist, muß ich bloß so zusausen, also da kann ich überhaupt nix unternehmen. Der hat immer was zu tun."

Sie fügt sich dieser Diktatur mehr oder weniger, da sie seinen Egozentrismus für irreversibel hält:

> „Mein Mann war Einzelkind, schon von der Geburt an ein Egoist. Und Einzelkinder ... sind egoistisch. Es muß sich alles um sie drehen. Das ist der Mittelpunkt, um den alles kreist."

Dennoch werden die Widerstände, die sein Herrschaftsanspruch bei ihr auslöst, unterdrückt und Konflikte gar nicht erst entfacht, weil sie weiß, daß seinem Regiment zeitliche Grenzen gesetzt sind und daß die Restzeit ihr gehört:

> „Ich find des ganz tadellos, daß man nicht den ganzen Tag den Mann um sich hat. Es ist irgendwie — eine Beruhigung, wenn man eine Wut aufeinander hat und man denkt, naja, um drei haut er ab! (Lacht, erg.) Dann beruhigt man sich wieder. Er ist abgelenkt, hat da drin seine Ablenkung, und ich selber, ich kann dann tun, was ich mag, ne. Und wenn ich amal net mag, dann mag ich einfach net."

Sobald der Mann verschwunden ist, kann sie ihr Leben leben und ihre Arbeit machen:

> „Ja, ja, so lang er daheim ist, kann ich nix tun. Deswegen bin ich recht froh, wenn er in die Arbeit geht. Denn wenn er fort ist, kann ich wieder für mich was tun... Bin recht froh, wenn er fortgeht. Und wir wollen ihn auch gar net so schnell daheim..."

Zieht sie Bilanz, so kann sie sich „kein angenehmeres Leben vorstellen". Sie würde, heute nochmals vor die Entscheidung gestellt, wieder Bäuerin werden:

> „Ich bin frei. Ich kann amal ein Tag aussetzen. Wenn ich grad amal keine Lust hab, brauch ich nicht. Und ich bin ja nun wirklich sehr frei, nachdem meine Männer nie da sind."

Wie gesagt, besteht der Inhalt der Syntheseaufgabe der Bäuerin darin, eine Vielfalt von Tätigkeiten zeitlich (und räumlich) zu koordinieren. Sie muß das realisieren, was Charles Fourier als „Schmetterlingsprinzip" bezeichnet hat:[205] in einem relativ rhythmischen Gleichmaß von einer Tätigkeit zur anderen wechseln, Teilabschnitte zu einem Ganzen organisieren und zusammenführen.

Fragen wir uns nach den ent- und belastenden Aspekten dieser Aufgaben, so ist zunächst festzuhalten, daß die meisten Bäuerinnen der Vielfalt ihrer Arbeit und dem damit verbundenen permanenten Tätigkeitswechsel einen positiven Effekt beimessen. Dementsprechend finden nur 5 von 133 Bäuerinnen ihre Arbeit eintönig: meist konkrete Arbeiten, wie Hausarbeit, lange Zeit Hacken, Hopfenanbinden. 111 Frauen, also über 80 % halten die eigene Arbeit für äußerst abwechslungsreich und fügen diesem Urteil zumeist positive Kommentare hinzu:

„Jede Zeit bringt eine andere Arbeit; die Abwechslung läßt keine Langeweile aufkommen." (129)

„Das ist ja fast alle Tage anders!" (45)

„Hausarbeit ist oft eintönig. Im Stall ist aber doch immer mal was anders." (49)

„Nein, eigentlich net (langweilig, erg.). Da gibt immer − eine Arbeit gibt immer die andere, des ist recht abwechslungsreich!" (43)

„Jede Jahreszeit und jedes Jahr ist einfach witterungsmäßig anders! ... Und des ist grad des Schöne und des Interessante, daß es da so abwechselt! Des is gar net eintönig..." (12)

„... so abwechslungsreich, weil, des is ja so vielseitig. Des is daheim der Stall, dann is draußen des Futter, mit der Jahreszeit bedingt, immer was anders und dann die Hackfrucht und die Heuernt... (10)

„Die Witterung bringt Aufregung und mit den Viechern ist auch jeden Tag was anders..." (124)

„Wenn mir was nicht gefällt, mach ich das schneller, z. B. das Melken. Dann kommt wieder was Interessantes!" (133)

„Wenn ich anschaue, was ich von früh bis spät alles mache, dann ist das nicht eintönig." (122)

„Es ist schon gleichmäßig, aber man hat auch Abwechslung oder sogar Aufregung, z. B. mit den Viechern, wenn sie nicht fressen wollen, dann kriegt man Angst..." (118)

Im Zusammenhang mit unseren Fragen nach den eintönigen und abwechslungsreichen, den angenehmen oder lästigen Seiten ihrer Arbeit, nach Präferenzen zwischen Innen- und Außenarbeiten, nach Störungen des Arbeitsablaufs usw. haben die Frauen im Detail begründet, worin für sie die Vorteile bzw. die entlastenden Momente dieser Vielfalt bestehen. Im Grunde genommen ist es die dadurch geschaffene Möglichkeit, jeweils die unangenehmen Seiten und Folgen einer Tätigkeitssorte gegen die angenehmen einer anderen Tätigkeit auszugleichen und auszubalancieren, zwischen Anstrengung und Entspannung in der Arbeit abzuwech-

---

205 Vgl. L. Mumford 1977, S. 799.

seln.[206] Besonders deutlich wurde uns dies bei den Vergleichen von Sommer- und Winterarbeiten:

Sommer und Herbst enthalten lange, intensive und die körperlichen Kräfte oft einseitig fordernde Arbeitsabschnitte in den Tageszyklen. Die disponiblen Zeiträume für familienbezogene Muß- oder Kannarbeiten müssen oft radikal beschränkt bzw. in die eigentlichen Rekreationszeiten hineingeschoben werden. In diesen „hektischen Zeiten" verdichtet sich der Zeitdruck, breitet sich vom jeweiligen Hauptarbeitsgebiet in alle anderen Bereiche aus, erfordert punktuell äußerste Konzentration von Kraft, Ausdauer, Zähigkeit und Koordination, sowie Gleichmut gegenüber denjenigen Arbeiten, die notgedrungen liegen bleiben müssen. Das sind dann die Zeiten, in denen die Frauen „wenig zur Besinnung kommen" und keine Entscheidungsfreiheiten gegenüber der Reihenfolge der Arbeiten mehr zu haben glauben. Umgekehrt im Winter. Zwar sind diese Monate für viele Bäuerinnen letztlich ebenso arbeitsreich wie die vorausgegangenen, weil auf die größer gewordenen Spielräume bisher aufgeschobene Arbeiten warten. Aber der Zeitdruck ist geringer geworden und läßt eine gewisse Entspannung zu. Die Kräfte können viel eher gleichmäßig fließend und nach eigenem Gutdünken der Frauen verausgabt werden. Daß nun nicht die Sommerarbeit „an sich" abgelehnt wird und die Wintersituation als solche bevorzugt wird, sondern in der Möglichkeit des Wechsels die Chance zu besserer und befriedigender Synthese gesehen wird, darauf deuten viele Äußerungen hin:

> „Nach dem Winter freu ich mich, wenn ich wieder naus kann aufs Feld, in Garten. Wenn der Herbst dann kommt, freut man sich, wenn die Arbeit vorbei ist, und man dann wieder drin ist." (49)
> „Das ist eine komische Frage",

kritisiert eine Bäuerin konsequent unsere Frage nach ihren Arbeitsvorlieben, denn es gibt für sie keine Vorlieben an sich, sondern je nach Kontext variierende momentane Neigungen:

> „Das ist eine komische Frage! Wenn ich lang drin bin, sehn ich mich nach draußen und umgekehrt." (60)

Wie bedeutsam die Tatsache des rhythmischen Wechsels zwischen verschiedenen Arbeitsbereichen und damit verschiedensten Arbeitsdimensionen für die Zufriedenheit der Frauen mit ihrer Arbeitssituation ist, drückt eine andere Bäuerin aus, die als Grund für ihre Berufswahl den „Wechsel von Anstrengung und Entspannung" (116) sogar wörtlich nennt.

Gehen wir noch einen Deutungsschritt weiter, beispielsweise ausgehend von Zitat (49) im obigen Abschnitt, dann zeigt sich als weiteres wichtiges Moment

---

206 Vgl. hierzu E. P. Thompson 1980, S. 46: „Wo immer die Menschen ihren Arbeitsrhythmus selbst bestimmen konnten, bildete sich ein Wechsel von höchster Arbeitsintensität und Müßiggang heraus. (Dieser Rhythmus besteht noch heute in selbständigen Berufen ... und wirft die Frage auf, ob dies nicht ein ‚natürlicher' menschlicher Arbeitsrhythmus sei.)"

für die gelungene Balance und Synthese der Arbeiten, daß jede Arbeit auch ab-
schließbar ist, daß sie zu einem bestimmten Zeitpunkt „vorbei" ist:

> „Bei jeder Arbeit, die geschehen ist, bin ich wieder froh, ist dann praktisch abgeschlos-
> sen." (102)
> „Ist man immer wieder froh, wenn man fertig ist, und eine neue Arbeit anfängt." (106)
> „Die Arbeit ist täglich schon manchmal eintönig, jährlich aber nicht. Nach vierzehn Ta-
> gen ist immer fast alles gemacht, dann kommt was andres dran." (40)
> „Bei uns ist immer wieder was anderes zu tun, und das dauert alles nur eine Zeitlang."
> (114)

Wie schon angedeutet, scheint dabei wichtig zu sein, ob eine Arbeit lang-
oder kurzzyklisch, d. h. für einen längeren oder nur sehr kurzen Zeitraum abschließ-
bar ist. Bei den „kurzlebigen" Tätigkeiten, z. B. vielen Hausarbeiten, wird der Abschluß nicht als solcher empfunden. Solche Arbeitsaufgaben erstehen wie Phönix
aus der Asche täglich oder stündlich nahezu unverändert neu und werden daher
von den Frauen als endlos empfunden. Anders viele Tätigkeiten im Außenbereich,
die einen naturgegebenen, vom Menschen nur in Grenzen variierbaren Anfangs-
und Endpunkt haben, eine absehbare Dauer: sie werden sich erst in einem relativ
langen Zeitraum wiederholen. Gerade die Verschlingung von kurz- und langzykli-
schen Arbeiten bringt nun in die scheinbare Endlosigkeit mancher Arbeiten, die
belastend wirkt, letztlich auch eine Struktur, insofern sie die Möglichkeit eines
Perspektivewechsels konstituiert:

> „Mir ist keine Arbeit lästig. Ich mach jede Arbeit mit Freude. Ich denk gleich an die
> nachfolgenden Arbeiten, daher fällt's mir nicht schwer." (103)

Die Gewißheit eines erreichbaren Endes oder einer Abwechslung durch andere Arbeiten trägt manche Bäuerin über die unangenehmen Arbeiten hinweg,
entlastet und erleichtert die Balance; so nennt eine Bäuerin als eine ihr lästige Arbeit zunächst das Kunstdüngerstreuen, fährt aber dann fort:

> „Ich kann aber nicht sagen, daß ich das ungern mache. Ich mach es schon gern. Es geht
> ja wieder vorbei." (76)

Die vielen positiven Aspekte, die aus der Zeitstruktur und der Vielfalt der
bäuerlichen und insbesondere der Bäuerinnenarbeit entspringen, dürfen nun nicht
darüber hinwegtäuschen, daß unter den gegenwärtigen Bedingungen vielen Frauen
die Synthese und Balance eben doch nicht gelingt, ja gar nicht gelingen kann. Wir
sehen als einen guten Indikator hierfür die bekannten Ergebnisse sozialmedizini-
scher Untersuchungen an, die durch jede alltägliche Empirie hinreichend bestätigt
werden können, daß nämlich der Gesundheitszustand der Kleinbäuerinnen über-
durchschnittlich schlecht ist.[207] Wir haben dazu keine Daten erhoben, und die
Frauen selbst neigen eher dazu, Krankheiten, Gebrechen, Schwächen oder Erschöpfung zu verbergen oder zu bagatellisieren, sei es, weil sie es so gelernt und eingeübt

---

207 Vgl. an neueren Untersuchungen: H. J. Prill 1970; K. Goecke 1973; M. Blohmke u. a.
1977; N. G. Hendrikoff in: A. D. Brockmann (Hg.) 1977, S. 209–218.

haben, da sie niemals positive Reaktionen aus ihrer Umgebung auf ihre Klagen gehört haben, oder aber – und dies ist sicherlich ein Hauptgrund –, weil Wert und Selbstwert im bäuerlichen Lebenskreis eng mit Arbeitsfähigkeit und Gesundheit verknüpft sind. Daher war es für uns nicht leicht, die Belastung einer Bauersfrau in ihrem vollen Umfang zu erkennen. Unter diesen Einschränkungen sind die folgenden quantitativen Angaben zu beurteilen, die wir aus Antworten zu Fragen nach Belastungen im Haus, im Arbeitsalltag und zu besonderen Spitzenzeiten, nach Entlastungsmöglichkeiten durch Familienmitglieder oder Nachbarn sowie nach Wünschen und Möglichkeiten für Kuraufenthalte zusammengestellt haben:

55 Bäuerinnen, knapp über 40 % der Befragten, fühlen sich „normal" belastet, d.h. sie haben zwar einen vollen Arbeitstag, kommen aber damit insofern zurecht, als sie sich immer wieder oder regelmäßig auch Erholungspausen verschaffen können. Knapp 40 % (50 Frauen) gaben eine starke Belastung durch die große Arbeitsfülle und den großen Arbeitsdruck an, unter dem sie laufend stehen. 20 % (28 Frauen) stellten sich als extrem belastet bzw. überlastet dar.

Die Gründe für die Be- und Überlastung sind zahlreich: die gesundheits- oder altersbedingt sich ändernde Arbeitsfähigkeit, der permanente Arbeitskräftemangel am Hof, die finanziellen und existentiellen Nöte des Hofes und die daraus resultierenden besonderen Anstrengungen nervlicher und körperlicher Art, die Schwierigkeiten, die sich aus dem spezifischen familienzyklischen Lebensabschnitt ergeben, in dem die Bäuerin gerade steht. Nicht übersehen werden darf, daß die Gründe nicht immer nur in äußeren Umständen gesucht werden können, sondern mitunter auch einem inneren Arbeitszwang der Frauen entspringen: Der Drang, immer beschäftigt zu sein – eine Folge der bäuerlichen Mädchensozialisation –, geht mit dem permanenten Arbeitsangebot auf dem Hof („niemals arbeitslos") eine enge sich wechselseitig intensivierende Verbindung ein. Die Bäuerin „sucht sich immer was zu tun" und „findet stets was zu tun". Die rhythmische Abwechslung, die ohnehin zu permanenter Aktivität provoziert, erlaubt auch, aufkommende Ermüdung zu übergehen und zu über„spielen", d.h. zu „überarbeiten". Sie kennt keine Schonung, weder von außen her als Wohltat durch andere, noch von innen her als eigenständiges Bedürfnis.

Überlastung bedeutet allerdings nicht „nur" ein Anwachsen des Arbeitsquantums hinsichtlich extensiver Verlängerung und intensiver Nutzung der täglichen Arbeitszeit. Es hat den Anschein, daß rhythmische Verzerrungen mindestens ebenso belastend wirken. Sobald beispielsweise die zyklischen Tagesarbeiten zunehmen (etwa weil aufgrund besonderer Schulbedingungen die Kinder zu unterschiedlichen Zeiten Frühstück und Mittagessen erhalten müssen, weil neue regelmäßige Versorgungsleistungen für gebrechliche Altenteiler anfallen, weil ein Umbau oder Neubau kontinuierliche Zuarbeiten verlangt), hat das zur Folge, daß auch die jeweiligen Gesamtverläufe öfter unterbrochen und zerstückelt werden müssen. Teilarbeiten aus verschiedenen Bereichen wechseln schneller miteinander ab; mehr Arbeiten müssen synchronisiert werden. Das Arbeitstempo muß insgesamt gesteigert werden, die zeitflexiblen Arbeiten, die mitunter entspannende Effekte haben, werden zurückgedrängt oder verschoben. Regenerative Intermezzi werden selten oder unmöglich. Die Aufmerksamkeit wird permanent stark und oft gleichzeitig mehrfach gefordert. Das (vorher angenehme) Vielerlei wird zum kaum überschaubaren Durcheinander, die Vielfalt zur Hetze:

> „Man macht dann oft drei Arbeiten miteinander, weil man das so muß. Und wenn dann noch was dazukommt, will man oft alles hinschmeißen, weil alles schon so ausgeklügelt ist, wie's ineinander passen soll." (122)

„Und wenn dann noch was dazukommt", — diese Bäuerin thematisiert die neuen Streßfaktoren: die unvorhergesehenen Unterbrechungen, den Verlust ihres Rhythmus, die Vergeblichkeit ihrer Mühen.

> „Meistens hab ich das Gefühl, ich hätt noch viel zu tun, dann krieg ich fast ein schlechtes Gewissen. Abends werd ich dann unruhig und saus rum... Und wenn ich dann soviel vorhab und merk, ich schaff's nicht, dann ist's mir vor lauter Hetz und Aufregung schwindlig." (61)

Der ganze Tag ist gehetzt und zerrissen, die Arbeit staut sich, die Arbeitskraft zerfasert in die verschiedenen Richtungen, das Ende ist nicht absehbar.

Gerade die solchermaßen überlasteten und überarbeiteten Bäuerinnen haben kaum eigene Entlastungsstrategien entwickelt, allenfalls manchmal defensive Entzugsmanöver, wie zu einer Verschnaufpause oder einer entspannenden Tasse Kaffee mal die Haustür zu verschließen. Angesichts der bäuerlichen Arbeitsnormen scheint es ihnen in dieser Situation schier unmöglich, offensiv auf Pausen zum Atemholen zu bestehen. Die Interviews vermitteln den Eindruck, daß manche Frauen die Streßsituationen, die in den sommerlichen und herbstlichen Arbeitsspitzen „normal" sind, auch durch ruhigere Zeiten im Winter nicht mehr auffangen können und dadurch langfristig einer Erschöpfung aller Kräfte entgegenarbeiten.

6 „Fabrikarbeit? Das wär das Letzte!" Zum Vergleich bäuerlicher und nichtbäuerlicher Arbeit[208]

Um uns einen Eindruck davon zu verschaffen, wie stark die Bäuerinnen nach all den Erfahrungen von belastenden und entlastenden Momenten mit der landwirtschaftlichen Arbeit identifiziert sind, haben wir sie um einen Vergleich ihrer Arbeitssituation mit der einer Frau an einem anderen Arbeitsplatz gebeten. Vor der Alternative, die bäuerliche Arbeit mit Fabrikarbeit oder mit selbständiger Arbeit im nicht-landwirtschaftlichen Bereich vergleichen zu lassen, haben wir uns für den ersten Weg entschieden. Zum einen rücken die fehlende Ausbildung, der Mangel an geeigneten Frauenarbeitsplätzen auf dem Land sowie das Beispiel der anderen Frauen, die „auf Arbeit gehen", zumeist die Fabrikarbeit ins Blickfeld der Bäuerinnen, wenn es darum geht, zuzuverdienen. Die meisten Bäuerinnen haben sich mit dem Gedanken an solche Arbeit früher oder später schon einmal be-

---

208 Vgl. hierzu ergänzend G. Vonderach 1979, S. 162 f. zur Arbeitszufriedenheit der ungelernten Maschinen- und Fließbandarbeiterinnen aus ländlichen Regionen.

fassen müssen, ein großer Teil setzte ihn in die Tat um: Von den 68 Frauen, die im Laufe ihrer Biografie nichtlandwirtschaftliche Arbeiten selbst kennengelernt haben, hat mehr als die Hälfte (39) in der Fabrik gearbeitet. In der Regel geschah das für mehrere Wintersaisons, die jeweils zwischen 8 und 16 Wochen dauerten; aber es kam auch vor, daß eine Frau jahrelange Fabrikerfahrungen hatte. (Häufiger wurden außerdem Haushalts- und Putzarbeiten in größeren Institutionen: Sanatorien, Erholungsheimen, Kinderheimen, Gastwirtschaften genannt.) Nebenerwerbsbäuerinnen kennen Industriearbeit auch aus den Erzählungen der Männer.

Zum anderen markiert die Fabrikarbeit mit ihren spezifischen industriellen Arbeitsbedingungen und -formen den Endpunkt einer Entwicklung, die — wie wir vor allem im Maschinisierungskapitel beschrieben haben — auch die bäuerliche Arbeit erreicht hat, wenngleich sie hier sicherlich und notwendig niemals so konsequent verlaufen wird wie in Industrie und Verwaltung. Diese Sachverhalte motivierten unsere Fragestellungen: Ist die Veränderung von Arbeitsbedingungen und konkreten Arbeitsweisen durch die Industrialisierung der Landwirtschaft schon deutlich ins Bewußtsein der Bäuerinnen getreten, oder grenzen sie sich noch klar gegen die Fabrikarbeit ab, indem sie die traditionellen Merkmale ihrer Arbeit betonen? Wo liegen die am drückendsten empfundenen Nachteile ihrer Arbeit (gegenüber der Lohnarbeit in der Fabrik), wo deren Vorteile?

Um aber mögliche andere Berufswünsche und Berufsphantasien der Bäuerinnen nicht aus den Augen zu verlieren, haben wir zusätzlich eine Frage gestellt, die den Tausch der eigenen Tätigkeit gegen eine beliebige andere Arbeit zum Gegenstand hatte. Es zeigte sich, daß die Bäuerinnen zwar nicht mit der gleichen Entschlossenheit wie im Falle der Fabrikarbeit (120 Nennungen) den Tausch ablehnten, aber daß auch hier 80 Frauen ihre jetzige Lebens- und Arbeitsweise jeder anderen vorzogen. Im übrigen blieb das Spektrum der Berufe eng, umfaßte im wesentlichen Tätigkeiten, in denen das „weibliche Arbeitsvermögen" eine professionalisierte Form hat: insbesondere waren soziale Berufe wie Krankenschwester oder Kinderpflegerin attraktiv. (In vielen Fällen realisieren heute die Töchter die Wunschberufe der Mütter.)

6.1 Freiheit und Selbstbestimmung: Das Eigene und das Enteignete

Nach wie vor und allen Einschränkungen, Zwängen und Notwendigkeiten, die auf dem kleinbäuerlichen Produzenten lasten, zum Trotz, ist es die „Freiheit", die den Bäuerinnen ihre Existenz zu bestimmen und auszuzeichnen scheint. 77 Frauen, weit mehr als die Hälfte, nannten mindestens einen der Aspekte, in denen sich diese Freiheit realisiert: die des „Unternehmers", der seine Produktionsmittel besitzt und in dessen Hände das Arbeitsprodukt zurückfließt, oder die des Produzenten, der über seinen Arbeitstag disponieren kann. Wie sich in der Realität die Dispositionsfreiheit des Produzenten über seine Arbeit aus seiner Verfügung über die Produktionsmittel ergibt, sind beide Aspekte auch in den Antworten der

Frauen oft untrennbar miteinander verbunden, wenn sie pauschal sagen, bei der Bauernarbeit sei man

„sein freier Herr"; „sein eigner Herr das ganze Jahr"; „führt ein freies Leben"; „ist selbständig"; „ein freier Mensch" usw.

Manchmal wird differenziert; so bringt eine Bäuerin, die $1^{1}/_{2}$ Jahre lang vor ihrer Heirat in einer Fabrik arbeitete, die Enteignung des Arbeiters in der Fabrik mit dessen „enteigneter" Motivation in einen Zusammenhang und kontrastiert beide mit dem bäuerlich „selbständigen Menschen und Arbeiter":

„Wenn Sie als Bauer da drin waren, spüren Sie, was ein selbständiger Mensch ist und ein selbständiger Arbeiter! Um dreiviertel sechs hat da eine Uhr geklingelt. Die ersten Tage, wo ich da drin war, — ich war alle Tag die letzte, die da raus gegangen ist. Die anderen standen alle schon mit der Karte angezogen an der Stechuhr. Die machen das nicht für sich, die machen alles für den Chef." (49)

Die Aneignung der Resultate als Vorteil der Bauernarbeit thematisiert eine andere Bäuerin:

„Was ich mache, mache ich für mich, den Mann und die Kinder." (113)

Die Verantwortlichkeit für alles und das Risiko als „Kehrseite" des Unternehmerdaseins werden dagegen sehr selten als ein Nachteil des bäuerlichen Daseins genannt:

„Wir haben halt mehr und ständig Verantwortung und müssen das Risiko selber tragen. Uns gibt niemand das Futter, das wir nicht bauen (Erinnerung an das Dürrejahr 1976, erg.) Ein Zentner Stroh kostet 8 Mark und das fressen die auf einmal auf! Ein Arbeiter kann höchstens arbeitslos werden, er kriegt dann aber auch Unterstützung. Er muß sich nur einschränken, braucht nicht zu verhungern." (110)

Allerdings klingt hier bereits der Aspekt an, der quasi als „Preis" der freien Existenz ein großer, mehr oder weniger schwer zu tragender Nachteil der Bauernexistenz ist:

„kein festes Geld, mit dem man rechnen kann und das man ausgeben kann, weil ja wieder eines nachfließt." (110)
„kein geregeltes Einkommen"; „kein regelmäßiges Einkommen"; „ungewisses Einkommen" (122)
„nicht alle Wochen Lohn"; „kein gewisses Geld pro Woche" (127)
„immer erst warten, was ich einnehme, und was ich krieg." (116)

bzw. als Vorteil der Lohnarbeit erscheint:

„Wenn's Monat rum war, des Schönste war, wenn man Geld ghabt hat, das ‚rein' war." (3)
„gleichmäßiger Lohn"; „das bare Geld auf die Hand" (99)
„festes Geld, nicht immer umschwenken, wo schaut was raus?" (73)

Wie wichtig dieser Aspekt des regelmäßigen Einkommens, mit dem man immer rechnen und disponieren kann, ist, haben wir an den Antworten auf die Frage ablesen können, ob die Bäuerinnen gerne ein regelmäßiges Einkommen hätten. 69 der 133 Frauen, mehr als jede zweite

Bäuerin, bejahten diese Frage; nur 21 meinten, darauf verzichten zu können. (Der Rest wußte es nicht, stand der Frage gleichgültig gegenüber, lehnte den hypothetischen Charakter ab: Das geht sowieso nicht! oder verwies auf das Milchgeld als regelmäßige Einkommensquelle.) Viele gingen explizit auf die Nachteile eines unregelmäßigen, schwankenden, von externen Faktoren abhängigen und dementsprechend unsicheren Einkommens ein, ein kleinerer Teil betonte eher den insgesamt zu geringen Lohn bzw. die unbezahlte Arbeit des Kleinbauern:

> „Ich mein immer, die Frauen in der Fabrik sind besser dran! Sie arbeitet 8 Stunden und weiß, was sie hat. Das kann ich nicht sagen. Wenn ich putzen geh, hab ich 8 Mark in der Stunde. Ich muß mich so plagen: die eine Maschine her, die andere hin, Gehetze im Stall ist das, das Vieh will etwas zum Fressen haben…" (86)

> „Ich hab schon oft gesagt, wenn ich ein Fünferl die Stund bekommen würde, dann hätte ich ein schönes Geld!" (17)

> „(Nachteil?) Daß nicht alles so genau gezahlt wird, daß man viel arbeiten muß, was nicht berechnet wird. Aber auf des kann man ja nicht schauen, das ist halt so!" (51)

> „Man ist viel unbezahlt. Die Hausfrau und die Bäuerin haben nicht viel. Man ist gezwungen, daß einer eine Lohntüte heimträgt." (87)

Häufiger und ausführlicher als zur Freiheit des bäuerlichen Unternehmers mit all ihren positiven und negativen Momenten haben die Frauen zu ihrer Existenz als „selbständige Arbeiter" Stellung genommen; hier erhielten wir besonders differenzierte und plastische Vergleiche.

a) Bäuerliche Arbeit ist frei von direkter, persönlich vermittelter Herrschaft. Fast ein Drittel aller Frauen betont, daß sie ihre Arbeit so einteilen können, wie sie wollen:

> „Man kann machen, was man will. Man kann sich's einteilen, wie man will. Wenn man sich's richtig einteilt, dann kann man's in acht oder neun Stunden genauso schaffen wie die in der Fabrik." (2)

Neben diesem am häufigsten genannten Aspekt der Selbstbestimmung bäuerlicher Arbeit wurde auch das Fehlen einer Kontrollinstanz in der Gestalt dessen, der ständig „hinter einem" steht, als ein wichtiges Moment geschildert:

> „Ich glaub, schöner ham's wir da schon. Auf alle Fälle, es steht keiner nebendran oder hintendran und sagt immer: So mußt du's machen, du mußt schneller arbeiten. Und das ist fei schon was wert! Ich kann auch mal eine Viertelstunde schmarren mit jemandem, was keinen was angeht. Ich könnte das nicht, daß mir immer einer auf die Finger schaut. Wenn man das von klein auf nicht gewohnt ist, ist das schlecht." (52)

> „Ich bin frei! Hinter mir steht keiner, der mich antreibt und kontrolliert." (134)

Demgegenüber steht man in der Fabrik ständig unter Aufsicht und Druck. Eine Bäuerin illustriert dies mit ihrer Erfahrung in einer ländlichen Näherei, in der der Chef „mit der Stoppuhr in der Hosentasche" ständig kontrollierte. Die Bäuerin dagegen ist ihr „eigener Chef", und bei dieser Perspektive spielt die Hofhierarchie, die sie in manchen Arbeitsbereichen patriarchalischer Herrschaft unterstellt, keine Rolle: Keine der Bäuerinnen relativierte an dieser Stelle ihre Selbstbestimmung durch einen Hinweis auf die Befehlsgewalt des Ehemanns und Bauern.

b) Bäuerliche Arbeit wird im Vergleich mit der Fabrikarbeit als (noch relativ) frei von indirekter verdinglichter Herrschaft empfunden: Kein Akkord, kein Band, kein Maschinentakt, der den Menschen selber zur Maschine macht:[209]

> „Wir haben keine Fließbandarbeit. Daß man da sogar die Zeit stoppt, wußten wir nicht. Das haben wir von unserer Tochter erfahren. Da heißt es: Prozente, Prozente!" (75)
>
> „Wir müssen uns nicht durch den Akkord antreiben lassen." (16)
>
> „In einem Betrieb sich an eine Maschine hinstellen, die den ganzen Tag nur runterklappert, das muß man gewohnt sein!" (114)

c) Die Zeitsouveränität der Bauern wird dem Zeitdruck der Fabrikarbeiterin entgegengehalten. Während man hier zur festgelegten Zeit anwesend sein muß, es den ganzen Tag „nach der Uhr geht", „man nicht aufhören oder pausieren kann, wenn man will", sondern „seine Tage und Jahre durchmachen muß" (114), kann die Bäuerin über ihre Zeit selbst verfügen:

> „Ich bin mein eigener Herr über meinen Arbeitstag!" (114)
>
> „Ich wenn früh aufsteh, dann muß ich mir überlegen, was ich mir vornehme und mir die Zeit entsprechend einteilen ... manchmal nimmt man sich auch zuviel vor und das schafft man halt dann nicht, aber morgen ist ja auch noch ein Tag!" (121)

Insbesondere heißt dies, selbst über den Zeitpunkt und die Dauer der Pausen zu entscheiden:

> „Wenn ich eine Stunde ausschalten will, kann ich das tun. Das kann ich in der Fabrik nicht. Da muß ich meine Tage und Jahre durchmachen. Da hab ich auch nur drei Wochen Urlaub und drei Wochen sind schnell rum. Das hab ich schon oft gesagt zu meinen Bäuerinnen: Rechnet einmal nur die Zeit, die wir das ganze Jahr über am Gartenzaun stehen, da allein bringen wir mehr als drei Wochen zusammen, die wir nur verplaudern." (114)
>
> „(Vorzüge?) Daß ich frei über meine Arbeitszeit verfügen kann, wie ich mag. Arbeiten muß einer in der Fabrik, glaub ich, mehr als in der Landwirtschaft, die wissen's bloß net. Die wenn in der Fabrik stehen, die sind ja selber wie eine Maschine. Und ich selber, wenn ich amal denk, Mensch, etzt pfeift da oben ein Star, dann schau ich halt nauf, wie laut der pfeift. Da sagt mir kein Mensch: Hopp, etz geh zu! Und die solln sich's amal erlauben, dann fliegen sie gleich! Der Meinung bin ich." (44)

Die Bäuerin kann „mal langsamer oder weniger machen", sie kann „im Alter langsamer tun", während die Fabrikarbeiterin immer genau sein muß mit der Zeit, immer „ihre acht Stunden runterarbeitet". So entsteht der Gesamteindruck, daß die Bäuerin längst „nicht so gehetzt" ist wie die Frau in der Fabrik, „nicht dauernd das und das in der und der Zeit" fertigstellen muß. Die Vehemenz, mit der die Bäuerinnen diesen Sachverhalt vertreten haben, kontrastiert auf den ersten Blick merkwürdig mit zwei anderen Ergebnissen: der Klage über die viele und schwere Arbeit, die auf den Bäuerinnen lastet, und dem fast einhellig beklagten Problem, daß es auf einem Bauernhof keine geregelte Freizeit: keinen Feierabend, keinen freien Samstag und Sonntag, keinen Urlaub, gäbe. Die Bäuerin müsse immer da sein, könne auch nicht einen Tag Urlaub machen, sie muß am Sonntag in der Frühe

---

209 Vgl. aber neuere Tendenzen im Zuge der Maschinisierung, Kap. III, 5.1.b.

aufstehen und in den Stall gehen, wenn das ganze Dorf noch schläft. Am Abend kann man sich nichts vornehmen, überhaupt: Die Bäuerin muß immer arbeiten. Genau besehen sind die beiden Antwortmuster durchaus vereinbar, weil sie sich auf unterschiedliche Merkmale des bäuerlichen Produktionsprozesses beziehen: Die Freiheit von festen Uhrzeiten, die eigene Vorgabe des Arbeitsrhythmus und der jeweiligen Arbeitsintensität (soweit dies die natürlichen Schranken erlauben), entstehen aus dem Eigentum der Kleinbauern an Produktionsmitteln, Grund und Boden, während das Arbeitsquantum, das oft nicht nur durch Extensivierung, sondern auch durch Intensivierung der menschlichen Arbeit erledigt werden muß, aus den Rahmenbedingungen resultiert, unter denen Kleinbauern heute ihre Existenz aufrechterhalten müssen. Wann sie welche Arbeiten macht, steht der Bäuerin als kleiner Warenproduzentin (relativ zu Naturfaktoren) prinzipiell frei, und diese grundsätzliche Freiheit wird hoch geschätzt. Daß unter den gegenwärtigen Bedingungen sich diese Freiheit aber gegen den Produzenten wendet, auf dem ein ungeheuer großes Gesamtquantum an Arbeit lastet, wird auch kritisiert. Hinzu kommt, daß die „Freizeit" der lohnabhängigen Familien heutzutage geradezu provokativ auf den Dörfern sichtbar geworden ist und zum Fixpunkt von Wünschen werden kann:

> „Heut ist's anders! Heut, wenn mer ins Dorf schaut: Die, wo die Männer auf Arbeit gehen, die Weiber, ja, die fahren nachmittags ihre Kinder spazieren. Die steigen die Werktag, sind so stolz wie die Sonntag! Des war bei uns net ... wenn mer des sieht, wie schön's die andern ham!" (Auf die Frage, was sie am liebsten an einem freien Tag täte:)
> „... in die Sonne legen, aufs Bänkle sitzen, wie die andern Frauen im Dorf..." (3)

Freilich, wenn die Bäuerinnen sich den Alltag der Fabrikarbeiterin in ihrer Doppelrolle als Berufstätige und Hausfrau konkret vorstellen, kommen sie wieder zu anderen Einschätzungen:

> „Wenn die heimkommen, dann müssen sie erst anfangen mit der Arbeit!" (71)

und das, obwohl — so die Meinung der Frauen — Arbeiter nach ihrer Arbeit physisch und psychisch eigentlich „fertig" sind. Die 23 Bäuerinnen, die noch einmal besonders die Arbeitspensen der Bäuerin und der Arbeiterin vergleichen, kommen alle bis auf eine zum Ergebnis, daß es da kaum mehr Unterschiede gebe.

6.2 Das Lebendige und das Tote: Zum konkreten Charakter von Bäuerinnen- und Fabrikarbeit

Zu den wichtigsten Vorzügen, die die bäuerliche Arbeit vor der Fabrikarbeit auszeichnet, gehört ihre Naturnähe und die damit verbundenen sinnlichen Erfahrungsmöglichkeiten (56 Nennungen). „Draußen" zu arbeiten empfinden viele Frauen als weitaus besser als „drinnen". Die „frische", „gute Luft" ist für sie eine unverzichtbare Rahmenbedingung für menschliche Arbeit. Demgegenüber wird die Luft in der Fabrik als „scheußlich", „staubig und schwarz", „unerträglich" empfunden. (Eine Bäuerin berichtet davon, daß sie ihre Fabrikarbeit habe abbrechen müssen, weil sie die Luft „da drinnen" nicht vertragen habe.)

„Im Freien" fühlt sich die Bäuerin „frei", nicht so „eingeschlossen" wie in der Fabrik, mit deren Gebäuden sie „Gefängnis" und „eingesperrt" assoziiert:

> „Nein, in der Fabrik möcht ich net sein. Net frei unterm Himmel, so eingeschlossen, das wär nix, da würd ich eingehen!" (8)

Arbeit im Freien bedeutet für die Bäuerin auch Bewegungs-Freiheit, während die Fabrikarbeiterin räumlich und damit körperlich fixiert ist:

> „immerzu stehen oder sitzen an einem Fleck" (94)
>
> „acht Stunden am selben Platz" (128);

selbst der Blick muß bei der Sache bleiben:

> „immer auf die gleiche Stelle schauen" (73)
>
> „Wir haben einmal eine Molkerei besichtigt, die waren den ganzen Tag an einem Platz gesessen und haben auf dieselbe Stelle geschielt!" (125)

Wie stark die Ohnmacht des gefesselten Blicks von den Frauen empfunden wird, zeigt auch folgender Vergleich zweier Industriearbeitsplätze durch eine Bäuerin:

> „In der Brauerei war wenigstens die Tür auf, da konnte man hinausschauen, in der Fabrik gab es nur Milchgläser." (81)

Die Fixierung des Körpers an eine bestimmte Stelle des Raumes zwingt den Menschen dazu, andere unangenehme Begleiterscheinungen unentwegt zu ertragen. So wurde insbesondere der Lärm in den Fabrikräumen, das „Geratter der Maschinen" oder das „Geschnatter" der Menschen, denen man für acht Stunden unentrinnbar ausgesetzt ist, von den Bäuerinnen, die solche Situationen bereits kennengelernt hatten, als äußerst unangenehm beschrieben und ihrem ruhigen Arbeitsplatz gegenübergestellt. Macht dem Ohr der unentwegte Geräuschpegel zu schaffen, so dem Auge das „künstliche Licht", „die Neonlampen".

Die emphatischen Beiträge der Frauen dort, wo es um die „Arbeit im Freien" geht im Gegensatz zur Arbeit in Räumen, lassen den Eindruck entstehen, daß die Raumerfahrungen, die mit solchen Außen-Arbeiten verknüpft sind, einen nicht unwesentlichen Teil jener von den Bäuerinnen so oft beschworenen „Freiheit des Bauern" bilden. (Auch die Tatsache, daß die befragten Frauen die Kontrolle in der Fabrik mit räumlichen Metaphern beschreiben: „hinter", „neben", „über", deutet u. E. darauf hin, daß die Raumerfahrung für das Gefühl von „Frei-sein" oder „Freiheit" eine zentrale Rolle spielt.)

Manche Frauen nennen als einen Vorteil ihrer Arbeit schlicht „die Natur", andere präzisieren ihn:

> „daß man zuschauen kann, wie alles wächst!" (11)
>
> „Ich kann sehen, wie die War herwächst." (76)
>
> „Das ist doch alles lebendes Wesen, mit dem ich zu tun hab, das ist kein totes Inventar." (114)

Die Häufigkeit, mit der der Naturbezug als eine positive Dimension der Bäuerinnenarbeit genannt wird, zeigt, daß im Vergleich mit der Fabrikarbeit jedenfalls die aus ihm entspringenden weniger angenehmen Seiten, wie: bei jedem Wetter arbeiten müssen, dreckig zu werden, niemals so feine Fingernägel wie die Stadtfrauen zu haben, vor allem aber auch die Gebundenheit an die natürlichen Rhythmen zurücktreten. Sie werden nur sehr sporadisch genannt:

> „(Nachteile?) Daß ich halt net im voraus was machen kann. Du mußt immer, zu jeder Zeit des säen und ernten und des hacken, ne. Ich tät am Samstag lieber 5 Stunden Stallarbeit machen und am Sonntag dann net, das geht halt net, wir müssen auch, trotzdem daß mer keine Küh mehr ham, amal an einem Sonntag mähdreschen ... und Kirschen pflücken müss mer jeden Sonntag." (113)

Neben der Naturnähe und dem Sinnenbezug werden als Vorzug der Bauernarbeit auch häufig Abwechslungsreichtum und ihre Vielfalt genannt. 39 Frauen äußerten sich zu diesem Thema. Die Bäuerin muß „nicht immer dasselbe" machen, ihre Arbeit ist nicht „eintönig"; die Arbeiterin dagegen: „alle Tag das Gleiche", „immer das gleiche Getu", „jeden Tag im gleichen Trott", „monatelang das Gleiche". Ihre Arbeit ist „stumpfsinnig" und „abstumpfend".

> „Also meine Arbeit ist halt viel abwechslungsreicher, das hat mir immer am besten gefallen. Ich sag ja, das Trafoschichten den ganzen Tag, das hat mich so verrückt gemacht, immer das Gleiche!" (108; die Bäuerin hat vor ihrer Ehe drei Jahre im Akkord Trafos geschichtet.)
> „Also, ich möcht ja net den ganzen Tag am Fließband stehn! Ich hab des ja gsehn, wir waren ja in der Fabrik, wie die Frauen da den ganzen Tag das Gleiche machen und monatelang das Gleiche machen. Irgendwie stumpft das ab." (2)
> „Ich hab nicht immer das Sture, sondern die Vielfalt und die Abwechslung." (115)

Die Diversifikation der kleinbäuerlichen Höfe, die viele verschiedene Arbeitsbereiche in die Hände der Bäuerin legt, und die Ganzheitlichkeit der Arbeit, die den Produktionsgang eines Produktes weitgehend ungeteilt einem Produzenten überläßt, garantieren der Bäuerin eine Vielfalt, die zwar manchmal die Arbeitskraft zu zerreißen droht, aber insgesamt als sehr positives Moment der bäuerlichen Arbeit empfunden wird. Das Fabrikexperiment hat daher für viele eine Chance nur, wenn es vorübergehend ist, z.B. nur eine Wintersaison lang dauert, zum „ausprobieren" und „kennenlernen" (129). Ein lebenslanger Aufenthalt in der Fabrik ist undenkbar:

> „Die Arbeiter haben immer zu mir gesagt: Ihnen gefällt's da bloß, weil Sie wissen, daß Sie nicht Ihr Leben lang darein gehen müssen, und wir müssen das ein Leben lang. Da hab ich schon so oft dran gedacht, da haben die schon recht ghabt. Wenn man weiß, daß man ein Leben lang in so eine Bude muß, das ist schon grausam!" (49)

Möglicherweise kann man sich daran gewöhnen, wenn man in jungen Jahren damit anfängt und keine anderen Arbeitserfahrungen gemacht hat, dies räumen die Bäuerinnen wiederholt ein, aber sie selbst wollten und könnten sich nicht mehr dreinfinden.

Nehmen wir die Hauptvorzüge der konkreten bäuerlichen Arbeit zusammen, den engen Natur- und Sinnenbezug einerseits und die Vielfalt der Arbeit andererseits, so zeigt sich an der Häufigkeit ihrer Nennungen — 74 Frauen nannten mindestens einen dieser Vorzüge —, ihre hohe Bedeutung, die sie sogar den Merkmalen „Freiheit und Selbständigkeit" — von 77 Frauen genannt — fast gleichwertig zur Seite stellt. Umgekehrt kommt die Fabrikarbeit auch für viele Bäuerinnen, die bereit wären, auf ihre Selbständigkeit zu verzichten, wegen ihrer großen Defizite an konkreten Qualitäten vor allem als lebenslange Beschäftigung niemals in Frage:

> „In die Fabrik? Nie in meinem Leben! Lieber als Magd beim Bauern!" (103)

6.3 Familienproduktion und Vergesellschaftung der isolierten Produzenten

Äußerungen, die die Kommunikation und Kooperation in der Familie bzw. in der Fabrik als Gründe für die Präferenz der einen oder anderen Arbeit anführten, haben wir, verglichen mit den anderen Aspekten, sehr selten erhalten. Etwa 10 % der Bäuerinnen erwähnten als angenehmes Moment ihrer Arbeit, daß sie bei den Kindern daheim bleiben könnten und diese nicht nur beaufsichtigen, sondern auch heranwachsen sehen können:

> „Wenn man Kinder hat und man muß sie früh in den Kindergarten und abends wieder mitheimnehmen, — dann kommen's in die Schul, dann hat mer nix mehr von ihnen. Dann laufen's ihre eigenen Wege und heiraten und dann hat man Kinder gehabt und hat doch keine gehabt. Und bei uns, da geht mer mal dahin und dann laufen's hinterher. Und da kann mer sich einfach mehr mit ihnen abgeben, obwohl daß mer dann vielleicht viel draußen sein muß. Aber dann kann mer immer wieder, wenn mer mal wieder heimkommt, ein gutes Wort sagen, und die Kinder freuen sich dann und erzählen mal dies und so." (65)

Andere Frauen relativieren diesen Gesichtspunkt für die Gegenwart mit dem Hinweis auf die Gefährlichkeit moderner Landmaschinen einerseits und die Hilflosigkeit der Mütter gegenüber den Schulproblemen andererseits:

> „Man sagt, die Bäuerin kann ihre Kinder aufziehen, sie ist ja daheim. Aber wenn ich auf dem Traktor sitze, kann ich doch mein Kind nicht mitnehmen. Das ist doch lebensgefährlich. Es gibt so viele Unfälle. Wir können den Kindern auch nicht helfen bei der Schule, schon in der Volksschule nicht. Das ist belastend." (86)

Die Tatsache, daß eine Bäuerin mit ihrem Mann tagtäglich zusammenarbeiten kann, ist in diesem Kontext erstaunlich selten erwähnt worden, während wir aus den Antworten zu einer anderen Frage nach den Vor- und Nachteilen der bäuerlichen Produktion wissen, daß mehr als drei Viertel der Frauen die familiale Kooperation als einen Vorteil hoch schätzen. Dies mag wesentlich damit zusammenhängen, daß die Familiengröße und damit die Produktionsgemeinschaft inzwischen oft so geschrumpft ist, daß — zumal auf Nebenerwerbshöfen und in den kontaktärmeren Jahreszeiten — eine Bäuerin schon mal auf die Idee kommen kann, sich die „bessere Ansprach" in einer Fabrik auszumalen. Ansonsten hat jedoch kaum eine Bäuerin mit Fabrikerfahrung die Kooperation oder kollegiale Solidarität als einen Vorzug der Fabrikarbeit genannt; Fabrik als Ort der Vergesellschaftung der Produzenten wurde eher in ihren negativen als in ihren positiven Dimensionen erinnert, wenn die Frauen von ihren Schwierigkeiten mit den vielen Menschen erzählen, die sie bei der Arbeit plötzlich um sich haben mußten, und die ihnen gegebenenfalls das Arbeitstempo vorgaben. Der kooperations- und kommunikationsstiftende Aspekt der Fabrikarbeit rückte nicht ins Blickfeld.

> „Das war sehr anstregend am Anfang, die vielen Menschen. Ich hab gedacht, ich würde das nie schaffen (Akkord erg.). Aber dann hab ich's schnell begriffen. Zuerst hab ich gedacht, ich würde erdrückt werden." (24)

Zusammenfassend:

Freiheit und Selbständigkeit als bäuerlicher Unternehmer und Arbeiter sowie die konkreten Eigenschaften der bäuerlichen Arbeit sind die ausschlaggebenden Gründe dafür, daß 120 von 133 Bäuerinnen mit einer Fabrikarbeiterin und 80 Bäuerinnen auch gegen eine andere Arbeit nicht tauschen möchten. Vor diesen Momenten treten die Nachteile der eigenen Arbeit zurück, obwohl sie klar auf der Hand liegen: über die Hälfte beklagen bei einem Vergleich die ungeregelte Freizeit und etwa ein Viertel das unregelmäßige oder grundsätzlich zu geringe Einkommen. Diese Daten mögen ein allzu harmonisierendes Bild von der Zufriedenheit der Bäuerin mit ihrer Existenz vermitteln. Deshalb möchten wir in korrigierender Absicht daran erinnern, daß es hier um einen Vergleich zwischen zwei konträren Arbeitsarten ging. Die Perspektive für die Bewertung war damit klar vorgegeben, was einen glättenden Effekt haben kann: Frauen, die aufs Ganze gesehen ihre Arbeit lieber als Fabrikarbeit tun, werden deren positive Seiten stärker hervorheben und die negativen Eigenarten, die sie in anderen Kontexten durchaus thematisieren, zurücktreten lassen. Entsprechendes gilt für solche Bäuerinnen, die lieber mit anderen Arbeiten tauschen würden und nicht sehr hoch mit ihrer eigenen Arbeit identifiziert sind. Andererseits wird dadurch wiederum das Ergebnis, daß fast 60 % der befragten Frauen trotz ihrer eindeutigen Präferenz auf die große Arbeitslast und die von daher als besonders drückend empfundenen ungeregelten Arbeitszeiten hinweisen, in seinem Ausmaß besonders deutlich. Es lenkt den Blick auf ein gravierendes Problem der gegenwärtigen Bäuerinnenexistenz: die totale Arbeitsüberlastung.

Ein wichtiger Aspekt der Ergebnisse ist ferner der traditionale Maßstab, mit dem die Bäuerinnen ihre Bewertung vornehmen. „Freiheit", „Selbstbestimmung", „Naturnähe", „Vielfalt", das sind alles Merkmale traditionell-identifikatorischen Bezuges zur Arbeit, wohingegen der ökonomisch-instrumentelle Aspekt, das geregelte, frei disponierbare, Einkommen aus der Fabrikarbeit mit nur 30 Nennungen als Vergleichskriterium eine relativ geringere Rolle spielt.

7 Zur biografischen Genese und Herausbildung der Arbeitsidentifikation

Was uns in den Interviews immer wieder auffiel, war ein nahezu fatalistischer Zug in der Einstellung der Frauen zur Arbeit. Arbeit ist da und muß gemacht werden. Es hat keinen Sinn, sich Arbeitspräferenzen zu überlegen oder lästige Arbeiten der Interviewerin zu nennen, denn an der eigenen objektiven Situation ändern solche Wertungen nichts. Die Haltung vieler Frauen zu ihrer Arbeitssituation als einem unhinterfragbaren Sachzwang wird von ihnen selbst als eine Folge von Erziehung und lebenslanger Gewohnheit gesehen, wie schon die Zitate in vorausgegangenen Abschnitten zeigen. Diesen Prozeß der Gewöhnung und Automatisierung wollen wir im folgenden an einem Abschnitt aus der Biografie einer heute 52jährigen Bäuerin nachzeichnen.

Sie kam als kleines Kind auf den Hof des Onkels („Opa"), der selbst keine Kinder hatte, wuchs hier auf und erbte dann auch das Anwesen. Sie erinnert sich zunächst daran, wie sie die bäuerliche Arbeit vom Onkel erlernte, frühzeitig und gründlich; die Übung war die zweite Lehrmeisterin:

„(Die Arbeit, erg.) hab ich eben von meinem Opa so schön gelernt ghabt. Da is mir des net schwergefallen. Ja, ja, der war recht extra mit allem, der hat gsagt: So wie man's lernt, so treibt man's, hat er gsagt, ne. Und das hab ich befolgt... Da hat mer ja zugschaut, schon als Kind, wenn mer des net begriffen hätt, wär mer ja doch a weng dumm gewesen. – Und die Übung macht des dann schon, ne."

Schon damals enthielt die Arbeitssituation ein „freiwilliges Muß", eine intrinsisch begründbare Notwendigkeit, die ihr Leben weiterhin charakterisiert.

„(Ich hab, erg.) immer freiwillig (gearbeitet, erg.). Des weiß ich net, daß ich amal zwungen worden bin. Ich hab gwußt: Des muß gmacht werdn, und dann hab ich's gmacht. Im Gegenteil, wenn Arbeiten warn, die ich vielleicht net so gern gmacht hab, da hab ich mich erst recht so neigstürzt, weil ich denkt hab: Na is es weg. Da hab ich's hinter mir! Des war scho immer so."

Mit 15 Jahren ist sie selbständig.

„Da hab ich die Wäsch und alles selber verricht... Da hab ich alles mitgmacht. Ich hab sogar noch mit den Kühen ackern müssen, freilich, mit die Küh, mitm Traktor hab ich noch net geackert... Das Melken hat mer glernt, wie mer aus der Schul rauskommen ist, hat mer's Melken lernen müssen. Des hab ich ja alles beherrscht, alles. Draußen auch, da hat mer mit naus gmüßt. Haushalt sowieso... Mittags hat mer bloß schnell kurz heimdurft und kochen, putzt hat mer die Samstagnacht oder die Sonntagfrüh."

Die Kriegssituation verhindert einen weiteren Schulbesuch und verweist sie erneut auf die landwirtschaftliche Arbeit:

„Ich wollt scho, auf die Landwirtschaftsschul hätt ich scho unbedingt gwollt, aber es war ja dann im Krieg, na, da war des, da war des net möglich, ne. Wir hätten ja auf die landwirtschaftliche Berufsschul gmüßt, wie ich aus dem siebten Schuljahr rauskommen bin, und dann hat's gheißen, alle die, wo in der Landwirtschaft beschäftigt sind, werden beurlaubt, ne, weil da war es knapp an Arbeitskräften und so, ne, im Krieg, und na hat mer des aa net braucht.“

Zudem schafft der Krieg im Dorf so viele Notfälle, denen sich zu entziehen ihr Mitgefühl und ihr Gespür dafür, wo zugepackt werden muß, nicht zuläßt:

„Ach Gott, na ja, während des Krieges, was hat mer da in Freizeit gemacht?! Ich hab da viel so Kriegerwitwen und Kriegerfrauen, da wo die Männer einzogen waren, hab ich na gholfen, ne. Die ham noch kleine Kinder ghabt, ne, und dann, wie so des Fliegerzeug so war, die Alarme, da hab ich dann bei solchen Frauen zeitweise gschlafen, ne, weil die ham ja Angst ghabt und ham die drei, vier Kinder anziehen müssen, wenn so a Flieger-alarm war, ne, und bei uns daheim, mei Eltern, die waren ja selber − die ham ja keinen Menschen braucht a so. Na hab ich das gmacht, da war ich in drei, vier Haushalten − hab ich da gschlafen. Oft sagen des mei Kinder: Mutter, du hast überall scho gschlafen. Sag ich: Ja, des hab ich aa gmacht.“

Freizeit existiert nur in der Form von entspannender Handarbeit:

„Freizeitgestaltung − das Wort hat mer überhaupt net kannt. Na, da hat mer gstrickt, wenn mer ja, daß mer kei Arbeit ghabt hat, ne − bis mer immer fertig war im Stall abends, na hat mer sich noch gwaschen und hingesetzt, ne, und hat a Strickzeug gnommen und hat gstrickt. Na ja, und Flicken hat mer sowieso müssen. Des war die Freizeit! Da war mer froh, wenn mer gsessen ist. Und daß mer stricken hat können, weil na hat mer sich ausgeruht.“

Als nach dem Krieg das „Tanzen angeht“

„da war mer ganz toll, war mer da, weil mer doch noch gar nix ghabt hat von der Jugend, ne,“

läßt der Onkel sie „sich vergnügen“, nicht ohne ihr entsprechende Verhaltensregeln mitzugeben:

„Du mußt wissen, was du zu tun hast. Seine Ehre muß man bewahren.“

Sie lernt ihren Mann kennen, der als Städter mit anderer Berufsausbildung sich erst in die Bauernarbeit einarbeiten muß. Dementsprechend wenig wird ihr anfangs von ihm abgenommen.

„… da hab schon alles ich machen müssen. Ausdauer muß mer da schon haben, ja, und halt die Freud muß da sein. Na klappt alles, na is kei Arbeit zu garstig, kei Wetter zu schlecht, und nix, ne.“

„Ausdauer“ und „Freude“ bei der Arbeit − die Bäuerin beschreibt hier be-reits in abstrakten, vom besonderen Arbeitsinhalt losgelösten Begriffen arbeits-moralische Grundnormen als von ihr fest internalisierte Einstellungen. Ihr Arbeits-eifer scheint unersättlich, macht − dies eine Besonderheit − vor den Grenzen des eigenen Hofes nicht halt:

„Ich hab auch viel im Ort noch gholfen, weil, wie ich noch ganz gsund war, da hat mir des ja net glangt! Da hab' ich ja noch mehr Erbet gebraucht. Da hab ich mein's gmacht! Da bin ich oft früh mit aufgstanden mit meinem Mann und hab mei Hackerei besorgt, und wenn die Bauern na um acht auf's Feld sind, na war ich schon bei denen, hab mitgholfen."

Daß der Ehemann auf Arbeit geht, bedeutet für sie zusätzliche Arbeit von dem Zeitpunkt an, als der Onkel älter und schwächer wird. Sie übernimmt nun auch Männerarbeiten, wiederum ihre Kenntnisse und Fähigkeiten auch auf anderen Höfen einsetzend:

„Da ham's oft zu mir gsagt: Des wär doch eigentlich was für an Mann, was du da machst. Na, warum? Des kann ich doch auch. − Ja, **des** lernt mer so, wenn mer so drinsteckt, und wenn mer eben die Freude dazu hat.
... Na, des (Kalben, erg.) hab ich früher gmacht! Selber beherrscht, na freilich. Ich hab da an Onkel ghabt, der hat uns des halt immer gmacht, ne, weil der Opa war da ängstlicher, auf dem Gebiet, wenn da so a Kuh kalbt hat. Und na hat des immer der Onkel gemacht, und na, wie ich amal, so ach Gott scho zum Heiraten war, dann hab ich gsagt: Des gfällt mir net, daß mer immer da der Onkel herspringt. Des müssen wir doch selber aa fertigbringen. Und dann hab ich's, wenn's normal zugangen is, immer selber gmacht. Hab ich da neiglangt, ne, und kontrolliert, ob alles in Ordnung is, ne, und na hab ich den Strick gnommen, des tut mer anbinden, ne, − und des hab ich dann gmacht. Bloß wenn ich mich amal net auskenn hab, wenn ich denkt hab: Halt, da mein ich, stimmt was net ganz, na, hab ich mir mein Onkel scho wieder gholt.
Hab ich aa manchmal in der Nachbarschaft scho gmacht."

Die eigene Hausarbeit wird in die Nächte verschoben; Warnungen des Mannes schlägt sie in den Wind:

„Ich hab oft bis nachts um zwölfe bügelt. Und da hat mir mei Mann immer gsagt: Du treibst mit Deiner Gesundheit Schindluder, des derfst net, des hältst net lang aus! Hab ich gsagt: Am Arbeiten is noch keiner gstorben. Hab ich gsagt zu dem: Des halt ich scho aus."

Nur dort, wo es um ihre Kinderwünsche geht, scheint sie sich zusätzlicher Arbeit erwehren zu wollen.

„Ich wollt gar keine Kinder. Schon als jung hab ich immer denkt − ich hab in kein Kinderwagen, in nix reingschaut − ich hab immer denkt: Nein, kei Kinder mag ich amal net, die bringen zusätzliche Arbeit. Na kann mer nimmer fort, nein, ich will keine Kinder!"

Sie „vergißt" diese Wünsche aber sofort, als sie schwanger ist, und unterwirft sich den erschwerten Arbeitsbedingungen in der gewohnten Schonungslosigkeit ihrem Körper gegenüber:

„Von dem Moment an, wo ich gwußt hab, ich krieg ein Kind, na war des auch vergessen, daß ich keins gwollt hab ... Des war schlimm, die Schwangerschaften. Deswegen hab ich mei Erbet scho machen müssen, auch wenn's net schön gegangen ist... Da bin ich oft am Acker gstanden, hab mich übergeben, ne, wenn's vorbei war, hat mer wieder weitergmacht."

Als der Sohn einige Jahre alt ist, die Schwiegereltern noch leben, „fliegen"
sie öfters abends „aus", zum Tanzen, denn diese Leidenschaft hat sie im stillen
weitergenährt, trotz der Unlust des Mannes auch immer mal wieder durchgesetzt.
Es folgen die anstrengenden Jahre des Haus- und Stallbaus, in denen sie zusätzlich Hilfsarbeiterin auf dem Bau sein muß.

> „(Und die Bauerei, erg.) hat mich vielleicht scho auch — da hab ich auch recht mitghol-
> fen, ne. Mei Mann und ich ham da den Hilfsarbeiter gmacht. Wir ham zwei Maurer ghabt,
> ne. Und da hab ich an jeden Stein, wo neu baut ist, den hab ich in den Händen ghabt.
> Tatsächlich. Und des war vielleicht auch schon a bissel zuviel."

Sie spürt nun deutlicher die Grenzen ihrer Leistungsfähigkeit, wehrt sich
aber zunächst entschieden gegen alle von körperlichen Schwächen ausgehenden
Störungen ihres Arbeitsvermögens und nimmt in den folgenden Jahren sogar noch
einen Job als Saisonarbeiterin in einem Großversand an. Die im bäuerlichen Milieu
angeeignete Arbeitshaltung überträgt sie auf die Fabrik ohne rechtes Verständnis
für die hier herrschenden Bedingungen. Die Neigung zur Selbstausbeutung macht
es ihr unmöglich, sich vor der Ausbeutung im industriellen Arbeitsprozeß schnell
und wirkungsvoll zu schützen. Ihre physischen und psychischen Reserven drohen
sich zu erschöpfen, und sie bricht die Arbeit ab.

> „Da war ich aa mit allem recht genau, ne, des hätt ich net lang gschafft. Des hat na die
> Meisterin selber — hat's gsagt: Frau N., Sie ham des fei alles zu genau gnommen. Und
> aa wenn da Vesper war, na, also des hab ich gar net begriffen, daß mer da bis auf die
> letzten Minuten sitzenbleibt, ne, und da nix macht, ne. Wenn ich halt des bissel Zeug
> danunter gessen ghabt hab, war ich scho wieder an meinem Arbeitsplatz gstanden, ne.
> Na ja, des war ich halt net gwöhnt, des wär mit der Zeit aa besser worden."

Ihr nächster Versuch ergibt sich halb aus Zufall, halb aus dem Erfordernis,
das finanzielle Loch zu stopfen, das aus dem Abstocken der Kühe entstand; ausschlaggebend ist letzten Endes die bittere Erfahrung mit dem Sohn, der kein Kostgeld zur Haushaltskasse beisteuern will. Sie setzt sich nacheinander über einen
gewissen Stolz („aber kei Zeitung hätten's net tragen"), die Einwände der Familie
(„bist denn du verlassen von allen guten Geistern") und — fast trotzig — die Enttäuschung über den Sohn („so ein trauriger Bursch") hinweg, als sie das neue
„Hobby" übernimmt: Wieder ist sie es, die einspringt, als im Dorf der Zeitungs-
träger fehlt und zu Hause die Finanzen aufgebessert werden müssen.

> „Da hab ich ja als Hobby Zeitung tragen, drei oder vier Jahr hab ich's gmacht. Da hat
> mer im ganzen Dorf kei Zeitungsträgerin mehr gfunden, obwohl daß viel Frauen da
> waren, die wo scho Witwen waren und wenig Renten kriegt ham und gjammert ham,
> aber kei Zeitung hätten's net tragen.
> Und na hat mich so a Zeitungsmensch auf der Straße mal erwischt, ich bin da grad in
> die Gefriertruhe vor gangen — ham mer a Gemeinschaftsanlage da vorne — und na bin
> ich halt so flott da ab, hat halt pressiert; hat er gsagt: Sie wären die richtige Zeitungs-
> frau. Sie ham des richtige Tempo drauf... Na ja, hab ich gsagt, na mach ich's halt.
> Und des hat der gleich wörtlich gnommen, des war für mich bloß a Spaß, ne. Und bis
> ich wieder zurückkomm, steht mir der scho vor der Haustür. Ja, sagt er, ich muß da
> einiges aufnehmen, wenn Sie die Zeitung tragen sollen. Na, des war net ernst gemeint,

hab bloß Spaß gmacht. Nein, nein, hat er gsagt, wir finden niemanden, also des machen Sie schon! Hab ich gsagt: Na, da muß ich erst mei Mann noch fragen...
Na ja, na hab ich's dem Mann den Abend gsagt und meinem Sohn. Ach, ham's gesagt, was fällt denn dir ein, Mutter? Jetzt tust Zeitung auch noch tragen. Ja, bist denn du verlassen von allen guten Geistern? Na, warum? Na, ham mer damals unser Rindvieh weggschafft ghabt, des Jahr zuvor. Na hab ich gsagt: Horcht, ihr wißt, ich muß mir jetzt alle Tag noch auch die Milch kaufen, des was mer bis jetzt nicht braucht ham, hab ich gsagt, des kann ich mir ja verdienen durchs Zeitungtragen! Und na hat mein Sohn gsagt: Nein! Mein Mann auch: Zeitung tust nicht tragen. Da mußt ja noch zeitiger aufstehen und so finster, ne, und lauter so Dinger, des schlechte Wetter noch. Na hab ich gsagt: Na gut, na laß ich's gehen.
Und na hab ich zu meinem Sohn gsagt: Dann tust du amal a bissle Kostgeld zahlen! Weil der läßt sich ja von uns so ernähren, ne. Und na hat er gsagt: Na, Mutter, hat er gsagt, – weil er is net sparsam, ne– dann tust lieber Zeitung tragen, hat er gsagt.
Und des hat mich momentan so getroffen, ne. Na hab ich denkt: So ein trauriger Bursch is des, hab ich denkt, also na trag ich auch die Zeitung! Und am nächsten Tag, wo der wieder kommen ist, hab ich doch zugsagt.
Und so hab ich's drei, vier Jahr getragen."

Alle Schwächeanfälle „übergeht" sie mit Arbeit:

„Früher hab ich mich oft so selber weitergequält. Ich hab oft so Migräne ghabt, bis ich in die Wechseljahre kommen bin. Auch, war des manchmal – vor der Perioden war das immer, ich bin manchmal glegen am Acker, ich hab nix mehr gesehen vor lauter Kopfweh. Und schlecht dazu und alles mögliche. Und dann hab ich mir immer so einbild, des is der Magen, aber des waren fei immer so Migräneanfälle, ne. Da hat mei Mann gsagt: Komm des hat kein Wert, geh nei! Wasch dich, geh nei und leg dich a bissel hin. Na, und nei geh ich gar net, und ich bleib da! Bis es drin vergeht, kann's da aa vergehn. Bin net daheim blieben, hab ausghalten, des is wieder vergangen."

Ein schwerer Unfall beim Zeitungtragen löst einen Nervenschock aus, sie muß in intensive ärztliche Behandlung. Das Kürzertreten in der Arbeit fällt ihr außerordentlich schwer; in die Darstellung ihrer aktuellen Befindlichkeit und Leistungsfähigkeit fließen immer wieder die Erinnerungen an die frühere Ungebrochenheit und Stärke ein.

„Also, die (Gänge zu Ämtern und Behörden, erg.) hab ich schon immer machen müssen. Jetzt, die letzten Jahr, macht's mein Mann, weil er weiß, daß ich's mir net so ganz mehr merken kann. Früher, da hat er sich net kümmert, da hab ich alles gmacht. Des hab ich auch schon gmacht, wie ich noch net verheiratet war."
„Naja, jetzt ist des manchmal der Fall (daß Arbeit liegen bleibt, erg.). Aber zerst net, da hab ich einfach net eher gruht, bis ich's ghabt hab, ne. Jetzt denk ich schon manchmal: Du hättest eigentlich heut noch den Korb Wäsche wegbringen müssen... Aber jetzt is es mir egal, a bissel was sehen, ja."

Noch immer kann sie recht stolz sein auf ihr Durchstehvermögen in der Arbeit:

„Der Rücken, der tut mir net weh. Mei Mann hat's mit der Bandscheiben, aber ich net. Ich weiß net, ich glaub, ich hab gar keine drin."

Die Arbeit scheint geradezu ihr Lebenselixier zu sein:

„Arbeit macht mich überhaupt net nervös."

(Feldarbeit mühseliger?) „Ach wo, da geht mer halt alle Tag wieder hin. Da freut mer sich: Heut hab ich fünf Beete gmacht, morgen muß ich sechs fertigbringen und wenn ich noch zehne mach, dann hab ich's schon wieder."

Allenfalls kleine Pausen im Arbeitsalltag sind ein Zugeständnis an ihre Gesundheit:

„Wenn ich amal keine Lust hab, na kann ich mich auch so mal a halbe Stund oder a Stund hinsetzen. Wir ham jetzt, seit mer baut ham, an Balkon, da war ich fei schon! Ich war schon auch am Balkon im Stuhl ghockt und hab auch mal nix tan! Ja, des hab ich schon mal fertigbracht!"

Auf keinen Fall aber würde sie ihre Arbeit gegen eine andere eintauschen wollen:

„Ich war daher gestellt auf den Platz, und da bin ich noch!"

Den Hof aufzugeben, vom Lohn des Mannes zu leben und damit die eigene Arbeitssituation zu entspannen, scheint ihr unerträglich und undenkbar; weil — wie sie selbstironisch bemerkt — andere ihre Arbeit nicht gut genug machen würden.

„Was da is, des muß versorgt werden, des kann mer net liegenlassen! Und wenn mer des heut, sagen wir amal, verpachtet hat an ein größeren Bauern — es wären Bauern da, wo unser Zeug mitpachten täten — nein, des könnt ich net mitanschauen, wenn die da rumarbeiten. Da bild ich mir scho ein, so wie ich machen sie's nicht, und des machert mich krank, des könnt ich nicht haben! Nein!"

Dementsprechend ist ihr Zukunftswunsch, gesund zu bleiben, um nach den eigenen Vorstellungen und Maßstäben zu arbeiten bis ans Lebensende:

„Gesundheit, ja, und daß ich noch recht lang arbeiten kann, und daß mir mein Mann ... daß mer der noch recht lang erhalten bleibt und mei Kinder und so — des sind mei Wünsche, daß mer da tatäschlich a weng sei Zeug noch bearbeiten kann, bis wenigstens, daß ich amal weiß, es ist wieder eine da, die wo meinen Posten vertritt oder meine Stellung einnimmt, ne. Ja. Ich tät dann auch noch unter die Arme greifen. Ja.
Ham mer mal gsagt (eine Bekannte und sie, erg.): Wenn wir mal alt werden, wir kriegen keine Rente, weil wir ham ja kei Marken klebt, ne. Sie nicht und ich nicht, ne. Und na ja, unsere Männer kriegen's ja mal. Na hat's gsagt: Uns geht's amal schlecht, wenn wir mal alt werden. Wir kriegen ja kei Renten. Na hab' ich immer gsagt. Ich brauch keine, ich arbeite bis ich sterb, ne!" (10)

V. Arbeit, Besitz und Familie als lebensgeschichtliche Bestimmungsgrößen

1 Zum Verhältnis von strukturellen Determinanten und biografischer Erfahrung

Im Vorausgegangenen wurde der Wandel der Landwirtschaft in seinen Auswirkungen auf die Lebens- und Arbeitssituation der kleinbäuerlichen Produzentinnen untersucht. Die Stellung dieser Frauen zum Hofbesitz wurde dabei ebenso behandelt wie ihre Rolle in der Hofökonomie, ihre Haltung gegenüber dem Produktivkraftwandel und ihre Situation in der konkreten Alltagsarbeit. Dabei war weniger verblüffend, daß die Bäuerin an vielen Stellen sich an moderne Erfordernisse angepaßt, neue Normen und Standards übernommen hat, sondern eher, in welchem Ausmaß die traditionellen Orientierungen und Haltungen lebendig und wirksam geblieben sind, sei es nun in der Gestalt des identifikatorischen Hofdenkens, subsistenzwirtschaftlicher Orientierungen, residualer Momente von kundenorientiertem Produktionsdenken oder als traditionelle Arbeitsmoral. Dieser Befund sah nicht grundsätzlich anders aus, wenn wir Nebenerwerbsbetriebe mit Haupterwerbsbetrieben, zentrumsferne mit -nahen Höfen oder verschiedene Altersgruppen von Bäuerinnen miteinander verglichen.

Wir haben drei Möglichkeiten, die eher sich gegenseitig verstärkend als alternativ gesehen werden können, um diesen Sachverhalt zu verstehen:

a. Die Konstanz objektiver Strukturmomente des weiblichen bäuerlichen Lebenszusammenhanges

Wichtige Elemente der materiellen Lebensverhältnisse der Bäuerinnen sind grundsätzlich konstant geblieben:

Nach wie vor ist die Bäuerin „Magd und Herrin" in Personalunion, d.h. daß sie als kleinbäuerliche Warenproduzentin Produktionsvoraussetzungen und -mittel selber besitzt, in eigener Arbeit anwendet und deren Produkte auf den Markt liefert. Nach wie vor ist die Bäuerin als Frau nicht nur wichtige Arbeitskraft im Betrieb, sondern auch für die reproduktiven Arbeiten im Haus und für die Familie zuständig und hauptverantwortlich. Alle Momente des Wandels in der kleinbäuerlichen Landwirtschaft, vor allem ihre Hauptmerkmale, die Produktivkraftentwicklung und die weitgehende Integration in das Marktgeschehen, wirken sich zwar in der einen oder anderen Weise auf die Lage, die Einstellungen und Perspektiven der betroffenen Bauersfrauen aus — wir haben im Einzelfall darüber berichtet —, aber sie ändern nichts an der grundsätzlichen Gültigkeit und Wirksamkeit der Grundkonstanten.[210]

b. Traditionalistische Orientierungen als Überlebensstrategie der Kleinbäuerinnen

In verschiedenen Kontexten, z. B. in der Hofökonomie, den Subsistenzprinzipien, dem Arbeitsethos usw. haben wir gezeigt, daß der Traditionalismus als eine der wesentlichsten Ursachen dafür angesehen werden kann, daß die kleinbäuerlichen Höfe bis jetzt die aus ihrer Integration in das kapitalistische Wirtschaftsgefüge entstandenen Angriffe auf ihre Existenz überhaupt noch überlebt haben. Ohne unermüdlichen Fleiß und Sparsamkeit, ohne die Bereitschaft zur „Überausbeutung", ohne Verzicht auf Erfüllung persönlicher Wünsche und individuelle Entfaltung, ohne all diese mehr oder weniger als traditional geltenden Orientierungen und Handlungsweisen, hätten die kleinen Höfe weder überleben noch modernisieren können. So widersprüchlich es klingen mag: der Traditionalismus erweist sich als eine konsequente und „rationale" Überlebensstrategie in einem durch die Entwicklungsdynamik marginalisierten Sektor, wenn auch unter äußerst prekären Vorzeichen und mit letztlich ungewissem Ausgang, worüber sich auch die Kleinbäuerinnen durchaus bewußt sind. Denn auch sie sehen die fortschreitende Existenzbedrohung der kleinbäuerlichen Landwirtschaft und die schwindende Bereitschaft der jüngeren Generation, durch traditionale Verhaltensweisen dem Ruin der Kleinbetriebe noch entgegenzuwirken:

> „Ich sag immer, wir sind die letzte Generation, die soviel ackern. Die Jungen werden's nicht mehr tun." (73)

c. Traditionalismus als biografisch-genetisch verankerte und verfestigte Grundhaltung

Angesichts der hohen „Subventionskosten", die die Bäuerinnen für den Erhalt ihrer Höfe mit ihrer Arbeits- und Lebenskraft zu tragen bereit sind, kann die

---

210 Vor dem Hintergrund dieser These lassen sich auch für die agrarsoziologische Kontroverse um die tendenzielle, nur phasenverschobene Anpassung der bäuerlichen Familie an städtisch-industrielle Normen und Verhaltensweisen bzw. deren grundsätzliche Eigenständigkeit einige Konsequenzen ziehen: Beide Interpretationen nehmen den historischen Prozeß aus unterschiedlichen Perspektiven wahr und geraten — durch Verabsolutierung der eigenen Position — in einen (scheinbaren) Gegensatz: Sicherlich gibt es viele Verhaltensweisen, Einstellungen, Standards, Normen, die sich im bäuerlichen Bereich radikal geändert haben (Hausarbeit, Kindererziehung, Marktorientierung, um einige zu nennen). Die Weichen für diese Modifikationen sind sowohl durch den immanenten Wandel agrarischer Verhältnisse wie durch das immer näher rückende Vorbild der städtisch-industriellen Lebens- und Arbeitsweise gestellt worden. Anderseits gibt es aber auch jene „Eigenständigkeit" der kleinbäuerlichen Existenz, die sich im Überleben traditioneller Momente äußert und in den genannten grundsätzlichen Bestimmungsmomenten der Lebenslage von Kleinbäuerinnen ihren festen Kern hat.

traditionale Grundeinstellung nicht nur aus ihrer Korrespondenz mit objektiven materiellen Grundkonstanten bzw. ihrer Funktion für die Sicherung dieser Besitz- und Arbeitsverhältnisse einsichtig gemacht werden. Die aktuell „sinnvollen" Überlebensstrategien allein lassen u. E. die affirmative Haltung zum Hof und zur bäuerlichen Lebensweise nicht verstehbar werden. Sie müssen vielmehr noch tiefer, nämlich im biografisch erworbenen Sozialcharakter der Betroffenen verankert sein, um dem ungeheuren Druck und der Belastung im Alltag standzuhalten. Erst auf der Basis der Lebensgeschichte der Frauen läßt sich letztlich nachvollziehen, woher das „Festkrallen" am bäuerlichen Besitz-, Arbeits- und Lebenszusammenhang und dessen traditionale Manifestiationen rühren.

Wir wollen deshalb versuchen, in einer Art „Regelbiografie" der heute lebenden und wirtschaftenden Bäuerinnengeneration die Genese und biografische Verankerung ihrer Orientierungen nachzuzeichnen. Im Unterschied und in Ergänzung zu den schon im Vorausgegangenen immer wieder eingebrachten Biografieteilen, die Konstitutionsprozesse einzelner Haltungen und Orientierungen beleuchteten, kommt es uns jetzt darauf an, die grundlegenden Momente in ihrer Wechselwirkung, ihrer teils widerstrebenden, teils bereitwilligen Verschlingung, nachzuzeichnen.

Zu diesem Zweck haben wir die persönlichen Geschichten der Frauen in einige Abschnitte gegliedert, die uns für die Herausbildung von Arbeits-, Besitz- und Familiendenken wesentlich erschienen. Jede Etappe soll daraufhin untersucht werden, wie die jeweiligen sachlichen und personalen Konstellationen Orientierungen und Verhaltensweisen schaffen, begünstigen oder verstärken, und wie diese durch die mehr oder weniger tätige Auseinandersetzung der Betroffenen angeeignet werden. Dadurch möchten wir deutlich machen, daß die gegenwärtigen Haltungen der Bäuerinnen in der sozialisierenden Kraft früherer Verhältnisse wurzeln, die freilich — wie gesagt — in vielen wesentlichen Grundzügen gleich geblieben sind, so daß das früher Erlernte auch heute noch weitgehend anwendbar ist.

2 Kindheit auf dem Bauernhof

> „Und da bin ich direkt so hineingewachsen ... mit Herz und Seel in die Landwirtschaft. Ich hätt nix anders machen können."

Entfalten wir dieses Zitat einer 43jährigen Bäuerin, deren Erinnerungen wir im weiteren Verlauf häufiger wiedergeben möchten, so enthält es im Kern schon die zentralen Gesichtspunkte traditioneller bäuerlicher Kindheit, genauer Mädchen-Kindheit: das geradlinig-ungebrochene, fast automatische Hineinwachsen, das eine Alternative ernsthaft gar nicht denken, geschweige denn gestalten ließ; das fast symbiotische Aufgehen der ganzen Person in diesen Verhältnissen; die Arbeit, die diesen Prozeß begleitet, prägt und in seiner Endgültigkeit fixiert. Im einzelnen:

„Als Kind im Krieg war ich mit der Mutter allein. Bloß so ein alter Knecht war noch dabei. Und da hab ich halt auch viel in der Landwirtschaft mitarbeiten müssen, schon von Kind auf. Ich glaub, mit drei, vier Jahr war ich schon mehr im Stall ghängt, ghockt, wie da innen."

So beginnt Frau L. ihren Bericht über die Kindheit. Sie blendet nach der Schilderung der sozialen Situation, die die schwierige arbeitswirtschaftliche Lage des Hofes in den Kriegsjahren veranschaulichen soll, den Aspekt ein, der im Lauf ihres Lebens zum beherrschenden werden wird: die Arbeit. Die Omnipräsenz der Arbeit fällt auch in den anderen Interviews sofort auf: Mädchenkindheit auf dem Hof wird weitgehend aus und unter der Perspektive der Arbeit erinnert.

Dies trifft für kleinbäuerliche Verhältnisse sicherlich schon immer zu. Erschwerend wurden für die Generation der von uns befragten Bäuerinnen folgende Faktoren:
a) Die Zahl der landwirtschaftlichen Arbeitskräfte nahm seit 1925 absolut ab. Für die Knechte und Mägde und Lohnarbeitskräfte, die nicht mehr verfügbar bzw. nicht mehr bezahlbar waren, mußten die übrigen Familienarbeitskräfte einspringen, sobald sie entsprechend herangewachsen waren: „Als Älteste habe ich schon viel tun müssen. Wir hatten daheim zwei Dienstmägde und einen Knecht. Und wie ich dann 12, 13 Jahre alt war, da ist keine Kleinmagd mehr gehalten worden, und das mußte dann ich machen." (131)
b) Der Krieg hat vor allem den kleinbäuerlichen Höfen die männlichen leistungsfähigen Arbeitskräfte vorübergehend oder für immer geraubt. Frauen, Kinder, alte Knechte versuchten, die Höfe über die Runden zu bringen. Von einer solchen Situation berichten 43 unserer Bäuerinnen, also etwa 1/3, in ihren Biografien.
c) Auch die daheimgebliebenen Frauen wurden im jahrelangen Kampf ums Überleben oft schwach und krank. Jede arbeitswirtschaftliche Lücke mußte zunächst von der Familie und Verwandtschaft aufgefangen werden, wobei vor allem die jungen Mädchen voll als Hilfskräfte einspringen mußten.

Integriert in den bäuerlichen Lebenszusammenhang erlebte das Mädchen von kleinauf, wie der eigene Lebensrhythmus täglich und jährlich vom Rhythmus der bäuerlichen Arbeiten auf dem Hof bestimmt war. Seine Freiheitsspielräume schrumpften und wuchsen mit den Naturzyklen, in denen die Hofarbeiten getan werden mußten.[211]

„Als Kinder, da ham mer gwußt, wenn die Gänsle schlüpfen: Ach Gott, etz geht's wieder an und etz ham mer wieder keine Freiheit mehr. Bis dann halt am Martinstag die Gäns gschlacht worn sind, so lang ham's rumgegackert, und wir warn beschäftigt."

Die Kinderarbeit war also eine fest eingeplante Institution auf den kleinbäuerlichen Höfen. Sie war — entsprechend den kindlichen Kräften und Fähigkeiten, manchmal sicherlich auch diesen vorgreifend — im wesentlichen an den Ar-

---

211 In diesem Prozeß wird die Zyklizität des Zeitempfindens des bäuerlichen Menschen schon frühzeitig vorgeprägt; es vertieft sich dann entsprechend den zunehmenden Verantwortlichkeiten und Abhängigkeiten gegenüber naturrhythmischen Aufgabenbereichen. Das zyklische Zeitempfinden der Frauen in der Landwirtschaft erhält eine zusätzliche Konturierung durch die Zyklizität körperlicher Vorgänge. Leider ist dieses Thema bisher aus der Forschung ausgespart geblieben; vgl. E. Fél/T. Hofer 1972, S. 413 ff. ebenso wie Untersuchungen zur Raumwahrnehmung und ihrer geschlechtsspezifischen Besonderheiten; vgl. z.B. J. Kristeva 1976, S. 262 ff.; P. C. Pignatelli 1979, S. 1285 ff.

beitsvorhaben der Erwachsenenwelt auf dem Hof orientiert, was sich in einem spezifischen Vokabular wiederfindet: helfmachen, helfmelken usw.

„Ich mußt helfmelken, mußt die Milch abliefern und mußt alles helfmachen. Ich mußt dem Vater schon den Kaffee nachtragn, bevor daß ich in die Schul bin. Früh, wenn meine Eltern fortgfahrn sind: Oben war eine gwohnt in Miete, und die hat mir na früh den Kaffee gebn und des Haar gmacht, schnell in die Schul fortgricht, ne. Des war alles mit ‚sich kümmern'. Die hat mir mal mittags des Essen mitgwärmt, wie in der Heuernt, da warn die drauß über mittag, am Acker drauß. Und ich bin dann heimkommen, na hat mer doch oft Durst ghabt oder Hunger ghabt, und na hat mir die des Mittagessen mitgwärmt und Essen gebn, daß ich was Warms ghabt hab. Na bin ich wieder in die Schul. Wenn ich von der Schul heimkommen bin, in der 7., 8. Klass, war a Zettel daglegn: Küh anspannen, nachkommen zum Kartoffelholn, oder was. Die warn derweil aufm Acker, ham Kartoffeln einklaubt, und ich hab dann nachfahrn müssen. Da hat mer mittag noch Schul ghabt bis um 3 oder 4, na hab ich die Küh anspannen müssen und nachfahren müssen, ne, (und des ham etz die Kinder nimmer ... unser Tochter will am Acker net viel tun, aber ich hab des machen müssen!) zum Gras helfheimholen oder ins Heuen, Bänder legen in der Schnitternt, da hat man doch noch mit der Sensen gmäht, da hab ich dann schon des Getreide helfwegtun müssen, also, von die Küh die Fliegen wegscheuchen, also alles, alles machen müssen. Ich war — ich sag ja, von früh bis nacht! Ich hab keine Sommerferien bald ghabt, ich war immer dabei."

Dies galt nicht nur für die betriebliche Arbeit, sondern ebenso für die Hausarbeit. Frühzeitig gewöhnte sich das Mädchen an die Frauenarbeiten, die es bald auch stellvertretend für die Mutter erledigte. So setzt Frau L. ihren obigen Bericht fort:

„Und Haushalt, da hab ich dann samstags putzen müssen, da ist dann meine Mutter naus aufs Feld. Da hab ich dann putzt und so, und gspült mittag, und abend ham mer dann zamgholfen mitm Haushalt, ne. Wenn der Stall fertig war, dann ham mer gspült, und dan ham mer das Haus wieder sauber gmacht. Aber des war ja frühers net so extra wie etzert alles, ne. Da ist net alles, daß mer sagn kann, alles so pico bello gewesen, daß mer da gsagt hat: des Büfett muß funkeln! Da hat's die Regale gebn, da sind die Teller neigstülpst worn und des war da alles net so extra wie etzert! Der Fußboden, die Bretter warn schneeweiß, mit Sand bestreut. Jeden Samstag ist er dann auskehrt worn, na is er richtig gscheuert worn und dann is wieder der frische Sand drauf kommen, ja, des weiß ich noch."

Gleichzeitig lernte das Mädchen, daß häusliche Arbeiten hinter den Betriebsarbeiten zurückstehen müssen, auf das Notwendigste zu beschränken sind und quasi als lästige Marginalien in den Zeiten verrichtet werden sollen, die nicht für betriebliche Aufgaben zu nutzen sind: in der Nacht, an den Wochenenden, an Regentagen, im Winter.

Ebenso wie die Hausarbeit waren die kindspezifischen Bereiche Schule und Hausaufgaben Nebensache und mußten entsprechend nebenbei, also in den Lücken, die der Arbeitsprozeß ließ, erledigt werden; dazu Frau L.:

„Wie ich von der Schul Hausaufgaben hab machen solln, hab ich gsagt: Gell, ich muß noch die Hausaufgaben machen. Dann hat mein Vater gsagt: Du wirst ja sowieso Bäuerin, brauchst keine machen. Wir ham keine Zeit für die Hausaufgaben! Mußt a Bäuerin machen. Ich hab meine Hausaufgaben abends immer machen müssen, wenn meine Leut im Stall waren, na hab ich die Aufgaben gmacht. Und dann früh, mein Vater hat mir nie gholfn, die Nachbarskinder ham sich die Hausaufgaben einander dann gsagt, — aber mein Vater hat kein Interesse ghabt ... dem hat's in der Schul auch net gfalln, der war auch mit Leib und Seel Bauer, und dann hat er immer gsagt: Die Schul, da kommt nix raus! Ich war dann auch lieber in der Landwirtschaft wie in der Schul. Ich hab lieber Küh ghüt...''

Bei Frau L. scheinen die eigenen Wünsche und Vorstellungen relativ kongruent mit den Hofnotwendigkeiten und den Forderungen der Eltern gewesen zu sein. Nur die Formulierung „ich war dann auch lieber..." läßt sich auch so deuten, daß ihre Vorliebe für die Landwirtschaft nicht ganz so ursprünglich gewesen ist, sondern auch das Resultat eines mehr oder weniger langen Prozesses von Gewöhnung oder Auseinandersetzung. An einer anderen Stelle des Interviews werden dieses „freiwillige Muß" und die hier frühzeitig erfolgreiche Internalisierung von Hofnotwendigkeiten besonders deutlich. Frau L. fährt im Anschluß an eine ausführliche Schilderung eigener Initiativen bei der Hausarbeit, die wir in anderem Kontext noch zitieren werden, fort:

„Ich war, also, ich sag ja, ich war immer selbständig. Ich hab mich da schon direkt reinfügen müssen! (Nachfrage: haben Sie das auch als Zwang empfunden?) Nein, nein, ich weiß net, ich war da direkt so richtig — mit freiem Herzen hab ich des gmacht."

Wenngleich wir aus einigen anderen Interviews den Eindruck gewonnen haben, daß die Unterordnung des eigenen Willens unter Eltern und Hof nicht immer so reibungslos wie im Falle von Frau L. verlaufen ist, scheint doch die Gesamtsituation, in der die Mädchen lebten und heranwuchsen, der Unterscheidung „freiwillig" oder „gezwungen mitarbeiten" ihre faktische Schärfe und damit ihre analytische Basis genommen zu haben. Dies gaben uns auch viele Bäuerinnen kritisch auf unsere Frage, „Haben Sie diese (frühen Kinder-)Arbeiten eher gezwungen oder eher freiwillig gemacht?" zu verstehen:

„,Gezwungen' ist etwas zu hart gesagt und ,freiwillig' ist auch nicht richtig. Die Arbeit war eben da und mußte getan werden." (63)
„Es war selbstverständlich, und das ist fast wie freiwillig." (95)
„Ich habe es praktisch freiwillig machen müssen." (83)

Auf die Schwierigkeit, retrospektiv die einzelnen Motivstränge zu entflechten, deuten unsere quantitativen Ergebnisse zu dieser Frage hin: 34 % der Bäuerinnen gaben an, die Arbeit zumeist freiwillig gemacht zu haben, 15 % zumeist gezwungen; 31 % setzten dagegen, daß es eben selbstverständlich gewesen sei und 20 % antworteten unentschieden bzw. „teils — teils".

Der Kontext, in den Frau L. ihre Wertung „freiwillig/gezwungen" stellt, deutet ebenso wie viele Kindheitsschilderungen anderer Frauen darauf hin, daß die Bereitschaft der Mädchen, sich dem Druck zu unterwerfen, einen sehr realen Grund hatte, nämlich eine auf konkrete Arbeitsvorgänge oder Arbeitsresultate bezogene positive Arbeitserfahrung. Gleichgültig, ob die Ausgangsmotivation „sachlicher", notfalls auch mit Sanktionen durchgesetzter Zwang oder kindlicher Wunsch war, — im Arbeitsvollzug lernte das Kind seine eigenen Kräfte und Fähigkeiten kennen und entfalten. Gerade bei der Handarbeit, die in bestimmten Abschnitten immer wieder das Mittun schwächerer, unausgebildeter oder unerfahrener Kräfte zuläßt, kann das Kind die Erfahrung einer (sichtbaren) Vergegenständlichung eigenen Lernens und Könnens machen. Das Gelingen führt zu einem Selbst-Bewußtsein von Tüchtigkeit und Selbständigkeit, von Kenntnissen und Fertigkeiten. Oft ist daher in den Zitaten der Bäuerinnen durchaus so etwas wie kindlicher Produzentenstolz beschrieben, der Stolz, eine Tätigkeit nach langer Mühe, ebenso wie das erwachsene Vorbild ausführen zu können, ja, in der Lage zu sein, einen Erwachsenen voll zu ersetzen. Wir hören hierzu wiederum Frau L.:

> „Beim Kalben hab ich schon als Kind gholfen. Ein bißle was spürst auch schon, wennst helfziehst, hat's geheißen. Dann war ich als Kind amal ganz alleins daheim und bin in Stall zum Austreten. Na denk ich: Ach du lieber Gott, die kalbt heut, die Kuh, und die sind net daheim! Naja, hab ich denkt, da hilft mir etz nix, da muß ich alles herrichten! Hab ich mein Strick und mein Wasser und mein Zeug hergricht, ne. Wenn des so weit ist, hab ich denkt, na werd ich's scho alleins schaffen! Wenn ich da schon 12, 13 war?! Jahrelang hab ich des erzählt! Da war ich stolz! Es hätt ja auch schiefgehn können! Ich hab helfhinglangt, hab die Strick net amal braucht, da war's schon da (das Kalb, erg.)."

Aus der Fülle der anderen Beispiele sei noch folgendes wiedergegeben:

> „Der Vater hat mir den Pflug eingstellt und hat mir's zeigt. Dann bin ich schon selber dahinter kommen. Da hab ich sogar mein Stolz ghabt und wollt den Vater gar nimmer dabei ham. Dann sollt schon die eine Furche so schön werden wie die andre. Ich wollt's auch so hinbringen, wie's der Vater macht. Irgendwie hat mer dann einen Ehrgeiz und da steigert mer sich dann nei. Des ist dann eine Befriedigung..." (12)

Zumeist ist das Gefühl, etwas Sinnvolles und Nützliches geleistet zu haben, wie ein Erwachsener arbeiten zu können, untrennbar verbunden mit familienbezogenen Motiven: das Mädchen arbeitet für die Menschen am Hof, vor allem für die Eltern, nimmt ihnen etwas ab vom Arbeitsdruck und bezieht bisweilen daraus persönliche Befriedigung. Gleichzeitig werden die Eltern, der Hof und der generationenübergreifende Familienzusammenhang als Einheit sinnfällig: Unterstützt das Kind die Eltern, so hilft es, die Existenzgrundlage der jetzigen und das Erbe vergangener Generationen zu erhalten.

> „... die Stütze braucht mei Vater und mei Eltern brauchen des. Ich mou mei Eltern unterstützen, daß der Hof, also, daß des elterliche Anwesen, daß es erhalten bleibt" (28),

hatte die in Kap. I. 8. zitierte Bäuerin gesagt und uns mit ihren Ausführungen auf das arbeits- und personenvermittelte Verhältnis des Kindes zum Hof hingewiesen. Die so eingeübte Hofidentifikation hatte sich bei ihr zu der moralischen Verpflichtung verdichtet, daß man den ererbten bäuerlichen Besitz quasi als Lehen zu betrachten und dementsprechend zu verwalten und weiterzugeben habe.

Gehen wir der Genese des Traditionalismus der Kleinbäuerinnen nach, so finden wir in der Regel diese sich wechselseitig verstärkenden Momente: die zunächst mithelfende, dann selbständige und stolz erlebte Arbeitserfahrung verklammert frühzeitig das Kind mit dem Hof; umgekehrt motiviert die Identifikation mit dem Hofbesitz zu all den Arbeitsanstrengungen, die die Bäuerinnen im Lauf ihres Lebens auf sich nehmen.

Eine besondere Problematik liegt indessen in der Besitz- und Arbeitssozialisation des Bauernmädchens. Sie ergibt sich aus der Patrilokalität bäuerlicher Verhältnisse. Unter diesen Verhältnissen ist die Besitzsozialisation dann erfolgreich, wenn sie eine intensive arbeitsmotivierende Beziehung zum Hof herstellt, ohne individuelle Besitzansprüche und Besitzgefühle zu provozieren. Sie muß also trotz der inhaltlich-konkreten Momente so abstrakt-formal bleiben, daß sie vom elterlichen Hof ablösbar und auf den neuen Hof übertragbar ist. Schließlich handelt es sich nicht um eine schlichte Bindung an (beliebig mobilisierbare) Besitzgegenstände, sondern um eine Fixierung an (immobile) räumliche Einheiten, die die konkrete Erfahrung von Vertrautheit vermitteln und zumeist ein für allemal festlegen. Im Leben auf dem Hof werden räumlich-sinnliche Erfahrungsmodalitäten geprägt und oft fürs ganze Leben vorstrukturiert:

Der Hof ist − z.B. gemessen an einer kleinen Arbeiterwohnung − ein weiter, vielgestaltiger Raum, der Schritt für Schritt erobert und angeeignet wird. Hier gibt es immer wieder Neues zu sehen und zu erfahren, Aktionsfelder für den Betätigungsdrang, Schlupfwinkel für den Rückzug von Ansprüchen der Erwachsenenwelt. An der Konstitution des vertrauten, bergenden Raumes wirkt nicht unerheblich auch die Tierwelt auf dem Hofe mit, die eine besondere und wichtige Identifikationsebene für das Kind abgibt. So schildert Frau L. in einem Atemzug mit der Kinderarbeit, die frühzeitig auf sie zukam, die Bedeutung des Stalls für ihre frühkindlichen Geborgenheitsgefühle:

> „Als Kind im Krieg war ich mit der Mutter allein. Bloß so ein alter Knecht war noch dabei. Und da hab ich halt auch viel in der Landwirtschaft mitarbeiten müssen, schon von Kind auf. Ich glaub, mit 2, 4 Jahr war ich schon mehr im Stall ghängt, ghockt, wie da innen. Wenn ein Gewitter kommen ist und meine Eltern warn net daheim, dann bin ich in Stall hinter zu die Küh, na hab ich gwußt, ich bin net alleins. Weil, wenn denen was passiert, na passiert mir auch was, und wenn denen nix passiert, na passiert mir auch nix."

Als sie dann später in die Nähschule geht, erlebt sie das Gebäude, in dem sie sich aufhalten muß, und die Immobilität, zu der diese Form von Arbeit sie zwingt, als beengend und krankmachend, eben als fremd:

> „Ich bin dann in die Nähschul gangen, eine Zeitlang im Winter, ne, in die Nähschul nauf, − da wär ich krank worn, von dem Sitzen und von dem Zimmer drinnen, und wenn ich net nauskönnt hab. Ich hab gsagt: Da kann ich nimmer nauf! Ich muß daheim meine Landwirtschaft machen, des hat mir gfalln, besser gfalln."

Der Hof ist also nicht nur der Inbegriff der das weitere Leben bestimmenden Identifikationen. Hier werden schon früh auch die räumlich-sinnlichen Erfahrungsmodi grundgelegt, die diese Identifikationen verstärken und für die Ablehnung anderer Arbeitsformen und Lebensweisen eine so wichtige Rolle spielen: Arbeiten in der Fabrik und Wohnen in der Stadt würden die von uns befragten Bäuerinnen kaum aushalten können.

3 Die Jugend der Bäuerin   *„Ich war dem Vater sein Knecht."*

Für die Mehrheit der von uns befragten Frauen stand schon in der Jugend fest, daß sie zunächst auf dem Hof bleiben und dann Bäuerin werden würden. Für die wenigsten handelte es sich dabei um eine explizite und echte Entscheidungssituation. Schon das im vorigen Abschnitt ausführlich zitierte Beispiel macht deutlich, daß die Bäuerin ihren Beruf nicht „wählt", sondern daß es sich dabei zumeist um das lebensperspektivisch relevante Resultat all jener Zwänge, Notwendigkeiten, Selbstverständlichkeiten und auch eigenen Wünsche und Bedürfnisse handelt, die wir als Inhalt und Folge der frühen kindlichen Erfahrungen beschrieben haben. Sie finden fast ungebrochen in der Jugend der Bäuerin ihre Fortsetzung. Da ist bei Frau L. der Wille des Vaters, abwechselnd als Prophezeiung, Vorschlag oder Interesse formuliert („wirst sowieso Bäuerin", „mußt a Bäuerin machen"), dem sich das junge Mädchen nicht so ohne weiteres entziehen kann oder will; die Not der Umstände („reinfügen müssen", „viel mitarbeiten müssen"), der Druck der äußeren Verhältnisse („Krieg"), die sich mit den ebenso deutlichen positiven Identifikationen mit den Eltern als den wichtigsten Bezugspersonen und bestimmten bäuerlichen Arbeiten und Arbeitsumständen zu einem Motivbündel verknoten, das nicht mehr so ohne weiteres, weder für die Betroffene selbst noch für die Zuhörerin, Stränge von Freiwilligkeit oder von Zwang isolieren läßt. Dieses Ineinander von Druck, Eigeninteresse und Schicksalhaftigkeit bringt Frau L. in ihrer Antwort auf die Frage, wie es dazu gekommen ist, daß sie Bäuerin wurde, sehr deutlich zum Ausdruck:

Zunächst nennt sie arbeitsinhaltliche Motive, quasinatürliche Begabung, frühzeitige Tüchtigkeit und Selbständigkeit.	„Ich hab lieber Küh ghüt. Ich hab an die Küh Interesse ... an die Schwein Interesse. Ich hab ein Mutterschwein ghabt, und da hab ich die Suggerla selber raus! (Und des is unser Sohn auch so!)
Zwar erinnert sie sofort auch die Schattenseiten,	Ich hab halt gar keine Freizeit ghabt.
nimmt sie aber im nächsten Satz wieder (retrospektiv-glättend oder schon damals immunisierte Konfliktpotentiale beschreibend?) zurück,	Aber dann hab ich mich wieder mit abgefunden:
den Eltern zuliebe	Ich will meine Eltern auch net kränken, und dann,
und aus Einsicht in die engen Handlungsspielräume und mangelnden Alternativen für das junge Mädchen:	mit 13, 14 Jahr, was bleibt einem anders übrig? Da muß ich mitarbeiten! Und von dem Grund an bin ich dann direkt Bäuerin worn!"

Heute ist sie „mit Leib und Seele" Bäuerin, wenngleich sie sich in der aktuellen Situation des Betriebes nicht mehr dafür entscheiden würde:

„Bei uns hängt's bloß am Geld, weil des net reinkommt."

Die quantitativen Erhebungen belegen, daß es sich bei Frau L. nicht um ein Einzelbeispiel handelt: Für 69 der 133 Frauen, also etwas mehr als die Hälfte, stand es „schon immer" fest, daß sie Bäuerin werden würden. Die Hälfte hiervon sollte aufgrund der gegebenen oder kriegsbedingten Geschwisterkonstellation den Hof erben. Von 53 der 69 Frauen wird der Druck der Verhältnisse als ein entscheidender Grund für ihren Werdegang als Bäuerin angeführt, wobei dies als Wunsch und Wille der Eltern, als Mangel an alternativen Ausbildungsmöglichkeiten während und nach dem Krieg in erreichbarer Nähe oder als unhinterfragte Rollenerwartung für ein Bauernmädchen präzisiert wird. 44 Frauen nennen die schlichte Selbstverständlichkeit, die sie selbst nicht weiter reflektiert haben: „überhaupt keinen andern Gedanken ghabt", „an nix anders gedacht". Von den meisten der 69 Frauen aber werden (oft zusätzlich zu Zwang und Selbstverständlichkeit) arbeitsbezogene Motive genannt, „Spaß und Freude" an der bäuerlichen Arbeit, oft speziell am Umgang mit den Tieren, Stolz auf das Geschick und Können schon in frühen Jahren. Seltener und dann vor allem von den zukünftigen Hoferbinnen werden Besitzaspekte angeschnitten, etwa in der Form: „Damals war des auch noch was, wenn man eine Landwirtschaft ghabt hat!" Sehr dezent, aber auch hier immer wieder auffindbar die Dimension der spezifischen Raumerfahrung auf einem bäuerlichen Hof, wie wir sie auch bei Frau L. thematisiert fanden: „Für mich war immer klar, daß ich Bäuerin werden will: Vier Wänd oder vier Zimmer, unter mir was, neben mir was, über mir was, zum Fenster bloß nausschaun und lauter Häuser sehen, also, des bringert mich um!"

Führen wir uns nun konkret vor Augen, wie die Jugend des Bauernmädchens aussah: Nach wie vor beherrschendes Hauptthema war die Arbeit, ein hartes unentwegtes Arbeiten, oft in frauenuntypischen Schwerarbeitsbereichen, das lohnlos blieb und wenig Raum für eine individuelle Entfaltung abzugeben schien. Treffend charakterisiert eine Bäuerin diese Situation:

„Ich war dem Vater sein Knecht."

Für die meisten Mädchen war zudem klar, daß sie ihre Arbeitskraft auf einem Hof verausgabten, der nicht in ihre Hände übergehen würde, daß ihre Arbeit also auch lebensperspektivisch betrachtet „umsonst" sein würde. Wir vermuten, daß die Verarbeitung dieser Situation nicht so glatt abgelaufen sein kann, wie das Frage-Antwort-Spiel der Interviews oftmals suggeriert. Zudem wissen wir von 35 Frauen, die in der Landwirtschaft aufgewachsen sind, daß sie „eigentlich" andere Berufswünsche, zwei davon sogar eine andere Ausbildung erhalten haben. In den ausführlich gehaltenen Berichten wurde selbst dann, wenn die Frauen „schon immer" Bäuerin werden wollten, immer wieder angedeutet, daß sie durchaus auch mit anderen Wünschen gespielt hatten, deren Realisierung sie allerdings weder ernsthaft anstrebten noch für möglich hielten. Auffallend viele Frauen erzählten von guten Schulnoten, von ihrer Lust am Lesen oder ihren Wünschen und Fähigkeiten, auf die höhere Schule zu gehen, wofür zumeist der Lehrer als Zeuge und Promotor angeführt wird. Daher sind wir nochmals der Frage nachgegangen, welches Schicksal diese Wünsche genommen haben, wie sie von den Frauen so verarbeitet werden konnten, daß nur knapp 10 % aller befragten Frauen (13) sich noch daran erinnern, daß es ihnen schon etwas ausgemacht habe, ihre andersgerichteten Wünsche nicht verwirklichen zu können.

Eine zentrale Rolle spielte für einige junge Mädchen die Tatsache, daß sie ihre Arbeitskompetenzen und -verantwortlichkeiten entsprechend ihrem zunehmenden Können ausweiten konnten. Nach dem Schulabschluß — in protestantischen Gegenden ist die Konfirmation der entscheidende Fixpunkt — wurden sie an betriebswirtschaftlich verantwortungsreiche Arbeiten, vor allem das Melken und das Pflügen, herangeführt. Zusätzlich erhöhten sich ihre Arbeitsqualifikationen durch die landwirtschaftliche Berufsschule und Zusatzkurse. Frau L. hierzu:

> „Das Melken hab ich mit 14 Jahr mit der Hand glernt. Mei Vater und meine Mutter ham mir des glernt. Ich hab konfirmiert ghabt, na hat meine Mutter gsagt: So, etz nimmst den Melkeimer mal in die Händ und fangst des Melken an. Aber ich hab scho Angst ghabt mit dem Melken, weil bis ich des glernt hab! Bis mer da a Milch rausbringt! Meim Vater wie ich zugschaut hab — der hat gmolken! Ein Schaum! Da war der Schaum so hoch (sie zeigt's, erg.), so hat der melken können! Der hat gmolken, da hat mei Mutter gsagt: So möcht ich's aa zambringen! Und wenn ich gmolken hab und hab kein Schaum zambracht, nur lauter Dreck und Schmutz, na hätt ich die ganze Milch in' Eimer neiwerfen können, also, wegschütten können! Des hat mir einfach net paßt, bis ich die richtige Milch zogn hab. Na, es hat schon a Weil dauert! Na hat wieder amal a Kuh nausghaut und des Zeug —, aber mit der Zeit is worn!"

Auch im Bereich der Hausarbeit stiegen die Kompetenzen:

> „Und wie dann ich mit 14 Jahr, wie ich dann konfirmiert hab, ne, da hab ich alles machen müssen, da war meine Mutter krank. Da bin ich hergangen, da ist's mir zu dumm worn, des Scheuern, da hab ich gsagt, jetzt mag ich nimmer, etz wird der Fußboden strichen. Na hab ich mir eine Farb kauft und na hab ich den Fußboden selber strichen, und die Stühl angstrichen, mit 14 Jahr, vor der Konfirmation."

Eine andere Bäuerin berichtet, daß sie ihre unerfüllten Berufswünsche dadurch kompensierte, daß sie sich intensiv in alle bäuerlichen Arbeiten, insbesondere auch die Männerarbeiten, hineinstürzte und daraus Genugtuung und Zufriedenheit bezog, zumal sich ihre „fachliche" Kompetenz dann innerhalb der Ehe sehr bewährte:

> „(Warum Bäuerin geworden?) Ich bin in der Landwirtschaft aufgewachsen und das vierte Kind, damals war's selbstverständlich! Meine große Schwester hat studiert, ist Ärztin gworden. Ich hab des noch so in Erinnerung, wie der Vater zur Mutter gsagt hat: Die Kinder solln sich amal net so plagen müssen wie wir ... wir müssen unseren Kindern einen Beruf erlernen... Ich wär schon gern der großen (Schwester, erg.) gefolgt, und dann hat der Vater gsagt: Des kann ich mir net leisten! Du kannst etz net fort, du mußt etz daham bleiben! Die andern Geschwister sind in der Landwirtschaft blieben, und mir hat des dann weiter nichts ausgemacht, und ich bin froh und heiter aufgewachsen. Ich hab alle Arbeiten mitverrichtet, die konnten mir gar net schwer genug kommen. Ich wollt einfach alles machen. Dann war mein Bruder im Krieg, der Vater war schon älter, von den Schwestern war ich die größere ... und die stabilere ... und dann hab ich alle Männerarbeiten auch mit verrichtet. Ich hab gepflügt, ich hab des alles gmacht und des hat mir einen unheimlichen Spaß gmacht! Und mit den Ochsen! Und des war schön! Und da war ich so richtig verwurzelt im Außenbetrieb ... ich bereu des net. Des is mir dann später zugute kommen. Ich konnt dann später ... mit meim Mann mitreden ... des war dann einfach sehr schön und sehr bestätigend, da mitreden zu können." (13)

Schwerer als die anderen Generationen vor ihnen trugen unsere Bäuerinnen in ihrer Jugend an der Lohnlosigkeit der Jugendarbeit auf dem elterlichen Hof: Der Traum vom eigenen Geld nahm nach dem zweiten Weltkrieg zum ersten Mal greifbare Formen an, weil die gleichaltrigen Freundinnen, die in die Fabriken fuhren, auch optisch vorführten, was man mit Geld alles aus sich und überhaupt machen konnte. Von einer Bäuerin wurde uns ausführlich erzählt, wie sie mit dieser Situation fertig wurde:

> „Ich war noch ziemlich jung und mei Vater is im Krieg gwesen. Und dann is mei Vater gstorbn... Da war noch mei Großvater, der war auch scho siebzig, und der hat dann später auch nimmer konnt, war's aus... Hat mei Mutter gsagt: Was mach mer denn, was mach mer denn (mit dem Hof und der Arbeit, erg.)? Renten warn's 54 Mark im Monat für mich Waise und für mei Mutter, ja, was is des für a kleine Landwirtschaft? Naja, dann ham mer halt nach besten Kräften gschafft. Die Oma war noch da, mei Großmutter, die hat immer gsagt: Hört auf, geh auf Arbeit! Die andern Mädle sin alle auf Erbet gangen. Die Wochen war rum, die ham's Geld ghabt. Ich hab nix ghabt! Gheult hab ich oft! Na, was war's denn bei uns? Des bißle Milch, des mer ghabt hat, hat mer Butter draus gmacht, und dann hat mer selber no was davon braucht. Und die andern Mädle ham gsagt: Soviel hab ich verdient! Alle zweite Wochen a neues Kleid oder a Paar Schuh, ... soviel hab ich mir net leisten können und wenn i amal was übrig ghabt hab, na hab i mer a Stück Wäsch oder was dafür kauft. Hab i mer dacht: Ach Gott, die Kleider?! Muß ich denn soviel ham? Wenn mer alle Tag auf Erbet geht, braucht mer scho mer als daham, da zieht mer halt an, was mer so hat! Und aufgebn ham mer net!" (4)

Hier wird der Verzicht dadurch erleichtert, daß das Erwünschte abgewertet und das durch den Verzicht Erreichte, der Fortbestand des Hofes, herausgestellt wird. Bezeichnenderweise handelt es sich um die Erbin des Hofes, wobei sie nicht nur den Hofbesitz als Lohn für ihre Askese anführen kann, sondern auch — Verschränkung der Besitz- und Familienverhältnisse! — die Zufriedenheit und das Vertrauen der Eltern. So antwortet eine andere hoferbende Bäuerin, die nicht-landwirtschaftliche Berufswünsche hatte:

> „Mein Vater hat sich so gefreut, daß ich den Hof übernommen habe, und ich bin direkt entschädigt worden mit dem Vertrauen, das meine Eltern in mich gesetzt haben." (124)

Erstaunlich schien uns, daß die Lohnlosigkeit vor allem der Nicht-Hoferbinnen sich nicht ersichtlich in Gefühlen von Benachteiligung niederschlug bzw. zu spontan erinnerten Konflikten geführt hat.

Eine einzige Bäuerin erzählt mit einer gewissen Verbitterung ihren Fall: Sie hat dreißig Jahre lang auf dem elterlichen Hof gearbeitet, allmählich mit der Perspektive, den Hof für den vermißten Bruder zu übernehmen. Als der Bruder dann doch noch aus der Gefangenschaft zurückkehrt, ist es selbstverständlich, daß sie weichen muß, was gleichbedeutend damit war, sich jetzt einen Bauern mit Hof zu suchen, wollte sie nicht als Hilfsarbeiterin in die Fabrik gehen.

Selbst wenn wir davon ausgehen können, daß die Familienloyalität oftmals vergangene oder noch gärende Konflikte zudecken wird, bietet sich eine zusätzliche Deutung für dieses Phänomen an. Es hat den Anschein, daß sich die Bäuerin zunächst stärker mit der konkreten Arbeit und den lebendigen Arbeitsvorgängen identifiziert als mit dem (elterlichen) Besitz. Ihre Arbeitsfähigkeit, ihre Arbeitskonstitution, ihr Können und ihre Übung sind ihr eigentlicher Besitz. Und dieser „Besitz" ist mobil, ablösbar vom Ort, an dem er erworben wurde. Diese Ablösung ist in den meisten Fällen ohnehin die Lebensperspektive, und so bietet sich die künftige Realisierung des eigenen Arbeitsvermögens an einem anderen Ort als die Erwartung an, an der sich die Tagträumereien und die Phantasien der jungen Bauernmädchen festmachen können: sie richten sich auf die großen Höfe, in die sie einheiraten werden, die sie „schmeißen" könnten und auf denen die Arbeit noch mehr Spaß machen würde, weil sie nun in einem neuen Sinne „fürs Eigene" verrichtet wird.

Neben der Arbeit gab es auch Spiel-Räume für die weibliche Jugend auf dem Lande, an die sich die Frauen noch heute mit Begeisterung erinnern. Vor allem in den Wintermonaten versammelte sich die Jugend — Hof- und Dorfhierarchie übergreifend[212] — regelmäßig zum Spielen, Tanzen, Singen, Handarbeiten. Manche Frauen dachten beim Erzählen wehmütig an die für unsere Gegend typischen „Rockenstuben" zurück und verglichen sie mit heutigen Formen der „Freizeitgestaltung":

„Damals war des noch so: Im Winter, da ham wir die Rockenstuben ghabt (frühere Spinnstuben, erg.). Da simmer im Winter, nachts, da sin die Freundinnen mit ihrem Gstrick da kommen, und dann ham mer gstrickt und vielleicht a paar Stunden. Manchmal auch gar net. Dann ham mer gsungen, viel gsungen is worn, und dann sin aa die Burschen dazu kommen. Wir warn damals so vielleicht 5, 6 Mädle und vielleicht 15 Burschen sin da dazukommen. Da war des Zimmer noch anders eingricht. Da ham mer a große Bank ringsum ghabt. Und da war a Kachelofen auch mit einer Ofenbank rum ... 's war gemütlich! Heut wär des gar nimmer möglich, daß mer Rockenstuben halten tät! ... Die Jungen jetzt kennen des nimmer, weil's halt alle auswärts sind und Berufe ham und auf Arbeit gehen.
Die großen Bauern damals ham noch die Knechte und Mägde ghabt. Die sin dann auch mitkommen, die jungen Leut... Und soviel gsungen is worn. Die alten Volkslieder, die mir da gsungen ham, ich kann soviel Lieder, gegen mei Kinder, die können die alle net. Ich denk manchmal, ich müßt mit meim Bubn mehr singen daheim, aber man hat immer sei Sorgen und den Kopf voll, daß mer net aufgelegt is zum Singen und des is a Fehler... Aber da is auch der Fernseher, der ruiniert ja alles! Wenn's scho mal da sind, na wolln's fernsehen. Wenn ich da des Singen anfangen wollt, die tätn mir da was erzähln." (6)

Die Welt des jungen Bauernmädchens von damals war noch klein, sie war erfahrbar mit einfachsten Mitteln. Das Spazierengehen am Sonntagnachmittag und das Fahrradfahren gehören zu den am meisten erwähnten und gerne erinnerten Freizeitbeschäftigungen. Der Vergleich mit der Mobilität der heutigen Jugend, den die Frauen hier oft spontan ziehen, akzentuiert die Gemeinsamkeit und Intensität des damaligen Erlebens und läßt Schnelligkeit und Distanzierungsmöglichkeiten der heutigen Jugend letztlich als das Ärmere und weniger Attraktive erscheinen.

Nur wenige der von uns interviewten Frauen haben in ihrer Jugend den Sprung in fernere Räume gemacht, sei es nun in Form einer größeren Reise (zumeist organisiert von kirchlichen Jugendverbänden) oder aber — nach der Schulzeit — um „erst alles mögliche auszuprobieren", d. h. andere Arbeitserfahrungen zu machen. Das Bedürfnis, „von der Welt" etwas zu sehen, erschien in solchen

212 Vgl. H. Medick 1980, S. 40, Fußnote 59.

Verhältnissen eher abwegig, seine Erfüllung mußte zumeist hartnäckig erkämpft werden. Gelang das Vorhaben, dann fühlte sich die Bäuerin oft noch Jahrzehnte später für andere Entbehrungen „entschädigt":

> „Dann bin ich fort, ein Jahr, ein halbes Jahr oder ein Jahr, hab mir mein Kammerwagen verdient. Ja, da hab ich net nachgeben, hab gsagt, alle Leut gehen fort und wollen sich was verdienen, und wir ham net gekönnt ... und dann ist's doch gegangen. Da hab ich gsagt: Nur ein halbes Jahr, wenn ich fortdürft, nur ein halbes Jahr, daß man draußen von der Welt was sieht." (Die „Welt" ist dann die 5 km entfernte nächste Kleinstadt.) (17)

Das System von Verarbeitungs„strategien" wäre unvollständig ohne ein Beispiel für jenen Mechanismus, mit dem die Frauen die Unerfüllbarkeit eigener Wünsche, Enttäuschungen und Frustrationen für sich verarbeitet und bewältigt haben, und zwar oft so gründlich, daß die früher sicherlich damit verbundenen Emotionen in ihrer Erinnerung gar nicht mehr auftauchen: die Projektion eigener Wünsche, Vorstellungen und Phantasien auf die Kinder. Besonders anschaulich kommt dies im folgenden Zitat zum Ausdruck:

> „Genauso, ich hätt gern als Kind ein Musikinstrument gelernt, aber des war da noch nicht möglich. Da hätt mer dann wieder nach S. oder nach P. gmußt, und dann hat mer's auch wegem Geld net gmacht. Ich hätt gern amal an Musikinstrument gelernt. Ich bin a weng musikalisch, ne, aber hat net paßt. Und jetzt mei Kinder, die Mädle, die lernen jetzt! Die Große lernt Gitarre, die Kleine lernt Melodika. Da bin ich auch dafür! Und des is jetzt praktisch, des können sie im Ort lernen in der alten Schule. Des macht der Lehrer, der wohnt da in W., sonst sind sie in S. in der Schule.
> Da ist es jetzt praktisch, brauchen wir sie nicht rumfahren. Da hab ich eben gsagt, na, wird's gmacht! Da wird jetzt dann mal net auf's Geld gschaut, weil eben es so bequem ist, im Ort selber. Da können sie dann zu Fuß hin und wieder heim und lernen die Noten dabei — die ham ja wir auch nicht gelernt in der Schule — und lernen immer a bissle spielen. Die sind auch musikalisch, ham a Musikgehör." (122)

4 Heirat und Hofübernahme

„Ich hab mich immer als Fremde gefühlt." „An Lichtmeß dingt der Bauer seine Magd, sagt man. Also ich hab an Lichtmeß geheiratet und meine Schwiegermutter auch."

Auch wenn sehr viele Frauen betonten, wie wichtig bei der Partnerwahl die gegenseitige Zuneigung gewesen sei, klingt immer wieder an, daß in ihrer Generation das Hofdenken dabei noch eine wichtige Rolle gespielt hat. Direkt oder indirekt haben in knapp der Hälfte aller Fälle die Eltern mitgeredet. Naheliegenderweise wurden vor allem den Hoferbinnen Auflagen gemacht: Sie sollten möglichst frühzeitig heiraten, damit ein junger Mann die schwindenden Kräfte der Eltern ersetzte. Sie sollten einen Bauern „bringen", am besten „ohne Beruf", damit er sich mit Haut und Haaren in die „Bauerei" reinhängen muß. (Obwohl sich später eine andere Berufsausbildung bei der Sanierung der Höfe bezahlt machte.)

Dort, wo die Tochter in einen anderen Hof einheiratete, gab es zumindest „wohlgemeinte" Ratschläge: keinen „blanken Arbeiter" zu heiraten, der nichts hat; „gleich zu gleich", wenn das Mädchen aus armen Verhältnissen ihre Augen auf einen reichen Bauernsohn wirft; Warnungen vor der „verschlampten Bauerei", in die die Tochter einheiraten will; „keinen Bauern", weil das zuviel Arbeit bedeute.

Erzwungene Verzichtleistungen für den Hof scheint es nicht oft gegeben zu haben; selbst ausdrückliche Verbote oder Erpressung der Eltern fanden einen Rückhalt in der zu diesem Zeitpunkt schon internalisierten Hoforientierung der Mädchen:

> „Wir vier Mädels hatten einmal Verehrer, wo wir weggeheiratet hätten. Und da war unser Papa nicht mit einverstanden. Er hat gsagt: Bitte, ja, aber dann bekommt ihr von zuhause nichts! Des muß mer verstehen können, denn er hat's ja aufgebaut ... erhalten, und hat nur für seine Kinder gearbeitet und gelebt, und wenn mer etz den Hof — am Hof ist er irgendwie gehangen — und wenn mer den in Stich gelassen hätten, des wär ja furchtbar gwesen. Er wollt halt einfach, daß eine von uns aufm Hof bleibt." (9)

Für das Mädchen vermischten sich im Regelfall Hofaspekte und Emotionen etwa in folgender Weise:

> „Wir zum Beispiel haben nach der Liebe geheiratet, was heute nicht mehr ist. Ich muß schon sagen, ich hab meinen Mann gern gehabt, und ein schöner Bub war er auch ... und die Felder waren nebeneinandergelegen, da haben wir die Landwirtschaft einfach zusammengeschmissen, d. h. ich hab die Äcker mit rübergezogen." (114)

Mit den Hochzeitsfeierlichkeiten wird den Träumereien und Illusionen der jungen Mädchen oft ein abruptes Ende gesetzt:

> „Also, an was ich immer wieder denken muß, was mich manche Zeit noch beschäftigt hat, daß —: Wie wir gheiratet ham, hab ich halt auch dacht: Also, wir machen jetzt eine Hochzeitsreise! Des war immer mein Traum, irgendwohin, 14 Tage oder was... Sonntag sag ich zu meinem Mann — Samstag ham wir geheiratet —: Na, was is, wo fahren wir denn hin? Wieso? schaut er mich an: Wo sollen wir denn hinfahren? Ja, ich denk, wir machen nun eine Hochzeitsreise, davon träum ich schon so lang! Wir machen doch keine Hochzeitsreise! Was bildest du dir denn ein? Wir bleiben schön daheim! Und jetzt am Montag in aller Früh, ich war noch in mei Flitterwochen drin: Ja, wo gehst denn hin? Ja ich geh an mei Erbet! — abstallen, ne — ja, da bin ich dann halt auch raus, mit runter in Stall..." (61)

Die im bäuerlichen Bereich vorherrschende Patrilinearität bedeutet angesichts der Immobilität des bäuerlichen Besitzes zugleich Patrilokalität und „Residenzzwang". Für die junge Frau heißt das — wie gesagt — den Wechsel von vertrauten in fremde Räume mit allen Konsequenzen. Dort, wo das Umfeld im großen und ganzen gleichbleibt, weil die Bäuerin im Ort heiratet oder in das Nachbardorf zieht, ist vieles leichter zu ertragen als dort, wo die gesamte Szenerie wechselt, und die Jungbäuerin sich völlig neu ver-orten muß, in einer Umgebung, deren Gestalt und Charakter von anderen Menschen geprägt und fixiert worden ist. Enge und Fremdheit gehören so zu den bedrückenden Anfangserfahrungen in den Ehen vieler Bäuerinnen:

„Hier war alles fremd: mehr Anbau, mehr Vieh, anderer Anbau. Ein großes Durcheinander durch das Vielerlei. Ein enger Hof, böse Nachbarn, herrische Schwiegereltern. Das Land hier ist bergig und zuhause war es flach." (50)

Die Neudefinition ihrer Beziehungen muß die junge Frau aus einem sozialen Vakuum heraus vornehmen, denn Heirat bedeutet Entfernung von der eigenen Familie und Verwandtschaft, Abbrechen der jahrelang intensiv gepflegten Jugendfreundschaften. Der Rahmen der neuen sozialen Kontakte muß die Hofgrenze respektieren: hofübergreifende Aktivitäten sind nur in Notfällen oder innerhalb der verwandten Höfe sozial akzeptiert. So muß sich die junge Bäuerin mehr oder weniger auf den Hof beschränken, den sie noch nicht kennt, mit Personen zusammenarbeiten, die ihr fremd sind, sich in einem Haus und einer Familie orientieren, deren Atmosphäre abweicht von der, die ihr von zuhause vertraut war:

„Es war net leicht am Anfang. Wir warn daheim eine große Familie und bei uns war's immer lustig. Meine Schwiegerleut, die warn mehr, wie soll ich sagen, ruhig, a ganz ruhige Familie. Da war die Großmutter noch da, die war 80, mein Schwiegervater und mein Mann. Und wir warn daheim halt lustig ... ham abends immer viel gsungen und gspielt. Da hat jeds sein Buch gnommen, jeds hat a Zeitung gnommen. Des war da so tot. Wenn der Sonntag kommen ist, na hab ich schon Heimweh ghabt, und alle Samstag, Sonntag, ab, zack, zack nach B. (zu ihrer Familie, erg.). Des hat mir die ganze Woche wieder gholfn. Des war net schön, die erste Zeit." (8)

Die ersten Ehejahre werden für die Jungbäuerin zu einer Art Initiation, einem partiellen Zerbrechen ihrer bisherigen sozialen Identität und einem mühevollen Neuanfang vor allem deswegen, weil traditionell der Zeitpunkt der Heirat und der Hofübergabe nicht kongruent sind: In ca. 2/3 der von uns eruierten Fälle arbeitet die junge Frau auf dem Hof des Mannes, ohne (Mit-)Besitzer zu sein. Die Schwiegereltern hatten noch nicht übergeben, zumeist, weil das Rentenalter noch nicht erreicht war, aber auch, weil sie das mit dem Besitz verbundene Szepter der Hofmacht noch nicht aus der Hand geben wollten. In der Regel dauerte es drei bis fünf Jahre, bis die Schwiegereltern aufs Altenteil gingen, aber auch längere Phasen waren keine Seltenheit. Manche Frauen mußten über zehn Jahre warten. Nichtbesitz aber bedeutet zum einen einen neuerlichen Magdstatus der Frau; d.h. lohnlose Arbeit und damit materielle Abhängigkeit von fremden Menschen, oft nicht nur für das junge Ehepaar, sondern für die sich im Laufe der Zeit vergrößernde junge Familie. Auch immaterielle Formen des Lohns, wie Anerkennung und Lob, sind selten, ist doch lohnlose Arbeit im bäuerlichen Milieu für alle Familienmitglieder selbstverständlich. Ebenso wird erwartet, daß ein Teil des Lohnes, den der Jungbauer durch nichtlandwirtschaftliche Erwerbsarbeit einbringt, in den Betrieb fließt, vor allem, wenn auf Wunsch der jungen Leute schon jetzt manches auf dem Hof verändert werden soll. Der Magdstatus bedeutet auch den Verlust der Selbständigkeit, die sich die Bäuerin als junges Mädchen auf dem elterlichen Hof erworben hatte, neuerliche Unmündigkeit, Unterordnung und Anpassung an fremde Menschen und fremde Verhältnisse, obwohl doch gerade die Heirat auch als Tor zu neuer Freiheit erschienen war.

„Ich war selbständiges Arbeiten gewöhnt, und die Schwiegermutter wollte um jeden Handgriff gefragt werden!" (34)

„Ich mußte den Haushalt machen, weil's die Schwiegermutter nicht wollte. Die wollte auch lieber raus aufs Feld." (16)

„Zuerst, am Anfang, da war's scho schlimm! Da hab ich noch nicht viel zum Sagen ghabt. Schweigen, nach den anderen richten, immer fragen. Des is eben des, wenn mer schon verheiratet ist und immer fragen oder sagen, wo mer hingeht... Ich hab mich auch immer als Fremde gefühlt." (51)

Dabei bekommt die Jungbäuerin die Arbeit „unter fremdem Kommando" oft in doppelter Härte zu spüren: Zum einen steht sie im Innenbereich unter der Befehlsgewalt der Schwiegermutter, die ihr mitunter diejenigen Arbeiten zuteilt, die sie selbst im Lauf ihres Lebens als zunehmend bedrückend empfand, etwa den Haushalt. Dabei wird wiederum selbstverständlich erwartet, daß sie die delegierten Arbeiten nach den Vorstellungen der Schwiegermutter bzw. den Gepflogenheiten des Hauses verrichtet. Zum anderen steht sie in vielen Betriebsbereichen unter der Regie des Bauern und seines Sohnes, ihres Mannes, dem gegenüber sie auch erst einen eigenen Platz finden muß, ganz abgesehen von der „Beziehungsarbeit", die die ersten Ehejahre begleitet:

„Daß ich mich anpasse, war eine Selbstverständlichkeit. Mein Mann is schon der Typ net, – daß ich da reingehen hätt können (in die Schwiegerfamilie, erg.) und das Meistern hätt anfangen können, wie's nach meinem Kopf gangen wär, des hätt ich ja so scho net gmacht. Also, er respektiert mich, aber den Herrn hat er gmacht." (11)

Die Arbeitssituation der jungen Bäuerin wird noch dadurch erschwert, daß – wie die Bäuerinnen übereinstimmend berichtet haben – ihr Arbeitspensum auf dem neuen Hof größer wurde als ihr sicherlich auch nicht geringes Quantum auf dem elterlichen Hof, und daß sie neue ungewohnte Arbeitsbereiche übernehmen mußten, was mit Ängsten und Unsicherheiten verbunden war:

„Ich hab dort mehr Viecher versorgen müssen als zuhause." (118)

„Ich mußt mich mit vielen Tatsachen abfinden, schauen, daß ich das beste draus mache... Ich mußte noch mehr arbeiten als zu Hause." (122)

„Es war ein größerer Betrieb und es gab mehr Handarbeit auf den Feldern." (133)

„Es war schon eine große Umstellung, weil zweimal soviel Nutzfläche und viel Hopfen vorhanden war. Das Kochen für die 15 Hopfenpflücker war schwer. Ich hatte Angst, keine Anerkennung zu kriegen, daß die Leut nicht zufrieden sind. Meine Schwiegermutter wollte lieber draußen arbeiten." (103)

Kennzeichnen Fremdheit die soziale Erfahrung, Abhängigkeit und Lohnlosigkeit die Arbeitssituation der Jungbäuerin in diesen Jahren, so Unsicherheiten und Sorgen die Besitzperspektive. Über die künftigen Besitzverhältnisse wird in den wenigsten Familien, in denen nicht schon vor der Heirat bzw. zur Heirat alles geregelt wurde, offen geredet. So bleibt im Dunkeln, wann die Alten endlich bereit sein werden, den Besitz abzutreten, und wie groß der „Restbestand" des Besitzes dann sein wird: Da sind die Geschwister des Mannes, die ausgezahlt sein wollen; auch das Altenteil wird von der Substanz zehren. Anscheinend will jeder noch rechtzeitig soviel wie möglich für sich abzwacken:

„Das war eins der schwersten Erlebnisse! Der Hof ist erst nach 3 Jahren übergeben worden, und die Geschwister und die Schwiegereltern waren sich einig, daß sie möglichst viel rausziehen wollen. Dadurch sind wir sehr belastet worden. Wir selbst haben dadurch überhaupt kein Geld mehr gehabt." (110)

Wir können nur Vermutungen darüber anstellen, wie die Bäuerin mit dieser Situation neuerlicher Unmündigkeit, weitgehender materieller Abhängigkeit und psychischer Deprivation psychoökonomisch umgegangen ist. Nur in einigen wenigen Fällen kam es zur sichtbaren Verweigerung, z.b. dadurch, daß die Jungbäuerin unter dem Druck der Verhältnisse zusammenbrach und durch den Klinikaufenthalt, der ihr selbst vorübergehend die Distanz zu den ausweglosen Verhältnissen verschaffte, auch die Umwelt zu einem vorsichtigeren Verhalten zwang, oder aber dadurch, daß sie wieder auf den elterlichen Hof flüchtete. In den meisten Fällen harrte die Jungbäuerin aus, lernte schweigen, paßte sich an, arbeitete unermüdlich und schuf sich mit der Zeit eigenständige Bereiche, wo sie „ihrer Wege" gehen konnte. Vermutlich kam ihr das in der Kindheit und Jugend vorausgegangene Arbeits- und Anpassungstraining zugute. Doch ein wichtiges Motiv, das ihre Unterordnung und Anpassung legitimiert und erleichtert haben mag, liegt sicherlich in der Perspektive des künftigen Besitzens: Auch wenn die Jungbäuerin nicht weiß, wann, so weiß sie doch, daß der Tag kommt, an dem sich ihre Erwartungen erfüllen, alle bisherige Askese und Plackerei ihren Sinn und Lohn erhalten, und die neuen absehbaren Mühen unter einem anderen Vorzeichen: „für's Eigene" stehen werden.

Abschließend sei noch kurz auf die Verallgemeinerbarkeit dieser Situationsanalyse eingegangen. Sie ist in erster Linie auf die Bäuerin bezogen, die in einen anderen Hof eingeheiratet hat. Dies ist in unserer Untersuchung bei ca. 3/4 aller Frauen der Fall. Von diesen haben etwa 2/3 den Hof erst nach der Heirat übernommen. Doch auch dort, wo Heirat und Hofübergabe zusammenfallen, stellen sich ähnliche Probleme, vor allem auf der psychosozialen Ebene, ein. Sie müssen natürlich nicht zwangsläufig entstehen, wie manche Idealfälle zeigen; aber die bäuerlichen Produktionsverhältnisse begünstigen ihr Entstehen und machen sie fast zum Regelfall, was auch in der Korrelation des „Volksmundes" zum Ausdruck kommt:

„Wir sagen immer: Wer einheiratet, kriegt schneller graue Haar." (Gruppendiskussion 3)

(Dies gilt modifiziert auch für den einheiratenden Bauern; seine Entfremdungserfahrungen werden möglicherweise verstärkt durch die Tatsache, daß seine Besitzlosigkeit unter patriarchalischen Verhältnissen als massiver persönlicher Mangel gilt, während die relative Besitzlosigkeit der Frau eher die gesellschaftliche Regel ist. Andererseits stellt sich die Beziehung zwischen einheiratendem Partner und Schwiegermutter im Falle des Mannes als unbelasteter dar als bei der Einheirat der Frau, und zusätzlich erweist sich die junge Frau in dieser Situation häufig als Vermittlerin im schwierigen Verhältnis Vater — Ehemann. Die Frau als Organisatorin der zwischenmenschlichen Beziehungen stabilisiert — so läßt sich vermuten — die soziale Position des Mannes in der Schwiegerfamilie sehr viel schneller als es im umgekehrten Fall durch den Mann geschehen kann, der sich zumeist weniger durch eine Norm oder durch sein Gefühl veranlaßt sieht, aus dem vertrauten Geflecht eingespielter Familienbeziehungen hervorzutreten und sich im Konfliktfall ausdrücklich auf die Seite der Frau zu stellen.)

5 Die Bäuerin als Besitzerin

„Ich hab's erst richtig gern gmacht, wie's mir selber ghört hat, wie ich gwußt hab, es geht in meine Taschen."

Zweifelsohne waren die bis jetzt beschriebenen Lebensstadien der Bäuerin für die Herausbildung ihrer starken Arbeitsidentifikation sehr bedeutsam.

Das einleitende Zitat deutet jedoch darauf hin, daß die Schlüsselsituation der Akt der Hofübergabe ist. Dann erst realisiert sich für die junge Bäuerin die Einheit von Arbeit, Besitz und Familie vollkommen. Die Arbeit erhält einen neuen Sinn: sie ist für den eigenen Hof und für die eigene Familie und damit — perspektivisch — für die eigenen Kinder. Auch wenn jetzt für die meisten Bäuerinnen die eigentliche Aufbau- und Modernisierungsarbeit des Hofes begann, der, nach den schlimmen Kriegsjahren ökonomisch darniederliegend, von den Altbauern nur noch gerade über Wasser gehalten worden war, und damit eine Phase stärkster körperlicher Belastung und nervlicher Anspannung, die dem Familienzyklus (Schwangerschaften, Kinder- und Altenversorgung) über lange Zeitstrecken hindurch Arbeitszwänge überlagerte, ermöglichte ihr die Vorstellung, daß alle Opfer „für's Eigene" gebracht werden, das Durchhalten, die Überarbeit und den Unterkonsum, die die Lebenslage der Kleinbäuerinnen auf Jahre hinaus und oft bis heute charakterisieren:

„Also, ich möcht sagen, wenn's net das Eigene wär, daß mer's für sich tut, für andere Leut tät ich des manchmal net. Da sagert ich, etz is Schluß! Etz mach ich nix mehr!" (Gruppendiskussion 2)

Das Eigentum saugt zwar die Arbeit des Menschen restlos auf, aber es konserviert sie auch, macht sie bisweilen für alle Welt und für die Nachkommen sichtbar. Die Arbeit, die im Hof aufgehoben ist, ist also letztlich nicht „umsonst" gewesen. Gleichzeitig gibt dieses Eigentum auch der Arbeit ihre besondere Gestalt: es erscheint als der Inbegriff und Garant von Freiheit in der Arbeit, die fortan zu einem der wichtigsten Topoi in der Selbstdarstellung der Bäuerinnen wird.

Nun unter dem Motto „für's Eigene" bleibt das weitere Leben der Bäuerin vor allem durch die Arbeit gekennzeichnet. Wie sie als Schicksal über jede neue Bäuerinnengeneration verhängt wird, während die Männer von kleinauf eher als die künftigen Besitzer gelten, geht aus den Begründungen hervor, die sich auf das bei den Kindern erwünschte Geschlecht bezogen. Die Präferenzen für einen Sohn sind jeweils mit Erben, Hofnachfolge, „Stammhalter", Kontinuität des Familiennamens verbunden, also mit Aspekten, die besitzorientiert und zeitüberdauernd sind; die Gründe für eine Tocher (wie auch ihre Stellung in der Reihenfolge der Kinder) sind dagegen oft von arbeitsbezogenen Überlegungen bestimmt:

„Zu den zwei Buben wollte ich noch ein Mädchen als Unterstützung für den Haushalt." (73)

„Mein Mann wollte als erstes ein Mädchen, damit es auf das zweite Kind aufpassen kann." (54)

„Die Großmutter hat gesagt: Das Größte für eine Frau ist ein Mädchen. Die kann dir später helfen, spülen, Holz holen, auf die Jüngeren aufpassen." (16)

„Ich und alle waren über das Mädchen erfreut. Die Schwiegermutter: Als erstes braucht man ein Kindermädchen!" (131)[213]

Der rote Faden, der die Bäuerinnenbiografie durchzieht, daß nämlich die Frau von anderen und von sich selbst primär über ihre Arbeitsfähigkeit und -leistung wahrgenommen und definiert wird, ist somit der nächsten Mädchen-Generation schon wieder in die Wiege gelegt. Und er zieht sich durch bis zur Bahre, könnte man bitter-ironisch kommentieren, wenn man sich die Antworten vergegenwärtigt, die uns die Bäuerinnen auf unsere Frage nach Zukunftswünschen gaben: Möglichst lange gesund bleiben und arbeiten können, dies ist der meist geäußerte Wunsch der Bäuerinnen. 63 Frauen, knapp die Hälfte nannten ihn als erstes und wichtigstes Anliegen. Nicht mehr arbeiten können heißt, nur noch ein unnützer Esser, eine Last für den Hof, nichts mehr „wert" zu sein, denn der Wert der Bäuerin bemißt sich danach, was sie leisten kann. Wie tief verwurzelt diese Vorstellungen in den Frauen sind, zeigt besonders deutlich folgendes Zitat einer 58jährigen Bäuerin:

„Bloß arbeiten können, bis ich sterbe. Nicht alt und gebrechlich werden und unnütz rumsitzen! Lieber im Wert sterben und einen schnellen Tod haben." (103)

213 Zusammengefaßt ergab die Auswertung unserer Fragen nach den Präferenzen von Bauer/ Bäuerin für Söhne oder Töchter (neben den oben angesprochenen Sachverhalten) folgendes noch immer sehr traditional bestimmtes Bild: Die Ansicht, daß das Geschlecht heutzutage keine Rolle mehr spiele, wird nahezu nie geäußert. Zwar betonen manche Frauen, daß sie froh sind, überhaupt Kinder bekommen zu haben, quasi ihre Gebärfähigkeit auch öffentlich unter Beweis gestellt zu haben: „Hauptsache es ist was da, damit die Leut nicht mehr so komisch daherreden können." (99). Doch nach wie vor und allen rationalen Überlegungen zum Trotz (die ohnehin zumeist nur gebraucht werden, um über die Geburt einer Tochter hinwegzutrösten), genießt ein Sohn immer eher einen begeisterten Empfang als eine Tochter. Das gilt schon für das erste Kind, wenngleich sich hier ein Mädchen noch gut ins Hofkalkül einfügen läßt (Arbeitsfähigkeit, s.o.). Ist nicht „wenigstens das zweite Kind ein Bub" (48), dann sind die Bauersleute „a bissel enttäuscht" (1), trösten sich notgedrungen: „Nun ja, ist auch ein Mädel recht" (16). Bei der dritten Tochter wird die Enttäuschung offen und unverhohlen gezeigt: „Ich hab sehr geheult!" (91), und die Kommentare („Hauptsache, sie sind gsund") haben oft einen etwas bitteren Tenor. Ist dann gar auch das 4. Kind wieder ein Mädchen, dann bleibt nur noch fatalistische Resignation: „Was kommt, muß man nehmen" (114) und ein Bauer rechnet sich vor: „Lieber vier Töchter, als einen depperten Buben!" (97). Alle Stufen solcher Frustration und ihrer rationalisierenden Verarbeitung finden sich in folgendem Zitat, wo – eine Ausnahme – der Wunsch nach einem Sohn auch über dessen Arbeitsvermögen legitimiert wird: „Das erste hätt mer gar kein Sohn gwollt, na! Des is wegen der Übergabe. Wir warn no jung, ne, selber, ne. Dann wolln die scho bald wieder heiraten, ne... Dann warn mer scho a bissel enttäuscht, wie's wieder a Mädel war. Bei der dritten dann – (sie lacht laut und lang, erg.), naja, was will mer da machen. Dann is mer trotzdem wieder froh, wenn die gsund sind und ‚grad auf Händ und Füß', sagt mer. Heut is des ja gar nimmer so wild, im Gegenteil: Die Mädle kriegen eher einen aufn Hof her wie a Bub a Frau. Obwohl, wenn etz a Bub dabei wär, ich hätt's leichter. So muß ich immerfort überall mit." (1)

Doch auch die anderen Dimensionen der Kleinbäuerinnenexistenz finden sich entsprechend ihrer realen Bedeutung in der Wunschliste der Frauen gespiegelt:

Etwas über 1/4 der befragten Frauen äußerte konkrete Wünsche zum Hof: Er soll sich gut entwickeln und die unsicheren Zeiten einigermaßen überstehen; er soll auch über ihre Generation hinaus fortgeführt werden; für den Hofnachfolger soll sich ein passender Ehepartner finden. Von 19 Bäuerinnen wurden Wünsche vorgetragen, die sich auf die Familie beziehen, vor allem auf eine gute charakterliche und berufliche Entwicklung der Kinder und auf ein konfliktfreies stabiles Zusammenleben der Familienmitglieder in der Hofgemeinschaft.

„A weng schöner kriegen!" Dieser allgemeine Wunsch — meist recht zurückhaltend formuliert, wird spezifiziert, sei es im Hinblick auf ihre Arbeitssituation („leichter haben", „nicht noch mehr Arbeit", „mal Urlaub machen können"), auf die finanzielle Lage („nicht immer rechnen müssen") oder ihren Lebensstandard („eine neue Kücheneinrichtung"). Daß er mit 23 Nennungen relativ selten artikuliert wurde ist symptomatisch für das auch in anderen Kontexten zu beobachtende Zurücknehmen der auf das Wohlergehen der eigenen Person bezogenen Bedürfnisse. Als Interviewerin kann man sich zudem nicht des Eindrucks erwehren, daß die Bäuerinnen im Grunde genommen ein recht resignatives Verhältnis zur Realisierung dieser persönlichsten Wünsche haben. Sie glauben selbst nicht recht daran, daß sie sich erfüllen werden. Es hat den Anschein, daß sie sich oft mit der Hoffnung zufrieden geben, daß die eigenen Kinder einen Teil ihrer unerfüllten Wünsche und Träume verwirklichen werden. Und es erscheint ihnen realistischer, für die Startchancen der Kinder ihr Bestes zu tun, als für sich selbst das Glück einzufordern, von dem sie einmal geträumt haben.

Anhang I: Tabellen

Tabelle 1: Vorleistungen der Landwirtschaft in der BRD (in Mio DM)

	1949/50	1960/61	1970/71	1978/79
		(in jeweiligen Preisen)		
1. Handelsdünger	580	1.350	2.575	4.189
2. Zukauf Futtermittel	748	2.937	6.917	11.030
3. Saatgut, Nutzvieh	46	119	355	792
4. Pflanzenschutz	45	160	360	785
Summe 1—4	1.419	4.566	10.207	16.796
5. Maschinen neu	508	2.650	3.920	8.020
6. Maschinenunterhalt	1.145	1.680	2.924	4.270
Summe 5—6	1.653	4.330	6.844	12.290
7. Energie	273	866	1.874	4.043
Summe 1—7	3.345	9.762	18.925	33.129

Bemerkungen: ab 1970/71 mit Mehrwertsteuer; Saatgut ab 1970/71 einschließlich zugekauftes inländisches Saatgut

Quellen: Spalten 1 und 2: Stat. Jb. 1967, S. 169, Tab. 10
Spalte 3 (ohne 5.): ABM 1976, S. 41, Tab. 24
Spalte 3, 5.: ABM 1980, S. 37, Tab. 26
Spalte 4 (ohne 5.): ABM 1980, S. 36, Tab. 24
Spalte 4, 5.: ABM 1980, S. 37, Tab. 26

Tabelle 2: Landwirtschaftliche Betriebe in der BRD nach Größenklassen (in 1000)

Betriebsgröße von ... bis unter ... ha LF	1949	1969	Jahr 1979	Veränderung 1979 gegenüber 1949
unter 1 ha	145	74	55	− 72 %
1 − 2	306	178	105	− 66 %
2 − 5	553	279	160	− 71 %
5 − 10	404	252	154	− 62 %
10 − 15	172	169	106	− 38 %
15 − 20	84	112	81	− 4 %
20 − 30	72	100	104	+ 44 %
30 − 50	40	50	74	+ 85 %
50 −100	13	15	26	+ 100 %
100 und mehr	3	3	4	+ 33 %

Quelle: ABM 1980, S. 18—19 (verkürzt und gerundet); eigene Berechnung.

Tabelle 3: Vollbeschäftigte Familienarbeitskräfte in der Landwirtschaft (in 1000)

	1974/75[a]	Jahr 1976/77[b]	1978/79[c]
Männer	511	479	449
Frauen	828	767	705
Summe	1.338	1.246	1.154
Frauenanteil[d]	62 %	62 %	61 %

Quellen: a: ABM 1978, S. 12
        b: ABM 1980, S. 11
        c: ABM 1980, S. 11 (geschätzt)
        d: eigene Berechnung, gerundet.

Tabelle 4: Anteil der Frauen an den vollbeschäftigten Familienarbeitskräften im Jahr 1976/77

	Betriebsgröße von ... bis unter ... ha LF					
	1—2	2—5	5—10	10—20	20—50	50 und mehr
männlich	11	26	55	157	203	33
weiblich	64	133	152	201	195	28
Summe	75	159	207	358	398	61
%-Anteil weiblich	85	84	73	56	49	46

Quelle: ABM 1978, S. 12.

Tabelle 5: Diversifikation der Produktion in den untersuchten 133 Betrieben

Betriebszweige	Anzahl der Betriebe mit diesem Betriebszweig
Getreide	129
Mais oder Raps	101
Kartoffeln	121
Rüben	122
Wiesen und Weiden	85
Sonderkulturen	85
Gemüse	12
Obst	76
Hopfen	17
Milchkühe	106
Kalbinnen	92
Mastbullen	37
Jungvieh	88
Zuchtsauen	65
Mastschweine	116
Schafe, Ziegen, Ponys	11
Kleinvieh (Hühner, Gänse, Enten, Kaninchen)	106

Anhang II:

Lage der Untersuchungsgebiete
innerhalb des Entwicklungsachsennetzes (nach Landesentwicklungsprogramm 1974 Bayern)

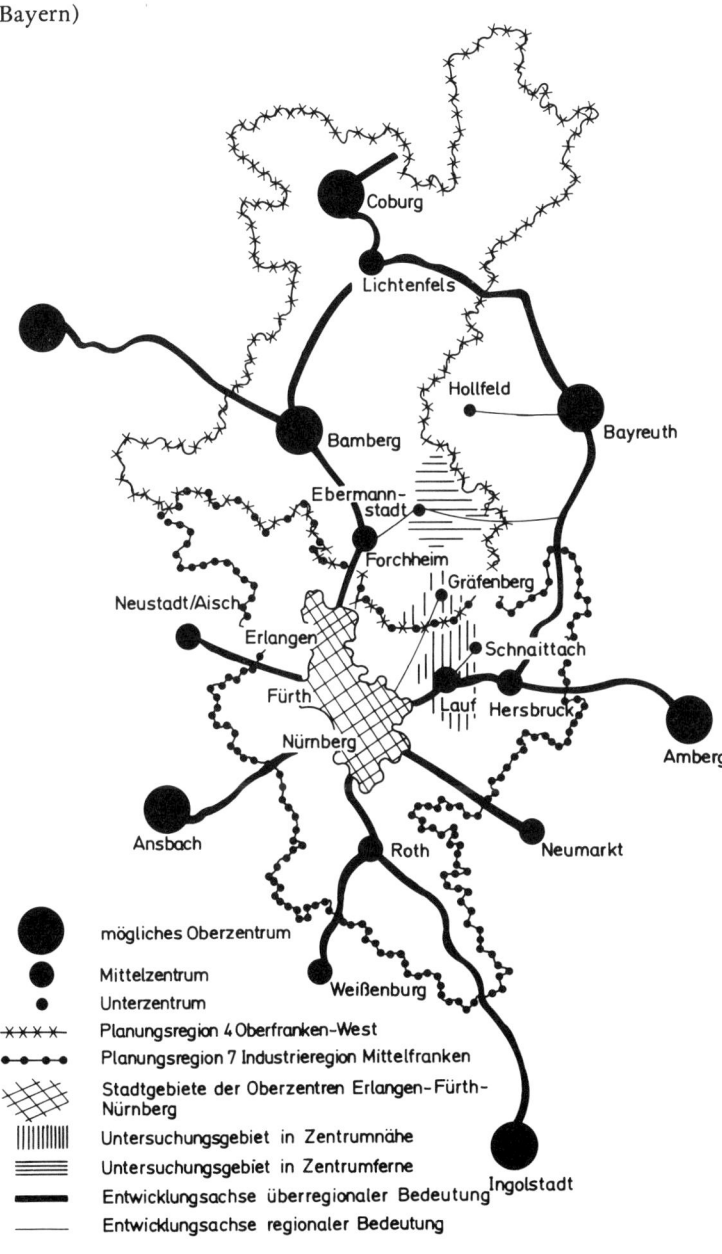

Anhang III: Zum Auswertungsverfahren

Das zur Auswertung verfügbare Material bestand zunächst aus den Tonband-protokollen und Interviewerinnen-Notizen der 133 Interviews, sowie aus Tonband-protokollen bzw. Mitschriften der Gruppendiskussionen und Expertengespräche. Dieses Rohmaterial wurde in folgender Weise aufbereitet:

Von einigen sehr aussagekräftig und pointiert formulierten Interviews wurden nach den Tonbandaufzeichnungen wörtliche Abschriften hergestellt. Ebenso wurden die Gruppendiskussionen transskribiert.

Jedes Interview wurde dann vierfach für die Auswertung bearbeitet:

a) Die während des Interviews in die Leitfäden eingetragenen Notizen wurden anhand der Tonbandaufnahmen teils vollständig, teils in den wichtigen Aspekten möglichst wörtlich und unter Beibehaltung der Dialekteigenarten ergänzt. Auf diese den einzelnen Fragen zugeordneten „Urtexte" zurückgreifen zu können, hat sich bei nachträglichen Von-Hand-Auszählungen oder Überblicken als sehr nützlich herausgestellt.

b) Soweit zum Vercoden geeignet, wurden die Antworten maschinell quantitativ ausgewertet: ausgezählt und mit den Grundvariablen (Betriebsart, Alter, Zentrumsentfernung) korreliert. (Je mehr die qualitativen Auswertungsmethoden in den Vordergrund rückten, umso stärker kamen wir übrigens zu der Auffassung, daß für die meisten (nicht für alle) Daten Von-Hand-Auszählungen vom Arbeits-aufwand her gesehen ökonomischer gewesen wären.)

c) In sog. „Listen" trugen wir zu allen „qualitativ" eruierten Fragen aus jedem Interview die über die schlichten Regelantworten hinausgehenden Kommen-tare wörtlich ein. Es handelte sich dabei um komplexe Sachverhalte, die sich einer Quantifizierung weitgehend entzogen, wie detaillierte Argumentationsstränge, Einstellungs- und Begründungsweisen, Beziehungsstrukturen usw., um individuelle Besonderheiten, originelle Bemerkungen, die interessant erschienen, ohne sogleich in einem systematischen Raster verortet werden zu können.

d) Die Fixierung von Einzelaussagen wirft das Problem der Kohärenz dieser Aussagenbruchstücke auf. Um nun die Antworten einer Bäuerin möglichst schnell und umfassend auf ihren biografischen und aktuellen Lebenszusammenhang, ihre Verhaltensweisen, Orientierungen und Perspektiven rückbeziehen zu können, ohne sich immer gleich das gesamte Interview vergegenwärtigen zu müssen, haben wir vorwiegend aus dem jeweiligen Interview, eventuell ergänzt durch vor und nach dem Gespräch gewonnene Eindrücke, für jede Frau eine „Kurzcharakteristik" nach folgenden einheitlichen Gesichtspunkten erstellt:

Grunddaten (Betriebsart, Zentrumsentfernung, Ort, Betriebsgröße, Alter, Kinder(zahl, -alter), Haushaltsgröße); Lage des Betriebs, psychischer und physischer Zustand der Bäuerin; Beson-derheiten der Biografie; Grundorientierungen; Bäuerin als kleine Warenproduzentin; als land-wirtschaftliche Produzentin; als Hausarbeiterin; arbeitsteilige Organisation der Produktion; psychosoziale Situation.

Die Auswertung selbst erfolgte nicht als sukzessives Durcharbeiten des vorliegenden Materials entsprechend vorher genau festgelegten methodischen Schritten, sondern gestaltete sich aufgrund der Herausforderung des Stoffes, aber auch der Auseinandersetzungen mit vergleichbaren Auswertungsproblemen anderer Frauenprojekte eher zu einem lernenden Abarbeiten, zum Herangehen mit immer wieder neuen Perspektiven und Schwerpunkten. (Das Ideal, das wir uns für einen Forschungsprozeß vorstellen können, nämlich ein wechselseitiger Lernprozeß nicht nur der Forscher untereinander, sondern zwischen Fragern und Befragten, „Subjekten" und „Objekten" der Forschung, Beobachtern und Beobachteten, bleibt dabei freilich noch in weiter Ferne.)

Konkret gliederte sich die Auswertung in folgende Schritte:

Die grobe Skizze eines Sachverhalts ergab sich bereits aus dem Zahlenmaterial der quantitativen Analyse. Weiter fanden sich hier auch Anhaltspunkte für Korrelationen mit der Betriebsart, der Zentrumsentfernung oder dem Alter der Bäuerinnen. Für die nun folgende Differenzierung des Sachverhaltes, z.B. durch Untersuchung der für eine Einstellung genannten Gründe, griffen wir auf die in den Listen zusammengestellten verschiedenen Varianten und Modulationen von Antwortmustern zurück und stellten sie vergleichend, ergänzend, konfrontativ einander gegenüber. Der Reiz des „Urmaterials" legte uns frühzeitig nahe, die Äußerungen der Frauen möglichst wörtlich als Belegtexte zu verwenden. Ihre Sprache hatte oft eine starke und ansprechende konkrete „Sinnlichkeit", spiegelte die Nuancen genau besehen sehr fein wider, zeichnete plastische und differenzierte Bilder. Es war uns wichtig, die Mannigfaltigkeit und unmittelbare Konkretion der Zitate zu einem bestimmten Thema nicht durch eine Schematisierung und Abstraktion gänzlich zu verwischen oder aufzuheben. Dabei gestanden wir den Äußerungen jeder Bäuerin prinzipiell das gleiche Recht auf gezielte Aufmerksamkeit und Auseinandersetzung zu, unabhängig davon, wieviele Bäuerinnen einen ähnlichen oder den gleichen Standpunkt vertraten. Eine Schilderung oder ein Urteil wird nicht unbedeutender, wenn es von nur einer Bäuerin geäußert wird, und es ist nicht „wahrer", weil es häufiger geäußert wird. Dies gilt auch vor dem Hintergrund eines praktischen Untersuchungszweckes: Entscheidende Einsichten und Anstöße zur Veränderung der Lebens- und Arbeitsverhältnisse können immer auch von Einzelpersonen und Außenseiterpositionen her kommen, denen die Ansicht und Absicht der Mehrheit zunächst entgegenstand. Daher wollten wir alle uns zugänglichen Auffassungen prinzipiell gleichermaßen ernstnehmen und zu Wort kommen lassen.

Hatten die Einzelzitate in den „Listen" für uns zunächst heuristischen Wert bei der systematischen Auswertung und auf dem Weg von der reinen Phänomenologie der Erscheinungswelt zur Abstraktion, so erhielten sie dann in der Darstellung zumeist die Funktion, zu belegen, zu veranschaulichen, zu konkretisieren und zu exemplarifizieren, was vorher auf einen abstrakten Nenner gebracht worden war.

Die Deutung des Materials wurde nicht nur systematisch und quer durch alle Interviews, sondern auch über die chronologische Längsachse der biografisch-genetischen Konstitution in ausgewählten Einzelfällen vorgenommen. Dabei folgten wir sowohl unserem eigenen Forschungsverständnis, das sich im Laufe der methodischen Zusammenarbeit mit den verschiedenen Projekten im Frauenschwerpunkt der DFG immer weiter präzisierte, als auch den Spuren, die die befragten Bäuerinnen selbst vorgegeben hatten, wenn sie in einer Art Perspektivewechsel auch unaufgefordert immer wieder frühere und heutige Erfahrungen oder Zustände verglichen oder aber das einstmals Gelernte als Grund, Entschuldigung oder Vorbereitung für heutige Einstellungen oder Handlungsweisen heranholten. Die biografische Analyse wurde in zwei Formen durchgeführt:

a) In den sozio-biografischen Abschnitten, die jedes Kapitel abschließen, versuchen wir zu zeigen, wie die jeweiligen Einstellungen, Wünsche und Perspektiven sich immer in einer Wechselwirkung mit den materiellen Lebensverhältnissen, dem sozioökonomischen Rahmen und dessen Wandel herausgebildet haben. Dazu übernahmen wir zumeist einen längeren Abschnitt aus der Biografie einer Frau, zusammenhängend oder aus markanten Abschnitten montiert, in dem sie selbst ihre individuelle und doch in den Grundzügen verallgemeinerbare Entwicklung bezüglich eines speziellen Aspekts (Sparsamkeit, Fleiß etc.) schilderte. Die biografische Konstitution und Verfestigung von Verhaltensweisen, Normen und Orientierungen und die relative Konstanz einiger grundlegender Rahmenbedingungen (hier: der Produktionsverhältnisse und der Doppelnatur des Bauern als Besitzer von Produktionsmitteln, Grund und Boden, und als Nutzer und Anwender dieser Produktionsfaktoren) scheinen uns die wichtigsten Dimensionen, um zu verstehen, warum Handlungs- und Einstellungsmuster oft so zählebig und resistent überdauern.

Da die Soziobiografie notwendig eine Einzelfallanalyse ist und ihre Belegkraft eine gewisse Singularität besitzt, stellt sich das Problem der Generalisierung der exemplarisch gewonnenen Aussagen. Abgesehen davon, daß — wie gesagt — der Ausgangspunkt unserer Analysen oft durch die quantitativen Ergebnisse angeregt wurde und daß bei der Auswahl der jeweiligen Soziobiografie immer auch das Interesse leitend war, einen möglichst typischen, aber auch besonders deutlich formulierten Einzelfall herauszugreifen, versuchten wir immer wieder, zumeist in den anschließenden Interpretationen, Bezüge und Verbindungen zu den anderen Interviews herzustellen, auf das Typische und das Einzigartige hinweisend oder auch quantitative Häufigkeiten bestimmter Phänomene zwischenzustreuen. Entlegene Exotismen wurden regelmäßig durch die Frage herausgefiltert, ob es sich bei der Falldarstellung um einen Bericht handelte, in dem sich (unserem Gefühl nach) die Mehrheit der Bäuerinnen zumindest in Grundzügen wiederfinden könnten.

b) In einer „Normalbiografie" (vgl. Kap. V.) wurde überindividuell-systematisch „das" Bäuerinnenleben in seinen wichtigsten Phasenabläufen rekonstruiert. Leben stellt sich hier nicht dar als ein lineares Fortschreiten in Raum und Zeit, sondern wird durch gesellschaftlich fixierte (Schulende, Konfirmation usw.), familial-betrieblich bestimmte (z.B. Hofübergabe) oder auch individuell gesetzte (Krankheiten etwa) Knotenpunkte oder Schlüsselereignisse in wohlunterschiedene Phasen gegliedert. Die Zäsuren sind zum Teil von vornherein antizipierbar, soweit sie allgemein wirksame Einschnitte bedeuten, zum Teil wurden sie uns in ihren Schlüsselfunktionen erst in den biografischen Schilderungen der Frauen deutlich.

Wir haben diese Methode angewendet, um die Verschlingung der Grundkonstituentien bäuerlichen Lebens: Besitz, Familie, Arbeit, phasenweise herauszuarbeiten, ihre wechselseitigen Bezüge noch einmal biografisch zusammenfassend, nachdem sie im Vorangegangenen notwendig getrennt und immer nur andeutungsweise aufeinander bezogen abgehandelt werden mußten. Auch hier wurde die Doppelstrategie des Belegens durch exemplarisch-typische Einzelfälle und ergänzendes Zahlenmaterial angewandt.

Bei der Darstellung unserer Ergebnisse waren verschiedene Gesichtspunkte leitend. Zum einen wollten wir den Gegenstandsbereich, die Lage der Frauen und den Gesamtkontext im Sinne E. P. Thompsons „teilnehmend beschreiben". Daraus ergibt sich nicht nur ein differenziertes, detailreiches Bild, sondern auch ein sehr differenziertes Zusammenhangswissen, das allerdings nicht — im Sinne eines positivistischen Verständnisses von Sozialwissenschaft — prognosekräftig sein kann und sein will. Zum anderen haben wir uns bemüht, unsere Ergebnisse so zu formulieren, daß sie nicht als Exklusivwissen von vorneherein nur solchen Leuten verfügbar sind, die die Geheimcodes der Wissenschaften verstehen, sondern — zumindest passagenweise — auch den Betroffenen selbst zugänglich und verstehbar sind. Deshalb haben wir ein Mischverfahren aus wissenschaftssprachlichen und umgangssprachlichen Textteilen gewählt, um einerseits unsere Auswertungsarbeit, aber andererseits auch deren eigentlichen Bezugspunkt gleichermaßen zu berücksichtigen. Bei der Wiedergabe der Zitate haben wir einen Kompromiß zwischen der Lesbarkeit (nicht nur für den native speaker) und der „Originalität" versucht. Bestimmte Eigenarten des fränkischen Dialekts (Konjunktivbildung durch Anhängen von „-ert" an den Verbstamm, „Erbe(r)t" = Arbeit, „na" = dann, „aa" = auch, Wegfall vieler Zwischen- oder End-„e"s usw.) wurden beibehalten, soweit sie leicht aus dem Sinn zu erschließen sind. Eine völlige „Eindeutschung" hätte die Drastik und Rhythmik, die bildhafte Anschaulichkeit vieler Zitate zerstört. Vollkommene Dialektfassungen nach entsprechenden, inzwischen für viele Spielarten erarbeiteten Transkriptionsregeln, waren uns zu mühsam und wären für manche Leser unverständlich geblieben.

Literaturverzeichnis

U. *Aberle* 1973, Vergleichende Untersuchungen zum konventionellen und biologisch-dynamischen Pflanzenbau unter besonderer Berücksichtigung von Saatzeiten und Entitäten, Gießen

AB 1975 = Agrarbericht 1975 der Bundesregierung, Bundestagsdrucksache 7/3210, Bonn

AB 1976 = Agrarbericht 1976 der Bundesregierung, Bundestagsdrucksache 7/4680, Bonn

ABM 1976 = Materialband zum Agrarbericht 1976 der Bundesregierung, Bundestagsdrucksache 7/4681 v. 5.2.76, Bonn

ABM 1978 = Materialband zum Agrarbericht 1978 der Bundesregierung, Bundestagsdrucksache 8/1501 v. 3.2.78, Bonn

ABM 1980 = Materialband zum Agrarbericht 1980 der Bundesregierung, Bundestagsdrucksache 8/3636 v. 31.1.80, Bonn

AID (Hg.) 1975 = Land- und Hauswirtschaftlicher Auswertungs- und Informationsdienst, Bonn-Bad Godesberg, Heft 335: Deutsche Handelsklassen für Obst und Gemüse, Heft 353: Qualitätsnormen für Gemüse

C. *Amery* 1976, Natur als Politik. Die ökologische Chance des Menschen, Reinbek

Arbeitsgruppe Bielefelder Entwicklungssoziologen (Hg.) 1979, Subsistenzproduktion und Akkumulation, Saarbrücken

H. *Arendt* 1960, Vita activa oder Vom tätigen Leben, Stuttgart

H. P. *Bahrdt* 1975, Erzählte Lebensgeschichte von Arbeitern, in: M. *Osterland* (Hg.) 1975, Arbeitssituation, Lebenslage und Konfliktpotential, Frankfurt a.M., S. 9–37

E. *Baldauf* 1932, Die Frauenarbeit in der Landwirtschaft, Diss. Kiel

C. *Barberis* 1972, The Changing Role of Women in European Agriculture, Rom

Bauernblatt. Eine Zeitung von Bauern für Bauern, hg. v. Arbeitskreis Junger Landwirte, Haiterbach

M. *Baumgartner* 1972, Die Entwicklungstendenzen in der westdeutschen Landwirtschaft, in: Prokla 3 (1972), S. 55–102

BayAB 1978 = Bayerischer Agrarbericht 1978, hg. v. Bayerischen Staatsministerium für Ernährung, Landwirtschaft und Forsten, München

BayABT 1978 = Bayerischer Agrarbericht 1978, Tabellenband, hg. v. Bayerischen Staatsministerium für Ernährung, Landwirtschaft und Forsten, München

E. *Beck-Gernsheim/I. Ostner* 1978, Frauen verändern – Berufe nicht? in: Soziale Welt, Heft 2 (1978), S. 258–287

Th. *Bergmann* 1973, Die Landwirtschaft in der Bundesrepublik. Entwicklungstendenzen und Probleme, in: Gesellschaftsstrukturen 1973, hg. v. K. *Meschkat* und O. *Negt*, Frankfurt a.M., S. 161–187

M. *Bidlingmaier* 1918, Die Bäuerin in zwei Gemeinden Württembergs, Diss. Tübingen

M. *Blohmke* u.a. 1977, Versuch zur Erfassung des Gesundheitszustandes in der bäuerlichen Bevölkerung anhand von Symptomen ausgewählter Krankheiten, in: Das öffentliche Gesundheitswesen 39 (1977), Stuttgart, S. 617–623

G. *Bock/B. Duden* 1976, Arbeit aus Liebe – Liebe als Arbeit. Zur Entstehung der Hausarbeit im Kapitalismus, in: Frauen und Wissenschaft. Beiträge zur Berliner Sommeruniversität für Frauen, Juli 1976, Berlin, S. 118–199

Bodengütekarten von Bayern 1959, Übersichtskarte der landwirtschaftlich genutzten Böden nach den Ergebnissen der Bodenschätzung, hg. v. Bayerischen Landesvermessungsamt, München

M. *Boßung* 1974, Das Lebensniveau bäuerlicher Familien in den drei landwirtschaftlichen Produktionsstandorten der Rhön, Wiesbaden

A. D. *Brockmann* (Hg.) 1977, Landleben. Ein Lesebuch von Land und Leuten, Argumente und Reportagen, Reinbek

O. Brunner 1968, Das „Ganze Haus" und die alteuropäische „Ökonomik", in: ders., Neue Wege der Verfassungs- und Sozialgeschichte, Göttingen, S. 103—127

A. J. Büchting/A. Gutschow 1976, Agrecol. Grenzen und Engpässe moderner Agrarverfahren — Ökologische Alternativen, Bad Soden/Ts.

H. Burmeister/V. Tonnätt 1981, Zu kämpfen allein schon ist richtig. Larsac, Frankfurt a.M.

M. Cernea 1978, Macrosocial Change, Feminization of Agriculture and Peasant Women's Threefold Economic Role, in: Sociologia Ruralis, Nr. 2/3 (1978), Assen, S. 107—124

J. Collins/F. M. Lappé 1980, Vom Mythos des Hungers, Frankfurt a.M.

B. v. Deenen/E. Mrohs/S. Tiede/E. Vilmar 1964, Materialien zur Arbeitswirtschaft. Ergebnisse arbeitswirtschaftlicher Erhebungen in 755 landwirtschaftlichen Betrieben des Bundesgebietes, Bonn

B. v. Deenen 1970, Bäuerliche Familie im sozialen Wandel, Bonn

C. v. Dietze/M. Rolfes/G. Weippert (Hg.) 1953, Lebensverhältnisse in kleinbäuerlichen Dörfern. Ergebnisse einer Untersuchung in der Bundesrepublik 1952, Hamburg und Berlin (= 158. Sonderheft der Berichte über Landwirtschaft, hg. v. BELF)

H. Dörner 1974, Industrialisierung und Familienrecht. Die Auswirkungen des sozialen Wandels dargestellt an den Familienmodellen des ALR, BGB und des französischen Code civil, Berlin

G. Dyhrenfurth 1916, Ergebnisse einer Untersuchung über die Arbeits- und Lebensverhältnisse der Frauen in der Landwirtschaft, Jena (= Schriften des ständigen Ausschusses zur Förderung der Arbeiterinneninteressen, Heft 3, Jena 1916)

E. Egner 1966, Epochen im Wandel des Familienhaushalts, in: *H. Rosenbaum* (Hg.) 1974, Familie und Gesellschaftsstruktur. Materialien zu den sozioökonomischen Bedingungen von Familienformen, Frankfurt a.M., S. 56—87

G. Elwert/D. Wong 1979, Thesen zum Verhältnis von Subsistenzproduktion und Warenproduktion in der Dritten Welt, in: Arbeitsgruppe Bielefelder Entwicklungssoziologen (Hg.) 1979, Subsistenzproduktion und Akkumulation, Saarbrücken, S. 255—278

H.-D. Evers/T. Schiel 1979, Expropriation der unmittelbaren Produzenten oder Ausdehnung der Subsistenzwirtschaft. Thesen zur bäuerlichen und städtischen Subsistenzproduktion, in: Arbeitsgruppe Bielefelder Entwicklungssoziologen (Hg.) 1979, Subsistenzproduktion und Akkumulation, Saarbrücken, S. 279—332

E. Fél/T. Hofer 1972, Bäuerliche Denkweise in Wirtschaft und Haushalt. Eine ethnografische Untersuchung über das ungarische Dorf Átány, Göttingen

P. Feyerabend 1979, Erkenntnis für freie Menschen, Frankfurt a.M.

M. Freudenthal 1934, Gestaltwandel der städtischen bürgerlichen und proletarischen Haushalte, Diss. Frankfurt a.M.

A. Funk 1976, Landwirtschaft in der Bundesrepbulik: Kontinuität und Wandel eines Politikbereiches, in: Leviathan 2 (1976), Opladen

A. Funk/H. Häussermann/H.-D. Will 1976, Staatsapparat und Regionalpolitik, in: *R. Ebbinghausen* (Hg.) 1976, Bürgerlicher Staat und politische Legitimation, Frankfurt a.M., S. 281—308

S. George 1980, Wie die anderen sterben. Die wahren Ursachen des Welthungers, Berlin

K. Goecke 1973, Sozialmedizinische Untersuchungen bei 20- bis 45-jährigen Frauen aus Landgemeinden und Kleinstädten, Würzburg

J. Goody 1976, Inheritance, property and women: some comparative considerations, in: *J. Goody/J. Thirsk/E. P. Thompson* 1976, Family and Inheritance. Rural Society in Western Europe 1200—1800, Cambridge/London/New York/Melbourne, S. 10—36

J. Gotthelf 1907, Die Käserei in der Vehfreude, Leipzig

U. Graf 1977, Darstellung verschiedener biologischer Landbaumethoden und Abklärung des Einflusses kosmischer Konstellationen auf das Pflanzenwachstum, Diss. Zürich

U. Graf/E. R. Keller 1978, Zusammenhänge zwischen kosmischen Konstellationen und dem Ertrag landwirtschaftlicher Kulturpflanzen auf konventionell und biologisch-dynamisch bewirtschafteten Böden, in: Zs. Acker- und Pflanzenbau, 147 (1978), Berlin/Hamburg, S. 40—59

Grüner Bericht 1970, Bundestagsdrucksache 6/372, Bonn

W. Günnemann 1979, Konzentration und Zentralisation in der Agrarindustrie und in den Genossenschaften, in: *O. Poppinga* (Hg.) 1979, Produktion und Lebensverhältnisse auf dem Land, Opladen, S. 50—71

J. Habermas 1968, Technik und Wissenschaft als ‚Ideologie', Frankfurt a.M.

M. Hainisch 1924, Die Landflucht, ihr Wesen und ihre Bekämpfung im Rahmen einer Agrarreform, Jena

U. Hampicke 1977, Landwirtschaft und Umwelt. Ökologische und ökonomische Aspekte einer rationalen Umweltstrategie, dargestellt am Beispiel der Landwirtschaft der Bundesrepublik Deutschland, Diss. Berlin

K. Hausen 1978, Die Polarisierung der Geschlechtscharaktere, in: *H. Rosenbaum* (Hg.) 1978, Seminar: Familie und Gesellschaftsstruktur. Materialien zu den sozioökonomischen Bedingungen von Familienformen, Frankfurt a.M., S. 161–191

A. Hauser 1975, Bauernregeln. Eine schweizerische Sammlung mit Erläuterungen, Zürich/München

J. W. Hedemann 1952, Die Rechtsstellung der Frau, Vergangenheit und Zukunft, Berlin

R. G. Heinze/H.-W. Hohn 1977, Arbeitsmarkt und Politik in strukturschwachen ländlichen Regionen, in: *Projektgruppe Arbeitsmarktpolitik/C. Offe* (Hg.) 1977, Opfer des Arbeitsmarktes. Zur Theorie der strukturierten Arbeitslosigkeit, Neuwied/Darmstadt, S. 151–184

N. G. Hendrikoff 1977, Bericht eines Landarztes, in: *A. D. Brockmann* (Hg.) 1977, Landleben, Reinbek, S. 209–218

A. Hennecke/H. Kessel/H.-J. Fietkau/B. Glaeser 1980, Umweltinformation in der Landwirtschaft, Internationales Institut für Umwelt und Gesellschaft am Wissenschaftszentrum Berlin, unveröffentlichtes Manuskript

J. Hoffmann 1959, Die „Hausväterliteratur" und die „Predigten über den christlichen Hausstand". Lehre vom Hause und Bildung für das häusliche Leben im 16./17. und 18. Jhdt., Weinheim/Berlin

C. Honegger/B. Heintz (Hg.) 1981, Listen der Ohnmacht. Zur Sozialgeschichte weiblicher Widerstandsformen, Frankfurt a.M.

K. Hübner 1978, Kritik der wissenschaftlichen Vernunft, Freiburg/München

Th. Iffland, Die Arbeit der Bäuerin und die Frauenarbeit in bäuerlichen Familienbetrieben Niedersachsens, in: Berichte über Landwirtschaft Heft 34 (1956), Hiltrup, S. 630–667

A. Ilien/U. Jeggle 1978, Leben auf dem Dorfe. Zur Sozialgeschichte des Dorfes und Sozialpsychologie seiner Bewohner, Opladen

J. Illies 1977, Anthropologie des Tieres. Entwurf einer anderen Zoologie, München

U. Jeggle 1977, Kiebingen. Eine Heimatgeschichte, Tübingen

U. Jeggle 1981, Vom richtigen Wetter. Regeln aus der kleinbäuerlichen Welt, in: Kursbuch 64 (1981), S. 115–130

R. Kempf 1912, Probleme der landwirtschaftlichen Frauenarbeit im bäuerlichen Betrieb, in: Der Deutsche Frauenkongreß Berlin, 27. Febr. bis 2. März 1912, hg. v. *G. Bäumer*, Leipzig/Berlin 1912, S. 72–88

H. Kötter 1952, Struktur und Funktion von Landgemeinden im Einflußbereich einer deutschen Mittelstadt, Darmstadt

S. Kontos/K. Walser 1979, ... Weil nur zählt, was Geld einbringt. Probleme der Hausfrauenarbeit, Gelnhausen/Berlin/Stein/Mfr.

J. Kristeva 1976, Die Chinesin. Die Rolle der Frau in China, München

B. Lambert 1971, Bauern im Klassenkampf, Berlin

Landesentwicklungsprogramm Bayern 1974 (Entwurf), hg. v. d. Bayerischen Staatsregierung, München, Teil A: Überfachliche Ziele, Teil B: Fachliche Ziele, Teil C: Regionale Ziele, Teil D: Investitionsplanung I und II

Lebensverhältnisse in kleinbäuerlichen Dörfern 1954, Vorträge und Verhandlungen der Arbeitstagung der Forschungsgesellschaft für Agrarpolitik und Agrarsoziologie e.V. in Bad Ems vom 14.–16. Oktober 1953, Veröff. d. Forschungsgesellschaft für Agrarpolitik und Agrarsoziologie e.V., Hamburg/Berlin (= 160. Sonderheft der Berichte über Landwirtschaft, N.F.)

Lebensverhältnisse in kleinbäuerlichen Dörfern 1952 und 1972, o.J., hg. von der Forschungsgesellschaft für Agrarpolitik und Agrarsoziologie e.V., Bonn

R. zur Lippe 1976, Anthropologie für wen? In: *D. Kamper/V. Ritter* (Hg.) 1976, Zur Geschichte des Körpers. Perspektiven der Anthropologie, München/Wien, S. 91–129

K. Marx 1970 (1890), Das Kapital, Bd. 1 (= MEW 23), Berlin

H. Medick 1978, Die proto-industrielle Familienwirtschaft, in: *P. Kriedte/H. Medick/J. Schlumbohm* 1978, Industrialisierung vor der Industrialisierung. Gewerbliche Warenproduktion auf dem Land in der Formationsperiode des Kapitalismus, Göttingen, S. 90–154

H. *Medick* 1980, Spinnstuben auf dem Dorf, in: G. *Huck* (Hg.) 1980, Sozialgeschichte der Freizeit. Untersuchungen zum Wandel der Alltagskultur in Deutschland, Wuppertal, S. 19–51

C. *Meillassoux* 1976, „Die wilden Früchte der Frau". Über häusliche Produktion und kapitalistische Wirtschaft, Frankfurt a.M.

U. *Michaelis* 1968, Die Güterstände in der Praxis, Diss. Hamburg

H. *Möller* 1969, Die kleinbürgerliche Familie im 18. Jahrhundert. Verhalten und Gruppenkultur, Berlin

J. O. *Müller* 1964, Die Einstellung zur Landarbeit in bäuerlichen Familienbetrieben. Ein Beitrag zur ländlichen Sozialforschung, Bonn

L. *Mumford* 1977, Mythos der Maschine. Kultur, Technik und Macht, Frankfurt a.M.

H. *Novotny/H. Rose* (Hg.) 1979, Counter-movements in the Sciences. The Sociology of the Alternatives to Big Science, Dordrecht/Boston/London

A. *Oakley* 1978, Soziologie der Hausarbeit, Frankfurt a.M.

I. *Ostner* 1978, Beruf und Hausarbeit. Die Arbeit der Frau in unserer Gesellschaft, Frankfurt a.m./New York

K. *Ottomeyer* 1974, Soziales Verhalten und Ökonomie im Kapitalismus. Vorüberlegungen zur systematischen Vermittlung von Interaktionstheorie und Kritik der Politischen Ökonomie, Gaiganz

A. v. *Papp* 1972, Raumordnerische Aspekte des Entscheidungsverhaltens von Landwirten im Strukturwandel der Landwirtschaft. Fallstudie am Beispiel des Raumes Ebermannstadt, Diss. München

S. *Peters* 1979, Organic Farmers Celebrate Organic Research: A Sociology of Popular Science, in: H. *Novotny/H. Rose* (Hg.) 1979, Counter-movements in the Sciences, Dordrecht/Boston/London, S. 251–275

P. C. *Pignatelli* 1979, Der Weg zu einer anderen räumlichen Logik, in: Bauwelt, Heft 31/32 (1979), S. 1285–1287, Berlin

I. *Pinchbeck* 1974 (1930), Der Einfluß der ‚agrarian revolution' auf Art und Umfang der produktiven Tätigkeit von Frauen verschiedener Bevölkerungsgruppen in der englischen Landwirtschaft zwischen 1750 und 1850, in: H. *Rosenbaum* (Hg.) 1974, Familie und Gesellschaftsstruktur, Frankfurt a.m., S. 207–225

U. *Planck* 1964, Der bäuerliche Familienbetrieb zwischen Patriarchat und Partnerschaft, Stuttgart

O. *Poppinga* 1975, Bauer und Politik, Frankfurt a.M./Köln

O. *Poppinga* 1979, Gebrauchsanleitung zum Agrarbericht, in: O. *Poppinga* (Hg.) 1979, Produktion und Lebensverhältnisse auf dem Land, Opladen, S. 72–111

O. *Poppinga* (Hg.) 1979, Produktion und Lebensverhältnisse auf dem Land, Opladen

I. v. *Poser* 1960, Vergleichende Untersuchungen über die sozialen und wirtschaftlichen Verhältnisse in ausgewählten Stadt- und Landfamilien, Diss. Stuttgart-Hohenheim

H. J. *Prill* 1970, Frauen nach der Lebensmitte, Frankfurt a.M.

H. *Pross/R. v. Schweitzer* 1976, Die Familienhaushalte im wirtschaftlichen und sozialen Wandel. Rationalverhalten, Technisierung, Funktionswandel der privaten Haushalte und das Freizeitbudget der Frau, Göttingen

Raumordnungsbericht der Bayerischen Staatsregierung 1971, München 1972

Raumordnungsbericht 1974, Bundestagsdrucksache 7/3582, Bonn

M. *Rheindorf* 1922/23, Die rheinische Bäuerin, Diss. Köln

G. M. *Rückriem* 1965, Die Situation der Volksschule auf dem Lande. Soziologische Studien und pädagogische Überlegungen, München

Rundbriefe des *Arbeitsbereichs Landwirtschaft*, Göttingen

R. E. G. *Sachs* 1972, Wirtschafts- und Sozialverhalten von Landwirten, Hannover

M. *Sahlins* 1972, Stone Age Economics, Chicago

H. *Schelsky* 1953, Die Gestalt der Landfamilie im gegenwärtigen Wandel der Gesellschaft, in: Die Landfamilie, Schriftenreihe für ländliche Sozialfragen, H. 9 (1953), Hannover

R. *Schweczik* 1971, Die Mitarbeit der Bäuerin in der Außenwirtschaft, in: Land- und Forstwirtschaftliche Forschung in Österreich, Bd. IV (1971), Wien

H. *Schmidlin* 1941, Arbeit und Stellung der Frau in der Landwirtschaft der Hausväter, Heidelberg

J. G. Schmidt 1709, Die gestriegelte Rockenphilosophia oder aufrichtige Untersuchung derer von vielen super-klugen Weibern hochgehaltenen Aberglauben, 2. Hundert, Chemnitz

Ch. Schmidtler o. J., Ehe- und Familienrecht, München (BBV-Generalsekretariat), vervielf. Ms.

Ch. F. Sintenis 1804/07, Der Mensch im Umkreis seiner Pflichten, Leipzig, Bd. II: Das größere Buch für Familien, 1/2, 1805/07

Ä. Sprengel/K. Dahm 1958, Zur sozialen Lage der Landfrau, in: Berichte über Landwirtschaft Bd. 36, Heft 3 (1958), Hamburg, S. 473—680

Statistisches Bundesamt Wiesbaden (Hg.) 1975, Die Frau in Familie, Beruf und Gesellschaft, Stuttgart/Mainz

Statistisches Jahrbuch 1967 = Statistisches Jahrbuch der Bundesrepublik Deutschland 1967, Stuttgart

H. A. Staub 1980, Alternative Landwirtschaft. Der ökologische Weg aus der Sackgasse, Frankfurt a.m.

G. Teiwes 1952, Der Nebenerwerbslandwirt und seine Familie im Schnittpunkt ländlicher und städtischer Lebensform, Darmstadt

E. P. Thompson 1976, The grid of inheritance: a comment, in: *J. Goody/J. Thirsk/E. P. Thompson* 1976, Family and Inheritance. Rural Society in Western Europe, 1200—1800, Cambridge/London/New York/Melbourne, S. 328—360

E. P. Thompson 1980, Plebeische Kultur und moralische Ökonomie, Frankfurt a.m./Berlin/ Wien

M. Thun/H. Heinze 1973, Anbauversuche über Zusammenhänge zwischen Mondstellungen im Tierkreis und Kulturpflanzen, Bd. 1 und 2, Darmstadt

S. Tiede 1966, Arbeits- und geldwirtschaftliche Erhebungen in 7 landwirtschaftlichen Betrieben, Stuttgart-Hohenheim

A. W. Tschajanow 1923, Die Lehre von der bäuerlichen Wirtschaft. Versuch einer Theorie der Familienwirtschaft im Landbau, Berlin

A. W. Tschajanow 1981 (1920), Reise meines Bruders Alexej ins Land der bäuerlichen Utopie, Frankfurt a.m.

O. Ullrich 1979a, Technik und Herrschaft. Vom Hand-Werk zur verdinglichten Blockstruktur industrieller Produktion, Frankfurt a.m.

O. Ullrich 1979b, Weltniveau. In der Sackgasse des Industriesystems, Berlin

G. Vonderach 1979, Lebensverhältnisse in ländlichen Regionen, in: *O. Poppinga* (Hg.) 1979, Produktion und Lebensverhältnisse auf dem Land, Opladen, S. 132—175

I. Weber-Kellermann 1974, Die deutsche Familie. Versuch einer Sozialgeschichte, Frankfurt a.m.

S. Weil 1978 (1951), Fabriktagebuch und andere Schriften zum Industriesystem, Frankfurt a. M.

G. Wiegelmann 1959—1964, Frauenarbeit in der Landwirtschaft, in: Atlas der deutschen Volkskunde, Neue Folge, hg. von *M. Zender*, Erläuterungen Bd. 1, Marburg

M. Wohlgemuth 1913, Die Bäuerin in zwei badischen Gemeinden (= Volkswirtschaftliche Abhandlungen der Badischen Hochschulen, Heft 20 (1913), Karlsruhe

B. Wormbs 1976, Über den Umgang mit der Natur. Landschaft zwischen Illusion und Ideal, München/Wien

G. Wurzbacher u.a. 1954, Das Dorf im Spannungsfeld industrieller Entwicklung, Stuttgart

R. Zapf 1974, Entwicklung der Agrarstruktur in Franken — Ökonomische Aspekte, in: Bayerisches Landwirtschaftliches Jahrbuch 51 (1974), Sonderheft 2, S. 12—27

J. Ziche 1970, Das gesellschaftliche Selbstbild der landwirtschaftlichen Bevölkerung in Bayern. Eine empirische Untersuchung, in: Bayerisches Landwirtschaftliches Jahrbuch, Heft 2 (1970), S. 1—114